U0689967

建 筑 材 料

主　编　钱晓倩

副主编　詹树林　金南国　孟　涛

ZHEJIANG UNIVERSITY PRESS

浙江大学出版社

内容提要

本书主要介绍了常用建筑材料的原材料、生产工艺、组成、结构及构造、性能及应用、检验及验收、运输及储存等方面的要点。重点介绍了材料基本性质、水泥、混凝土、钢材、防水材料、沥青及沥青混合料等内容，对砂浆、气硬性胶凝材料、墙体和屋面材料、保温隔热与吸声材料、装饰材料和合成高分子材料也作了相应的介绍，并对建筑材料的最新研究成果和发展动态作了简介。每一章内容后面附有适量习题与复习思考题。建筑材料实验部分单列，主要介绍了试验原理、试验方法和数据处理。

本书采用最新国家或行业标准，可作为建筑工程、结构工程、市政工程、道路与桥梁工程等专业本科教学的教材，也可作为从事建设工程勘测、设计、施工、科研和管理工作专业人员的参考书。

图书在版编目（CIP）数据

建筑材料 / 钱晓倩主编. —杭州：浙江大学出版社，2013.12（2020.12 重印）
ISBN 978-7-308-12688-5

Ⅰ. ①建… Ⅱ. ①钱… Ⅲ. ①建设材料 Ⅳ. ①TU5

中国版本图书馆 CIP 数据核字（2013）第 301893 号

建筑材料

钱晓倩 主编

责任编辑	余健波
封面设计	续设计
出版发行	浙江大学出版社
	（杭州市天目山路 148 号 邮政编码 310007）
	（网址：http://www.zjupress.com）
排 版	浙江时代出版服务有限公司
印 刷	广东虎彩云印刷有限公司绍兴分公司
开 本	787mm×1092mm 1/16
印 张	22
字 数	550 千
版 印 次	2013 年 12 月第 1 版 2020 年 12 月第 7 次印刷
书 号	ISBN 978-7-308-12688-5
定 价	38.00 元

目　录

绪　论

第 1 节　建筑材料在建设工程中的地位

建筑材料是指应用于建设工程中的无机材料、有机材料和复合材料的总称。通常根据工程类别在材料名称前加以适当区分，如建筑工程常用材料称为建筑材料；道路（含桥梁）工程常用材料称为道路建筑材料；主要用于港口码头的称为港工材料；主要用于水利工程的称为水工材料。此外，还有市政材料、军工材料、核工业材料等等。本教材主要以建筑材料为主。

建筑材料在建设工程中有着举足轻重的地位。

首先，建筑材料是建设工程的物质基础。土建工程中，建筑材料的费用占土建工程总投资的 60％ 左右，因此，建筑材料的价格直接影响到建设投资。

第二，建筑材料与建筑结构和施工之间存在着相互促进、相互依存的密切关系。一种新型建筑材料的出现，必将促进建筑形式的创新，同时结构设计和施工技术也将相应改进和提高。同样，新的建筑型式和结构布置，也呼唤新的建筑材料，并促进建筑材料的发展。例如，采用建筑砌块和板材替代实心黏土砖墙体材料，就要求结构构造设计和施工工艺、施工设备的改进；高强混凝土的推广应用，要求新的钢筋混凝土结构设计和施工技术规程；同样，高层建筑、大跨度结构、预应力结构的大量应用，要求提供更高强度的混凝土和钢材，以减小构件截面尺寸，减轻建筑物自重；又如随着建筑功能的要求提高，需要提供同时具有保温、隔热、隔声、装饰、耐腐蚀等性能的多功能建筑材料等等。

第三，构筑物的功能和使用寿命在很大程度上取决于建筑材料的性能。如装饰材料的装饰效果、钢材的锈蚀、混凝土的劣化、防水材料的老化问题等等，无一不是材料问题，也正是这些材料特性构成了构筑物的整体性能。因此，从强度设计理论向耐久性设计理论的转变，关键在于材料耐久性的提高。

第四，建设工程的质量，在很大程度上取决于材料的质量控制。如钢筋混凝土结构的质量主要取决于混凝土强度、密实性和是否产生裂缝。在材料的选择、生产、储运、使用和检验评定过程中，任何环节的失误，都可能导致工程质量事故，事实上，在国内外建设工程中的质量事故，绝大部分都与材料的质量缺损相关。

最后，构筑物的可靠度评价，在很大程度上依存于材料可靠度评价。材料信息参数是构成构件和结构性能的基础，在一定程度上"材料—构件—结构"组成了宏观上的"本构关系"。因此，作为一名建筑工程技术人员，无论是从事设计、施工或管理工作，均必须掌握建筑材料的基本性能,并做到合理选材和正确使用。

第2节　建筑材料的现状和发展趋势

材料科学的发展标志着人类文明的进步。人类的历史也是按制造生产工具所用材料的种类划分的,由史前的石器时代,经过青铜器时代、铁器时代,发展到今天的人工合成材料时代,均标志着材料科学的进步。同样,建筑材料的发展也标志着建设事业的进步。高层建筑、大跨度结构、预应力结构、海洋工程等等,无一不与建筑材料的发展紧密相连。

从目前我国的建筑材料现状来看,普通水泥、普通钢材、普通混凝土、普通防水材料仍是最主要的组成部分。这是因为这一类材料有比较成熟的生产工艺和应用技术,使用性能尚能满足目前的需求。

虽然近年来我国建筑材料工业有了长足的进步和发展,但与发达国家相比,还存在着品种少、质量档次低、生产和使用能耗大及浪费严重等问题。因此,如何发展和应用新型建筑材料已成为现代化建设急需解决的关键问题。

随着现代化建筑向高层、大跨度、节能、美观、舒适的方向发展和人民生活水平、国民经济实力的提高,特别是基于新型建筑材料的自重轻、抗震性能好、能耗低、大量利用工业废渣等优点,研究开发和应用新型建材已成为必然。遵循可持续发展战略,建筑材料的发展方向可以理解为:

(1)生产所用的原材料要求充分利用工业废料、能耗低、可循环利用、不破坏生态环境、有效保护天然资源。

(2)生产和使用过程不产生环境污染,即废水、废气、废渣、噪音等零排放。

(3)做到产品可再生循环和回收利用。

(4)产品性能要求轻质、高强、多功能,不仅对人畜无害,而且能净化空气、抗菌、防静电、防电磁波等等。

(5)加强材料的耐久性研究和设计。

(6)主产品和配套产品同步发展,并解决好利益平衡关系。

第3节　建筑材料的分类

建筑材料的种类繁多,为了研究、使用和叙述上的方便,通常根据材料的组成、功能和用途分别加以分类。

一、按建筑材料的使用性能分类

通常分为承重结构材料、非承重结构材料及功能材料三大类。

1. 承重结构材料

主要指梁、板、柱、基础、墙体和其他受力构件所用的材料。最常用的有钢材、混凝土、沥青混合料、砖、砌块、墙板、楼板、屋面板、石材和部分合成高分子材料等。

2. 非承重结构材料

主要包括框架结构的填充墙、内隔墙和其他围护材料等等。

3. 功能材料

主要有防水材料、防火材料、装饰材料、保温隔热材料、吸声(隔声)材料、采光材料、防腐材料和部分合成高分子材料等等。

二、按建筑材料的使用部位分类

按建筑材料的使用部位通常分为结构材料、墙体材料、屋面材料、楼地面材料、路面材料、路基材料、饰面材料和基础材料等等。

三、按建筑材料的化学组成分类

根据建筑材料的化学组成,通常可分为无机材料、有机材料和复合材料三大类。这三大类中又分别包含多种材料类别。

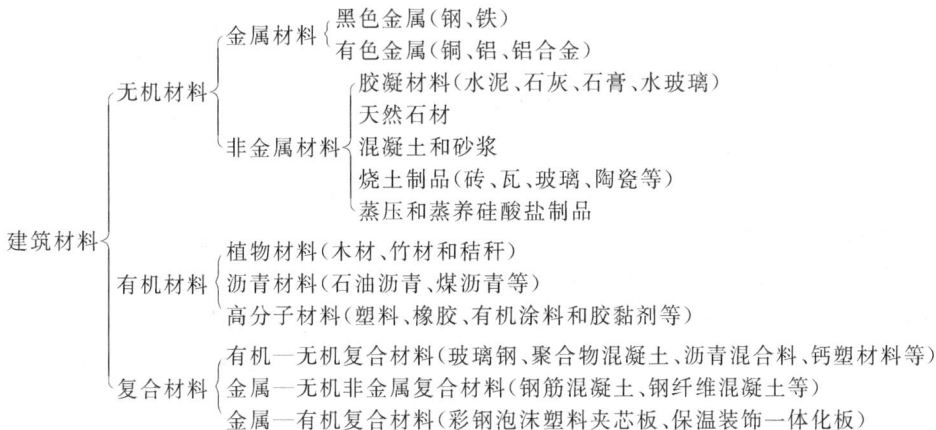

```
                            金属材料┌黑色金属(钢、铁)
                                   └有色金属(铜、铝、铝合金)
              无机材料┤
                                   ┌胶凝材料(水泥、石灰、石膏、水玻璃)
                                   │天然石材
                            非金属材料┤混凝土和砂浆
                                   │烧土制品(砖、瓦、玻璃、陶瓷等)
                                   └蒸压和蒸养硅酸盐制品
  建筑材料┤
                    ┌植物材料(木材、竹材和秸秆)
              有机材料┤沥青材料(石油沥青、煤沥青等)
                    └高分子材料(塑料、橡胶、有机涂料和胶黏剂等)
                    ┌有机—无机复合材料(玻璃钢、聚合物混凝土、沥青混合料、钙塑材料等)
              复合材料┤金属—无机非金属复合材料(钢筋混凝土、钢纤维混凝土等)
                    └金属—有机复合材料(彩钢泡沫塑料夹芯板、保温装饰一体化板)
```

第4节　本课程内容和学习要点

各种建筑材料,在原材料、生产工艺、结构及构造、性能及应用、检验及验收、运输及储存等方面既有共性,也有各自的特点,全面掌握建筑材料的知识,需要学习和研究的内容范围很广。对于从事建筑工程勘测、设计、施工、科研和管理工作的专业人员,掌握各种建筑材料的性能及其适用范围,以及在种类繁多的建筑材料中选择最合适的品种加以应用,最为重要。除了在施工现场直接配制或加工的材料(如部分砂浆、混凝土、金属焊接、防水材料等)需要深入学习其原材料和生产工艺外,对于以产品形式直接在施工现场使用的材料,也需要了解其原材料、生产工艺及结构、构造的一般知识,以明了这些因素是如何影响材料的性能,并最终影响到构筑物的性能。

作为有关生产、设计、施工、管理和研究等部门应共同遵循的依据,对于绝大多数常用的建筑材料,均由专门的机构制订并颁布了相应的"技术标准",对其质量、规格和验收方法等作了详尽而明确的规定。在我国,技术标准分为四级:国家标准、行业标准、地方标准和企业标准。国家标准是由国家标准局发布的全国性指导技术文件,其代号为 GB。行业标准也是全国性的指导技术文件,但它是由各行业主管部门(或总局)发布,其代号按各部门名称而定。如建材标准代号为JC,建工标准代号为JG,与建材相关的行业标准还有交通标准(JT)、石油标准(SY)、化工标准(HG)、水电标准(SD)、冶金标准(YJ)等等。地方标准(DB)是地方主管部门发布的地方性指导技术文件。企业标准则仅适用于本企业,其代号为QB。凡没有制定国家标准、行业标准和地方标准的产品,均应制订相应的企业标准。与建设工程紧密相关的还有中国工程建设标准化协会颁布的相关标准(CECS)。随着我国对外开放,常常还涉及到一些与建筑材料关系密切的国际或外国标准,其中主要有国际标准(ISO)、美国材料试验协会标准(ASTM)、日本工业标准(JIS)、德国工业标准(DIN)、英国标准(BS)、法国标准(NF)等。熟悉有关的技术标准,并了解制定标准的科学依据,也是十分必要的。

本课程作为建筑工程类的专业基础课,在学习中应结合现行的技术标准,以建筑材料的性能及合理使用为中心,掌握事物的本质及内在联系。例如在学习某一材料的性质时,不能只满足于甲乙丙丁地知道该材料具有哪些性质、有哪些表象,重要的是应当知道形成这些性质的内在原因、外部条件及这些性能之间的相互关系。对于同一类属的不同品种材料,不但要学习它们的共性,更重要的是要了解它们各自的特性和具备这些特性的原因。例如学习各种水泥的性能时,不但要知道它们都能在水中硬化等共性,更要注意它们各自的质的区别及因此而反映在性能上的差异。一切材料的性能都不是固定不变的,在使用过程中,甚至在运输和储存过程中,它们的性能都会在一定程度上产生或多或少的变化。为了保证工程的耐久性和控制材料性能的劣化问题,我们必须研究引起变化的外界条件和材料本身的内在原因,从而掌握变化的规律。这对于延长构筑物的使用年限具有十分重要的意义。

实验课是本课程的重要教学环节,其任务是验证基本理论,学习试验方法,培养科学研究能力和严谨慎密的科学态度。做实验时要严肃认真,一丝不苟,即使对一些操作简单的实验,也不应例外。要了解实验条件对实验结果的严重影响,并对实验结果作出正确的分析和判断。

习题与复习思考题

1. 建筑材料主要有哪些类别?
2. 建筑材料的发展与建设工程技术进步的关系如何?
3. 建筑材料的发展趋势如何?
4. 本课程的特点及学习要则如何?

第1章　建筑材料的基本性质

　　建筑材料在建筑工程各个部位起着各种不同的作用。为此,要求建筑材料具有相应的不同性质。例如结构材料应具有所需要的力学性能和耐久性能;屋面材料应具有保温隔热、抗渗性能;地面材料应具有耐磨性能等。根据构筑物中的不同使用部位和功能,建筑材料要求具有保温隔热、吸声、耐腐蚀等性能,而对于长期暴露于大气环境中的材料,要求能经受风吹、雨淋、日晒、冰冻等而引起的冲刷、化学侵蚀、生物作用、温度变化、干湿循环及冻融循环等破坏作用,即具有良好的耐久性。可见,建筑材料在使用过程中所受的作用很复杂,而且它们之间又是相互影响。因此,对建筑材料性质的要求应当是严格的和多方面的,充分发挥建筑材料的正常服役性能,满足建筑结构的正常使用寿命。

　　建筑材料所具有的各项性质主要是由材料的组成、结构等因素决定的。为了保证建筑物经久耐用,就需要掌握建筑材料的性质,并了解它们与材料的组成、结构的关系,从而合理地选用材料。

第1节　材料的物理性质

一、材料的密度、表观密度与堆积密度。

(一)密度

　　材料在绝对密实状态下单位体积的质量称为材料的密度。用公式表示为:

$$\rho = \frac{m}{V} \tag{1-1}$$

式中:ρ——材料的密度(g/cm^3);

　　m——材料在干燥状态下的质量(g);

　　V——干燥材料在绝对密实状态下的体积(cm^3)。

　　材料在绝对密实状态下的体积,是指不包含材料内部孔隙的固体物质本身的体积,亦称实体积。建筑材料中除钢材、玻璃等外,绝大多数材料均含有一定的孔隙。测定有孔隙材料的密度时,须将材料磨成细粉(粒径小于0.20mm),经干燥后用李氏瓶测得其实体积。材料磨得愈细,测得的密度愈精确。

　　工程上还经常用比重的概念,比重又称相对密度,是用材料的质量与同体积水(4℃)的质量的比值表示,无单位,其值与材料的密度相同。

　　材料的视密度,是材料在近似密实状态下单位体积的质量,可用 ρ_a 表示。

$$\rho_a = \frac{m}{V_a} \tag{1-2}$$

式中:ρ_a——材料的视密度(g/cm^3);

m——材料在干燥状态下的质量(g);

V_a——干燥材料在近似密实状态下的体积(cm^3)。

所谓近似密实状态下的体积,是指只包含材料的封闭(不含连通)孔隙体积和固体物质体积(如图1-1),封闭孔隙彼此独立且与外界隔绝,而连通孔隙不仅彼此贯通且与外界相通。一般来说材料的视密度小于其密度。

(二)表观密度

材料在自然状态下单位体积的质量称为材料的表观密度。用公式表示为:

$$\rho_0 = \frac{m}{V_0} \tag{1-3}$$

式中:ρ_0——材料的表观密度(g/cm^3 或 kg/m^3);

m——材料的质量(g 或 kg);

V_0——材料在自然状态下的体积(cm^3 或 m^3)。

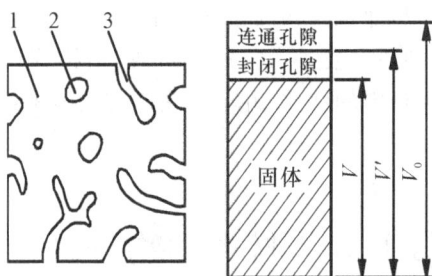

图 1-1　自然状态下材料体积示意图
1—固体;2—封闭孔隙;3—连通孔隙

材料在自然状态下的体积是指包含材料封闭孔隙和连通孔隙的体积。对于外形规则的材料,其表观密度测定很简便,只要测得材料的质量和外部体积(可用量具量测),即可算得。外形不规则材料的体积要采用排水(或排液)法求得,但材料表面应预先涂上蜡,以防止水分渗入材料内部而使所测结果不准。

材料表观密度的大小与其含水情况有关。当材料含水率变化时,其质量和体积均有所变化。因此测定材料表观密度时,须同时测定其含水率,并予以注明。通常所讲的表观密度是指气干状态下的表观密度。材料含水率高时的表观密度称为湿表观密度,在烘干状态下的表观密度称为干表观密度。

(三)堆积密度

粒状材料在自然堆积状态下单位体积的质量称为堆积密度。用公式表示为:

$$\rho_0' = \frac{m}{V_0'} \tag{1-4}$$

式中:ρ_0'——粒状材料的堆积密度(kg/m^3);

m——粒状材料的质量(kg);

V'_0——粒状材料在自然堆积状态下的体积(m^3)。

粒状材料在自然堆积状态下的体积,是指既包含颗粒固体体积及其封闭、连通孔隙体积,又包含颗粒之间空隙体积的总体积。粒状材料的体积可用已标定容积的容器测得。砂子、石子的堆积密度即用此法求得。若以捣实或振实体积计算时,则称为紧密堆积密度,简称紧堆密度。

由于大多数材料或多或少含有一些孔隙,故一般材料的$\rho > \rho_a > \rho_0 > \rho'_0$。

在建筑工程中,计算材料用量、构件自重、配料、材料堆放的体积或面积时,常用到材料的密度、表观密度和堆积密度。常用建筑材料的密度、表观密度和堆积密度见表1-1所示。

表 1-1 常用建筑材料的密度、表观密度和堆积密度

材料名称	密度(g/cm^3)	表观密度(kg/m^3)	堆积密度(kg/m^3)
钢	7.85	7850	
花岗岩	2.60~2.90	2500~2800	
碎石	2.50~2.80	2400~2750	1400~1700
砂	2.50~2.80	2400~2750	1450~1700
黏土	2.50~2.70		1600~1800
水泥	2.80~3.20		1250~1600
烧结普通砖	2.50~2.70	1600~1900	
烧结空心砖(多孔砖)	2.50~2.70	800~1480	
红松木	1.55	380~700	
泡沫塑料		20~50	
普通混凝土	2.50~2.90	2100~2600	

二、材料的孔隙率与密实度

(一)孔隙率

材料内部孔隙体积占总体积的百分率称为材料的孔隙率(P_0)。用公式表示为:

$$P_0 = \frac{V_0 - V}{V_0} \times 100\% = (1 - \frac{\rho_0}{\rho}) \times 100\% \tag{1-5}$$

材料孔隙率的大小直接反映材料的密实程度,孔隙率小,则密实程度高。孔隙率相同的材料,它们的孔隙特征可以不同。按孔隙的特征,材料的孔隙可分为连通孔隙(开口孔隙)和封闭孔隙(闭口孔隙)。按孔径大小,材料的孔隙可分为微孔、细孔及大孔。材料的孔隙率大小、孔隙特征、孔径大小、孔隙分布等,直接影响材料的力学性能、热物理性能、耐久性能等。一般而言,孔隙率较小,封闭微孔较多且孔隙分布均匀的材料,其吸水性较小,强度较高,导热系数较小,抗渗性较好。

(二)密实度

材料内部固体物质的体积占总体积的百分率称为密实度。密实度反映材料中固体物质充实的程度。用公式表示为:

$$D=\frac{V}{V_0}\times100\%=\frac{\rho_0}{\rho}\times100\% \tag{1-6}$$

根据上述孔隙率和密实度的定义,孔隙率和密实度的关系为:

$$P_0+D=1$$

三、材料的空隙率与填充率

(一)空隙率

粒状材料堆积体积中,颗粒间空隙体积占总体积的百分率称为空隙率(P_0')。用公式表示为:

$$P_0'=\frac{V_0'-V_0}{V_0'}\times100\%=\left(1-\frac{\rho_0'}{\rho_0}\right)\times100\% \tag{1-7}$$

空隙率的大小反映粒状材料颗粒之间相互填充的密实程度。

在配制混凝土时,砂、石的空隙率是作为控制混凝土中骨料级配及计算混凝土砂率的重要依据。

(二)填充率

粒状材料堆积体积中,颗粒体积占总体积的百分率称为填充率。填充率的大小反映粒状材料堆积体积中颗粒填充的程度。用公式表示为:

$$D'=\frac{V_0}{V_0'}\times100\%=\frac{\rho_0'}{\rho_0}\times100\% \tag{1-8}$$

根据上述空隙率和填充率的定义,空隙率和填充率的关系为:

$$P_0'+D'=1$$

四、材料与水有关的性质

(一)亲水性与憎水性

当材料在空气中与水接触时可以发现,有些材料能被水润湿,有些材料则不能被水润湿。

材料具有亲水性的原因是材料与水接触时,材料与水之间的分子亲合力大于水分子之间的内聚力。当材料与水之间的分子亲合力小于水分子之间的内聚力时,材料表现为憎水性。

材料被水润湿的情况可用润湿边角 θ 表示。当材料与水接触时,在材料、水、空气这三相体的交点处,引沿水滴表面的切线,此切线与材料和水接触面的夹角 θ,称为润湿边角,如图 1-2 所示。θ 角愈小,表明材料愈易被水润湿。试验证明,当 $0°<\theta\leqslant90°$ 时(如图 1-2a),表明材料表面吸附水,材料能被水润湿而表现出亲水性,这种材料称为亲水性材料;$\theta>90°$ 时(如图 1-2b),表明材料表面不吸附水,材料不能被水润湿而表现出憎水性,这种材料称为憎水性材料;当 $\theta=0°$ 时,表明材料完全被水润湿,这种材料称为完全亲水性材料。上述概念也适用于其他液体对固体的润湿情况,相应称为亲液材料和憎液材料。

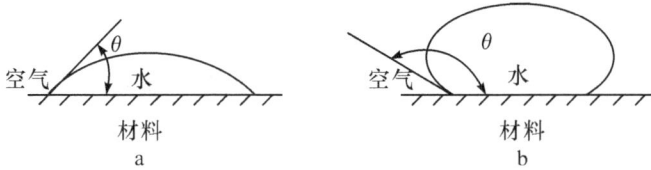

图1-2 材料润湿边角

亲水性材料易被水润湿,且水分能沿着材料表面的连通孔隙或通过毛细管作用而渗入材料内部。憎水性材料则能阻止水分渗入毛细管中,从而降低材料的吸水性。憎水性材料常被用作防水材料,或用作亲水性材料的覆面层,以提高其防水、防潮性能。

材料的亲水性和憎水性主要与材料的物质组成、结构等有关。建筑材料大多数为亲水性材料,如水泥、混凝土、砂、石、砖、木材等,只有少数建筑材料如沥青、石蜡及塑料等为憎水性材料。

(二)吸水性与吸湿性

1. 吸水性

材料在水中吸收水分的性质称为吸水性。材料的吸水性用吸水率表示,有以下两种表示方法:

(1)质量吸水率:质量吸水率是指材料在吸水饱和时,其内部所吸收水分的质量占干燥材料质量的百分率。用下式表示:

$$W_m = \frac{m_b - m_g}{m_g} \times 100\% \qquad (1\text{-}9)$$

式中:W_m——材料的质量吸水率(%);

　　m_b——材料在吸水饱和状态下的质量(g);

　　m_g——材料在干燥状态下的质量(g)。

(2)体积吸水率:体积吸水率是指材料在吸水饱和时,其内部所吸收水分的体积占干燥材料体积的百分率。用下式表示:

$$W_V = \frac{m_b - m_g}{V_0} \cdot \frac{1}{\rho_w} \times 100\% \qquad (1\text{-}10)$$

式中:W_V——材料的体积吸水率(%);

　　V_0——干燥材料在自然状态下的体积(cm^3);

　　ρ_w——水的密度(g/cm^3),在常温下可取 $\rho_w = 1\text{g/cm}^3$。

建筑工程中所用的材料一般采用质量吸水率,质量吸水率与体积吸水率有以下关系:

$$W_V = W_m \cdot \rho_0 \qquad (1\text{-}11)$$

式中:ρ_0——材料在干燥状态下的表观密度(g/cm^3)。

材料所吸收的水分是通过连通孔隙吸入的,故连通孔隙率愈大,则材料的吸水量愈多。通常材料吸水饱和时的体积吸水率,即为材料的连通孔隙率。

材料的吸水性与材料的孔隙率及孔隙特征等有关。对于细微连通的孔隙,孔隙率愈大,则吸水率愈大。封闭的孔隙内水分不易进去,而连通大孔虽然水分易进入,但不易存留,只能润湿孔壁,所以吸水率较小。各种材料的吸水率差异很大,如花岗岩的吸水率只有0.5%~0.7%,混凝土的吸水率为2%~3%,烧结普通砖的吸水率为8%~20%,木材的吸水率可超过 100%。

材料的吸水率不大时通常用质量吸水率表示,通常所说的吸水率一般指材料的质量吸水率。对一些轻质多孔材料,如加气混凝土、木材等,由于质量吸水率往往超过 100%,故可用体积吸水率表示。

2. 吸湿性

材料在空气中吸收水分的性质称为吸湿性。材料的吸湿性用含水率表示。含水率是指材料内部含水质量占材料干质量的百分率。用公式表示为:

$$W_h = \frac{m_s - m_g}{m_g} \times 100\% \tag{1-12}$$

式中:W_h——材料的含水率(%);

　　　m_s——材料在吸湿状态下的质量(g);

　　　m_g——材料在干燥状态下的质量(g)。

材料的吸湿性随着空气相对湿度和环境温度的变化而改变,当空气相对湿度较大且温度较低时,材料的含水率较大;反之则较小。材料中所含水分与周围空气的相对湿度相平衡时的含水率,称为平衡含水率。当材料吸湿达到饱和状态时的含水率即为材料的吸水率。具有细微连通孔隙的材料,吸湿性特别强,在潮湿空气中能吸收很多水分,这是由于这类材料的内表面积很大,吸附水的能力很强所致。

材料的吸水性和吸湿性主要与材料的物质组成、结构等有关。材料的吸水性和吸湿性均对材料的性能产生不利影响。材料吸水后会导致其自重增大、导热性增大,材料的强度和耐久性等将产生不同程度的下降。材料干湿交替还会引起材料的尺寸形状的改变而影响正常使用。

(三)耐水性

材料在饱和水作用下,强度不显著降低的性质称为耐水性。材料的耐水性用软化系数表示:

$$K_R = \frac{f_w}{f_d} \tag{1-13}$$

式中:K_R——材料的软化系数;

　　　f_w——材料在吸水饱和状态下的抗压强度(MPa);

　　　f_d——材料在干燥状态下的抗压强度(MPa)。

软化系数的大小反映材料在浸水饱和后强度降低的程度。材料的软化系数主要与材料的物质组成、结构等有关。一般来说,材料被水浸湿后,强度均会有所降低,这是因为水分被组成材料的微小颗粒表面吸附,形成水膜,削弱了微小颗粒之间的结合力。软化系数愈小,表示材料吸水饱和后强度下降愈多,即耐水性愈差。材料的软化系数为 0~1。不同材料的软化系数相差颇大,如黏土 $K_R = 0$,而金属 $K_R = 1$。建筑工程中将软化系数大于 0.85 的材料,称为耐水性材料。长期处于水中或潮湿环境中的重要结构,要选择软化系数大于 0.85 的耐水性材料。用于受潮较轻或次要结构的材料,其软化系数不宜小于 0.75。

(四)抗水渗透性能

材料抵抗压力水渗透的性质称为抗水渗透性能。材料的抗水渗透性能常用渗透系数表示。渗透系数的意义是:一定厚度的材料,在单位压力水头作用下,在单位时间内透过单位面积的水量。用公式表示为：

$$K_s = \frac{Qd}{AtH} \tag{1-14}$$

式中：K_s——材料的渗透系数（cm/h）；

Q——渗透水量（cm³）；

d——材料的厚度（cm）；

A——渗水面积（cm²）；

t——渗水时间（h）；

H——静水压力水头（cm）。

K_s 值愈大，表示渗透材料的水量愈多，即抗水渗透性能愈差。

工程实际中，材料的抗水渗透性能通常用抗渗等级或渗水高度表示。

抗渗等级是以规定要求的试件，按照标准要求逐级施加水压力，规定数量的试件所能承受的最大水压力。用公式表示为：

$$Pn = 10H - 1 \tag{1-15}$$

式中：Pn——抗渗等级；

H——规定数量试件渗水时的水压力，MPa。

抗渗等级符号"Pn"中，n 为该材料在标准试验条件下所能承受的最大水压力的 10 倍数，如 P4、P6、P8、P10、P12 等分别表示材料能承受 0.4、0.6、0.8、1.0、1.2MPa 的水压而不渗水。

渗水高度是以规定要求的试件，按照标准要求施加恒定水压力下的平均渗水高度。

材料的抗水渗透性能主要与材料的物质组成、结构等有关，尤其与其孔隙特征有关。细微连通的孔隙中水易渗入，故这种孔隙愈多，材料的抗水渗透性能愈差。封闭孔隙中水不易渗入，因此封闭孔隙率大的材料，其抗水渗透性能仍然良好。连通大孔中水最易渗入，故其抗水渗透性能最差。材料的抗水渗透性能还与材料的憎水性和亲水性有关，憎水性材料的抗水渗透性能优于亲水性材料。

抗水渗透性能是决定材料耐久性的重要因素。在设计地下结构、压力管道、压力容器等结构时，均要求其所用材料具有一定的抗水渗透性能。抗水渗透性能也是检验防水材料质量的重要指标。

（五）抗冻性能

材料经受规定条件下的多次冻融循环作用而质量损失率和抗压强度损失率（或相对动弹性模量）符合规定要求的性质称为材料的抗冻性能。

材料的抗冻性能等级通常用抗冻等级或抗冻标号表示。

材料的抗冻标号是材料在慢冻法气冻水融条件下，以经受的冻融循环最大次数来表示抗冻性能。用符号"Dn"表示抗冻标号，其中 n 即为最大冻融循环次数，如 D25、D50 等。

材料的抗冻等级是材料在快速法水冻水融条件下，以经受的冻融循环最大次数来表示抗冻性能。用符号"Fn"表示抗冻等级，其中 n 即为最大冻融循环次数，如 F25、F50 等。

材料抗冻性能等级的选择，是根据结构物的种类、使用要求、气候条件等来决定。例如烧结普通砖、陶瓷面砖、轻混凝土等墙体材料，一般要求其抗冻性能等级为 D15（F15）或 D25（F25）；用于桥梁和道路的混凝土应为 D50（F50）、D100（F100）；而水工混凝土要求高达 F500。

材料的抗冻性能主要与材料的物质组成、结构等有关,尤其与其孔隙特征和孔隙率有关。材料受冻融破坏主要是因其孔隙中的水结冰所致。水结冰时体积增大约 9%,若材料孔隙中充满水,则结冰膨胀对孔壁产生很大的冻胀应力,当此应力超过材料的抗拉强度时,孔壁将产生局部开裂。随着冻融循环次数的增多,材料破坏加重。所以材料的抗冻性能取决于其孔隙率、孔隙特征、充水程度和材料对水结冰膨胀所产生的冻胀应力的抵抗能力。如果孔隙未充满水,即还未达到饱和,具有足够的自由空间,则即使受冻也不致产生很大的冻胀应力。极细的孔隙虽可充满水,但是因孔壁对水的吸附力极大,吸附在孔壁上的水冰点很低,它在一般负温下不会结冰。粗大孔隙一般水分不会充满其中,对冻胀破坏可起缓冲作用。毛细管孔隙中易充满水分,又能结冰,故对材料的冰冻破坏影响最大。若材料的变形能力大、强度高、软化系数大,则其抗冻性能良好。一般认为软化系数小于 0.80 的材料,其抗冻性能较差。

另外,从外部条件来看,材料受冻融破坏的程度,与冻融温度、结冰速度、冻融频繁程度等因素有关。环境温度愈低、降温愈快、冻融愈频繁,则材料受冻融破坏愈严重。材料的冻融破坏作用是从外表面开始而产生剥落,逐渐向内部深入发展。

抗冻性能良好的材料,抵抗大气温度变化、干湿交替等破坏作用的能力较强,所以抗冻性能等级常作为考查材料耐久性的一项重要指标。在设计寒冷地区及寒冷环境(如冷库)的建筑物时,必须要考虑材料的抗冻性能。处于温暖地区的建筑物,虽无冰冻作用,但为抵抗大气的作用,确保建筑物的耐久性,也常对材料提出一定的抗冻性能要求。

五、材料的热物理性能

建筑材料除了须满足必要的强度及其他性能要求外,为了降低建筑物的使用能耗,以及为生产和生活创造适宜的条件,常要求建筑材料具有一定的热物理性能,以维持室内温度。常考虑材料的热物理性能指标有导热系数、比热容、热阻、蓄热系数、导温系数、传热系数、热惰性等。

1. 导热系数

导热系数(也称热导率)是指材料在稳定传热条件下,1m 厚的材料,两侧表面的温差为 1 度(K 或℃),在 1h 内,通过 1m² 面积传递的热量,单位为瓦/(米 · 度)[W/(m · K),此处的 K 可用℃代替]。导热系数计算公式表示为:

$$\lambda = \frac{Qa}{(T_1 - T_2)At} \tag{1-16}$$

式中:λ——材料的导热系数[W/(m · K)];

Q ——传热量(J);

a ——材料厚度(m);

A ——传热面积(m²);

t ——传热时间(s);

$(T_1 - T_2)$——材料两侧表面温差(K)。

不同的建筑材料具有不同的热物理性能,衡量建筑材料保温隔热性能优劣的主要指标是导热系数 λ[W/(m · K)]。材料的导热系数愈小,则通过材料传递的热量越少,表示材料的保温隔热性能愈好。各种材料的导热系数差别很大,一般介于 $0.025 \sim 3.50 \mathrm{W/(m \cdot K)}$,如泡沫塑料导热系数为 $0.035 \mathrm{W/(m \cdot K)}$,而大理石导热系数为 $3.5 \mathrm{W/(m \cdot K)}$。

导热系数是材料的固有特性,导热系数与材料的物质组成、结构等有关,尤其与其孔隙率、孔隙特征、湿度、温度和热流方向等有着密切关系。由于密闭空气的导热系数很小[约为 $0.023 \mathrm{W/(m \cdot K)}$],所以,材料的孔隙率较大者其导热系数较小,但是如果孔隙粗大或贯通,由于对流作用,材料的导热系数反而增高。材料受潮或受冻后,其导热系数大大提高,这是由于水和冰的导热系数比空气的导热系数大很多[水的导热系数约为 $0.581 \mathrm{W/(m \cdot K)}$,冰的导热系数约为 $2.326 \mathrm{W/(m \cdot K)}$]。因此,材料应经常处于干燥状态,以利于发挥材料的保温隔热效果。

2. 比热容

材料的比热容表示 1kg 材料,温度升高或降低 1℃时所吸收或放出的热量。比热容计算公式表示为:

$$c = \frac{Q}{m(T_1 - T_2)} \tag{1-17}$$

式中:c——材料的比热容[$\mathrm{kJ/(kg \cdot K)}$];

Q——材料吸收或放出的热量(kJ);

m——材料的质量(kg);

$(T_1 - T_2)$——材料受热或冷却前后的温度差(K)。

比热容是衡量材料吸热或放热能力大小的物理量。比热容也是材料的固有特性,材料的比热容主要取决于矿物成分和有机成分含量,一般无机材料比热容小于有机材料的比热容。不同的材料比热容不同,即使是同一种材料,由于所处的物态不同,比热容也不同,例如,水的比热容为 $4.19 \mathrm{kJ/(kg \cdot K)}$,而水结冰后比热容则是 $2.05 \mathrm{kJ/(kg \cdot K)}$。

材料的比热容对保持建筑物内部温度稳定有很大意义,比热容大的材料,能在热流变动或采暖设备供热不均匀时,缓和室内的温度波动。

3. 热阻

根据导热系数的定义式可改写成:

$$Q = (\lambda/a)(T_1 - T_2)At \tag{1-18}$$

λ/a 决定了材料在一定的表面温差下单位时间内通过单位面积的热流量大小。建筑热物理性能中,把 λ/a 的倒数 a/λ 称为材料层的热阻,用 R 表示。热阻 R 的单位是 $\mathrm{m^2 \cdot K/W}$。热阻 R 反映材料抵抗热流通过的能力,即热流通过时的阻力。与导热系数或传热系数不同的是,热阻与传热物体的厚度有关。同样温度条件下,热阻越大,通过材料的热量越少。

4. 蓄热系数

当某一足够厚度的单一材料层一侧受到谐波热作用时,通过表面的热流波幅与表面温度波幅的比值,称为蓄热系数。蓄热系数是衡量材料储热能力的重要性能指标。它取决于材料的导热系数、比热容、表观密度以及热流波动的周期。蓄热系数计算公式表示为:

$$S = \sqrt{\frac{2\pi}{T}\lambda c \gamma_0} \tag{1-19}$$

式中:S——材料的蓄热系数[$\mathrm{W/(m^2 \cdot K)}$];

λ——材料的导热系数[$\mathrm{W/(m \cdot K)}$];

c——材料的比热容[J/(kg·K)];

γ_0——材料的表观密度(kg/m³);

T——材料的热流波动周期(h)。

通常使用周期为24h的蓄热系数,记为S_{24}。材料的蓄热系数大,蓄热性能好,热稳定性也较好。

5. 导温系数

导温系数又称为热扩散率,材料的导温系数是衡量材料在稳定(两侧面温差恒定)的热作用下传递热量多少的热物理性能指标。当热作用随时间改变时,材料内部的传热特性不仅取决于导热系数,还与材料的蓄热能力有关。在这种随时间而变化的不稳定传热过程中,材料各点达到相同温度的速度与材料的导热系数成正比,与材料的体积热容量成反比。体积热容量等于比热容与表观密度的乘积,其物理意义是1m³的材料升温或降温1℃所吸收或放出的热量。材料的导温系数计算公式表示为:

$$\delta = \frac{\lambda}{c\gamma_0} \tag{1-20}$$

式中:δ——材料的导温系数(m²/s);

λ——材料的导热系数[W/(m·K)];

c——材料的比热容[J/(kg·K)];

γ_0——材料的表观密度(kg/m³)。

导温系数越大,材料中温度变化传播越迅速,各点达到相同温度越快。材料的分子结构和化学成分对材料的导温系数影响很大。表观密度相同的情况下,晶体材料的导温系数比玻璃体材料导温系数大。导温系数一般随材料表观密度减小而降低,然而,当表观密度减小到一定程度时,导温系数反而随材料表观密度减小而迅速增大。导温系数随着温度的升高有所增大,但是,影响幅度不大。湿度对导温系数的影响较为复杂,这是因为当湿度增大时导热系数与比热容也都增大,但是增大速率不同,而导温系数取决于导热系数与比热容的比值。

6. 传热系数

传热系数(也称总传热系数)指在稳定传热条件下,围护结构两侧空气温差为1度(K或℃)时,1h内透过1m²面积所传递的热量。其单位是W/(m²·K),K也可用℃代替。传热系数是建筑围护结构保温隔热性能的重要指标。

7. 热惰性

热惰性用来衡量围护结构抵抗温度波动和热流波动的能力,用热惰性指标D表示。热惰性指标D是表征围护结构对周期性温度波在其内部衰减快慢程度的无量纲指标,其值等于材料层的热阻与蓄热系数的乘积。单一材料围护结构$D=R \cdot S$,多层材料围护结构$D = \sum(R \cdot S)$,R为结构层的热阻,S为相应材料层的蓄热系数。热惰性指标D值愈大,周期性温度波在其内部的衰减愈快,围护结构的热稳定性愈好。

材料的导热系数和比热容是设计建筑物围护结构(墙体、屋盖)时进行热物理性能指标计算的重要参数,设计时应选用导热系数较小、而比热容较大的建筑材料,有利于保持建筑物室内温度的稳定性。同时,导热系数也是工业窑炉热物理性能指标计算和确定冷藏保温隔热层厚度的重要数据。几种典型材料干燥状态的热物理性能指标如表1-2所示,由表可见,水的比热容最大。

表 1-2   几种典型材料干燥状态的热物理性能指标

材 料 名 称	导热系数 [W/(m·K)]	比热容 [kJ/(kg·K)]	蓄热系数(24h) [W/(m²·K)]
紫铜	407.000	0.42	324.00
青铜	64.000	0.38	118.00
建筑钢材	58.200	0.48	126.00
铸铁	49.900	0.48	112.00
铝	203.00	0.92	191.00
花岗岩	3.490	0.92	25.49
大理石	2.910	0.92	23.27
建筑用砂	0.580	1.01	8.26
碎石、卵石混凝土	1.280~1.510	0.92	13.57~15.36
自然煤矸石或炉渣混凝土	0.560~1.000	1.05	7.63~11.68
粉煤灰陶粒混凝土	0.440~0.950	1.05	6.30~11.40
黏土陶粒混凝土	0.530~0.840	1.05	7.25~10.36
加气混凝土	0.093~0.220	1.05	2.81~3.59
泡沫混凝土	0.190	1.05	2.81
钢筋混凝土	1.740	0.92	17.20
水泥砂浆	0.930	1.05	11.37
石灰水泥砂浆	0.870	1.05	10.75
石灰砂浆	0.810	1.05	10.07
石灰石膏砂浆	0.760	1.05	9.44
保温砂浆	0.290	1.05	4.44
烧结普通砖	0.650	0.85	10.05
蒸压灰砂砖砌体	1.100	1.05	12.72
KP1型烧结多孔砖砌体	0.580	1.05	7.92
炉渣砂砖砌体	0.810	1.05	10.43
松木(热流垂直木纹)	0.140	2.51	3.85
泡沫塑料	0.033~0.048	1.38	0.36~0.79
泡沫玻璃	0.058	0.84	0.70
膨胀珍珠岩	0.070~0.058	1.17	0.63~0.84
膨胀聚苯板	0.042	1.38	0.36
矿棉、岩棉、玻璃棉板	0.048	1.34	0.77
硬泡聚氨酯	0.027	1.38	0.36

续表

材料名称	导热系数 [W/(m·K)]	比热容 [kJ/(kg·K)]	蓄热系数(24h) [W/(m²·K)]
石膏板	0.330	1.05	5.28
胶合板	0.170	2.51	4.57
平板玻璃	0.760	0.84	10.69
冰	2.326	2.05	
水	0.581	4.19	
静止空气	0.023	1.00	

第2节 材料的基本力学性质

一、材料的强度及强度等级

（一）强度

材料在外力作用下抵抗破坏的能力称为强度。当材料受外力作用时,其内部产生应力,外力增加,应力相应增大,直至材料内部质点间结合力不足以抵抗外力时,材料即发生破坏。材料破坏时,应力达到极限值,这个极限应力值就是材料的强度,也称为极限强度。

根据外力作用形式不同,材料的强度有抗压强度、抗拉强度、抗弯(抗折或弯拉)强度及抗剪强度等,如图 1-3 所示。

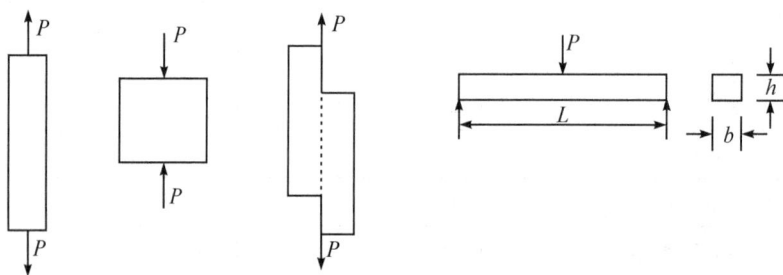

图 1-3 材料受外力作用示意图

材料的这些强度是通过静力试验测定的,故总称为静力强度。材料的静力强度是通过标准试件的破坏试验而测得。材料的抗压、抗拉和抗剪强度的计算公式为:

$$f = \frac{P_{\max}}{A} \tag{1-21}$$

式中:f——材料的强度(抗压、抗拉或抗剪)(N/mm²);

$P_{\max}$——试件破坏时的最大荷载(N);

A——试件受力面积(mm²)。

材料的抗弯强度与试件的几何外形及荷载施加形式有关,对于矩形截面和条形试件,当

两支点中间作用一集中荷载时,其抗弯强度按下式计算:

$$f = \frac{3P_{\max}L}{2bh^2}$$ （1-22）

式中：f——材料的抗弯强度（N/mm²）；

 $P_{\max}$——试件破坏时的最大荷载（N）；

 L——试件两支点间的距离（mm）；

 b、h——分别为试件截面的宽度和高度（mm）。

（二）影响材料强度的主要因素

1. 材料的组成。材料的组成是材料性质的物质基础,不同化学组成或矿物组成的材料,具有不同的力学性质,它对材料的性质起着决定性作用。

2. 材料的结构。即使材料的组成相同,其结构不同,强度也不同。材料的孔隙率、孔隙特征及内部质点间结合方式等均影响材料的强度。晶体结构材料,其强度还与晶粒粗细有关,其中细晶粒的强度高。玻璃是脆性材料,抗拉强度很低,但当制成玻璃纤维后,具有较高的抗拉强度。一般材料的孔隙率愈小,强度愈高。对于同一品种的材料,其强度与孔隙率之间存在近似直线的反比关系。

3. 含水状态。大多数材料被水浸湿后或吸水饱和状态下的强度低于干燥状态下的强度。这是由于水分被组成材料的微粒表面吸附,形成水膜,增大材料内部质点间距离,材料体积膨胀（湿胀）,削弱微粒间的结合力。

4. 温度。通常温度升高,材料内部质点的振动加强,体积膨胀（热胀）质点间距离增大,质点间的作用力减弱,材料的强度降低。反之则相反（除了负温状态）。

5. 试件的形状和尺寸。同种材料相同受压面积时,立方体试件的抗压强度高于棱柱体试件的抗压强度；同种材料形状相同时,小尺寸试件的强度高于大尺寸试件的强度。

6. 加荷速度。通常加荷速度快时,由于材料的变形速度滞后于荷载增长速度,故测得的强度值偏高；反之,因材料有充裕的变形时间,测得的强度值偏低。

7. 受力面状态。试件的受力表面凹凸不平或表面润滑时,所测强度值偏低。

由此可知,材料的强度是在规定条件下测定的数值。为了使试验结果准确,且具有可比性,各个国家均制定了统一的材料试验标准。在测定材料强度时,必须严格按照规定的试验方法进行。

（三）强度等级

各种材料的强度差别甚大。建筑材料按其强度值的大小人为地划分为若干个强度等级。如硅酸盐水泥按 28 天的抗压强度和抗折强度划分为 42.5 级～62.5 级共三个强度等级；普通混凝土按 28 天的抗压强度划分为 C15～C80,共 14 个强度等级。建筑材料划分强度等级,对生产者和使用者均有重要意义。它可使生产者在质量控制时有据可依,从而保证产品质量；对使用者来说,有利于直观掌握材料的性能指标,以便于合理选用材料,正确地进行设计和控制工程施工质量。

强度是材料的实测极限应力值,是唯一的,是划分强度等级的依据；而每一强度等级则包含一系列实测强度。常用建筑材料的强度见表 1-3 所示。

表 1-3　常用建筑材料的强度（MPa）

材料	抗压强度	抗拉强度	抗弯强度
花岗岩	100～250	5～8	10～14
烧结普通砖	7.5～30	—	1.8～4.0
普通混凝土	7.5～60	1～4	2.0～8.0
松木（顺纹）	30～50	80～120	60～100
钢材	235～1800	235～1800	—

（四）比强度

比强度反映材料单位体积质量的强度，其值等于材料的强度与其表观密度之比。比强度是衡量材料轻质高强性能的重要指标。优质的建筑结构材料，必须具有较高的比强度。几种建筑材料的比强度见表 1-4 所示。

表 1-4　几种建筑材料的比强度

材料	表观密度 ρ_0（kg/m^3）	强度 f_c（MPa）	比强度（f_c/ρ_0）
低碳钢	7850	420	0.054
普通混凝土	2400	40	0.017
松木（顺纹抗拉）	500	100	0.200
松木（顺纹抗压）	500	36	0.072
玻璃钢	2000	450	0.225
烧结普通砖	1700	10	0.006

由表 1-4 中比强度数据可知，玻璃钢和木材是轻质高强的材料，它们的比强度大于低碳钢，而低碳钢的比强度大于普通混凝土。普通混凝土是表观密度大而比强度相对较低的建筑材料，所以努力改进普通混凝土——这一当代用量最多、最重要的建筑材料，向轻质高强发展是一项十分重要的工作。

二、材料的弹性与塑性

材料在外力作用下产生变形，当外力撤除后能完全恢复变形的性质称为弹性。这种可恢复的可逆变形称为弹性变形，具有这种性质的材料称为弹性材料。弹性材料的变形特征常用弹性模量 E 表示，其值等于应力（σ）与应变（ε）之比，即：

$$E = \frac{\sigma}{\varepsilon} \qquad\qquad (1\text{-}23)$$

弹性模量是衡量材料抵抗变形能力的一个重要指标。同一种材料在其弹性变形范围内，弹性模量为常数。弹性模量愈大，材料愈不易变形，亦即刚度愈大。弹性模量是结构设计的重要参数。

材料在外力作用下产生变形，当外力撤除后不能恢复变形的性质称为塑性。这种不可恢复的不可逆变形称为塑性变形，具有这种性质的材料称为塑性材料。

实际上,纯弹性变形的建筑材料是没有的。通常一些建筑材料在受力不大时,表现为弹性变形;当外力超过一定值时,则呈现塑性变形,如低碳钢就是典型的这种材料。另外,许多建筑材料在受力时,弹性变形和塑性变形同时产生,这种材料当外力取消后,弹性变形即可恢复,而塑性变形不能消失,这种材料称为弹塑性材料,混凝土就是这类材料的代表之一。弹塑性材料的变形曲线如图1-4所示,图中 *ab* 为可恢复的弹性变形,*bO* 为不可恢复的塑性变形。

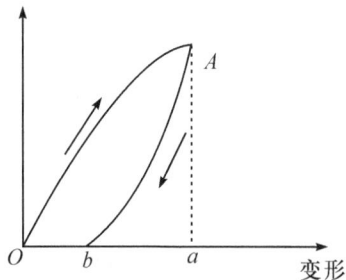

图 1-4　弹塑性材料的变形曲线

三、材料的脆性与韧性

材料在外力作用下无明显的变形而突然破坏的性质称为脆性。具有这种性质的材料称为脆性材料。脆性材料的抗拉强度远小于其抗压强度,可小于数倍甚至数十倍。脆性材料抵抗冲击荷载或振动作用的能力很差,只适合用作承压构件。建筑材料中大部分无机非金属材料均属于脆性材料,如天然岩石、陶瓷、玻璃、普通混凝土等。

材料在外力作用下能产生较大变形而不破坏的性质称为韧性。具有这种性质的材料称为韧性材料。材料的韧性用冲击韧性指标 a_K 表示,冲击韧性指标反映带缺口的试件做冲击破坏试验时,断口处单位面积所吸收的能量。其计算公式为:

$$a_K = \frac{A_K}{A} \tag{1-24}$$

式中:a_K——材料的冲击韧性指标(J/mm²);

A_K——试件破坏时所消耗的能量(J);

A——试件受力净截面面积(mm²)。

在建筑工程中,对于承受冲击荷载、振动荷载或有抗震要求的结构,如吊车梁、桥梁、路面等所用的材料,均要求具有较高的韧性。

四、材料的硬度与耐磨性

(一)硬度

硬度是指材料表面抵抗硬物压入或刻划的能力。材料硬度测试方法有多种,不同材料用不同测试方法,常用的有压入法和刻划法两种。压入法主要有布氏硬度和洛氏硬度。布氏硬度通常用于铸铁、非铁金属、低合金结构钢及结构钢调质件、木材、混凝土等材料,洛氏硬度理论上可以用于各种材料硬度的测试,但是因采用不同的硬度等级测得的硬度值无法比较,故常用于淬火钢的硬度测试。刻划法主要有莫氏硬度。莫氏硬度主要用于无机非金属材料,特别是矿物的硬度测试。按莫氏硬度把矿物硬度分为 10 级,按硬度递增顺序分为滑石 1 级、石膏 2 级、方解石 3 级、萤石 4 级、磷灰石 5 级、正长石 6 级、石英 7 级、黄玉 8 级、刚玉 9 级、金钢石 10 级。

一般材料的硬度愈大,其耐磨性愈好。工程中有时也可以用硬度来间接推算材料的强度。

(二)耐磨性

耐磨性是材料表面抵抗磨损的能力。材料的耐磨性用磨损率表示,其计算公式为:

$$N=\frac{m_1-m_2}{A}$$

(1-25)

式中：N——材料的磨损率（g/cm^2）；

　　　m_1、m_2——分别为材料磨损前、后的质量（g）；

　　　A——试件受磨损面积（cm^2）。

材料的耐磨性与材料的组成、结构、强度、硬度等有关。在建筑工程中用于踏步、台阶、地面、路面等部位的材料，应具有较高的耐磨性。一般来说，强度较高且密实的材料，其硬度较大，耐磨性较好。

第3节　材料的耐久性

材料的耐久性是指材料在多种环境因素耦合作用下，能经久不变质、不破坏，长久地保持其性能的性质。

耐久性是材料的一项综合性质，诸如抗冻性、抗渗性、抗碳化性、抗风化性、大气稳定性、耐腐蚀性等均属耐久性的范围。此外，材料的强度、耐磨性、耐热性等也与材料的耐久性有着密切关系。

一、环境对材料的作用

在构筑物使用过程中，材料除了内在原因使其组成、结构、性能发生变化以外，还由于长期受到周围复杂环境及各种自然因素的耦合作用或共同作用而破坏。这些作用可概括为以下几方面：

1. 物理作用。包括环境温度、湿度的交替变化，即冷热、干湿、冻融等循环作用。材料在经受这些作用后，将发生膨胀、收缩，产生内应力，长期的循环反复作用，将使材料渐遭破坏。

2. 化学作用。包括大气和环境水中的酸、碱、盐等溶液或其他有害物质对材料的侵蚀作用，以及日光等对材料的作用，使材料产生本质的变化而破坏。

3. 机械作用。包括荷载的持续作用或交变作用引起材料的疲劳、冲击、磨损等破坏。

4. 生物作用。包括菌类、昆虫等的侵害作用，导致材料发生腐朽、蛀蚀等破坏。

各种材料耐久性的具体内容，因其组成和结构不同而异。例如，钢材易氧化而锈蚀；无机非金属材料常因氧化、风化、碳化、溶蚀、冻融、热应力、干湿交替等作用而破坏；有机材料多因腐烂、虫蛀、老化而变质等。

二、材料耐久性的测定

对材料耐久性最可靠的判断，是对其在使用条件下进行长期的观察和测定，但这需要很长时间。为此，近年来采用快速检验法。这种方法是模拟实际使用条件，将材料在实验室进行有关的快速试验，根据试验结果对材料的耐久性作出判定。在实验室进行快速试验的项目主要有：干湿循环、冻融循环、人工碳化、加速腐蚀、盐雾、酸雨、加湿与紫外线干燥循环、盐溶液浸渍与干燥循环、化学介质浸渍等。

三、提高材料耐久性的重要意义

在设计选择建筑材料时,必须考虑材料的耐久性问题。采用耐久性良好的建筑材料,对节约材料、充分发挥建筑材料的正常服役性能、保证建筑结构长期正常使用、延长建筑物使用寿命、减少维修费用等,均具有十分重要的意义。

第4节 材料的组成及结构

虽然复杂环境因素对建筑材料性能的影响很大,但是这些都属于外因,外因要通过内因才起作用,所以对材料性质起决定性作用的是其内部因素。所谓的内部因素就是指材料的物质组成、结构。

一、材料的组成

材料的组成包括材料的化学组成、矿物组成和相组成。它不仅影响着材料的化学性质,而且是决定材料物理、力学性质的重要因素。

（一）化学组成

化学组成(或成分)是指构成材料的化学元素及化合物的种类及数量。当材料与自然环境或各类物质相接触时,它们之间必然按化学变化规律发生作用。如材料受到酸、碱、盐类等物质的侵蚀作用,材料遇到火焰时燃烧,以及钢材和其他金属材料的锈蚀等都属于化学作用。

材料的化学组成有的简单,有的复杂。材料的化学组成决定着材料的化学稳定性、大气稳定性、耐火性等性质。例如石膏、石灰和石灰石的主要化学组成分别是 $CaSO_4$、CaO 和 $CaCO_3$,均比较单一,这些化学组成就决定了石膏、石灰易溶于水而耐水性差,而石灰石较稳定。花岗岩、水泥、木材、沥青等化学组成比较复杂,花岗岩主要由多种氧化物形成的天然矿物,如石英、长石、云母等,它强度高、抗风化性好;普通水泥主要由 CaO、SiO_2、Al_2O_3 等氧化物形成的硅酸钙及铝酸钙等矿物组成,它决定了水泥易水化形成凝胶体,具有胶凝性,且呈碱性;木材主要由 C、H、O 形成的纤维素和木质素组成,故易于燃烧;石油沥青则由多种 C—H 化合物及其衍生物组成,故决定其易于老化等等。

总之,各种材料均有其自己的化学组成,不同化学组成的材料,具有不同的化学、物理及力学性质。因此,化学组成是材料性质的基础,它对材料的性质起着决定性作用。

（二）矿物组成

矿物是指由地质作用形成的具有相对固定的化学组成和确定的内部结构的天然单质或化合物。矿物必须是具有特定的化学组成和结晶结构的无机物。矿物组成是指构成材料的矿物种类和数量。大多数建筑材料的矿物组成是复杂的,如天然石材、无机胶凝材料等,复杂的矿物组成是决定其性质的主要因素。水泥因熟料矿物不同或含量不同,表现出的水泥性质不同,如硅酸盐水泥中,硅酸三钙含量高,其硬化速度较快,强度较高。

（三）相组成

物理化学性质完全相同、成分相同的均匀物质的聚集态或者说组成和状态处处"一致"

的物质称为相。自然界中的物质可分为气相、液相、固相。即使是同一种物质在温度、压力等条件发生变化时常常会从一个相转变为另一个相称为相变。例如气相变为液相或固相，水蒸汽变成水或冰。凡是由两相或两相以上物质组成的材料称为复合材料。建筑材料大多数可看作复合材料。

相与相之间有明确的物理界面，超过此界面，一定有某种性质（如密度，组成等）发生突变。复合材料的性质与材料的组成及界面特性有密切关系。所谓界面从广义来讲是指多相材料中相与相之间的分界面。在实际材料中，界面是一个薄区，它的成分及结构与相是不一样的，它们之间是不均匀的，可将其作为"界面相"来处理。因此，通过改变和控制材料的相组成，可以改善和提高材料的技术性能。

人工复合材料，如混凝土、建筑涂料等，由各种原材料配合而成，因此影响这类材料性质的主要因素是其原材料的品质和配合比例。

二、材料的结构

材料的结构可分为：微观结构、细观结构和宏观结构。

（一）微观结构

微观结构是指原子、分子层次上的结构。可用电子显微镜和 X 射线来分析研究该层次上的结构特征。微观结构的尺寸分辨程度为"埃"（Å，0.1nm）～"纳米"（nm）范围。材料的许多物理性质，如强度、硬度、弹塑性、熔点、导热性、导电性等都是由其微观结构所决定。

从微观结构层次上，材料可分为晶体、玻璃体、胶体。

1. 晶体

质点（离子、原子、分子）在空间上按特定的规则呈周期性排列时所形成的结构称为晶体结构。晶体具有如下特点：

（1）具有特定的几何外形，这是晶体内部质点按特定规则排列的外部表现。

（2）具有各向异性，这是晶体的结构特征在性能上的反映。

（3）具有固定的熔点和化学稳定性，这是晶体键能和质点处于最低能量状态所决定的。

（4）结晶接触点和晶面是晶体结构破坏或变形的薄弱部位。

根据组成晶体的质点及化学键的不同，晶体可分为：

原子晶体：中性原子与共价键结合的晶体，如石英等。

离子晶体：正负离子与离子键结合的晶体，如 $CaCl_2$ 等。

分子晶体：以分子间的范德华力即分子键结合的晶体，如有机化合物。

金属晶体：以金属阳离子为晶格，由自由电子与金属阳离子间的金属键结合的晶体，如钢。

晶体内部质点的相对密集程度和质点间的结合力，对晶体材料的性质有着重要的影响。例如碳素钢，其晶体结构中的质点相对密集程度较高，质点间又是以金属键联结着，结合力强，故钢材具有较高的强度、很大的塑性变形能力。同时，因其晶格间隙中存在着自由运动的电子，从而使钢材具有良好的导电性和导热性。而在硅酸盐矿物材料（如陶瓷）的复杂晶体结构（基本单元为硅氧四面体）中，质点的相对密集程度不高，且质点间大多是以共价键联结，结合力较弱，故这类材料的强度较低，变形能力差，呈现脆性。同时，晶粒的大小对材料性质也有重要影响，一般晶粒愈细，分布愈均匀，材料的强度愈高。所以改变晶粒的粗细程度,可以使材料性质发生变化,如钢材的热处理就是利用这一原理。

如果材料的化学组成相同,而形成的晶体结构不同,则性能差异很大。如石英、石英玻璃和硅藻土,化学组成均为 SiO_2,但是各自的性能颇不同。另外,晶体结构的缺陷,对材料性质的影响也很大。

2. 玻璃体

将熔融物质迅速冷却(急冷),使其内部质点来不及作有规则的排列就凝固,这时形成的物质结构即为玻璃体,又称为无定形体或非晶体。玻璃体的结合键为共价键与离子键。其结构特征为构成玻璃体的质点在空间上呈非周期性排列。玻璃体无固定的几何外形,具有各向同性,破坏时也无清晰的解理面,加热时无固定的熔点,只出现软化现象。同时,因玻璃体是在快速急冷条件下形成的,故内应力较大,具有明显的脆性,例如玻璃。

对玻璃体结构的认识,目前有如下三种观点:

(1)构成玻璃体的质点呈无规则空间网络结构。此为无规则网络结构学说。

(2)构成玻璃体的微观组织为微晶子,微晶子之间通过变形和扭曲的界面彼此相连。此为微晶子学说。

(3)构成玻璃体的微观结构为近程有序、远程无序。此为近程有序、远程无序学说。

由于玻璃体在快速急冷凝固时质点来不及作定向排列,质点间的能量只能以内能的形式储存起来,因此玻璃体具有化学不稳定性,亦即存在化学活性潜能,在一定条件下,易与其他物质发生化学反应。例如水淬粒化高炉矿渣、火山灰等均属玻璃体,经常大量用作硅酸盐水泥的掺合料,以改善水泥性能。玻璃体在烧土制品或某些天然岩石中,起着胶粘剂的作用。

3. 胶体

物质以极微小的质点(粒径为 $10^{-7} \sim 10^{-9}$ m)分散在介质中所形成的结构称为胶体。其中分散粒子一般带有电荷(正电荷或负电荷),而介质带有相反的电荷,从而使胶体保持稳定性。由于胶体的质点很微小,其比表面积很大、总表面积很大,因而表面能很大,有很强的吸附力,所以胶体具有较强的黏结力。

在胶体结构中,若胶粒数量较少,则液体性质对胶体结构的强度及变形性能影响较大,这种胶体结构称为溶胶结构。溶胶具有较大的流动性,建筑材料中的涂料就是利用这一性质配制而成。若胶粒数量较多,则胶粒在表面能作用下凝聚或物理化学作用下胶粒彼此相联,形成空间网络结构,从而胶体结构的强度增大,变形性能减小,形成固态或半固态,此胶体结构称为凝胶结构。凝胶具有触变性,即凝胶被搅拌或振动,又能变成溶胶。水泥浆、新拌混凝土、胶粘剂等均表现出触变性。当凝胶完全脱水硬化变成干凝胶体,具有固体的性质,即产生强度。硅酸盐水泥主要水化产物的最终形式就是干凝胶体。

胶体结构与晶体结构及玻璃体结构相比,强度较低、变形较大。

对材料的组成和微观结构的分析研究,通常采用 X 射线衍射分析、差热分析、红外光谱分析、扫描电镜分析、电子探针微区分析等方法。

(二)细观结构

细观结构(也称显微结构或亚微观结构)是指用光学显微镜能观察到的材料结构。细观结构的尺寸范围在微米数量级(μm)。建筑材料的细观结构,只能针对某种具体材料进行分类研究。对混凝土可分为基相、骨料相、界面;对天然岩石可分为矿物、晶体颗粒、非晶体;对钢材可分为铁素体、渗碳体、珠光体;对木材可分为木纤维、导管髓线、树脂道。

材料在细观结构层次上,组成不同其性质不同,这些组成的特征、数量、分布以及界面性质等,对材料的性能有重要影响。

(三)宏观结构

建筑材料的宏观结构是指用肉眼或用放大镜可分辨的粗大材料层次。其尺寸在0.10mm以上数量级。

1. 密实结构

密实结构的材料内部基本上无孔隙,结构致密。这类材料的特点是强度和硬度较高,吸水性小,抗渗性和抗冻性较好,耐磨性较好,保温隔热性差。如钢材、天然石材、玻璃、玻璃钢等。

2. 多孔结构

多孔结构的材料内部存在着均匀分布的封闭或部分连通的孔隙,孔隙率较大。多孔结构的材料,其性质决定于孔隙的特征、多少、大小及分布情况。一般来说,这类材料的强度较低,抗渗性和抗冻性较差,吸水性较大,保温隔热性较好,吸声性较好。如加气混凝土、石膏制品、烧结普通砖等。

3. 纤维结构

纤维结构的材料内部组成具有方向性,纵向较紧密而横向较疏松,存在较多的孔隙。这类材料的性质具有明显的方向性,一般平行纤维方向的强度较高,导热性较大。如木材、玻璃纤维、石棉等。

4. 层状结构

层状结构的材料具有叠合结构。层状结构是用胶结料将不同的片状材料或具有各向异性的片状材料胶合成整体,其每一层的材料性质不同,但是叠合成层状结构的材料,可获得平面各向同性,更重要的是可以显著提高材料的强度、硬度、保温隔热性等性质,扩大其使用范围。如胶合板、纸面石膏板、塑料贴面板等。

5. 纹理结构

天然材料在生长或形成过程中自然造就天然纹理,如木材、大理石、花岗石等;人工材料可人为制作纹理,如瓷质彩胎砖、人造花岗岩板材等。这些天然或人工制造的纹理,使材料具有美丽的外观。为了改善建筑材料的表面质感,目前广泛采用仿真技术,可研制出多种纹理结构的装饰材料。

6. 粒状结构

粒状结构的材料内部呈颗粒状。颗粒有密实颗粒与轻质多孔颗粒之分。如砂子、石子等,因其致密、强度高,适合用于大孔混凝土的骨料;如陶粒、膨胀珍珠岩等,因其多孔结构,适合用做保温隔热材料。粒状结构的材料,颗粒之间存在着大量的空隙,其空隙率主要取决于颗粒级配。

7. 堆聚结构

由骨料与胶凝材料胶结成的结构。堆聚结构的材料种类繁多,如水泥混凝土、砂浆、沥青混凝土等。

习题与复习思考题

1. 试分析通常情况下,材料的孔隙率、孔隙特征、孔隙尺寸对材料的强度、吸水性、导热性、抗渗性、抗冻性、耐腐蚀性、吸声性的影响。

2. 生产材料时,在组成一定的情况下,可采取哪些措施来提高材料的强度和耐久性?

3. 材料的密度、视密度、表观密度、堆积密度有何区别? 如何测定? 材料含水后对它们有什么影响?

4. 影响材料吸水率的因素有哪些? 含水对材料的哪些性质有影响?

5. 影响材料强度测试结果的试验条件有哪些?

6. 试分析材料的强度与强度等级的联系与区别。

7. 材料的弹性与塑性、脆性与韧性有什么不同?

8. 在有冲击、振动荷载的部位宜选用具有哪些特性的材料? 为什么?

9. 影响材料抗渗性的因素有哪些? 如何改善材料的抗渗性?

10. 什么是材料的耐久性? 为什么对材料要有耐久性要求?

11. 某岩石在气干、绝干、吸水饱和情况下测得的抗压强度分别为 172、178、168MPa。求该岩石的软化系数,并指出该岩石可否用于水下工程。

12. 某石子绝干时的质量为 m,将此石子表面涂一层已知密度的石蜡($\rho_\text{蜡}$)后,称得总质量为 m_1。将此涂蜡的石子放入水中,称得在水中的质量为 m_2。问此方法可测得材料的哪项参数? 试推导出计算公式。

13. 称取堆积密度为 1500kg/m^3 的干砂 200g,将此砂装入容量瓶内,加满水并排尽气泡(砂已吸水饱和),称得总质量为 510g。将瓶内砂样倒出,向瓶内重新注满水,此时称得总质量为 386g,试计算砂的表观密度。

14. 经测定,质量为 3.4kg,容积为 10.0L 的容量筒装满绝干石子后的总质量为 18.4kg。若向筒内注入水,待石子吸水饱和后,为注满此筒共注入水 4.27kg。将上述吸水饱和的石子擦干表面后称得总质量为 18.6kg(含筒重)。求该石子的表观密度、吸水率、堆积密度、开口孔隙率?

15. 某岩石试样干燥时的质量为 250g,将该岩石试样放入水中,待岩石试样吸水饱和后,排开水的体积为 100cm^3。将该岩石试样用湿布擦干表面后,再次投入水中,此时排开水的体积为 125cm^3。试求该岩石的表观密度、吸水率及外连通孔隙率。

16. 破碎的岩石试样经完全干燥后,它的质量为 482g。将它置入盛有水的量筒中,经长时间后(吸水饱和),量筒的水面由原 452cm^3 刻度上升至 630cm^3 刻度。取出该石子试样,擦干表面后称得其质量为 487g。试求该岩石的开口孔隙率、表观密度、吸水率各为多少?

17. 某材料的体积吸水率为 15%,密度为 3.0g/cm^3,绝干表观密度为 1500kg/m^3。试求该材料的质量吸水率、开口孔隙率、闭口孔隙率,并估计该材料的抗冻如何?

18. 从室外取来的质量为 2700g 的一块烧结普通黏土砖,浸水饱和后的质量为 2850g,而绝干时的质量为 2600g。求此砖的含水率、吸水率、表观密度、开口孔隙率(烧结普通黏土砖实测规格为 240mm×115mm×53mm)。

19. 含水率为 10% 的 100g 湿砂,其中干砂的质量为多少克?

20. 某同一组成的甲、乙两种材料,表观密度分别为 1800kg/m³、1300kg/m³。试估计甲、乙两种材料的保温性能、强度、抗冻性有何区别?

21. 现有同一组成的甲、乙两种墙体材料,密度为 2.7g/cm³。甲的绝干表观密度为 1400kg/m³,质量吸水率为 17%;乙的吸水饱和后表观密度为 1862kg/m³,体积吸水率为 46.2%。试求:①甲材料的孔隙率和体积吸水率;②乙材料的绝干表观密度和孔隙率;③评价甲、乙两材料,哪种材料更适宜做外墙板,说明依据。

第2章　无机气硬性胶凝材料

第1节　概　述

胶凝材料是指能将其他材料胶结成整体,并具有一定强度的材料。这里指的其他材料包括粉状材料(石粉、木屑等)、纤维材料(钢纤维、矿棉、玻纤、聚酯纤维等)、散粒材料(砂子、石子、轻集料等)、块状材料(砖、砌块等)、板材(石膏板、水泥板、聚苯板等)等。胶凝材料通常分为有机胶凝材料和无机胶凝材料两大类。

1. 有机胶凝材料

有机胶凝材料是指以天然或人工合成高分子化合物为基本组成的一类胶凝材料。最常用的有沥青、树脂、橡胶等。

2. 无机胶凝材料

无机胶凝材料是指以无机氧化物或矿物为主要组成的一类胶凝材料。最常用的有石灰、石膏、水玻璃、菱苦土和各种水泥。有时也包括粉煤灰、矿渣粉、沸石粉、硅灰、偏高岭土、火山灰等。

根据凝结硬化条件和使用特性,无机胶凝材料通常又分为气硬性和水硬性两类。

气硬性胶凝材料是指只能在空气中凝结硬化并保持和发展强度的材料。常用的有石灰、石膏、水玻璃、菱苦土等。这类材料在水中不凝结,也基本没有强度,即使在潮湿环境中强度也很低,通常不宜直接使用。

水硬性胶凝材料是指不仅能在空气中,而且能更好地在水中凝结硬化并保持和发展强度的材料。主要有各类水泥和某些复合材料。水是这类材料凝结硬化的必要条件,因此,在空气中使用时,凝结硬化初期要尽可能浇水或保持潮湿养护。

胶凝材料的凝结硬化过程通常伴随着一系列复杂的物理化学反应和体积变化,且许多内部和外部因素影响其过程,并最终使凝结硬化后的制品性能产生很大差异。不同胶凝材料之间的差异更大。

第2节　石　灰

石灰是一种传统的气硬性胶凝材料。原料来源广、生产工艺简单、成本低,并具有某些优异性能,至今仍为建筑工程广泛使用。

一、石灰的原材料

石灰最主要的原材料是含碳酸钙（$CaCO_3$）的石灰石、白云石和白垩。原材料的品种和产地不同，对石灰性质影响较大，一般要求原材料中黏土杂质含量小于 8%。

某些工业副产品也可作为生产石灰的原材料或直接使用。如：用碳化钙（CaC_2）制取乙炔时产生的电石渣，主要成分为氢氧化钙[$Ca(OH)_2$]，可直接使用，但性能不尽理想。又如氨碱法制碱的残渣，主要成分为碳酸钙。本节主要介绍建筑工程中最常用的以石灰石为原料生产的石灰。

二、石灰的生产

（一）生石灰

石灰的生产，实际上就是将石灰石在高温下煅烧，使碳酸钙分解成为 CaO 和 CO_2，CO_2 以气体逸出。反应式如下：

$$CaCO_3 \xrightarrow{900\sim1200℃} CaO + CO_2 \uparrow$$

生产所得的 CaO 称为生石灰，是一种白色或灰色的块状物质。

生石灰的特性：遇水快速产生水化反应，体积膨胀，并放出大量热。煅烧良好的生石灰能在几秒钟内与水反应完毕，体积膨胀两倍左右。

（二）钙质石灰与镁质石灰

由于原料中常含有碳酸镁（$MgCO_3$），煅烧后生成 MgO，根据标准规定（JC/T479—92《建筑生石灰》），将 MgO 含量≤5%的称为钙质生石灰；MgO 含量＞5%的称为镁质生石灰。同等级的钙质石灰质量优于镁质石灰。

（三）欠火石灰与过火石灰

当煅烧温度过低或时间不足时，由于 $CaCO_3$ 不能完全分解，亦即生石灰中含有石灰石 $CaCO_3$。这类石灰称为欠火石灰。由于 $CaCO_3$ 不溶于水，也无胶结能力，在熟化为石灰膏或消石灰粉时作为残渣被废弃，所以有效利用率下降。

当煅烧温度过高或时间过长时，部分块状石灰的表层会被煅烧成十分致密的釉状物，这类石灰称为过火石灰。过火石灰的特点为颜色较深，密度较大，与水反应熟化的速度较慢，往往要在石灰固化后才开始水化熟化，从而产生局部体积膨胀，影响工程质量。由于过火石灰在生产中是很难避免的，所以石灰膏在使用前必须经过"陈伏"。

三、石灰的熟化

（一）熟化与熟石灰

生石灰 CaO 加水反应生成 $Ca(OH)_2$ 的过程称为熟化。生成物 $Ca(OH)_2$ 称为熟石灰。反应式如下：

$$CaO + H_2O == Ca(OH)_2 + 64.9kJ/mol$$

熟化过程的特点：

(1)速度快。煅烧良好的 CaO 与水接触时几秒钟内即反应完毕。

---

(2)体积膨胀。CaO 与水反应生成 $Ca(OH)_2$ 时,体积增大 1.5~2.0 倍。

(3)放出大量的热。1mol CaO 熟化生成 1mol $Ca(OH)_2$ 约产生 64.9kJ 热量。

(二) 石灰膏

当熟化时加入大量的水,则生成浆状石灰膏。CaO 熟化生成 $Ca(OH)_2$ 的理论需水量只要 32.1%,实际熟化过程均加入过量的水。一方面考虑熟化时放热引起水分蒸发损失,另一方面是确保 CaO 充分熟化。通常在化灰池中进行石灰膏的生产,即将块状生石灰用水冲淋,通过筛网,滤去欠火石灰和杂质,流入化灰池沉淀而得。石灰膏面层必须蓄水保养,其目的是隔断与空气直接接触,防止干硬固化和碳化固结,以免影响正常使用和效果。

(三) 消石灰粉

当熟化时加入适量(60%~80%)的水,则生成粉状熟石灰。这一过程通常称为消化,其产品称为消石灰粉。通常是在工厂集中生产消石灰粉,作为产品销售。

(四) 石灰的"陈伏"

前面已经提到煅烧温度过高或时间过长,将产生过火石灰,这在石灰煅烧中是十分难免的。由于过火石灰的表面包覆着一层玻璃釉状物,熟化很慢,若在石灰使用并硬化后再继续熟化,则产生的体积膨胀将引起局部鼓泡、隆起和开裂。为消除上述过火石灰的危害,石灰膏使用前应在化灰池中存放 2 周以上,使过火石灰充分熟化,这个过程称为"陈伏"。消石灰粉一般也需要"陈伏"。

但若将生石灰磨细后使用,则不需要"陈伏"。这是因为粉磨过程使过火石灰表面积大大增加,与水熟化反应速度加快,几乎可以同步熟化,而且又均匀分散在生石灰粉中,不至引起过火石灰的种种危害。

四、石灰的凝结硬化

石灰在空气中的凝结硬化主要包括结晶和碳化两个过程。

结晶作用指的是石灰浆中多余水分蒸发或被砌体吸收,使 $Ca(OH)_2$ 以晶体形态析出,石灰浆体逐渐失去塑性,并凝结硬化产生强度的过程。

碳化作用指的是空气中的 CO_2 遇水生成弱碳酸,再与 $Ca(OH)_2$ 发生化学反应生成 $CaCO_3$ 晶体的过程。生成的 $CaCO_3$ 自身强度较高,且填充孔隙使石灰固化体更加致密,强度进一步提高。其反应式如下:

$$Ca(OH)_2 + CO_2 + nH_2O \Longrightarrow CaCO_3 + (n+1)H_2O$$

石灰凝结硬化过程的特点:

(1)速度慢。水分从内部迁移到表层被蒸发或被吸收的过程本身较慢,若表层 $Ca(OH)_2$ 被碳化,生成的 $CaCO_3$ 在石灰表面形成更加致密的膜层,使水分子和 CO_2 的进出更加困难。因此,石灰的凝结硬化过程极其缓慢,通常需要几周的时间。加快硬化速度的简易方法有加强通风和提高空气中 CO_2 的浓度。

(2)体积收缩大。容易产生收缩裂缝。

五、石灰的主要技术性质

(一)保水性与可塑性好

$Ca(OH)_2$ 颗粒极细,比表面积很大,颗粒表面均吸附一层水膜,使得石灰浆具有良好的保水性和可塑性。因此,建筑工程中常用来配制混合砂浆,以改善水泥砂浆保水性和塑性差的缺陷。

(二)凝结硬化慢、强度低

石灰浆凝结硬化时间一般需要几周,硬化后的强度一般小于1MPa。如1∶3的石灰砂浆强度仅为0.2~0.5MPa。但通过人工碳化,可使强度大幅度提高,如碳化石灰板及其制品,强度可达10MPa。

(三)耐水性差

石灰浆在水中或潮湿环境中不产生强度,在流水中还会溶解流失,因此一般只在干燥环境中使用。但固化后的石灰制品经人工碳化处理后,耐水性大大提高,可用于潮湿环境。

(四)干燥收缩大

石灰浆体中游离水,特别是吸附水蒸发,引起硬化时体积收缩、开裂。碳化过程也引起体积收缩。因此,石灰一般不宜单独使用,通常掺入砂子、麻刀、纸筋等以减少收缩或提高抗裂能力。

六、石灰的应用

(一)石灰乳涂料和抹面

石灰乳通常采用石灰浆(膏)加入大量水调制成稀浆,用于要求不高的室内粉刷。目前已很少使用。

石灰膏掺入麻刀或纸筋作为墙面抹面材料,也称之为黄灰,过去较常用。目前主要采用石灰膏与水泥、砂或直接与砂配制成混合砂浆或石灰砂浆抹面。

(二)石灰混合砂浆

石灰、水泥和砂按一定比例与水配制成混合砂浆,用于砌筑和抹面(详见本书第5章)。

(三)石灰土和三合土

消石灰粉和黏土拌合后称为石灰土。石灰土中再加入砂和石屑、炉渣等即为三合土。由于 $Ca(OH)_2$ 能和黏土中部分活性 SiO_2 和 Al_2O_3 反应生成具有水硬性的产物,使密实度、强度和耐水性得到改善。因此可用于建筑物的地基加固,特别是软土地基固结和道路垫层。如石灰桩加固地基等。

但是,目前更常用的方法是石灰、粉煤灰和石子混合成"三合土"作为道路垫层,其固结强度高于黏土(因粉煤灰中活性 SiO_2 和 Al_2O_3 的含量高),且利用废渣。

(四)用于生产硅酸盐制品

硅酸盐制品主要包括粉煤灰混凝土、粉煤灰砖、硅酸盐砌块、灰砂砖、加气混凝土等等。它们主要以石英砂、粉煤灰、矿渣、炉渣等为原料,其中的 SiO_2、Al_2O_3 与石灰在蒸汽养护或蒸压养护条件下生成水化硅酸钙和水化铝酸钙等水硬性产物,产生强度。若没有 $Ca(OH)_2$ 参与反应,则强度很低。

生石灰块和粉料在运输和储存过程中应注意密封防潮,否则吸水潮解后与空气中 CO_2 作用生成碳酸钙,使石灰胶结能力下降。

七、石灰的技术标准

(一)建筑生石灰

根据 MgO 含量分为钙质石灰和镁质石灰;又根据 CaO 和 MgO 总含量及残渣、CO_2 含量和产浆量分为优等品、一等品和合格品三个等级。见表2-1。

表 2-1　建筑生石灰的技术指标

项　目	钙质生石灰			镁质生石灰	
	CL 90-Q	CL 85-Q	CL 75-Q	ML 85-Q	ML 80-Q
CaO+MgO 含量(%,不小于)	90	85	80	85	80
MgO 含量(%)	≤5	≤5	≤5	>5	>5
二氧化碳)(%,不大于)	4	7	12	7	7
二氧化硫(%,不大于)	2	2	2	2	2
产浆量(dm²/10kg,不小于)	26	26	26	/	/

注:摘自《建筑生石灰》(JC/T479—2013)。

(二)建筑生石灰粉

与生石灰一样分为钙质和镁质生石灰粉;又根据化学成分及物理性质分成各个等级,见表2-2。

表 2-2　建筑生石灰粉的技术指标

	项　目	钙质生石灰粉			镁质生石灰粉	
		CL 90-QP	CL 85-QP	CL 75-QP	ML 85-QP	ML 80-QP
	CaO+MgO 含量(%,不小于)	90	85	75	85	70
	MgO 含量(%)	≤5	≤5	≤5	>5	>5
	二氧化碳(%,不大于)	4	7	12	7	7
	二氧化硫(%,不大于)	2	2	2	2	2
细度	0.90μm 筛余量(%,不大于)	7	7	7	7	2
	0.2mm 筛余量(%,不大于)	2	2	2	2	7

注:摘自《建筑生石灰》(JC/T479—2013)。

(三)建筑消石灰粉

根据 MgO 含量分为钙质(MgO<4%)、镁质(4%≤MgO<24%)和白云石消石灰粉(24%≤MgO<30%)三类,并根据 CaO 和 MgO 总含量、体积安定性和细度分为优等、一等和合格。见表2-3。

表 2-3　建筑消石灰粉的技术指标

项 目	钙质消石灰			镁质消石灰			白云石消石灰		
	优等品	一等品	合格品	优等品	一等品	合格品	优等品	一等品	合格品
CaO+MgO 含量（％,不小于）	70	65	60	65	60	55	65	60	55
游离水（％）	0.4～2	0.4～2	0.4～2	0.4～2	0.4～2	0.4～2	0.4～2	0.4～2	0.4～2
体积安定性	合格	合格	—	合格	合格	—	合格	合格	—
细度　0.90mm 筛筛余（％,不大于）	0	0	0.5	0	0	0.5	0	0	0.5
0.125mm 筛筛余（％,不大于）	3	10	15	3	10	15	3	10	15

注:摘自《建筑消石灰粉》JC/T481—1992。

第 3 节　石　膏

一、石膏的原材料

(一)生石膏

生石膏通常指天然二水石膏,分子式为 $CaSO_4 \cdot 2H_2O$,也称为软石膏。是生产建筑石膏最主要的原料。生石膏粉加水不硬化、无胶结力。

(二)化工石膏

指含有二水硫酸钙($CaSO_4 \cdot 2H_2O$)及 $CaSO_4$ 混合物的化工副产品。如生产磷酸和磷肥时的废料称为磷石膏;生产氢氟酸时的废料称为氟石膏等。此外还有盐石膏、芒硝石膏、钛石膏等,也可作为生产建筑石膏的原料,但性能不及用生石膏制得的建筑石膏。

(三)脱硫石膏

在火力发电厂的烟气中通常含有大量的 SO_2,直接排放将严重污染空气,因此,目前通常采用以石灰石浆液为脱硫剂,通过向吸收塔内喷入吸收剂浆液,与烟气充分接触混合,并对烟气进行洗涤,使得烟气中的 SO_2 与浆液中的 $CaCO_3$ 以及鼓入的强氧化空气反应,生成二水硫酸钙($CaSO_4 \cdot 2H_2O$),称为脱硫石膏。

脱硫石膏的特性与天然生石膏相似,目前以得到广泛应用。

(四)硬石膏

指天然无水石膏,分子式 $CaSO_4$。不含结晶水,与生石膏差别较大。通常用于生产建筑石膏制品或添加剂。这里不作详细介绍。

二、建筑石膏的生产

将生石膏在 107～170℃ 条件下煅烧脱去部分结晶水而制得的半水石膏,称为建筑石膏，又称为熟石膏，分子式为 $CaSO_4 \cdot \frac{1}{2}H_2O$。其反应式如下：

$$CaSO_4 \cdot 2H_2O \xrightarrow{107 \sim 170℃} CaSO_4 \cdot \frac{1}{2}H_2O + 1\frac{1}{2}H_2O \uparrow$$

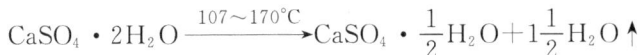

生石膏在加热过程中，随着温度和压力不同，其产品的性能也随之变化。上述条件下生产的为 β 型半水石膏，也是最常用的建筑石膏。若将生石膏在 125℃、0.13MPa 压力的蒸压锅内蒸炼，则生成 α 型半水石膏，其晶粒较粗，拌制石膏浆体时的需水量较小，因此，硬化后强度较高，故称为高强石膏。

当煅烧温度升高到 170～300℃ 时，半水石膏继续脱水，生成可溶性硬石膏（$CaSO_4$-Ⅲ），凝结速度比半水石膏快，但需水量大，强度低。温度继续升高到 400～1000℃，则生成慢溶性硬石膏（$CaSO_4$-Ⅱ）。这种石膏难溶于水，只有当加入某些激发剂后，才具有水化硬化能力，但强度较高，耐磨性能较好。将 $CaSO_4$-Ⅱ 与激发剂混磨后的产品称为硬石膏水泥。

三、建筑石膏的凝结硬化

(一)建筑石膏的水化

建筑石膏加水拌合后，与水发生水化反应生成二水硫酸钙的过程称为水化。反应式如下：

$$CaSO_4 \cdot \frac{1}{2}H_2O + 1\frac{1}{2}H_2O = CaSO_4 \cdot 2H_2O$$

生成的二水硫酸钙与生石膏分子式相同，但由于结晶度、结晶形态和结合状态不同，物理力学性能也不尽相同。其水化和凝结硬化机理可简单描述为：由于二水石膏的溶解度比半水石膏小，故二水石膏首先从饱和溶液中析晶沉淀，促使半水石膏继续溶解，这一反应过程连续不断进行，直至半水石膏全部水化生成二水石膏。

(二)建筑石膏的凝结硬化

随着水化反应的不断进行，自由水分被水化和蒸发而不断减少，加之生成的二水石膏微粒比半水石膏细，比表面积大，吸附更多的水，从而使石膏浆体很快失去塑性而凝结；又随着二水石膏微粒结晶长大，晶体颗粒逐渐互相搭接、交错、共生，从而产生强度，即硬化。实际上，上述水化和凝结硬化过程是相互交叉而连续进行的。

建筑石膏凝结硬化过程最显著的特点为：

(1)速度快。水化过程一般为 7～12min，整个凝结硬化过程只需 20～30min。

(2)体积微膨胀。建筑石膏凝结硬化过程产生约 1% 左右的体积膨胀。这是其他胶凝材料所不具有的特性。

四、建筑石膏的主要技术性质

(一)凝结硬化快

建筑石膏加水拌合后 10min 内便失去塑性而初凝，30min 内即终凝硬化，并产生强度。由于初凝时间短不便施工操作，使用时一般均加入缓凝剂以延长凝结时间。常用的缓凝剂有：经石灰处理的动物胶（掺量 0.1%～0.2%）、亚硫酸酒精废液（掺量 1%）、硼砂、柠檬酸、聚乙烯醇等等。掺缓凝剂后，石膏制品的强度将有所降低。

（二）强度较高

建筑石膏的强度发展快，一般 7h 即可达最大值。抗压强度约为 8～12MPa。

（三）体积微膨胀

建筑石膏凝结硬化过程的体积微膨胀特性，使得石膏制品表面光滑、体形饱满、无收缩裂纹，特别适用于刷面和制作建筑装饰制品。

（四）色白可加彩色

建筑石膏颜色洁白。杂质含量越少，颜色越白。可加入各种颜料调制成彩色石膏制品，且保色性好。

（五）保温性能好

由于石膏制品生产时往往加入过量的水，蒸发后形成大量的内部毛细孔，孔隙率达 50％～60％，表观密度小（800～1000kg/m³），导热系数小，故具有良好的保温绝热性能，常用作保温隔热材料，并具有一定的吸声效果。

（六）耐水性差但具有一定的调湿功能

建筑石膏制品的软化系数只有 0.2～0.3，不耐水。但由于毛细孔隙较多，比表面积大，当空气过于潮湿时能吸收水分；而当空气过于干燥时则能释放出水分，从而调节空气中的相对湿度。提高石膏耐水性的主要措施有掺加矿渣、粉煤灰等活性混合材，或者掺加防水剂、表面防水处理等。

（七）防火性好

建筑石膏制品的导热系数小，传热慢，比热又大，更重要的是二水石膏遇火脱水，产生的水蒸气能有效阻止火势蔓延，起到防火作用。但脱水后制品强度下降。

五、建筑石膏的应用

建筑石膏在建筑工程中主要用作室内抹灰、粉刷，建筑装饰制品和石膏板。

（一）室内抹灰及粉刷

抹灰指的是以建筑石膏为胶凝材料，加入水和砂子配成石膏砂浆，作为内墙面抹平用。由建筑石膏特性可知，石膏砂浆具有良好的保温隔热性能，调节室内空气的湿度和良好的隔音与防火性能。由于不耐水，故不宜在外墙使用。

粉刷指的是建筑石膏加水和适量外加剂，调制成涂料，涂刷装修内墙面。表面光洁、细腻、色白，且透湿透气，凝结硬化快，施工方便，黏结强度高，是良好的内墙涂料。

（二）建筑装饰制品

以杂质含量少的建筑石膏（有时称为模型石膏）加入少量纤维增强材料和建筑胶水等制作成各种装饰制品。也可掺入颜料制成彩色制品。

（三）石膏板

这是建筑工程中使用量最大的一类板材。包括石膏装饰板、空心石膏板、蜂窝板等。作为装饰吊顶、隔板或保温、隔声、防火等使用（详见本书第 7 章和第 13 章）。

（四）其他用途

建筑石膏可作为生产某些硅酸盐制品时的增强剂。如粉煤灰砖、炉渣制品等。也可用作油漆或粘贴墙纸等的基层找平。

建筑石膏在运输和储存时要注意防潮,储存期一般不宜超过 3 个月,否则将使石膏制品的质量下降。

六、建筑石膏的技术标准

建筑石膏为粉状胶凝材料,堆积密度 $800\sim1000kg/m^3$,密度约为 $2.5\sim2.8g/cm^3$。建筑石膏按照强度、细度和凝结时间划分为优等品、一等品和合格品。见表 2-4。其中各等级建筑石膏的初凝时间均不得小于 6min;终凝时间不得大于 30min。表中所列强度指标为 2h 的强度值。

表 2-4　建筑石膏的质量指标

等级	3.0	2.0	1.6
抗折强度(MPa),不小于 抗压强度(MPa),不小于	3.0 6.0	2.0 4.0	1.6 3.0
细度 0.2mm 方孔筛筛余(%),不大于	10.0	10.0	10.0

注:摘自《建筑石膏》GB/T 17669—2008)。

第 4 节　水玻璃

一、水玻璃的组成

水玻璃分为钠水玻璃和钾水玻璃两类,俗称泡花碱。钠水玻璃为硅酸钠水溶液,分子式为 $Na_2O\cdot nSiO_2$。钾水玻璃为硅酸钾水溶液,分子式为 $K_2O\cdot nSiO_2$。建筑工程中主要使用钠水玻璃。当工程技术要求较高时也可采用钾水玻璃。优质纯净的水玻璃为无色透明的黏稠液体,溶于水。当含有杂质时呈淡黄色或青灰色。

钠水玻璃分子式 $Na_2O\cdot nSiO_2$ 中的 n 称为水玻璃的模数,代表 Na_2O 和 SiO_2 的分子数比,是非常重要的参数。n 值越大,水玻璃的粘性和强度越高,但水中的溶解能力下降。当 n 大于 3.0 时,只能溶于热水中,给使用带来麻烦。n 值越小,水玻璃的粘性和强度越低,越易溶于水。故建筑工程中常用模数 n 为 $2.6\sim2.8$,既易溶于水又有较高的强度。

我国生产的水玻璃模数一般在 $2.4\sim3.3$ 之间。水玻璃在水溶液中的含量(或称浓度)常用密度或者波美度表示。建筑工程中常用水玻璃的密度一般为 $1.36\sim1.50g/cm^3$,相当于波美度 $38.4\sim48.3°B'e$。密度越大,水玻璃含量越高,相应的黏度也越大。

水玻璃通常采用石英粉(SiO_2)加上纯碱(Na_2CO_3),在 $1300\sim1400℃$ 的高温下煅烧生成固体 $Na_2O\cdot nSiO_2$,再在高温或高温高压水中溶解,制得溶液状水玻璃产品。

二、水玻璃的凝结固化

水玻璃在空气中的凝结固化与石灰的凝结固化非常相似,主要通过碳化和脱水结晶固

结两个过程来实现,反应过程如下:

$$Na_2O \cdot nSiO_2 + mH_2O + CO_2 \longrightarrow Na_2CO_3 + nSiO_2 \cdot mH_2O$$

随着碳化反应的进行,硅胶($nSiO_2 \cdot mH_2O$)含量增加,接着自由水分蒸发和硅胶脱水成固体 SiO_2 而凝结硬化,其特点是:

(1)速度慢。由于空气中 CO_2 浓度低,故碳化反应及整个凝结固化过程十分缓慢。

(2)体积收缩。

(3)强度低。

为加速水玻璃的凝结固化速度和提高强度,水玻璃使用时一般要求加入固化剂氟硅酸钠,分子式为 Na_2SiF_6。其反应过程如下:

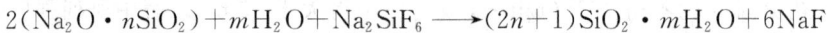

$$2(Na_2O \cdot nSiO_2) + mH_2O + Na_2SiF_6 \longrightarrow (2n+1)SiO_2 \cdot mH_2O + 6NaF$$

氟硅酸钠的掺量一般为 $12\% \sim 15\%$。掺量少,凝结固化慢,且强度低;掺量太多,则凝结硬化过快,不便施工操作,而且硬化后的早期强度虽高,但后期强度明显降低。因此,使用时应严格控制固化剂掺量,并根据气温、湿度、水玻璃的模数、密度在上述范围内适当调整。即:气温高、模数大、密度小时选下限,反之亦然。

三、水玻璃的主要技术性质

(一)黏结力和强度较高

水玻璃硬化后的主要成分为硅凝胶($nSiO_2 \cdot mH_2O$)和固体,比表面积大,因而具有较高的黏结力。但水玻璃自身质量、配合料性能及施工养护对强度有显著影响。

(二)耐酸性好

可以抵抗除氢氟酸(HF)、热磷酸和高级脂肪酸以外的几乎所有无机和有机酸。

(三)耐热性好

硬化后形成的二氧化硅网状骨架,在高温下强度下降很小,当采用耐热耐火骨料配制水玻璃砂浆和混凝土时,耐热度可达 1000℃。因此水玻璃混凝土的耐热度,也可以理解为主要取决于骨料的耐热度。

(四)耐碱性和耐水性差

因 SiO_2 和 $Na_2O \cdot nSiO_2$ 均溶于碱,故水玻璃不能在碱性环境中使用。同样由于 $Na_2O \cdot nSiO_2$、NaF、Na_2CO_3 均溶于水而不耐水,但可采用中等浓度的酸对已硬化水玻璃进行酸洗处理,提高耐水性。

四、水玻璃的应用

(一)涂刷材料表面,提高抗风化能力

水玻璃溶液涂刷或浸渍材料后,能渗入缝隙和孔隙中,固化的硅凝胶能堵塞毛细孔通道,提高材料的密度和强度,从而提高材料的抗风化能力。但水玻璃不得用来涂刷或浸渍石膏制品。因为水玻璃与石膏反应生成硫酸钠(Na_2SO_4),在制品孔隙内结晶膨胀,导致石膏制品开裂破坏。

（二）加固土壤

将水玻璃与氯化钙溶液交替注入土壤中，两种溶液迅速反应生成硅胶和硅酸钙凝胶，起到胶结和填充孔隙的作用，使土壤的强度和承载能力提高。常用于粉土、砂土和填土的地基加固，称为双液注浆。

（三）配制速凝防水剂

水玻璃可与多种矾配制成速凝防水剂，用于堵漏、填缝等局部抢修。这种多矾防水剂的凝结速度很快，一般为几分钟，其中四矾防水剂不超过 1min，故工地上使用时必须做到即配即用。

多矾防水剂常用胆矾（硫酸铜，$CuSO_4 \cdot 5H_2O$）、红矾（重铬酸钾，$K_2Cr_2O_7$）、明矾（也称白矾，硫酸铝钾）、紫矾等四种矾。

（四）配制耐酸胶凝、耐酸砂浆和耐酸混凝土

耐酸胶凝是用水玻璃和耐酸粉料（常用石英粉）配制而成。与耐酸砂浆和混凝土一样，主要用于有耐酸要求的工程，如硫酸池等。

（五）配制耐热胶凝、耐热砂浆和耐热混凝土

水玻璃胶凝主要用于耐火材料的砌筑和修补。水玻璃耐热砂浆和混凝土主要用于高炉基础和其他有耐热要求的结构部位。

第5节　镁质胶凝材料

一、原材料和生产

镁质胶凝材料是指以 MgO 为主要成分的无机气硬性胶凝材料，有时称为菱苦土。它是以 $MgCO_3$ 为主要成分的菱镁矿在 800℃ 左右煅烧而得。其生产方式与石灰相似，反应式如下：

$$MgCO_3 \xrightarrow{800℃} MgO + CO_2 \uparrow$$

块状 MgO 经磨细后，即成为白色或浅黄色粉末状菱苦土，类似于磨细生石灰粉。密度 $3.1 \sim 3.4g/cm^3$，堆积密度 $800 \sim 900kg/m^3$。

此外，蛇纹石（$3MgO \cdot 2SiO_2 \cdot 2H_2O$）、冶炼镁合金的溶渣（MgO 含量＞25％）、白云石（$MgCO_3 \cdot CaCO_3$）等也可用来生产镁质胶凝材料，性质和用途与菱苦土相似。当采用白云石生产镁质胶凝材料时，温度不宜超过 800℃，防止 $CaCO_3$ 分解，产品组成为 MgO 和 $CaCO_3$ 的混合物。

二、镁质胶凝材料的凝结硬化

镁质胶凝材料与水拌合后的水化反应与石灰熟化相似。其特点是反应快（但比石灰熟化慢）、放出大量热。反应式如下：

$$MgO + H_2O \Longrightarrow Mg(OH)_2 + Q$$

其凝结硬化机理与石灰完全相似,特点相同,即:速度慢;体积收缩大;而且强度很低。因此,很少直接加水使用。

为了加速凝结硬化速度、提高制品强度,镁质胶凝材料使用时均加入适量固化剂。最常用的固化剂为氯化镁溶液,也可用硫酸镁($MgSO_4 \cdot 7H_2O$)、氯化铁($FeCl_3$)或硫酸亚铁($FeSO_4 \cdot H_2O$)等盐类的溶液。氯化镁和氯化铁溶液较常用,氯化镁固化剂的反应式如下:

$$mMgO + nMgCl_2 \cdot 6H_2O \longrightarrow mMgO \cdot nMgCl_2 \cdot 9H_2O$$

反应生成的氧氯化镁($mMgO \cdot nMgCl_2 \cdot 9H_2O$)结晶速度比氢氧化镁[$Mg(OH)_2$]快,因而加速了镁质胶凝材料的凝结硬化速度,而且其制品强度显著提高。

氯化镁溶液(密度为 $1.2g/cm^3$)的掺量一般为镁质胶凝材料的 $55\% \sim 60\%$。掺量太大则凝结速度过快,且收缩大、强度低。掺量过少,则硬化太慢,强度也低。此外,温度对凝结硬化很敏感,氯化镁掺量可作适当调整。

三、镁质胶凝材料的技术性质

(一)凝结时间

根据《地面与楼面工程及验收规范》(GBJ209)规定,菱苦土用密度为 $1.2g/cm^3$ 的氯化镁溶液调制成标准稠度净浆,初凝时间不得早于 20min,终凝时间不得迟于 6h。

(二)强度高

用氯化镁溶液和菱苦土配制的制品,抗压强度可达 $40 \sim 60MPa$。其中 1 天强度可达最高强度的 $60\% \sim 80\%$,7 天左右可达最高强度。且硬化后的表观密度小($1000 \sim 1100kg/m^3$),属于轻质、早强、高强胶凝材料。

(三)黏结性能好

菱苦土与各种纤维材料的黏结性能很好,且碱性比水泥弱,不会腐蚀纤维材料。因此常用木屑、玻璃纤维等制作复合板材、地坪等,以提高制品的抗拉、抗折和抗冲击性能。

(四)耐水性差,易泛霜

镁质胶凝材料制品遇水或在潮湿环境中极易吸水变形,强度下降,且制品表面出现泛霜(俗称返卤)现象,影响正常使用。因此只能在干燥环境中使用。

制品中掺入硫酸镁和硫酸亚铁固化剂可提高耐水性,但强度相对较低。改善耐水性的最佳途径是掺入磷酸盐或防水剂(成本较高),也可掺入矿渣、粉煤灰等活性混合材料。

此外,由于制品中氯离子含量高,因此对铁钉、钢筋的锈蚀作用很强。应尽量避免用铁钉等固定板材或与钢材等易锈材料直接接触。

四、镁质胶凝材料的应用

(一)菱苦土木屑地面

以菱苦土、木屑、氯化钙及其他混合材料(滑石粉、砂、石屑、粉煤灰、颜料等)等制作地坪,具有一定弹性,且防火、防爆、导热性小、表面光洁、不起灰。主要用于室内车间地坪。

(二)板材

通常加入刨花、木丝、玻纤、聚酯纤维等,制作各种板材,如装饰板、防火板、隔墙板等。

也可用来制作通风管道。加入发泡剂时,还可制作保温板。

习题与复习思考题

1. 下列名词的基本概念:胶凝材料、气硬性胶凝材料、水硬性胶凝材料、生石灰、熟石灰、消石灰、过火石灰、欠火石灰、石灰的陈伏、石灰土、三合土、生石膏、熟石膏、建筑石膏、二水石膏、半水石膏、硬石膏、无水石膏、高强石膏、水玻璃、水玻璃的模数、菱苦土。

2. 石灰熟化过程的特点。

3. 磨细生石灰为什么不经"陈伏"可直接使用?

4. 石灰的凝结硬化过程及特点是什么? 提高凝结硬化速度的简易措施有哪些?

5. 生石灰的主要技术性质有哪些? 使用时掺入麻刀、纸筋等的作用是什么?

6. 石灰的主要用途有哪些?

7. 某多层住宅楼室内抹灰采用的是石灰砂浆,交付使用后出现墙面普遍鼓包开裂,试分析其原因。欲避免这种情况发生,应采取什么措施?

8. 石灰是气硬性胶凝材料,为什么由它配制的石灰土和三合土可以用来建造灰土渠道、三合土滚水坝等水工建筑物?

9. 建筑石膏凝结硬化过程的特点是什么? 与石灰凝结硬化过程相比怎样?

10. 建筑石膏的主要技术性质有哪些?

11. 建筑石膏的主要用途有哪些?

12. 用于墙面抹灰时,建筑石膏与石灰比较具有哪些优点?

13. 水玻璃($Na_2O \cdot nH_2O$)中 n 的大小与水玻璃哪些性能有关? 建筑工程常用 n 值范围是多少?

14. 水玻璃中掺入固化剂的目的及常用固化剂名称是什么?

15. 水玻璃的主要技术性质和用途。

16. 菱苦土是最主要的镁质胶凝材料,其水化和凝结硬化与石灰相比有何异同?

17. 镁质胶凝材料的主要技术性质有哪些?

第3章 水 泥

　　水泥呈粉末状,与适量水拌合成塑性浆体,经过物理化学过程浆体能变成坚硬的石状体,并能将散粒状材料胶结成为整体。水泥是一种良好的胶凝材料,水泥浆体不但能在空气中硬化,还能更好地在水中硬化,保持并发展其强度,故水泥是水硬性胶凝材料。

　　水泥在胶凝材料中占有极其重要的地位,是最重要的建筑材料之一。它不但大量应用于工业与民用建筑工程中,还广泛地应用于农业、水利、公路、铁路、海港和国防等工程中,常用来制造各种形式的钢筋混凝土、预应力混凝土构件和建筑物,也常用于配制砂浆,以及用作灌浆材料等。

　　水泥的种类繁多,目前生产和使用的水泥品种已达 200 余种。按组成水泥的基本物质——熟料的矿物组成,一般可分为:①硅酸盐系水泥,其中包括通用水泥、含硅酸盐水泥、普通硅酸盐水泥、矿渣硅酸盐水泥、火山灰质硅酸盐水泥、粉煤灰硅酸盐水泥、复合硅酸盐水泥等六个品种水泥,以及快硬硅酸盐水泥、白色硅酸盐水泥、抗硫酸盐硅酸盐水泥等;② 铝酸盐系水泥,如铝酸盐自应力水泥、铝酸盐水泥等;③ 硫铝酸盐系水泥,如快硬硫铝酸盐水泥、I 型低碱硫铝酸盐水泥等;④ 氟铝酸盐水泥;⑤ 铁铝酸盐水泥;⑥ 少熟料或无熟料水泥。按水泥的特性与用途划分,可分为:① 通用水泥,是指大量用于一般建筑工程的水泥,如上述“六种”水泥;② 专用水泥,是指专门用途的水泥,如砌筑水泥、油井水泥、道路水泥等;③ 特性水泥,是指某种性能比较突出的水泥,如快硬水泥、白色水泥、膨胀水泥、低热及中热水泥等。

　　本章以通用硅酸盐水泥为主要内容,在此基础上介绍其他品种水泥。

第1节 通用硅酸盐水泥概述

　　通用硅酸盐水泥是指组成水泥的基本物质——熟料的主要成分为硅酸钙,在所有的水泥中它应用最广。

一、通用硅酸盐水泥的生产

　　生产通用硅酸盐水泥的原料主要是石灰石和黏土质原料两类。石灰质原料主要提供 CaO,常采用石灰石、白垩、石灰质凝灰岩等。黏土质原料主要提供 SiO_2、Al_2O_3 及 Fe_2O_3,常采用黏土、黏土质页岩、黄土等。有时两种原料化学成分不能满足要求,还需加入少量校正原料来调整,常采用黄铁矿渣等。

　　通用硅酸盐水泥的生产工艺概括起来就是“两磨一烧”,如图 3-1 所示。

生产水泥时首先将原料按适当比例混合后再磨细,然后将制成的生料入窑进行高温煅烧;再将烧好的熟料配以适当的石膏和混合材料在磨机中磨成细粉,即得到水泥。

煅烧水泥熟料的窑型主要有两类:回转窑和立窑。技术相对落后,能耗较高及产品质量较差的立窑逐渐被淘汰,取而代之的是技术先进、能耗低、产品质量好、生产规模大(可达10000t/d)的室外分解回转窑。

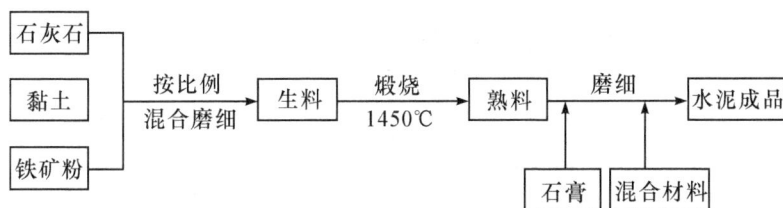

图 3-1　水泥生产工艺示意图

二、通用硅酸盐水泥的组成

通用硅酸盐水泥由硅酸盐水泥熟料、石膏调凝剂和混合材料三部分组成,如表 3-1 所示。

表 3-1　通用硅酸盐水泥的组份

品种	代号	组分(质量分数)				
		熟料＋石膏	粒化高炉矿渣	火山灰质混合材料	粉煤灰	石灰石
硅酸盐水泥	P·Ⅰ	100	—	—	—	—
	P·Ⅱ	≥95	≤5	—	—	—
		≥95	—	—	—	≤5
普通硅酸盐水泥	P·O	≥80 且<95	>5 且≤20			
矿渣硅酸盐水泥	P·S·A	≥50 且<80	>20 且≤50	—	—	—
	P·S·B	≥30 且<50	>50 且≤70	—	—	—
火山灰质硅酸盐水泥	P·P	≥60 且<80	—	>20 且≤40	—	—
粉煤灰硅酸盐水泥	P·F	≥60 且<80	—	—	>20 且≤40	—
复合硅酸盐水泥	P·C	≥50 且<80	>20 且≤50			

(一)硅酸盐水泥熟料

以适当成分的生料煅烧至部分熔融,所得以硅酸钙为主要成分的产物,称为硅酸盐水泥熟料。生料中的主要成分是 CaO、SiO_2、Al_2O_3、Fe_2O_3,经高温煅烧后,反应生成硅酸盐水泥熟料中的四种主要矿物:硅酸三钙($3CaO \cdot SiO_2$,简写式 C_3S)、硅酸二钙($2CaO \cdot SiO_2$,简写式 C_2S)、铝酸三钙($3CaO \cdot Al_2O_3$,简写式 C_3A)和铁铝酸四钙($4CaO \cdot Al_2O_3 \cdot Fe_2O_3$,简写式 C_4AF)。硅酸盐水泥熟料的化学成分和矿物组分含量如表 3-2 所示。

(二)石膏

石膏是通用硅酸盐水泥中必不可少的组成材料,主要作用是调节水泥的凝结时间,常采用天然的或合成的二水石膏($CaSO_4 \cdot 2H_2O$)。

（三）混合材料

混合材料是通用硅酸盐水泥中经常采用的组成材料,按其性能不同,可分为活性与非活性两大类。常用的混合材料有活性类的粒化高炉矿渣、火山灰质材料及粉煤灰等与非活性类的石灰石、石英砂、黏土、慢冷矿渣等。

表 3-2　硅酸盐水泥熟料的化学成分及矿物成分含量

化学成分	含量(%)	矿物成分	含量(%)
CaO	62～67	$3CaO \cdot SiO_2 (C)_3S$	37～60
SiO_2	19～24	$2CaO \cdot SiO_2 (C)_2S$	15～37
Al_2O_3	4～7	$3CaO \cdot Al_2O_3 (C)_3A$	7～15
Fe_2O_3	2～5	$4CaO \cdot Al_2O_3 \cdot Fe_2O_3 (C_4AF)$	10～18

第 2 节　硅酸盐水泥和普通硅酸盐水泥

在硅酸盐系水泥品种中,硅酸盐水泥和普通硅酸盐水泥的组成相差较小,性能较为接近。

一、硅酸盐水泥的水化和凝结硬化

水泥加水拌合后,最初形成具有可塑性的浆体(称为水泥净浆),随着水泥水化反应的进行逐渐变稠失去塑性,这一过程称为凝结。此后,随着水化反应的继续,浆体逐渐变为具有一定强度的坚硬的固体水泥石,这一过程称为硬化。可见,水化是水泥产生凝结硬化的前提,而凝结硬化则是水泥水化的必然结果。

（一）硅酸盐水泥的水化

硅酸盐水泥与水拌合后,其熟料颗粒表面的四种矿物立即与水发生水化反应,生成水化产物。各矿物的水化反应如下:

$$2(3CaO \cdot SiO_2) + 6H_2O == 3CaO \cdot 2SiO_2 \cdot 3H_2O + 3Ca(OH)_2$$
$$\text{（水化硅酸钙凝胶）　（氢氧化钙晶体）}$$
$$2(2CaO \cdot SiO_2) + 4H_2O == 3CaO \cdot 2SiO_2 \cdot 3H_2O + Ca(OH)_2$$
$$3CaO \cdot Al_2O_3 + 6H_2O == 3CaO \cdot Al_2O_3 \cdot 6H_2O$$
$$\text{（水化铝酸钙晶体）}$$
$$4CaO \cdot Al_2O_3 \cdot Fe_2O_3 + 7H_2O == 3CaO \cdot Al_2O_2 \cdot 6H_2O + CaO \cdot Fe_2O_3 \cdot H_2O$$
$$\text{（水化铁酸钙凝胶）}$$

上述反应中,硅酸三钙的水化反应速度快,水化放热量大,生成的水化硅酸钙(简写成 C—S—H)几乎不溶于水,而以胶体微粒析出,并逐渐凝聚成为凝胶。经电子显微镜观察,水化硅酸钙的颗粒尺寸与胶体相当,实际呈结晶度较差的箔片状和纤维颗粒,由这些颗粒构

成的网状结构具有很高的强度。反应生成的氢氧化钙很快在溶液中达到饱和,呈六方板状晶体析出。硅酸三钙早期与后期强度均高。

硅酸二钙水化反应的产物与硅酸三钙的相同,只是数量上有所不同,而它水化反应慢,水化放热小。由于水化反应速度慢,因此早期强度低,但后期强度增进率大,一年后可赶上甚至超过硅酸三钙的强度。

铁铝酸四钙水化反应快,水化放热中等,生成的水化产物为水化铝酸三钙立方晶体与水化铁酸一钙凝胶,强度较低。

铝酸三钙的水化反应速度极快,水化放热量最大,其部分水化产物——水化铝酸三钙晶体在氢氧化钙的饱和溶液中能与氢氧化钙进一步反应,生成水化铝酸钙晶体,二者的强度均较低。上述熟料矿物水化与凝结硬化特性见表3-3与图3-2。

表 3-3　硅酸盐水泥主要矿物组成及其特性

特性指标＼矿物组成		$3CaO \cdot SiO_2$ (C_3S)	$2CaO \cdot SiO_2$ (C_2S)	$3CaO \cdot Al_2O_3$ (C_3A)	$4CaO \cdot Al_2O_3 \cdot Fe_2O_3$ (C_4AF)
密度(g/cm^3)		3.25	3.28	3.04	3.77
水化反应速率		快	慢	最快	快
水化放热量		大	小	最大	中
强度	早期	高	低	低	低
	后期		高		
收缩		中	中	大	小
抗硫酸盐侵蚀性		中	最好	差	好

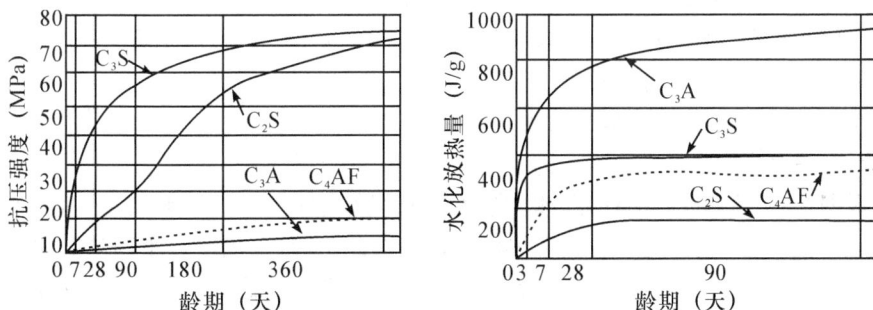

图 3-2　熟料矿物的水化和凝结硬化特性

由上所述可知,正常煅烧的硅酸盐水泥熟料经磨细后与水拌和时,由于铝酸三钙的剧烈水化,会使浆体迅速产生凝结,这在使用时便无法正常施工;因此,在水泥生产时必须加入适量的石膏调凝剂,使水泥的凝结时间满足工程施工的要求。水泥中适量的石膏与水化铝酸三钙反应生成高硫型水化硫铝酸钙,又称钙矾石或 AFt,其反应式如下:

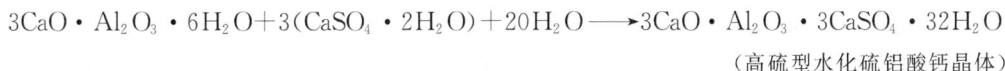

$$3CaO \cdot Al_2O_3 \cdot 6H_2O + 3(CaSO_4 \cdot 2H_2O) + 20H_2O \longrightarrow 3CaO \cdot Al_2O_3 \cdot 3CaSO_4 \cdot 32H_2O$$

(高硫型水化硫铝酸钙晶体)

石膏完全消耗后，一部分钙矾石将转变为单硫型水化硫铝酸钙（简式 AFm）晶体，即：

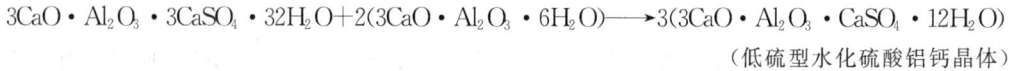

$$3CaO \cdot Al_2O_3 \cdot 3CaSO_4 \cdot 32H_2O + 2(3CaO \cdot Al_2O_3 \cdot 6H_2O) \longrightarrow 3(3CaO \cdot Al_2O_3 \cdot CaSO_4 \cdot 12H_2O)$$

（低硫型水化硫酸铝钙晶体）

水化硫铝酸钙是难溶于水的针状晶体，它沉淀在熟料颗粒的周围，阻碍了水分的进入，因此起到了延缓水泥凝结的作用。

水泥的水化实际上是复杂的化学反应，上述反应是几个典型的水化反应式，若忽略一些次要的或少量的成分以及混合材料的作用，硅酸盐水泥与水反应后，生成的主要水化产物有：水化硅酸钙凝胶、水化铁酸钙凝胶、氢氧化钙晶体、水化铝酸钙晶体、水化硫铝酸钙晶体。在完全水化的水泥中，水化硅酸钙约占 70%，氢氧化钙约占 20%，钙矾石和单硫型水化硫铝酸钙约占 7%。

（二）硅酸盐水泥的凝结硬化过程

迄今为止，尚没有一种统一的理论来阐述水泥的凝结硬化具体过程，现有的理论还存在着许多问题有待于进一步的研究。一般按水化反应速率和水泥浆体的结构特征，硅酸盐水泥的凝结硬化过程可分为：初始反应期、潜伏期、凝结期、硬化期 4 个阶段。

1. 初始反应期

水泥与水接触后立即发生水化反应，在初始的 5~10min 内，放热速率剧增，可达此阶段的最大值，然后又降至很低。这个阶段称为初始反应期。在此阶段硅酸三钙开始水化，生成水化硅酸钙凝胶，同时释放出氢氧化钙，氢氧化钙立即溶于水中，钙离子浓度急剧增大，当达到过饱和时，则呈结晶析出。同时，暴露于水泥熟料颗粒表面的铝酸三钙也溶于水，并与已溶解的石膏反应，生成钙矾石结晶析出，附着在颗粒表面，在这个阶段中，水化的水泥只是极少的一部分。

2. 潜伏期

在初始反应期后，有相当长一段时间（约 1~2h），水泥浆的放热速率很低，这说明水泥水化十分缓慢。这主要是由于水泥颗粒表面覆盖了一层以水化硅酸钙凝胶为主的渗透膜层，阻碍了水泥颗粒与水的接触。在此期间，由于水泥水化产物数量不多，水泥颗粒仍呈分散状态，所以水泥浆基本保持塑性。

许多研究者将上述二个阶段合并称为诱导期。

3. 凝结、硬化期

在潜伏期后由于渗透压的作用，水泥颗粒表面的膜层破裂，水泥继续水化，放热速率又开始增大，6h 内可增至最大值，然后又缓慢下降。在此阶段，水化产物不断增加并填充水泥颗粒之间的空间，随着接触点的增多，形成了由分子力结合的凝聚结构，使水泥浆体逐渐失去塑性，这一过程称为水泥的凝结。此阶段结束约有 15% 的水泥水化。

在凝结期后，放热速率缓慢下降，至水泥水化 24h 后，放热速率已降到一个很低值，约 $4.0J/g \cdot h$ 以下，此时，水泥水化仍在继续进行，水化铁铝酸钙形成；由于石膏的耗尽，高硫型水化硫铝酸钙转变为低硫型水化硫铝酸钙，水化硅酸钙凝胶形成纤维状。在这一过程中，水化产物越来越多，它们更进一步地填充孔隙且彼此间的结合亦更加紧密，使得水泥浆体产生强度，这一过程称为水泥的硬化。硬化期是一个相当长的时间过程，在适当的养护条件下，水泥硬化可以持续很长时间，几个月、几年、甚至几十年后强度还会继续增长。

水泥石强度发展的一般规律是：3~7 天内强度增长最快，28 天内强度增长较快，超过

28天后强度将继续发展但增长较慢。

需要注意的是:水泥凝结硬化过程的各个阶段不是彼此截然分开,而是交错进行的。

(三)水泥石的结构

在常温下硬化的水泥石,通常是由水化产物、未水化的水泥颗粒内核、孔隙等组成的多相(固、液、气)的多孔体系。

在水泥石中,水化硅酸钙凝胶对水泥石的强度及其他主要性质起支配作用。水泥石具有强度的实质,包括范德华键、氢键、原子价健等的作用力以及凝胶体的巨大内表面积的表面效应所产生的黏结力。

(四)影响硅酸盐水泥凝结硬化的主要因素

从硅酸盐水泥熟料的单矿物水化及凝结硬化特性不难看出,熟料的矿物组成直接影响着水泥水化与凝结硬化,除此以外,水泥的凝结硬化还与下列因素有关:

1. 水泥细度

水泥颗粒越细,与水起反应的表面积愈大,水化作用的发展就越迅速而充分,使凝结硬化的速度加快,早期强度大。但颗粒过细的水泥硬化时产生的收缩亦越大,而且磨制水泥能耗多成本高,一般认为,水泥颗粒小于 $40\mu m$ 才具有较高的活性,大于 $100\mu m$ 活性就很小了。

2. 石膏掺量

石膏的掺入可延缓水泥的凝结硬化速率,有试验表明,当水泥中石膏掺入量(以 $SO_3\%$ 计)小于 1.3%时,并不能阻止水泥快凝,但在掺量(以 $SO_3\%$ 计)大于 2.5%以后,水泥凝结时间的增长很少。

3. 水泥浆的水灰比

拌合水泥浆时,水与水泥的质量比称为水灰比(W/C)。为使水泥浆体具有一定塑性和流动性,所以加入的水量通常要大大超过水泥充分水化时所需的水量,多余的水在硬化的水泥石内形成毛细孔隙,W/C越大,硬化水泥石的毛细孔隙率越大,水泥石的强度随其增加而呈直线下降。

4. 温度与湿度

温度升高,水泥的水化反应加速,从而使其凝结硬化速率加快,早期强度提高,但对后期强度反而可能有所下降;相反,在较低温度下,水泥的凝结硬化速度慢,早期强度低,但因生成的水化产物较致密而可以获得较高的最终强度;负温下水结成冰时,水泥的水化将停止。

水是水泥水化硬化的必要条件,在干燥环境中,水分蒸发快,易使水泥浆失水而使水化不能正常进行,影响水泥石强度的正常增长,因此用水泥拌制的砂浆和混凝土,在浇筑后应注意保水养护。

5. 养护龄期

水泥的水化硬化是一个较长时期不断进行的过程,随着时间的增加,水泥的水化程度提高,凝胶体不断增多,毛细孔减少,水泥石强度不断增加。

二、硅酸盐水泥的技术性质

根据国家标准 GB 175—2007,对硅酸盐水泥的主要技术性质作出下列规定:

（一）细度

细度是指水泥颗粒的粗细程度，水泥细度通常采用筛析法或比表面积法测定。国家标准规定，硅酸盐水泥的比表面积不小于 $300m^2/kg$。水泥细度是鉴定水泥品质的选择性指标，但水泥的粗细将会影响其水化速度与早期强度，过细的水泥将对混凝土的性能产生不良影响。

（二）凝结时间

凝结时间是指水泥从加水开始，到水泥浆失去塑性所需的时间。凝结时间分初凝时间和终凝时间，初凝时间是指从水泥加水到水泥浆开始失去塑性的时间，终凝时间是指从水泥加水到水泥浆完全失去塑性的时间。国家标准规定，硅酸盐水泥的初凝时间不得早于45min，终凝时间不得迟于390min。

水泥凝结时间的测定，是以标准稠度的水泥净浆，在规定温度和湿度条件下，用凝结时间测定仪测定。所谓标准稠度用水量是指水泥净浆达到规定稠度时所需的拌合用水量，以占水泥重量的百分率表示，硅酸盐水泥的标准稠度用水量，一般为 $24\%\sim30\%$。

水泥的凝结时间对水泥混凝土和砂浆的施工有重要的意义。初凝时间不宜过短，以便施工时有足够的时间来完成混凝土和砂浆拌合物的运输、浇捣或砌筑等操作；终凝时间不宜过长，是为了使混凝土和砂浆在浇捣或砌筑完毕后能尽快凝结硬化，以利于下一道工序的及早进行。

（三）安定性

安定性是指水泥浆体硬化后体积变化的均匀性。若水泥硬化后体积变化不稳定、均匀，即所谓的安定性不良，会导致混凝土产生膨胀破坏，造成严重的工程质量事故。

在水泥中，由于熟料煅烧不完全而存在游离 CaO 与 MgO（f-CaO、f-MgO），由于是高温生成，因此水化活性小，在水泥硬化后水化，产生体积膨胀；生产水泥时加入过多的石膏，在水泥硬化后还会继续与固态的水化铝酸钙反应生成水化硫铝酸钙，产生体积膨胀。这三种物质造成的膨胀均会导致水泥安定性不良，即使得硬化水泥石产生弯曲、裂缝甚至粉碎性破坏。沸煮能加速 f-CaO 的水化，国家标准规定通用水泥用沸煮法检验安定性；f-MgO 的水化比 f-CaO 更缓慢，沸煮法已不能检验，国家标准规定通用水泥 MgO 含量不得超过 5%，若水泥经压蒸法检验合格，则 MgO 含量可放宽到 6%；由石膏造成的安定性不良，需经长期浸在常温水中才能发现，不便于检验，所以国家标准规定硅酸盐水泥中的 SO_3 含量不得超过 3.5%。

（四）强度

水泥的强度是评定其质量的重要指标，也是划分水泥强度等级的依据。水泥的强度包括抗压强度与抗折强度，必须同时满足标准要求，缺一不可。

表 3-4　硅酸盐水泥各强度等级、各龄期的强度值(GB 175—2007)

强度等级	抗压强度/MPa		抗折强度/MPa	
	3d	28d	3d	28d
42.5	≥17.0	≥42.5	3.5	≥6.5
42.5R	≥22.0		4.0	
52.5	≥23.0	≥52.5	4.0	≥7.0
52.5R	≥27.0		5.0	
62.5	≥28.0	≥62.5	5.0	≥8.0
62.5R	≥32.0		5.5	

（五）碱含量

水泥中的碱含量是按 $Na_2O+0.658K_2O$ 计算的重量百分率来表示。水泥中的碱会和集料中的活性物质如活性 SiO_2 反应,生成膨胀性的碱硅酸盐凝胶,导致混凝土开裂破坏。这种反应和水泥的碱含量、集料的活性物质含量及混凝土的使用环境有关。为防止碱集料反应,即使在使用相同活性集料的情况下,不同的混凝土配合比、使用环境对水泥的碱含量要求也不一样,因此,标准中将碱含量定为任选要求,当用户要求提供低碱水泥时,水泥中的碱含量应不大于 0.60% 或由供需双方协商确定。

（六）水化热

水泥在凝结硬化过程中因水化反应所放出的热量,称为水泥的水化热,通常以 KJ/kg 表示。大部分水化热是伴随着强度的增长在水化初期放出的。水泥的水化热大小和释放速率主要与水泥熟料的矿物组成、混合材料的品种与数量、水泥的细度及养护条件等有关,另外,加入外加剂可改变水泥的释热速率。大型基础、水坝、桥墩、厚大构件等大体积混凝土构筑物,由于水化热聚集在内部不易散发,内部温升可达 50~60℃ 甚至更高,内外温差产生的应力和温降收缩产生的应力常使混凝土产生裂缝,因此,大体积混凝土工程不宜采用水化热较大、放热较快的水泥,如硅酸盐水泥,因为它含熟料最多。但国家标准未就该项指标作具体的规定。

三、水泥石的腐蚀与防止

硅酸盐水泥硬化后,在通常使用条件下具有优良的耐久性。但在某些侵蚀性液体或气体等介质的作用下,水泥石结构会逐渐遭到破坏,这种现象称为水泥石的腐蚀。

（一）水泥石的几种主要侵蚀类型

导致水泥石腐蚀的因素很多,作用过程亦甚为复杂,仅介绍几种典型介质对水泥石的侵蚀作用。

1. 软水侵蚀(溶出性侵蚀)

不含或仅含少量重碳酸盐(含 HCO_3^- 的盐)的水称为软水,如雨水、蒸馏水、冷凝水及部分江水、湖水等。当水泥石长期与软水相接触时,水化产物将按其稳定存在所必需的平衡氢氧化钙(钙离子)浓度的大小,依次逐渐溶解或分解,从而造成水泥石的破坏,这就是溶出性侵蚀。

在各种水化产物中,$Ca(OH)_2$的溶解度最大(25℃约1.3gCaO/L),因此首先溶出,这样不仅增加了水泥石的孔隙率,使水更容易渗入,而且由于$Ca(OH)_2$浓度降低,还会使水化产物依次发生分解,如高碱性的水化硅酸钙、水化铝酸钙等分解成为低碱性的水化产物,并最终变成硅酸凝胶、氢氧化铝等无胶凝能力的物质。在静水及无压力水的情况下,由于周围的软水易为溶出的氢氧化钙所饱和,使溶出作用停止,所以对水泥石的影响不大;但在流水及压力水的作用下,水化产物的溶出将会不断地进行下去,水泥石结构的破坏将由表及里地不断进行下去。当水泥石与环境中的硬水接触时,水泥石中的氢氧化钙与重碳酸盐发生反应:

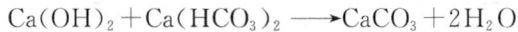

$$Ca(OH)_2 + Ca(HCO_3)_2 \longrightarrow CaCO_3 + 2H_2O$$

生成的几乎不溶于水的碳酸钙积聚在水泥石的孔隙内,形成致密的保护层,可阻止外界水的继续侵入,从而可阻止水化产物的溶出。

2. 盐类侵蚀

在水中通常溶有大量的盐类,某些溶解于水中的盐类会与水泥石相互作用产生置换反应,生成一些易溶或无胶结能力或产生膨胀的物质,从而使水泥石结构破坏。最常见的盐类侵蚀是硫酸盐侵蚀与镁盐侵蚀。

硫酸盐侵蚀是由于水中溶有一些易溶的硫酸盐,它们与水泥石中的氢氧化钙反应生成硫酸钙,硫酸钙再与水泥石中的固态水化铝酸钙反应生成钙矾石,体积急剧膨胀(约1.5倍),使水泥石结构破坏,其反应式是:

$$3CaO \cdot Al_2O_3 \cdot 6H_2O + 3(CaSO_4 \cdot 2H_2O) + 20H_2O \longrightarrow 3CaO \cdot Al_2O_3 \cdot 3CaSO_4 \cdot 32H_2O$$

钙矾石呈针状晶体,常称其为"水泥杆菌"。若硫酸钙浓度过高,则直接在孔隙中生成二水石膏结晶,产生体积膨胀而导致水泥石结构破坏。

镁盐侵蚀主要是氯化镁和硫酸镁与水泥石中的氢氧化钙起复分解反应,生成无胶结能力的氢氧化镁及易溶于水的氯化镁或生成石膏导致水泥石结构破坏,其反应式为:

$$MgCl_2 + Ca(OH)_2 \longrightarrow Mg(OH)_2 + CaCl_2$$
$$MgSO_4 + Ca(OH)_2 + 2H_2O \longrightarrow CaSO_4 \cdot 2H_2O + Mg(OH)_2$$

可见,硫酸镁对水泥石起镁盐与硫酸盐双重侵蚀作用。

在海水、湖水、盐沼水、地下水、某些工业污水及流经高炉矿渣或煤渣的水中常含钾、钠、铵等硫酸盐;在海水及地下水中常含有大量的镁盐,主要是硫酸镁和氯化镁。

3. 酸类侵蚀

(1)碳酸侵蚀:在某些工业污水和地下水中常溶解有较多的二氧化碳,这种水分对水泥石的侵蚀作用称为碳酸侵蚀。首先,水泥石中的$Ca(OH)_2$与溶有CO_2的水反应,生成不溶于水的碳酸钙;接着碳酸钙又再与碳酸水反应生成易于水的碳酸氢钙。反应式为:

$$Ca(OH)_2 + CO_2 + H_2O \longrightarrow CaCO_3 + 2H_2O$$
$$CaCO_3 + CO_2 + H_2O \longrightarrow Ca(HCO_3)_2$$

当水中含有较多的碳酸,上述反应向右进行,从而导致水泥石中的$Ca(OH)_2$不断地转变为易溶的$Ca(HCO_3)_2$而流失,进一步导致其他水化产物的分解,使水泥石结构遭到破坏。

(2)一般酸侵蚀:水泥的水化产物呈碱性,因此酸类对水泥石一般都会有不同程度的侵蚀作用,其中侵蚀作用最强的是无机酸中的盐酸、氢氟酸、硝酸、硫酸及有机酸中的醋酸、蚁酸和乳酸等,它们与水泥石中的 $Ca(OH)_2$ 反应后的生成物,或者易溶于水,或者体积膨胀,都对水泥石结构产生破坏作用。例如盐酸和硫酸分别与水泥石中的 $Ca(OH)_2$ 作用:

$$2HCl + Ca(OH)_2 \longrightarrow CaCl_2 + H_2O$$

$$H_2SO_4 + Ca(OH)_2 \longrightarrow CaSO_4 + 2H_2O$$

反应生成的氯化钙易溶于水,生成的石膏继而又产生硫酸盐侵蚀作用。

4. 强碱侵蚀

水泥石本身具有相当高的碱度,因此弱碱溶液一般不会侵蚀水泥石,但是,当铝酸盐含量较高的水泥石遇到强碱(如氢氧化钠)作用后会被腐蚀破坏。氢氧化钠与水泥熟料中未水化的铝酸三钙作用,生成易溶的铝酸钠:

$$3CaO \cdot Al_2O_3 + 6Na(OH) =\!=\!= 3Na_2O \cdot Al_2O_3 + 3Ca(OH)_2$$

当水泥石被氢氧化钠浸润后又在空气中干燥,与空气中的二氧化碳作用生成碳酸钠,它在水泥石毛细孔中结晶沉积,会使水泥石胀裂。

除了上述 4 种典型的侵蚀类型外,糖、氨、盐、动物脂肪、纯酒精、含环浣酸的石油产品等对水泥石也有一定的侵蚀作用。

在实际工程中,水泥石的腐蚀常常是几种侵蚀介质同时存在、共同作用所产生的;但干的固体化合物不会对水泥石产生侵蚀,侵蚀性介质必须呈溶液状且浓度大于某一临界值。

水泥的耐蚀性可用耐蚀系数定量表示。耐蚀系数是以同一龄期下,水泥试件在侵蚀性溶液中养护的强度与在淡水中养护的强度之比,比值越大,耐蚀性越好。

(二)水泥石腐蚀的防止

从以上对侵蚀作用的分析可以看出,水泥石被腐蚀的基本内因为:一是水泥石中存在有易被腐蚀的组分,如 $Ca(OH)_2$ 与水化铝酸钙;二是水泥石本身不致密,有很多毛细孔通道,侵蚀性介质易于进入其内部。因此,针对具体情况可采取下列措施防止水泥石的腐蚀。

(1)根据侵蚀介质的类型,合理选用水泥品种。如采用水化产物中 $Ca(OH)_2$ 含量较少的水泥,可提高对多种侵蚀作用的抵抗能力;采用铝酸三钙含量低于 5% 的水泥,可有效抵抗硫酸盐的侵蚀;掺入活性混合材料,可提高硅酸盐水泥抵抗多种介质的侵蚀作用。

(2)提高水泥石的密实度。水泥石(或混凝土)的孔隙率越小,抗渗能力越强,侵蚀介质也越难进入,侵蚀作用越轻。在实际工程中,可采用多种措施提高混凝土与砂浆的密实度。

(3)设置隔离层或保护层。当侵蚀作用较强或上述措施不能满足要求时,可在水泥制品(混凝土、砂浆等)表面设置耐腐蚀性高且不透水的隔离层或保护层。

四、硅酸盐水泥的特性与应用

1. 凝结硬化快,早期强度与后期强度均高

这是因为硅酸盐水泥中硅酸盐水泥熟料多,即水泥中 C_3S 多。因此适用于现浇混凝土工程、预制混凝土工程、冬季施工混凝土工程、预应力混凝土工程、高强混凝土工程等。

2. 抗冻性好

硅酸盐水泥石具有较高的密实度,且具有对抗冻性有利的孔隙特征,因此抗冻性好,适用于严寒地区遭受反复冻融循环的混凝土工程。

3. 水化热高

硅酸盐水泥中 C_3S 和 C_3A 含量高,因此水化放热速度快、放热量大,所以适用于冬季施工,不适用于大体积混凝土工程。

4. 耐腐蚀性差

硅酸盐水泥石中的 $Ca(OH)_2$ 与水化铝酸钙较多,所以耐腐蚀性差,因此不适用于受流动软水和压力水作用的工程,也不宜用于受海水及其他侵蚀性介质作用的工程。

5. 耐热性差

水泥石中的水化产物在 $250\sim300℃$ 时会产生脱水,强度开始降低,当温度达到 $700\sim1000℃$ 时,水化产物分解,水泥石的结构几乎完全破坏,所以硅酸盐水泥不适用于耐热、高温要求的混凝土工程。但当温度为 $100\sim250℃$ 时,由于额外的水化作用及脱水后凝胶与部分 $Ca(OH)_2$ 的结晶对水泥石的密实作用,水泥石的强度并不降低。

6. 抗碳化性好

水泥石中 $Ca(OH)_2$ 与空气中 CO_2 的作用称为碳化。硅酸盐水泥水化后,水泥石中含有较多的 $Ca(OH)_2$,因此抗碳化性好。

7. 干缩小

硅酸盐水泥硬化时干燥收缩小,不易产生干缩裂纹,故适用于干燥环境。

五、普通硅酸盐水泥

按国家标准 GB 175—2007 规定:普通硅酸盐水泥由硅酸盐水泥熟料、再加入 $>5\%$ 且 $\leqslant20\%$ 的活性混合材料及适量石膏组成,简称普通水泥,代号 P·O。活性混合材料的最大掺量不得超过 20%,其中允许用不超过水泥质量 5% 的窑灰或不超过水泥质量 8% 的非活性混合材料来代替。

由组成可知,普通硅酸盐水泥与硅酸盐水泥的差别仅在于其中含有少量混合材料,而绝大部分仍是硅酸盐水泥熟料,故其特性与硅酸盐水泥基本相同;但由于掺入少量混合材料,因此与同强度等级硅酸盐水泥相比,普通硅酸盐水泥早期硬化速度稍慢、3 天强度稍低、抗冻性稍差、水化热稍小、耐蚀性稍好。

表 3-5 普通硅酸盐水泥各强度等级、各龄期强度值(GB 175—2007)

强度等级	抗压强度(MPa)		抗折强度(MPa)	
	3d	28d	3d	28d
42.5	$\geqslant17.0$	$\geqslant42.5$	$\geqslant3.5$	$\geqslant6.5$
42.5R	$\geqslant22.0$		$\geqslant4.0$	
52.5	$\geqslant23.0$	$\geqslant52.5$	$\geqslant4.0$	$\geqslant7.0$
52.5R	$\geqslant27.0$		$\geqslant5.0$	

普通硅酸盐水泥的终凝时间不得大于 $600min$,其余技术性质要求同硅酸盐水泥。

第3节　掺大量混合材料的硅酸盐水泥

一、混合材料

磨制水泥时掺入的人工或天然矿物材料称为混合材料。混合材料按其性能可分为活性混合材料和非活性混合材料两大类。

(一)活性混合材料

常温下能与石灰、石膏或硅酸盐水泥一起,加水拌合后能发生水化反应,生成水硬性的水化产物的混合材料称为活性混合材料。常用的活性混合材料有粒化高炉矿渣、火山灰质混合材料、硅粉及粉煤灰。

1. 粒化高炉矿渣

粒化高炉矿渣是将炼铁高炉中的熔融炉渣经急速冷却后形成的质地疏松的颗粒材料。由于采用水淬方法进行急冷,故又称水淬高炉矿渣。急冷的目的在于阻止其中的矿物成分结晶,使其在常温下成为不稳定的玻璃体(一般占80%以上),从而具有较高的化学能即具有较高的潜在活性。

粒化高炉矿渣中的活性成分主要是活性 Al_2O_3 和活性 SiO_2,矿渣的活性用质量系数 K 评定,按国家标准 GB/T 203—2008(《用于水泥中的粒化高炉矿渣》),K 是指矿渣的化学成分中 CaO、MgO、Al_2O_3 的质量分数之和与 SiO_2、MnO、TiO_2 的质量分数之和的比值。它反映了矿渣中活性组分与低活性、非活性组分之和的比例,K 值越大,则矿渣的活性越高。水泥用粒化高炉矿渣的质量系数不得小于 1.2。

2. 火山灰质混合材料

火山灰质混合材料是指具有火山灰性的天然或人工的矿物材料。其品种很多,天然的有:火山灰、凝灰岩、浮石、浮石岩、沸石、硅藻土等;人工的有:烧页岩、烧黏土、煤渣、煤矸石、硅灰等。火山灰质混合材料的活性成分也是活性 Al_2O_3 和活性 SiO_2。

3. 硅粉

硅粉是硅铁合金生产过程排出的烟气,遇冷凝聚所形成的微细球形玻璃质粉末。硅粉颗粒的粒径约 $0.1\mu m$,比表面积在 $20000m^2/kg$ 以上,SiO_2 含量大于90%。由于硅粉具有很细的颗粒组成和很大的比表面积,因此其水化活性很大。当用于水泥和混凝土时,能加速水泥的水化硬化过程,改善硬化水泥浆体的微观结构,可明显提高混凝土的强度和耐久性。

4. 粉煤灰

粉煤灰是从燃煤发电厂的烟道气体中收集的粉末,又称飞灰。它以 Al_2O_3、SiO_2 为主要成分,含有少量 CaO,具有火山灰性,其活性主要取决于玻璃体的含量以及无定形 Al_2O_3 和 SiO_2 含量,同时颗粒形状及大小对其活性也有较大的影响,细小球形玻璃体含量越高,粉煤灰的活性越高。

国家标准《用于水泥和混凝土中的粉煤灰》(GB 1596—2005)规定,粉煤灰的活性用强度活性指数(粉煤灰取代30%水泥的试验胶砂与无粉煤灰取代水泥时的对比水泥胶砂 28d

抗压强度之比)来评定,用于水泥中的粉煤灰要求活性指数不小于70%。

（二）非活性混合材料

凡常温下与石灰、石膏或硅酸盐水泥一起,加水拌合后不能发生水化反应或反应甚微,不能生成水硬性产物的混合材料称为非活性混合材料,常用的非活性混合材料主要有石灰石、石英砂及慢冷矿渣等。

二、活性混合材料的水化

磨细的活性混合材料与水调和后,本身不会硬化或硬化极其缓慢;但在饱和$Ca(OH)_2$溶液中,常温下就会发生显著的水化反应:

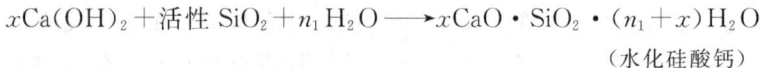

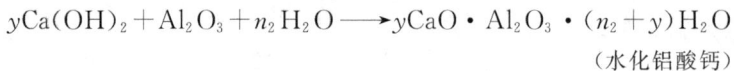

$$xCa(OH)_2 + 活性 SiO_2 + n_1H_2O \longrightarrow xCaO \cdot SiO_2 \cdot (n_1+x)H_2O$$

（水化硅酸钙）

$$yCa(OH)_2 + Al_2O_3 + n_2H_2O \longrightarrow yCaO \cdot Al_2O_3 \cdot (n_2+y)H_2O$$

（水化铝酸钙）

生成的水化硅酸钙和水化铝酸钙是具有水硬性的产物,与硅酸盐水泥中的水化产物相同。当有石膏存在时,水化铝酸钙还可以和石膏进一步反应生成水化硫铝酸钙。由此可见,是氢氧化钙和石膏激发了混合材料的活性,故称它们为活性混合材料的激发剂;氢氧化钙称为碱性激发剂,石膏称为硫酸盐激发剂。

掺活性混合材料的硅酸盐水泥与水拌合后,首先是水泥熟料水化,之后是水泥熟料的水化产物——$Ca(OH)_2$与活性混合材料中的活性SiO_2和活性Al_2O_3发生水化反应(亦称二次反应)生成水化产物,由此过程可知,掺活性混合材料的硅酸盐系水泥的水化速度较慢,故早期强度较低,而由于水泥中熟料含量相对减少,故水化热较低。

三、混合材料在水泥生产中的作用

活性混合材料掺入水泥中的主要作用是:改善水泥的某些性能、调节水泥强度、降低水化热、降低生产成本、增加水泥产量、扩大水泥品种。

非活性混合材料掺入水泥中的主要作用是:调节水泥强度、降低水化热、降低生产成本、增加水泥产量。

四、矿渣硅酸盐水泥、火山灰质硅酸盐水泥、粉煤灰硅酸盐水泥、复合硅酸盐水泥

（一）组成与技术要求

按国家标准GB 175—2007规定:由硅酸盐水泥熟料,再加入质量分数>20%的单个或二个及以上不同品种的混合材料及适量石膏,组成上述四个品种的硅酸盐水泥。

其终凝时间不大于600min,细度为80μm方孔筛筛余≤10%或45μm方孔筛筛余≤30%,水泥中氧化镁含量≤6.0%(矿渣硅酸盐水泥中矿渣质量分数>50%时,不作此项限定),矿渣硅酸盐水泥中的三氧化硫含量≤4.0%,其余技术性质指标同硅酸盐水泥。

表 3-6　矿渣硅酸盐水泥、火山灰质硅酸盐水泥、粉煤灰硅酸盐水泥、复合硅酸盐水泥

各强度等级、各龄期强度值(GB 175—2007)

强度等级	抗压强度(MPa)		抗折强度(MPa)	
	3d	28d	3d	28d
32.5	≥10.0	≥32.5	≥2.5	≥5.5
32.5R	≥15.0		≥3.5	
42.5	≥15.0	≥42.5	≥3.5	≥6.5
42.5R	≥19.0		≥4.0	
52.5	≥21.0	≥52.5	≥4.0	≥7.0
52.5R	≥23.0		≥4.5	

(二)特性与应用

从这四种水泥的组成可以看出,它们的区别仅在于掺加的活性混合材料的不同,而由于四种活性混合材料的化学组成和化学活性基本相同,其水泥的水化产物及凝结硬化速度相近,因此这四种水泥的大多数性质和应用相同或相近,即这四种水泥在许多情况下可替代使用。同时,又由于这四种活性混合材料的物理性质和表面特征及水化活性等有些差异,使得这四种水泥分别具有某些特性。总之,这四种水泥与硅酸盐水泥或普通硅酸盐水泥相比,具有以下特点:

1. 四种水泥的共性

(1)早期强度低、后期强度发展高。其原因是这四种水泥的熟料含量少且二次水化反应(即活性混合材料的水化)慢,故早期(3d、7d)强度低。后期由于二次水化反应的不断进行和水泥熟料的不断水化,水化产物不断增多,强度可赶上或超过同标号的硅酸盐水泥或普通硅酸盐水泥(见图 3-3)。活性混合材料的掺量越多,早期强度越低,但后期强度增长越多。

这四种水泥不适合用于早期强度要求高的混凝土工程,如冬季施工现浇工程等。

(2)对温度敏感,适合高温养护。这四种水泥在低温下水化明显减慢,强度较低。采用高温养护可大大加速活性混合材料的水化,并可加速熟料的水化,故可大大提高早期强度,且不影响常温下后期强度的发展(见图 3-3)。

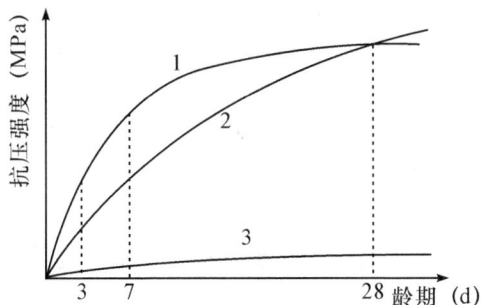

图 3-3　强度发展规律

1. 硅酸盐水泥　2. 掺混合材硅酸盐水泥　3. 混合材料

（3）耐腐蚀性好。这四种水泥的熟料数量相对较少，水化硬化后水泥石中的氢氧化钙和水化铝酸钙的数量少，且活性混合材料的二次水化反应使水泥石中氢氧化钙的数量进一步降低，因此耐腐蚀性好，适合用于有硫酸盐、镁盐、软水等侵蚀作用的环境，如水工、海港、码头等混凝土工程。但当侵蚀介质的浓度较高或耐腐蚀性要求高时，仍不宜使用。

（4）水化热小。四种水泥中的熟料含量少，因而水化放热量少，尤其是早期放热速度慢，放热量少，适合用于大体积混凝土工程。

（5）抗冻性较差。矿渣和粉煤灰易泌水形成连通孔隙，火山灰一般需水量较大，会增加内部的孔隙含量，故这四种水泥的抗冻性均较差。

（6）抗碳化性较差。由于这四种水泥在水化硬化后，水泥石中的氢氧化钙的数量少，故抵抗碳化的能力差。因而不适合用于二氧化碳浓度含量高的工业厂房，如铸造、翻砂车间等。

2. 四种水泥的特性

（1）矿渣硅酸盐水泥。由于粒化高炉矿渣玻璃体对水的吸附能力差，即对水分的保持能力差（保水性差），与水拌合时易产生泌水造成较多的连通孔隙，因此，矿渣硅酸盐水泥的抗渗性差，且干缩较大。矿渣本身耐热性好，且矿渣硅酸盐水泥水化后氢氧化钙的含量少，故矿渣硅酸盐水泥的耐热性较好。

矿渣硅酸盐水泥适合用于有耐热要求的混凝土工程，不适合用于有抗渗要求的混凝土工程。

（2）火山灰质硅酸盐水泥。火山灰质混合材料内部含有大量的微细孔隙，故火山灰质硅酸盐水泥的保水性高；火山灰质硅酸盐水泥水化后形成较多的水化硅酸钙凝胶，使水泥石结构致密，因而其抗渗性较好；火山灰质硅酸盐水泥的干缩大，水泥石易产生微细裂纹，且空气中的二氧化碳能使水化硅酸钙凝胶分解成为碳酸钙和氧化硅的混合物，使水泥石的表面产生起粉现象。火山灰质硅酸盐水泥的耐磨性也较差。

火山灰质硅酸盐水泥适合用于有抗渗性要求的混凝土工程，不宜用于干燥环境中的地上混凝土工程，也不宜用于有耐磨性要求的混凝土工程。

（3）粉煤灰硅酸盐水泥。粉煤灰是表面致密的球形颗粒，其吸附水的能力较差，即保水性差、泌水性大，其在施工阶段易使制品表面因大量泌水产生收缩裂纹（又称失水裂纹），因而粉煤灰硅酸盐水泥抗渗性差；粉煤灰硅酸盐水泥的干缩较小，这是因为粉煤灰的比表面积小，拌合需水量小的缘故。粉煤灰硅酸盐水泥的耐磨性也较差。

粉煤灰硅酸盐水泥适合用于承载较晚的混凝土工程，不宜用于有抗渗性要求的混凝土工程，且不宜用于干燥环境中的混凝土及有耐磨性要求的混凝土工程。

（4）复合硅酸盐水泥。由于掺入了两种或两种以上规定的混合材料，其效果不只是各类混合材料的简单混合，而是互相取长补短，产生单一混合材料不能起到的优良效果，因此，复合水泥的性能介于普通硅酸盐水泥和以上 3 种混合材料硅酸盐水泥之间。

根据以上两节的阐述，在此将上述各种通用硅酸盐水泥的性质及在工程中如何选用进行适当归纳，见表 3-7 和表 3-8 所示。

表 3-7　通用硅酸盐水泥的性质

项目	硅酸盐水泥	普通硅酸盐水泥	矿渣硅酸盐水泥	火山灰质硅酸盐水泥	粉煤灰硅酸盐水泥	复合硅酸盐水泥
性质	1.早期、后期强度高 2.耐腐蚀性差 3.水化热大 4.抗碳化性好 5.抗冻性好 6.耐磨性好 7.耐热性差	1.早期强度稍低,后期强度高 2.耐腐蚀性稍好 3.水化热较好 4.抗碳化性好 5.抗冻性好 6.耐磨性较好 7.耐热性稍好 8.抗渗性好	早期强度低,后期强度高			早期强度较高
			1.对温度敏感,适合高温养护;2.耐腐蚀性好;3.水化热小;4.抗冻性较差;5.抗碳化性较差			
			1.泌水性大、抗渗性差 2.耐热性较好 3.干缩较大	1.保水性好、抗渗性好 2.干缩大 3.耐磨性差	1.泌水性大(快)易产生失水裂纹、抗渗性差 2.干缩小、抗裂性好 3.耐磨性差	干缩较大

表 3-8　通用硅酸盐水泥的选用

		混凝土工程特点及所处环境条件	优先选用	可以选用	不宜选用
普通混凝土	1	在一般气候环境中的混凝土	普通硅酸盐水泥	矿渣硅酸盐水泥、火山灰质硅酸盐水泥、粉煤灰硅酸盐水泥、复合硅酸盐水泥	
	2	在干燥环境中的混凝土	普通硅酸盐水泥	矿渣硅酸盐水泥	火山灰质硅酸盐水泥、粉煤灰硅酸盐水泥
	3	在高湿度环境中或长期处于水中的混凝土	矿渣硅酸盐水泥、火山灰质硅酸盐水泥、粉煤灰硅酸盐水泥、复合硅酸盐水泥	普通硅酸盐水泥	
	4	厚大体积的混凝土	矿渣硅酸盐水泥、火山灰质硅酸盐水泥、粉煤灰硅酸盐水泥、复合硅酸盐水泥	普通硅酸水泥	硅酸盐水泥
有特殊要求的混凝土	1	要求快硬、高强(＞C40)的混凝土	硅酸盐水泥	普通硅酸盐水泥	矿渣硅酸盐水泥、火山灰质硅酸盐水泥、粉煤灰硅酸盐水泥、复合硅酸盐水泥
	2	严寒地区的露天混凝土、寒冷地区处于水位升降范围内的混凝土	普通硅酸盐水泥	矿渣硅酸盐水泥(强度等级＞32.5)	火山灰硅酸盐水泥、粉煤灰硅酸盐水泥
	3	严寒地区处于水位升降范围内的混凝土	普通硅酸盐水泥(强度等级＞42.5)		火山灰质硅酸盐水泥、矿渣硅酸盐水泥、粉煤灰硅酸盐水泥、复合硅酸盐水泥

续表

	混凝土工程特点及所处环境条件	优先选用	可以选用	不宜选用
有特殊要求的混凝土	4 有抗渗要求的混凝土	普通硅酸盐水泥、火山灰硅酸盐水泥		矿渣硅酸盐水泥、粉煤灰硅酸盐水泥
	5 有耐磨性要求的混凝土	硅酸盐水泥、普通硅酸盐水泥	矿渣硅酸盐水泥（强度等级＞32.5）	火山灰质硅酸盐水泥、粉煤灰硅酸盐水泥
	6 受侵蚀性介质作用的混凝土	矿渣硅酸盐水泥、火山灰质硅酸盐水泥、粉煤灰硅酸盐水泥、复合硅酸盐水泥		硅酸盐水泥、普通硅酸盐水泥

第4节 其他品种水泥

一、道路硅酸盐水泥

随着我国高等级道路的发展,水泥混凝土路面已成为主要路面类型之一。对专供公路、城市、道路和机场道面用的道路水泥,我国已制定了国家标准。

（一）定义

以适当成分的生料烧至部分熔融,所得以硅酸钙为主要成分和较多量的铁铝酸钙的硅酸盐熟料称为道路硅酸盐水泥熟料。由道路硅酸盐水泥熟料、0～10%活性混合材料和适量石膏磨细制成的水硬性胶凝材料,称为道路硅酸盐水泥(简称道路水泥),代号 P·R。

（二）技术要求

国家标准《道路硅酸盐水泥》(GB 13693—2005)规定的技术要求如下:

1. 化学组成

在道路水泥或熟料中含有下列有害成分必须加以限制:

(1)氧化镁含量。水泥中氧化镁含量不得超过 5.0%。

(2)三氧化硫含量。水泥中三氧化硫不得超过 3.5%。

(3)烧失量。水泥中烧失量不得大于 3.0%。

(4)游离氧化钙含量。熟料中游离氧化钙含量,旋窑生产者不得大于 1.0%;立窑生产者不得大于 1.8%。

(5)碱含量。由供需双方商定,若使用活性骨料,用户要求提供低碱水泥时,水泥中碱含量应不超过 0.60%。碱含量应按 $\omega(Na_2O)+0.658\omega(K_2O)$ 计算值表示。

2. 矿物组成

(1)铝酸三钙含量。熟料中铝酸三钙含量应不超过 5.0%;

(2)铁铝酸四钙含量。熟料中铁铝酸四钙含量应不低于 16.0%。

铝酸三钙(C_3A)和铁铝酸四钙(C_4AF)含量按下式求得：

$$\omega(3CaO \cdot Al_2O_3) = 2.65(\omega(Al_2O_3) - 0.64\omega(Fe_2O_3)) \quad (3-1)$$

$$\omega(4CaO \cdot Al_2O_3 \cdot Fe_2O_3) = 3.04\omega(Fe_2O_3) \quad (3-2)$$

式中：$\omega(3CaO \cdot Al_2O_3)$——硅酸盐水泥熟料中 C_3A 的含量，单位为质量分数（%）；

$\omega(4CaO \cdot Al_2O_3 \cdot Fe_2O_3)$——硅酸盐水泥熟料中 C_4AF 的含量，单位为质量分数（%）；

$\omega(Al_2O_3)$——硅酸盐水泥熟料中三氧化二铝的含量，单位为质量分数（%）；

$\omega(Fe_2O_3)$——硅酸盐水泥熟料中三氧化二铁的含量，单位为质量分数（%）。

3. 物理力学性质

（1）比表面积。比表面积为 $300m^2/kg \sim 450m^2/kg$。

（2）凝结时间。初凝不早于 1h，终凝不得迟于 10h。

（3）安定性。用沸煮法检验必须合格。

（4）干缩性。28d 干缩率应不大于 0.10%；

（5）耐磨性。28d 磨耗量应不大于 $3.00kg/m^2$。

（6）强度。道路水泥强度等级按规定龄期的抗压和抗折强度划分，各龄期的抗压和抗折强度应不低于表 3-9 所规定的数值。

表 3-9 道路水泥的强度等级、各龄期强度值（GB 13693—2005）

强度等级	抗压强度（MPa）		抗折强度（MPa）	
	3d	28d	3d	28d
32.5	16.0	32.5	3.5	6.5
42.5	21.0	42.5	4.0	7.0
52.5	26.0	52.5	5.0	7.5

（三）特性与应用

道路水泥是一种强度高、特别是抗折强度高、耐磨性好、干缩性小、抗冲击性好、抗冻性和抗硫酸性比较好的专用水泥。它适用于道路路面、机场跑道道面、城市广场等工程。由于道路水泥具有干缩性小、耐磨、抗冲击等特性，可减少水泥混凝土路面的裂缝和磨耗等病害，减少维修、延长路面使用年限。

二、白色硅酸盐水泥

凡以适当成分的生料烧至部分溶融，所得以硅酸钙为主要成分、氧化铁含量很少的白色硅酸盐水泥熟料，加入适量石膏，磨细制成的水硬性胶凝材料，称为白色硅酸盐水泥（简称白水泥），代号 P·W。

白水泥的性能与硅酸盐水泥基本相同，所不同的是严格控制水泥原料的铁含量，并严防在生产过程中混入铁质。白水泥中的 Fe_2O_3 含量一般小于 0.5%，并尽可能除掉其他着色氧化物（MnO、TiO_2 等）。

白水泥的技术性质应满足国家标准《白色硅酸盐水泥》（GB/T 2015—2005）的规定，细度为 $80\mu m$ 方孔筛筛余不超过 10%；初凝应不早于 45min，终凝应不迟于 10h；安定性（沸煮法）合格；水泥中 SO_3 含量应不超过 3.5%。白水泥强度等级按规定龄期的抗压和抗折强度来划分，各龄期强度应不低于表 3-10 所规定的数值。白水泥水泥白度值应不低于 87。

表 3-10　白色硅酸盐水泥的强度等级、各龄期强度值(GB/T 2015—2005)

强度等级	抗压强度(MPa)		抗折强度(MPa)	
	3d	28d	3d	28d
32.5	12.0	32.5	3.0	6.0
42.5	17.0	42.5	3.5	6.5
52.5	22.0	52.5	4.0	7.0

三、铝酸盐水泥

凡以铝酸钙为主的铝酸盐水泥熟料,磨细制成的水硬性胶凝材料,称为铝酸盐水泥,代号 CA。

(一)铝酸盐水泥的组成、水化与硬化

铝酸盐水泥的主要化学成分是:CaO、Al_2O_3、SiO_2,生产原料是铝矾土和石灰石。

铝酸盐水泥的主要矿物成分是铝酸一钙($CaO \cdot Al_2O_3$ 简写式 CA)和二铝酸一钙($CaO \cdot 2Al_2O_3$ 简写式 CA_2),此外还有少量的其他铝酸盐和硅酸二钙。

铝酸一钙是铝酸盐水泥的最主要矿物,具有很高的活性,其特点是凝结正常、硬化迅速,是铝酸盐水泥强度的主要来源。

二铝酸一钙的凝结硬化慢,早期强度低,但后期强度较高。含量过多将影响水泥的快硬性能。

铝酸盐水泥的水化产物与温度密切相关,主要是十水铝酸一钙($CaO \cdot Al_2O_3 \cdot 10H_2O$ 简写式 CAH_{10})八水铝酸二钙($2CaO \cdot Al_2O_3 \cdot 8H_2O$,简写式 C_2AH_8)和铝胶($Al_2O_3 \cdot 3H_2O$)。

CAH_{10} 和 C_2AH_8 为片状或针状晶体,它们互相交错搭接,形成坚固的结晶连生体骨架,同时生成的铝胶填充于晶体骨架的空隙中,形成致密的水泥石结构,因此强度较高。水化 5~7 天后,水化物数量很少增长,故铝酸盐水泥早期强度增长很快,后期强度增进很小。

特别需要指出的是,CAH_{10} 和 C_2AH_8 都是不稳定的,会逐步转化为 C_3AH_6,温度升高转化加快,晶体转变的结果,使水泥石内析出了游离水,增大了孔隙率;同时也由于 C_3AH_6 本身强度较低,且相互搭接较差,所以水泥石的强度明显下降,后期强度可能比最高强度降低达 40% 以上。

(二)铝酸盐水泥的技术性质

国家标准《铝酸盐水泥》(GB 201—2000)规定的技术要求是:

(1)化学成分:各类型水泥的化学成分要求见表 3-11。

表 3-11　各类型水泥化学成分　　　　　　　（%）

水泥类型	Al₂O₃	SiO₂	Fe₂O₃	R₂O (Na₂O+0.658K₂O)	S[①] (全硫)	Cl[①]
CA—50	$\geq 50,<60$	≤ 8.0	≤ 2.5			
CA—60	$\geq 60,<68$	≤ 5.0	≤ 2.0	≤ 0.40	≤ 0.1	≤ 0.1
CA—70	$\geq 68,<77$	≤ 1.0	≤ 0.7			
CA—80	≥ 77	≤ 0.5	≤ 0.5			

①当用户需要时,生产厂应提供结果和测定方法。

(2)细度:0.045mm 方孔筛筛余不大于 20% 或比表面积不小于 300m²/kg。

(3)凝结时间:CA—50、CA—70、CA—80 的初凝不得早于 30min,终凝不得迟于 6h,CA—60 的初凝不得早于 60min,终凝不得迟于 18h。

(4)强度:各类型水泥各龄期强度值不得低于表 3-12 数值。

表 3-12　各类型水泥各龄期强度值(GB 201—2000)

水泥类型	抗压强度(MPa)				抗折强度(MPa)			
	6h	1d	3d	28d	6h	1d	3d	28d
CA—50	20[①]	40	50	—	3.0[①]	5.5	6.5	—
CA—60		20	45	85		2.5	5.0	10.0
CA—70		30	40			5.0	6.0	
CA—80	—	25	30	—		4.0	5.0	—

①当用户需要时,生产厂应提供结果。

(三)铝酸盐水泥的特性与应用

与硅酸盐水泥相比,铝酸盐水泥具有以下特性及相应的应用:

(1)快硬早强。1d 强度高,适用于紧急抢修工程。

(2)水化热大。放热量主要集中在早期,1d 内即可放出水化总热量的 70%～80%,因此,不宜用于大体积混凝土工程,但适用于寒冷地区冬季施工的混凝土工程。

(3)抗硫酸盐侵蚀性好。是因为铝酸盐水泥在水化后几乎不含有 $Ca(OH)_2$,且结构致密。适用于抗硫酸盐及海水侵蚀的工程。

(4)耐热性好。是因为不存在水化产物 $Ca(OH)_2$ 在较低温度下的分解,且在高温时水化产物之间发生固相反应,生成新的化合物。因此,铝酸盐水泥可作为耐热砂浆或耐热混凝土的胶结材料,能耐 1300～1400℃高温。

(5)长期强度要降低。一般降低 40%～50%,因此不宜用于长期承载结构,且不宜用于高温环境中的工程。

四、快硬硫铝酸盐水泥

(一)快硬硫铝酸盐水泥的组成、水化与硬化

以适当成分的生料,经煅烧所得以无水硫铝酸钙和硅酸二钙为主要矿物成分的熟料,加

入适量的石膏和 $0\sim10\%$ 的石灰石,磨细制成的早期强度高的水硬性胶凝材料,称为快硬硫铝酸盐水泥,代号 R·SAC。

生产快硬硫铝酸盐水泥的主要原料是矾土、石灰石和石膏。熟料的化学成分和矿物组成见表 3-13。

表 3-13 快硬硫铝酸盐水泥化学成分与矿物组成

化学成分	含量(%)	矿物组成	含量(%)
CaO	40~44	$C_4A_3\bar{S}$	36~44
Al_2O_3	18~22	C_2S	23~34
SiO_2	8~12	C_2F	10~17
Fe_2O_3	6~10	$CaSO_4$	12~17
SO_3	12~16		

快硬硫铝酸盐的主要水化产物是:高硫型水化硫铝酸钙(AF_t)低硫型水化硫铝酸钙(AF_m)铝胶和水化硅酸盐,由于 $C_4A_3\bar{S}$、C_2S 和 $CaSO_4·2H_2O$ 在水化反应时互相促进,因此水泥的反应非常迅速,早期强度非常高。

(二)快硬硫铝酸盐水泥的技术性质

标准《快硬硫铝酸盐水泥、快硬铁铝酸盐水泥》(JC 933—2003)规定的技术要求是:

(1)比表面积:比表面积应小于 $350m^2/kg$;

(2)凝结时间:初凝不早于 25min,终凝不迟于 180min;

(3)强度:以 3d 抗压强度分为 42.5、52.5、62.5、72.5 四个强度等级,各强度等级水泥的各龄期强度应不低于表 3-14 数值。

表 3-14 快硬硫铝酸盐水泥各标号、各龄期强度值(JC 933—2003)

强度等级	抗压强度(MPa)			抗折强度(MPa)		
	1d	3d	28d	1d	3d	28d
42.5	33.0	42.5	45.0	6.0	6.5	7.0
52.5	42.0	52.5	55.0	6.5	7.0	7.5
62.5	50.	62.5	65.0	7.0	7.5	8.0
72.5	56.0	72.5	75.0	7.5	8.0	8.5

(三)快硬硫铝酸盐水泥的特性与应用

(1)凝结快、早期强度很高。1 天的强度可达 34.5~59.0MPa,因此特别适用抢修或紧急工程。

(2)水化放热快。但放热总量不大,因此适用于冬季施工,但不适用于大体积混凝土工程。

(3)硬化时体积微膨胀。因为水泥水化生成较多钙矾石,因此适用于有抗渗、抗裂要求的混凝土工程。

(4)耐蚀性好。因为水泥石中没有 $Ca(OH)_2$ 与水化铝酸钙,适用于有耐蚀性要求的混凝土工程。

（5）耐热性差。因为水化产物 AF_t 和 AF_m 中含有大量结晶水,遇热分解释放大量的水使水泥石强度下降,因此不适用于有耐热要求的混凝土工程。

习题与复习思考题

1. 硅酸盐水泥熟料的主要矿物组成是什么?它们单独与水作用时的特性如何?

2. 硅酸盐水泥的主要水化产物是什么?硬化水泥石的结构怎样?

3. 制造通用硅酸盐水泥时为什么必须掺入适量的石膏?石膏掺得太少或过多时,将产生什么情况?

4. 何谓水泥的凝结时间?国家标准为什么要规定水泥的凝结时间?

5. 硅酸盐水泥产生体积安定性不良的原因是什么?为什么?如何检验水泥的安定性?

6. 硅酸盐水泥强度发展的规律怎样?影响其凝结硬化的主要因素有哪些?怎样影响?

7. 现有甲、乙两厂生产的硅酸盐水泥熟料,其矿物组成如下表所示,试估计和比较这两厂生产的硅酸盐水泥的强度增长速度和水化热等性质上有何差异?为什么?

生产厂	熟料矿物组成(%)			
	C_3S	C_2S	C_3A	C_4AF
甲 厂	52	21	10	17
乙 厂	45	30	7	18

8. 为什么生产硅酸盐水泥时掺适量石膏对水泥石不起破坏作用,而硬化水泥石在有硫酸盐的环境介质中生成石膏时就有破坏作用?

9. 硅酸盐水泥腐蚀的类型有哪些?腐蚀后水泥石破坏的形式有哪几种?

10. 何谓活性混合材料和非活性混合材料?它们加入硅酸盐水泥中各起什么作用?硅酸盐水泥常掺入哪几种活性混合材料?

11. 活性混合材料产生水硬性的条件是什么?

12. 某工地材料仓库存有白色胶凝材料3桶,原分别标明为磨细生石灰、建筑石膏和白水泥,后因保管不善,标签脱落,问可用什么简易方法来加以辩认?

13. 测得硅酸盐水泥标准试件的抗折和抗压破坏荷载如下,试评定其强度等级。

抗折破坏荷载(kN)		抗压破坏荷载(kN)	
3d	28d	3d	28d
1.79	2.90	42.1	84.8
		41.0	85.2
1.81	2.83	41.2	83.6
		40.3	83.9
1.92	3.52	43.5	87.1
		44.8	87.5

14. 在下列混凝土工程中,试分别选用合适的水泥品种,并说明选用的理由?

(1)早期强度要求高、抗冻性好的混凝土;

(2)抗软水和硫酸盐腐蚀较强、耐热的混凝土;

(3)抗淡水侵蚀强、抗渗性高的混凝土;

(4)抗硫酸盐腐蚀较高、干缩小、抗裂性较好的混凝土;

(5)夏季现浇混凝土;

(6)紧急军事工程;

(7)大体积混凝土;

(8)水中、地下的建筑物;

(9)在我国北方,冬季施工混凝土;

(10)位于海水下的建筑物;

(11)填塞建筑物接缝的混凝土。

15. 铝酸盐水泥的特性如何?在使用中应注意哪些问题?

16. 快硬硫铝酸盐水泥有何特性?

第4章 混凝土

第1节 概述

一、混凝土的分类

混凝土是指用胶凝材料将粗细骨料胶结成整体的复合固体材料的总称。混凝土的种类很多,分类方法也很多。

(一)按表观密度分类

1. 重混凝土。表观密度大于 2600kg/m³ 的混凝土。常由重晶石和铁矿石配制而成。

2. 普通混凝土。表观密度为 1950～2500kg/m³ 的水泥混凝土。主要以砂、石子和水泥配制而成,是建筑工程中最常用的混凝土品种。

3. 轻混凝土。表观密度小于 1950kg/m³ 的混凝土。包括轻集料混凝土、多孔混凝土和大孔混凝土等。

(二)按胶凝材料的品种分类

通常根据主要胶凝材料的品种,并以其名称命名,如水泥混凝土、石膏混凝土、水玻璃混凝土、硅酸盐混凝土、沥青混凝土、聚合物混凝土等等。有时也以加入的特种改性材料命名,如水泥混凝土中掺入钢纤维时,称为钢纤维混凝土;水泥混凝土中掺大量粉煤灰时则称为粉煤灰混凝土等等。

(三)按使用功能和特性分类

按使用部位、功能和特性通常可分为:结构混凝土、道路混凝土、水工混凝土、耐热混凝土、耐酸混凝土、防辐射混凝土、补偿收缩混凝土、抗渗混凝土、泵送混凝土、自密实混凝土、纤维混凝土、聚合物混凝土、高强混凝土、高性能混凝土等等。

二、普通混凝土

普通混凝土是指以水泥为主要胶凝材料,砂子和石子为骨料,经加水搅拌、浇筑成型、凝结固化成具有一定强度的"人工石材",即水泥混凝土,是目前工程上最大量使用的混凝土品种。"混凝土"一词通常可简作"砼"。

(一)普通混凝土的主要优点

1. 原材料来源丰富。混凝土中约70%以上的材料是砂石料,属地方性材料,可就地取材,避免远距离运输,因而价格低廉。

2. 施工方便。混凝土拌合物具有良好的流动性和可塑性,可根据工程需要浇筑成各种形状尺寸的构件及构筑物。既可现场浇筑成型,也可预制。

3. 性能可根据需要设计调整。通过调整各组成材料的品种和数量,特别是掺入不同外加剂和掺合料,可获得不同施工和易性、强度、耐久性或具有特殊性能的混凝土,满足工程上的不同要求。

4. 抗压强度高。混凝土的抗压强度一般在 7.5～60MPa 之间。当掺入高效减水剂和掺合料时,抗压强度可达 100MPa 以上。而且,混凝土与钢筋具有良好的匹配性,浇筑成钢筋混凝土后,可以有效地改善抗拉强度低的缺陷,使混凝土能够应用于各种结构部位。

5. 耐久性好。原材料选择正确、配比合理、施工养护良好的混凝土具有优异的抗渗性、抗冻性和耐腐蚀性能,且对钢筋有保护作用,可保持混凝土结构长期使用性能稳定。

(二)普通混凝土存在的主要缺点

1. 自重大。1m³ 混凝土重约 2400kg,故结构物自重较大,导致地基处理费用增加。

2. 抗拉强度低,抗裂性差。混凝土的抗拉强度一般只有抗压强度的 1/10～1/20,易开裂。

3. 收缩变形大。水泥水化凝结硬化引起的自身收缩和干燥收缩达 500×10^{-6} m/m 以上,易产生混凝土收缩裂缝。

(三)普通混凝土的基本要求

(1)满足便于搅拌、运输和浇捣均匀密实的施工和易性。

(2)满足设计要求的强度等级。

(3)满足工程所处环境条件所必需的耐久性。

(4)满足上述三项要求的前提下,最大限度地降低胶凝材料用量,节约成本,即经济合理性。

为了满足上述四项基本要求,就必须研究原材料性能,研究影响混凝土和易性、强度、耐久性、变形性能的主要因素;研究配合比设计原理、混凝土质量波动规律以及相关的检验评定标准等等。这也是本章的重点和紧紧围绕的中心。

第 2 节　普通混凝土的组成材料

混凝土的性能在很大程度上取决于组成材料的性能。因此必须根据工程性质、设计要求和施工现场条件合理选择原材料的品种、质量和用量。要做到合理选择原材料,则首先必须了解组成材料的性质、作用原理和质量要求。

一、胶凝材料

(一)水泥

1. 水泥品种的选择

水泥品种的选择主要根据工程结构特点、工程所处环境及施工条件确定。如高温车间结构混凝土有耐热要求,一般宜选用耐热性好的矿渣水泥等等。详见第 3 章"水泥"。

2. 水泥强度等级的选择

水泥强度等级的选择原则为:混凝土设计强度等级越高,则水泥强度等级也宜越高;设计强度等级低,则水泥强度等级也相应低。例如:混凝土强度等级 C20～C30,宜选用强度等级 32.5 级;混凝土强度等级 C35～C50,宜选用 42.5 级;大于 C50 的高强混凝土,一般宜选用 52.5 级或更高强度等级的水泥;对于 C15 以下的混凝土,则宜选择强度等级为 32.5 级的水泥,并外掺粉煤灰等掺合料。目标是保证混凝土中有足够的水泥,既不过多,也不过少。因为胶凝材料用量过多(低强水泥配制高强度混凝土),一方面成本增加,另一方面混凝土收缩增大,对耐久性不利。胶凝材料用量过少(高强水泥配制低强度混凝土),混凝土的黏聚性变差,不易获得均匀密实的混凝土,严重影响混凝土的耐久性。

对于目前大量应用的预拌混凝土,往往掺入较大量的粉煤灰、矿渣粉、石灰石粉等掺合料,并普遍采用减水剂,既可用以降低生产成本,也有利于泵送施工,因此,C30 以下的混凝土也常采用强度等级 42.5 级的水泥。

(二)矿物掺合料

混凝土矿物掺合料(也称为矿物外加剂)是指以氧化硅、氧化铝和其他有效矿物为主要成分,在混凝土中可以代替部分水泥,改善混凝土综合性能,且掺量一般不小于 5% 的具有火山灰活性的粉体材料。常用品种有粉煤灰、磨细水淬矿渣微粉(简称矿粉)、硅灰、磨细沸石粉、偏高岭土、硅藻土、烧页岩、沸腾炉渣等矿物材料。随着混凝土技术的进步,矿物掺合料的内容也在不断拓展,如磨细石灰石粉、磨细石英砂粉、硅灰石粉等非活性矿物外加剂在混凝土制品行业也得到广泛应用。特别是近年来研制和应用的复合矿物外加剂,可以说是混凝土技术进步的一个标志。生产和应用实践证明,采用两种或两种以上矿物原料复合,并掺入各种改性剂,可以达到优势互补,比单一品种更有利于改善混凝土综合性能。

矿物掺合料的主要功能有:

1. 改善混凝土的和易性

大部分矿物矿物掺合料具有比水泥更细的颗粒,能填充水泥颗粒间的孔隙,比表面积大,吸附能力强,因而能有效改善混凝土的黏聚性和保水性。其中矿粉、沸石粉、磨细生石灰石粉和石英砂粉在掺量适当时,还能提高混凝土的流动性。粉煤灰中由于含有部分玻璃微珠,细度和掺量适当时也能提高混凝土的流动性。另一方面,部分矿物掺合料能有效降低混凝土的粘性和内聚力,从而改善混凝土的可泵性、振捣密实性及抹平性能。

2. 降低混凝土水化温升

粉煤灰、沸石粉和非超细磨的矿粉等能降低混凝土的水化温升,推迟温峰出现时间,对大体积混凝土的温度裂缝控制十分有利。

3. 提高早期强度或增进后期强度

部分矿物掺合料,如硅灰和偏高岭土等能有效提高混凝土早期强度。经超细磨的微矿粉也能提高混凝土的早期强度。而粉煤灰、沸石粉等则可能使混凝土早期强度略有下降,而后期强度提高速度快。

4. 提高混凝土的耐久性

大部分矿物掺合料均能有效改善和提高混凝土的耐久性,如硅灰、矿粉、偏高岭土、沸石粉等均能有效提高混凝土的抗氯离子渗透性、抗硫酸盐腐蚀性和抗碱骨料反应性,同时也能提高抗渗透性能。

但矿物掺合料的掺入,由于二次水化反应消耗了大量的氢氧化钙,往往会降低混凝土的碱度,若不能有效提高混凝土的密实性,则抗碳化能力会下降,从而降低对钢筋的保护作用。另一方面,硅灰等掺合料会增大混凝土的收缩,混凝土脆性也增大,因而混凝土的抗裂性能会下降,应严格控制适宜掺量。

常用混凝土矿物掺合料品种有:

(1)硅灰

它是生产硅铁时产生的烟灰,是高强混凝土配制中应用最早、技术最成熟、应用较多的一种掺合料。硅灰中活性 SiO_2 含量达 90% 以上,比表面积达 $15000m^2/kg$ 以上,火山灰活性高,且能填充水泥的空隙,从而极大地提高混凝土密实度和强度。硅灰的适宜掺量为水泥用量的 5%~10%。

研究结果表明,硅粉对提高混凝土强度十分显著,当外掺 6~8% 的硅灰时,混凝土强度一般可提高 20% 以上,同时可提高混凝土的抗渗、抗冻、耐磨、耐碱—骨料反应等耐久性能。但硅灰对混凝土也带来不利影响,如增大混凝土的收缩值、降低混凝土的抗裂性、减小混凝土流动性、加速混凝土的坍落度损失等。

(2)磨细矿渣粉

粒化高炉矿渣粉(blast furnace slag powder)也称为磨细矿渣(pulverized slag),简称矿粉,是指粒化高炉矿渣经干燥、粉磨(可以添加少量石膏或助磨剂一起粉磨)达到规定细度并符合规定活性指数的粉体材料。通常将矿渣磨细到比表面积 $350m^2/kg$ 以上,从而具有优异的早期强度和耐久性。掺量一般控制在 20%~50% 之间。矿粉的细度越大,其活性越高,增强作用越显著,但粉磨成本也大大增加。与硅灰相比,矿粉增强作用略逊,但其他性能优于硅灰。

矿粉的质量指标除了与细度紧密相关外,主要取决于各氧化物之间的比例关系。通常用矿渣中碱性氧化物与酸性氧化物的比值 M,将矿渣分为碱性矿渣($M>1$)、中性矿渣($M=1$)和酸性矿渣($M<1$)。M 的计算式如下:

$$M = \frac{CaO + MgO + Al_2O_3}{SiO_2} \tag{4-1}$$

碱性矿渣的胶凝性优于酸性矿渣,因此,M 值越大,反映矿渣的活性越好。

(3)粉煤灰

粉煤灰的技术性能和主要功能在"水泥"一章中已有阐述,在混凝土中的主要功能是利用其火山灰活性、玻璃微珠改善和易性、微细粉末的微集料效应。根据《粉煤灰混凝土应用技术规范》(GBJ 146—1990),粉煤灰按其品质指标分为三级,见表 4-1。另外,《用于水泥和混凝土中的粉煤灰》(GB/T 1596—2005)对这一指标也做了规定,划分基本相同。

表 4-1　粉煤灰质量指标的分级

质量指标 粉煤灰等级	细度(45μm) 方孔筛筛余(%)	烧失量(%)	需水量比(%)	SO_3 含量(%)
Ⅰ级	≤12	≤5	≤95	≤3
Ⅱ级	≤20	≤8	≤105	≤3
Ⅲ级	≤45	≤15	≤115	≤3

Ⅰ级灰的品质较高,具有一定减水作用,强度活性也较高,可用于普通钢筋混凝土,高强混凝土和后张法预应力混凝土。Ⅱ级灰一般不具有减水作用,主要用于普通钢筋混凝土。Ⅲ级灰品质较低,也较粗,活性较差,一般只能用于素混凝土和砂浆,若经专门试验也可以用于钢筋混凝土。高钙粉煤灰的游离氧化钙含量不得大于 2.5%,且体积安定性检验必须合格。

(4)沸石粉

天然沸石含大量活性 SiO_2 和微孔,磨细后作为混凝土掺合料能起到微粉和火山灰的活性作用,比表面积 $500m^2/kg$ 以上,能有效改善混凝土黏聚性和保水性,并增强了内养护,从而提高混凝土后期强度和耐久性,掺量一般为 5%~15%。

(5)偏高岭土

偏高岭土是由高岭土($Al_2O_3 \cdot 2SiO_2 \cdot 2H_2O$)在 700~800℃条件下脱水制得的白色粉末,平均粒径 $1~2\mu m$,SiO_2 和 Al_2O_3 含量 90% 以上,特别是 Al_2O_3 较高。在混凝土中的作用机理与硅粉及其他火山灰相似,除了微粉的填充效应和对硅酸盐水泥的加速水化作用外,主要是活性 SiO_2 和 Al_2O_3 与 $Ca(OH)_2$ 作用生成 CSH 凝胶和水化铝酸钙(C_4AH_{13}、C_3AH_6)、水化硫铝酸钙($C_2A\overline{S}H_8$)。由于其极高的火山灰活性,故有超级火山灰(Super-Pozzolan 之称。

研究结果表明,掺入偏高岭土能显著提高混凝土的早期强度和长期抗压强度、抗弯强度及劈裂抗拉强度。由于高活性偏高岭土对钾、钠和氯离子的强吸附作用和对水化产物的改善作用,能有效抑制混凝土的碱—骨料反应和提高抗硫酸盐腐蚀能力。J. Bai 的研究结果表明,随着偏高岭土掺量的提高,混凝土的坍落度将有所下降,因此需要适当增加用水量或高效减水剂的用量。A. Dubey 的研究结果表明,混凝土中掺入高活性偏高岭土能有效改善混凝土的冲击韧性和耐久性。

5. 复合矿物掺合料

复合矿物掺合料(composite mineral admixture)指采用两种或两种以上的矿物原料,单独粉磨至规定的细度后再按一定的比例复合、或者两种及两种以上的矿物原料按一定的比例混合粉磨达到规定细度并符合规定活性指数的粉体材料。虽然粉煤灰、矿粉、硅灰、沸石粉和偏高岭土等矿物掺合料单独作用时,也能有效改善混凝土的性能,但每一种矿物掺合料除了各自的优点外,均有不足之处。如粉煤灰和沸石粉的早期强度较低、硅灰增大收缩等。因此,采用两种或两种以上矿物掺合料复合,达到优势互补,以进一步提高综合性能,已成为目前的重点研究和发展方向。

复合矿物掺合料的主要技术优势:

(1)可以根据单矿物的化学组成和物理性能优化组合;

(2)可以实现不同矿物之间细度的合理级配;

(3)可以提高矿物之间的均匀性;

(4)可以实现性能互补;

(5)可以稳定产品质量;

(6)可以提高矿物掺合料的总掺量;

(7)可以简化混凝土搅拌站的贮料设备和防止混仓,简化计量过程并提高计量精度;

(8)可以根据混凝土综合性能的要求进行组成设计。

我国《高强高性能混凝土用矿物外加剂》(GB/T 18736—2002)规定了用于高强高性能混凝土有矿物外加剂的技术性能要求(见表 4-2)。

表 4-2　高强高性能混凝土用矿物外加剂的技术要求

试验项目			指标							
			磨细矿渣			磨细粉煤灰		磨细天然沸石		硅灰
			I	II	III	I	II	I	II	
化学性能	MgO/%	≤	14			1		—		—
	SO₃/%	≤	4			3		—		—
	烧失量/%	≤	3			5	8	—		6
	Cl/%	≤	0.02			0.02		0.02		0.02
	SiO₂/%	≥	—			—		—		85
	吸铵值/mmol/100g	≥	—			—		130	100	—
物理性能	比表面积/m²/kg	≥	750	550	350	600	400	700	500	15000
	含水率/%	≤	1.0			1.0		—		3
胶砂性能	需水量比/%	≤	100			95	105	110	115	125
	活性指数 3d/%	≥	85	70	55	—	—	—		—
	活性指数 7d/%	≥	100	85	75	80	75	—		—
	活性指数 28d/%	≥	115	105	100	90	85	90	85	85

（表中化学性能、物理性能、胶砂性能下标注同上）

矿物掺合料在混凝土中的掺量应通过试验确定。采用硅酸盐水泥或普通硅酸盐水泥时,钢筋混凝土中矿物掺合料最大掺量宜符合表 4-3 的规定,预应力混凝土中矿物掺合料最大掺量宜符合表 4-4 的规定。对基础大体积混凝土,粉煤灰、粒化高炉矿渣粉和复合掺合料的最大掺量可增加 5%。采用掺量大于 30% 的 C 类粉煤灰的混凝土应以实际使用的水泥和粉煤灰掺量进行安定性检验。

表 4-3　钢筋混凝土中矿物掺合料最大掺量

矿物掺合料种类	水胶比	最大掺量(%)	
		采用硅酸盐水泥时	采用普通硅酸盐水泥时
粉煤灰	≤0.40	45	35
	>0.40	40	30
粒化高炉矿渣粉	≤0.40	65	55
	>0.40	55	45
钢渣粉	—	30	20
磷渣粉	—	30	20
硅灰		10	10

续表

矿物掺合料种类	水胶比	最大掺量(%)	
		采用硅酸盐水泥时	采用普通硅酸盐水泥时
复合掺合料	≤0.40	65	55
	>0.40	55	45

注:①采用其他通用硅酸盐水泥时,宜将水泥混合材掺量20%以上的混合材掺量计入矿物掺合料;
　　②复合掺合料各组分的掺量不宜超过单掺时的最大掺量;
　　③在混合使用两种或两种以上矿物掺合料时,矿物掺合料总掺量应符合表中复合掺合料的规定。

表 4-4　预应力混凝土中矿物掺合料最大掺量

矿物掺合料种类	水胶比	最大掺量(%)	
		采用硅酸盐水泥时	采用普通硅酸盐水泥时
粉煤灰	≤0.40	35	30
	>0.40	25	20
粒化高炉矿渣粉	≤0.40	55	45
	>0.40	45	35
钢渣粉	—	20	10
磷渣粉	—	20	10
硅灰	—	10	10
复合掺合料	≤0.40	55	45
	>0.40	45	35

注:①采用其他通用硅酸盐水泥时,宜将水泥混合材掺量20%以上的混合材量计入矿物掺合料;
　　②复合掺合料各组分的掺量不宜超过单掺时的最大掺量;
　　③在混合使用两种或两种以上矿物掺合料时,矿物掺合料总掺量应符合表中复合掺合料的规定。

二、细骨料

公称粒径在 0.15～5.0mm 之间的骨料称为细骨料,亦即砂。常用的细骨料有河砂、海砂、山砂和机制砂(有时也称为机制砂、加工砂)等。通常根据技术要求分为Ⅰ类、Ⅱ类和Ⅲ类。Ⅰ类用于强度等级大于 C60 的混凝土;Ⅱ类用于 C30～C60 的混凝土;Ⅲ类用于小于 C30 的混凝土。

海砂可用于配制素混凝土,但不能直接用于配制钢筋混凝土,主要是氯离子含量高,容易导致钢筋锈蚀,如要使用,必须经过淡水冲洗,使有害成份含量减少到规定要求以下。山砂可以直接用于一般工程混凝土结构,当用于重要结构物时,必须进行坚固性检验和碱活性检验。机制砂是指将卵石或岩石用机械破碎的方法,通过冲洗、过筛制成。也可以是在加工碎卵石或碎石时,将小于 10mm 的部分进一步加工而成。细骨料的主要质量指标有:

(一)有害杂质含量

细骨料中的有害杂质主要包括两方面:①黏土和云母。它们粘附于砂表面或夹杂其中,严重降低水泥与砂的黏结强度,从而降低混凝土的强度、抗渗性和抗冻性,增大混凝土的收缩。②有机质、硫化物及硫酸盐。它们对水泥有腐蚀作用,从而影响混凝土的性能。因此对有害杂质含量必须加以限制。《建设用砂》(GB/T 14684—2011)对有害物质含量的限值见

表 4-5。《普通混凝土用砂、石质量及检验方法标准》(JGJ 52—2006)中对有害杂质含量也作了相应规定。

表 4-5　砂中有害物质含量限值

项　目	Ⅰ类	Ⅱ类	Ⅲ类
云母含量(按质量计,%)　　　　　　　≤	1.0	2.0	2.0
硫化物及硫酸盐含量(按 SO₃ 质量计,%)≤	0.5	0.5	0.5
有机物含量(用比色法试验)	合格	合格	合格
轻物质(按质量计,%)　　　　　　　　≤	1.0	1.0	1.0
氯化物含量(以氯离子质量计,%)　　　≤	0.01	0.02	0.06
含泥量(按质量计,%)　　　　　　　　≤	1.0	3.0	5.0
泥块含量(按质重量计,%)　　　　　　≤	0	1.0	2.0
贝壳(按质量计,%)[a]　　　　　　　　≤	3.0	5.0	8.0

注:a. 该指标适用于海砂,其他砂种不作要求。

此外,由于氯离子对钢筋有严重的腐蚀作用,当采用海砂配制钢筋混凝土时,海砂中氯离子含量要求小于 0.06%(以干砂重计);对预应力混凝土不宜采用海砂,若必须使用海砂时,需经淡水冲洗至氯离子含量小于 0.02%。用海砂配制素混凝土时,氯离子含量不予限制。

(二)颗粒形状及表面特征

河砂和海砂经水流冲刷,颗粒多为近似球状,且表面少棱角、较光滑,配制的混凝土流动性往往比山砂或机制砂好,但与水泥的黏结性能相对较差;山砂和机制砂表面较粗糙,多棱角,故混凝土拌合物流动性相对较差,但与水泥的黏结性能较好。水胶比相同时,山砂或机制砂配制的混凝土强度略高;而流动性相同时,因山砂和机制砂用水量较大,故混凝土强度相近。

(三)坚固性

砂是由天然岩石经自然风化作用而成,机制砂也会含大量风化岩体,在冻融或干湿循环作用下有可能继续风化,因此对某些重要工程或特殊环境下工作的混凝土用砂,应做坚固性检验。如严寒地区室外工程中处于湿潮或干湿交替状态下的混凝土,有腐蚀介质存在或处于水位升降区的混凝土等等。坚固性根据 GB/T 14684 规定,天然砂采用硫酸钠溶液浸泡→烘干→浸泡循环试验法检验,测定 5 个循环后的重量损失率,指标应符合表 4-6 的要求。机制砂还应进行压碎指标试验,压碎指标应小于表 4-7 的要求。

<table>
<tr><td colspan="4">表 4-6　天然砂的坚固性指标</td><td colspan="4">表 4-7　人工砂的压碎性指标</td></tr>
<tr><td>项　目</td><td>Ⅰ类</td><td>Ⅱ类</td><td>Ⅲ类</td><td>项　目</td><td>Ⅰ类</td><td>Ⅱ类</td><td>Ⅲ类</td></tr>
<tr><td>循环后质量损失(%)　≤</td><td>8</td><td>8</td><td>10</td><td>单级最大压碎指标(%)　≤</td><td>20</td><td>25</td><td>30</td></tr>
</table>

(四)粗细程度与颗粒级配

砂的粗细程度是指不同粒径的砂粒混合体平均粒径大小。通常用细度模数(M_x)表示,其值并不等于平均粒径,但能较准确反映砂的粗细程度。细度模数 M_x 越大,表示砂越粗,单位重量总表面积(或比表面积)越小;M_x 越小,则砂比表面积越大。

砂的颗粒级配是指不同粒径的砂粒搭配比例。良好的级配指粗颗粒的空隙恰好由中颗粒填充,中颗粒的空隙恰好由细颗粒填充,如此逐级填充(如图 4-1 所示)使砂形成最密致的堆积状态,空隙率达到最小值,堆积密度达最大值。这样可达到节约水泥,提高混凝土综合性能的目标。因此,砂颗粒级配反映空隙率大小。

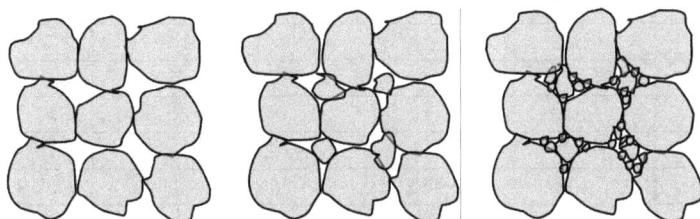

图 4-1　砂颗粒级配示意图

1. 细度模数和颗粒级配的测定

砂的粗细程度和颗粒级配用筛分析方法测定,用细度模数表示粗细,用级配区表示砂的级配。根据《建设用砂》(GB/T 14684—2011),筛分析是用一套孔径为 4.75,2.36,1.18,0.600,0.300,0.150mm 的标准筛,将 500 克干砂由粗到细依次过筛(详见试验),称量各筛上的筛余量 m_i(g),计算各筛上的分计筛余率 a_i(%),再计算累计筛余率 A_i(%)。a_i 和 A_i 的计算关系见表 4-8。

表 4-8　累计筛余与分计筛余计算关系

筛孔尺寸(mm)	筛余量(g)	分计筛余(%)	累计筛余(%)
4.75	m_1	$a_1 = m_1/m$	$A_1 = a_1$
2.36	m_2	$a_2 = m_2/m$	$A_2 = A_1 + a_2$
1.18	m_3	$a_3 = m_3/m$	$A_3 = A_2 + a_3$
0.600	m_4	$a_4 = m_4/m$	$A_4 = A_3 + a_4$
0.300	m_5	$a_5 = m_5/m$	$A_5 = A_4 + a_5$
0.150	m_6	$a_6 = m_6/m$	$A_6 = A_5 + a_6$
底　盘	$m_底$		$m = m_1 + m_2 + m_3 + m_4 + m_5 + m_6 + m_底$

细度模数根据下式计算(精确至 0.01):

$$M_x = \frac{(A_2 + A_3 + A_4 + A_5 + A_6) - 5A_1}{100 - A_1} \tag{4-2}$$

根据细度模数 M_x 大小将砂按下列分类:

$M_x > 3.7$ 特粗砂;$M_x = 3.1 \sim 3.7$ 粗砂;$M_x = 3.0 \sim 2.3$ 中砂;

$M_x = 2.2 \sim 1.6$ 细砂;$M_x = 1.5 \sim 0.7$ 特细砂。

砂的颗粒级配根据 0.600mm 筛孔对应的累计筛余百分率 A_4,分成Ⅰ区、Ⅱ区和Ⅲ区三个级配区,见表 4-9。级配良好的粗砂应落在Ⅰ区;级配良好的中砂应落在Ⅱ区;细砂则在Ⅲ区。实际使用的砂颗粒级配可能不完全符合要求,除了 4.75mm 和 0.600mm 对应的累计筛余率外,其余各档允许有 5% 的超界,当某一筛档累计筛余率超界 5% 以上时,说明砂级配很差。

以累计筛余百分率为纵坐标,筛孔尺寸为横坐标,根据表 4-9 的级区可绘制Ⅰ、Ⅱ、Ⅲ级配区的筛分曲线,如图 4-2a、4-2b 所示。在筛分曲线上可以直观分析砂的颗粒级配优劣。

表 4-9　砂的颗粒级配区范围

砂的分类	天然砂			机制砂		
级配区	Ⅰ区	Ⅱ区	Ⅲ区	Ⅰ区	Ⅱ区	Ⅲ区
筛孔尺寸(mm)	累计筛余(%)					
4.75	10~0	10~0	10~0	10~0	10~0	10~0
2.36	35~5	25~0	15~0	35~5	25~0	15~0
1.18	65~35	50~10	25~0	65~35	50~10	25~0
0.600	85~71	70~41	40~16	85~71	70~41	40~16
0.300	95~80	92~70	85~55	95~80	92~70	85~55
0.150	100~90	100~90	100~90	97~85	94~80	94~75

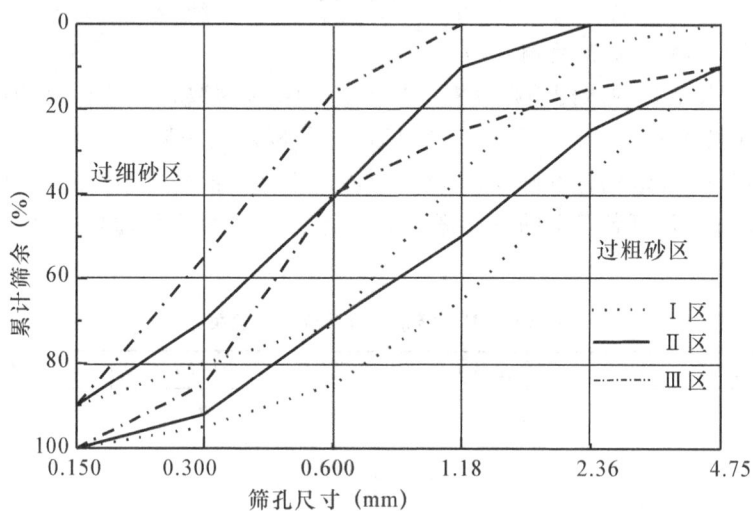

图 4-2a　天然砂级配曲线图

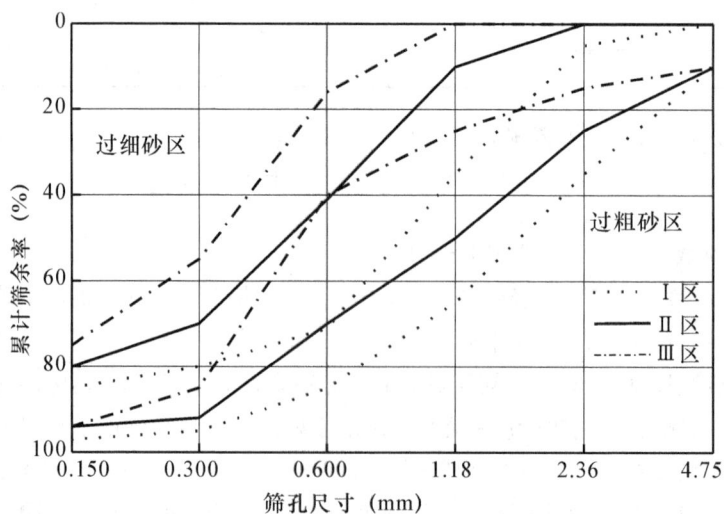

图 4-2b　机制砂级配曲线图

[例 4-1]　某工程用天然砂,经烘干、称量、筛分析,测得各号筛上的筛余量列于表 4-10。试评定该砂的粗细程度(M_x)和级配情况。

表 4-10　筛分析试验结果

筛孔尺寸(mm)	4.75	2.36	1.18	0.600	0.300	0.150	底盘	合计
筛余量(g)	28.5	57.6	73.1	156.6	118.5	55.5	9.7	499.5

[解]　(1)分计筛余率和累计筛余率计算结果列于表 4-11。

表 4-11　分计筛余和累计筛余计算结果

分计筛余率(%)	a_1	a_2	a_3	a_4	a_5	a_6
	5.71	11.53	14.63	31.35	23.72	11.11
累计筛余率(%)	A_1	A_2	A_3	A_4	A_5	A_6
	5.71	17.24	31.87	63.22	86.94	98.05

(2)计算细度模数:

$$M_x = \frac{(A_2+A_3+A_4+A_5+A_6)-5A_1}{100-A_1}$$

$$= \frac{(17.24+31.87+63.22+86.94+98.05)-5\times5.71}{100-5.71} = 2.85$$

(3)确定级配区、绘制级配曲线:该砂样在 0.600mm 筛上的累计筛余率 $A_4=63.22$ 落在Ⅱ级区,其他各筛上的累计筛余率也均落在Ⅱ级区规定的范围内,因此可以判定该砂为Ⅱ级区砂。级配曲线图见 4-3。

(4)结果评定:该砂的细度模数 $M_x=2.85$,属中砂;Ⅱ级区砂,级配良好。可用于配制混凝土。

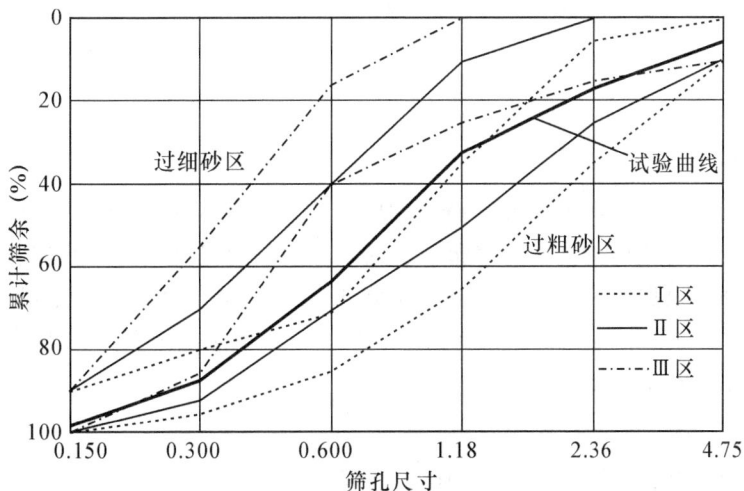

图 4-3　级配曲线

2. 砂的掺配使用

配制普通混凝土的砂宜为中砂($M_x = 2.3 \sim 3.0$)，Ⅱ级区。但实际工程中往往出现砂偏细或偏粗的情况。通常有两种处理方法：

(1)当只有一种砂源时，对偏细砂适当减少砂用量，即降低砂率；对偏粗砂则适当增加砂用量，即增加砂率。

(2)当粗砂和细砂可同时提供时，宜将细砂和粗砂按一定比例掺配使用，这样既可调整M_x，也可改善砂的级配，有利于节约水泥，提高混凝土性能。掺配比例可根据砂资源状况，粗细砂各自的细度模数及级配情况，通过试验和计算确定。

(3)机制砂通常较粗，表面粗糙多棱角，配制的混凝土和易性较差，因此宜与天然砂掺配使用，也可以掺入细砂调节细度模数。

(五)砂的含水状态

砂的含水状态有如下 4 种，如图 4-4 所示。

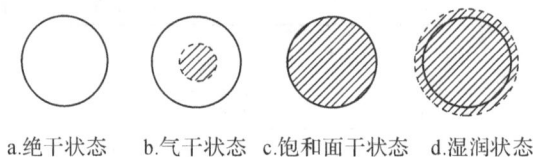

a.绝干状态　　b.气干状态　　c.饱和面干状态　　d.湿润状态

图 4-4　砂的含水状态示意图

(1)绝干状态：砂粒内外不含任何水，通常在 105 ± 5℃条件下烘干而得。

(2)气干状态：砂粒表面干燥，内部孔隙中部分含水。指室内或室外(天晴)空气平衡的含水状态，其含水量的大小与空气相对湿度和温度密切相关。

(3)饱和面干状态：砂粒表面干燥，内部孔隙全部吸水饱和。水利工程上通常采用饱和面干状态计量砂用量。

(4)湿润状态：砂粒内部吸水饱和，表面还含有部分表面水。施工现场，特别是雨后常出现此种状况，搅拌混凝土中计量砂用量时，要扣除砂中的含水量；同样，计量水用量时，要扣除砂中带入的水量。

三、粗骨料

颗粒粒径大于 5mm 的骨料为粗骨料。混凝土工程中常用的有碎石和卵石两大类。碎石为岩石(有时采用大块卵石，称为碎卵石)经破碎、筛分而得；卵石多为自然形成的河卵石经筛分而得。通常根据卵石和碎石的技术要求分为Ⅰ类、Ⅱ类和Ⅲ类。Ⅰ类用于强度等级大于 C60 的混凝土；Ⅱ类用于 C30～C60 的混凝土；Ⅲ类用于小于 C30 的混凝土。

粗骨料的主要技术指标有：

(一)有害杂质

与细骨料中的有害杂质一样，主要有黏土、硫化物及硫酸盐、有机物等。根据《建设用卵石、碎石》(GB/T 14685—2011)，其含量应符合表 4-12 的要求。《普通混凝土用砂、石质量及检验方法标准》(JGJ 52—2006)也作了相应规定。

（二）颗粒形态及表面特征

粗骨料的颗粒形状以近立方体或近球状体为最佳，但在岩石破碎生产碎石的过程中往往产生一定量的针、片状，使骨料的空隙率增大，并降低混凝土的强度，特别是抗折强度。针状是指长度大于该颗粒所属粒级平均粒径的2.4倍的颗粒；片状是指厚度小于平均粒径0.4倍的颗粒。各类别粗骨料针片状含量要符合表4-12的要求。

表4-12　碎石或卵石中技术指标

项　　目		指　　　　标		
		Ⅰ类	Ⅱ类	Ⅲ类
含泥量(按质量计)，%	<	0.5	1.0	1.5
泥块含量(按质重量计)，%	<	0	0.5	0.7
硫化物及硫酸盐含量(以SO_3重量计)，%	<	0.5	1.0	1.0
有机物含量(用比色法试验)		合格	合格	合格
针片状颗粒(按质量计)，%	<	5	15	25
坚固性质量损失，%	<	5	8	12
碎石压碎指标	<	10	20	30
卵石压碎指标	<	12	16	16

粗骨料的表面特征指表面粗糙程度。碎石表面比卵石粗糙，且多棱角，因此，拌制的混凝土拌合物流动性较差，但与水泥黏结强度较高，配合比相同时，混凝土强度相对较高。卵石表面较光滑，少棱角，因此拌合物的流动性较好，但黏结性能较差，强度相对较低。但若保持流动性相同，由于卵石可比碎石少用适量水，因此卵石混凝土强度并不一定低。

（三）粗骨料最大粒径

混凝土所用粗骨料的公称粒级上限称为最大粒径。骨料粒径越大，其表面积越小，通常空隙率也相应减小，因此所需的浆体或砂浆数量也可相应减少，有利于节约水泥、降低成本，并改善混凝土性能。所以在条件许可的情况下，应尽量选得较大粒径的骨料。但在实际工程上，骨料最大粒径受到多种条件的限制：①最大粒径不得大于构件最小截面尺寸的1/4，同时不得大于钢筋净距的3/4。②对于混凝土实心板，最大粒径不宜超过板厚的1/3，且不得大于40mm。③对于泵送混凝土，当泵送高度在50m以下时，最大粒径与输送管内径之比，碎石不宜大于1:3.0，卵石不宜大于1:2.5；泵送高度为50m～100m时，碎石不宜大于1:4.0，卵石不宜大于1:3.0；泵送高度大于100m时，碎石不宜大于1:5.0，卵石不宜大于1:4.0。④对大体积混凝土(如混凝土坝或围堤)或疏筋混凝土，往往受到搅拌设备和运输、成型设备条件的限制。有时为了节省水泥，降低收缩，可在大体积混凝土中抛入大块石(或称毛石)，常称作抛石混凝土。

（四）粗骨料的颗粒级配

石子的粒级分为连续粒级和单位级两种。连续粒级指5mm以上至最大粒径D_{max}，各粒级均占一定比例，且一定范围内。单粒级指从1/2最大粒径开始至D_{max}。单粒级用于组成具有要求级配的连续粒级,也可与连续粒级混合使用,以改善级配或配成较大密实度的连续粒级。单粒级一般不宜单独用来配制混凝土,如必须单独使用,则应作技术经济分析,并通过试验证明不发生离析或影响混凝土的质量。

石子的级配与砂的级配一样,通过一套标准筛筛分试验,计算累计筛余率确定。根据 GB/T 14685—2011,碎石和卵石级配均应符合表 4-13 的要求。JGJ 52—2006 的要求与此相似。

表 4-13　碎石或卵石的颗粒级配范围

级配情况	公称粒级(mm)	累计筛余(%)											
		筛孔尺寸(方孔筛)(mm)											
		2.36	4.75	9.50	16.0	19.0	26.5	31.5	37.5	53.0	63.0	75.0	90
连续粒级	5～16	95～100	85～100	30～60	0～10	0	—	—	—	—	—	—	—
	5～20	95～100	90～100	40～80	—	0～10	0	—	—	—	—	—	—
	5～25	95～100	90～100	—	30～70	—	0～5	0	—	—	—	—	—
	5～31.5	95～100	90～100	70～90	—	15～45	—	0～5	0	—	—	—	—
	5～40	—	95～100	70～90	—	30～65	—	—	0～5	0	—	—	—
单粒级	5～10	95～100	80～100	0～15	0	—	—	—	—	—	—	—	—
	10～16	—	95～100	80～100	0～15	—	—	—	—	—	—	—	—
	10～20	—	95～100	85～100	—	0～15	0	—	—	—	—	—	—
	16～25	—	—	95～100	55～70	25～40	0～10	—	—	—	—	—	—
	16～31.5	—	95～100	—	85～100	—	—	0～10	0	—	—	—	—
	20～40	—	—	95～100	—	80～100	—	—	0～10	0	—	—	—
	40～80	—	—	—	—	95～100	—	—	70～100	—	30～60	0～10	0

(五)粗骨料的强度

根据 GB/T 14685—2011 和 JGJ52—2006 规定,碎石和卵石的强度可用岩石的抗压强度或压碎值指标两种方法表示。

岩石的抗压强度采用 $\phi 50\text{mm} \times 50\text{mm}$ 的圆柱体或边长为 50mm 的立方体试样测定。一般要求其抗压强度大于配制混凝土强度的 1.5 倍,且不小于 45MPa(饱水)。

根据 GB/T 14685—2011,压碎值指标是将 9.5～19mm 的石子 m 克,装入专用试样筒中,施加 200kN 的荷载,卸载后用孔径 2.36mm 的筛子筛去被压碎的细粒,称量筛余,计作 m_1,则压碎值指标 Q(%)按下式计算:

$$Q = \frac{m - m_1}{m} \times 100 \qquad (4\text{-}3)$$

压碎值越小,表示石子强度越高,反之亦然。各类别骨料的压碎值指标应符合表 4-12 的要求。

(六)粗骨料的坚固性

粗骨料的坚固性指标与砂相似,各类别骨料的质量损失应符合表 4-12 的要求。

四、拌合用水

根据《混凝土用水标准》(JGJ63—2006)的规定,凡符合国家标准的生活饮用水,均可拌制各种混凝土。海水可拌制素混凝土,但不宜拌制有饰面要求的素混凝土,更不得拌制钢筋混凝土和预应力混凝土。

值得注意的是,在野外或山区施工采用天然水拌制混凝土时,均应对水的有机质、Cl^-和 SO_4^{2-} 含量等进行检测,合格后方能使用。特别是某些污染严重的河道、池塘或地下水,一般不得直接用于拌制混凝土。

五、混凝土外加剂

外加剂是指能有效改善混凝土某项或多项性能的一类材料。其掺量一般只占水泥量的5%以下,却能显著改善混凝土的和易性、强度、耐久性或调节凝结时间及节约水泥。外加剂的应用促进了混凝土技术的飞速进步,技术经济效益十分显著,使得高强高性能混凝土的生产和应用成为现实,并解决了许多工程技术难题。如远距离运输和高耸建筑物的泵送问题;紧急抢修工程的早强速凝问题;大体积混凝土工程的水化热问题;纵长结构的收缩补偿问题;地下建筑物的防渗漏问题等等。目前,外加剂已成为除水泥、水、砂子、石子以外的第五组成材料,应用越来越广泛。

(一)外加剂的功能和分类

混凝土外加剂一般根据其主要功能分类:

(1)改善混凝土流变性能的外加剂。主要有减水剂、引气剂、泵送剂等。

(2)调节混凝土凝结硬化性能的外加剂。主要有缓凝剂、速凝剂、早强剂等。

(3)调节混凝土含气量的外加剂。主要有引气剂、加气剂、泡沫剂等。

(4)改善混凝土耐久性的外加剂。主要有引气剂、防水剂、阻锈剂等。

(5)提供混凝土特殊性能的外加剂。主要有防冻剂、膨胀剂、着色剂、引气剂和泵送剂等。

(二)建筑工程常用混凝土外加剂品种

1. 减水剂

减水剂是指在混凝土坍落度相同的条件下,能减少拌合用水量;或者在混凝土配合比和用水量均不变的情况下,能增加混凝土坍落度的外加剂。根据减水率大小或坍落度增加幅度分为普通减水剂和高效减水剂两大类。此外,尚有复合型减水剂,如引气减水剂,既具有减水作用,同时具有引气作用;早强减水剂,既具有减水作用,又具有提高早期强度作用;缓凝减水剂,同时具有延缓凝结时间的功能等等。

(1)减水剂的主要功能

①配合比不变时显著提高流动性。

②流动性和胶凝材料用量不变时,减少用水量,降低水胶比,提高强度。

③保持流动性和强度不变时,节约胶凝材料用量,降低成本。

④配置高强高性能混凝土。

(2)减水剂的作用机理

减水剂提高混凝土拌合物流动性的作用机理主要包括分散作用和润滑作用两方面。减水剂实际上为一种表面活性剂,长分子链的一端易溶于水——亲水基,另一端难溶于水——憎水基,如图 4-5 所示。

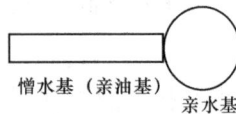

憎水基（亲油基）　亲水基

图 4-5　表面活性剂(减水剂)分子链示意图

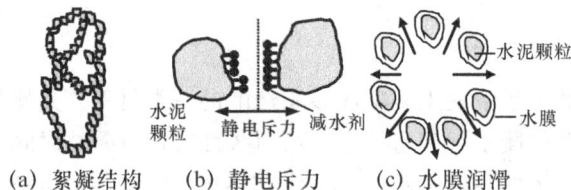

(a) 絮凝结构　　(b) 静电斥力　　(c) 水膜润滑

图 4-6　减水剂作用机理示意图

①分散作用:水泥加水拌合后,由于水泥颗粒分子引力的作用,使浆体形成絮凝结构,使 $10\%\sim30\%$ 的拌合水被包裹在水泥颗粒之中,不能参与自由流动和润滑作用,从而影响了混凝土拌合物的流动性(如图 4-6a)。当加入减水剂后,由于减水剂分子能定向吸附于水泥颗粒表面,使水泥颗粒表面带有同一种电荷(通常为负电荷),形成静电排斥作用,促使水泥颗粒相互分散,絮凝结构破坏,释放出被包裹部分水,参与流动,从而有效地增加混凝土拌合物的流动性(如图 4-6b)。

②润滑作用:减水剂中的亲水基极性很强,因此水泥颗粒表面的减水剂吸附膜能与水分子形成一层稳定的溶剂化水膜(图 4-6c),这层水膜具有很好的润滑作用,能有效降低水泥颗粒间的滑动阻力,从而使混凝土流动性进一步提高。

(3)常用减水剂品种

①木质素系减水剂:木素系减水剂主要有木质素磺酸钙(简称木钙,代号 MG),木质素磺酸钠(木钠)和木质素磺酸镁(木镁)三大类。工程上最常使用的为木钙。

MG 是由生产纸浆的木质废液,经中和发酵、脱糖、浓缩、喷雾干燥而制成的棕黄色粉末。

MG 属缓凝引气型减水剂,掺量拟控制在 $0.2\%\sim0.3\%$ 之间,超掺有可能导致数天或数十天不凝结,并影响强度和施工进度,严重时导致工程质量事故。

MG 的减水率约为 10%,保持流动性不变,可提高混凝土强度 $8\%\sim10\%$;若不减水则可增大混凝土坍落度约 $80\sim100mm$;若保持和易性与强度不变时,可节约水泥 $5\%\sim10\%$;

MG 主要适用于夏季混凝土施工、滑模施工、大体积混凝土和泵送混凝土施工,也可用于一般混凝土工程。由于减水率低及缓凝作用等原因,目前已很少单独使用。

MG 不宜用于蒸汽养护混凝土制品和工程。

②糖蜜类减水剂:糖蜜类减水剂是以制糖业的糖渣和废蜜为原料,经石灰中和处理而成的棕色粉末或液体。国产品种主要有 3FG、TF、ST 等。

糖蜜减水剂与 MG 减水剂性能基本相同,但缓凝作用比 MG 强,故通常作为缓凝剂使用。适宜掺量 0.2%～0.3%，减水率 10% 左右。主要用于大体积混凝土、大坝混凝土和有缓凝要求的混凝土工程。目前也很少单独使用。

③萘磺酸盐系减水剂：萘磺酸盐系减水剂简称萘系减水剂，它是以工业萘或由煤焦油中分馏出含萘的同系物经分馏为原料，经磺化、缩合等一系列复杂的工艺而制成的棕黄色粉末或液体。其主要成分为 β—萘磺酸盐甲醛缩合物。

萘系减水剂多数为非引气型高效减水剂，适宜掺量为 0.5%～1.2%，减水率可达 15%～30%，相应地可提高 28d 强度 10% 以上，或节约水泥 10%～20%。

萘系减水剂对钢筋无锈蚀作用，具有早强功能。但混凝土的坍落度损失较大，故实际生产的萘系减水剂，极大多数为复合型的，通常与缓凝剂或引气剂复合。

萘系减水剂主要适用于配制高强、早强、流态和蒸养混凝土制品和工程，也可用于一般工程，是目前工程上使用量最大的外加剂品种。

④树脂系减水剂：树脂系减水剂为磺化三聚氰胺甲醛树脂减水剂，通常称为密胺树脂系减水剂。主要以三聚氰胺、甲醛和亚硫酸钠为原料，经磺化、缩聚等工艺生产而成的棕色液体。

树脂系减水剂为非引气型早强高效减水剂，适宜掺量 0.5%～2.0%，减水率可达 20% 以上，1d 强度提高一倍以上，7d 强度可达基准 28d 强度，长期强度也能提高，且可显著提高混凝土的抗渗、抗冻性和弹性模量。

掺树脂系减水剂减水剂的混凝土黏聚性较大，可泵性较差，且坍落度经时损失也较大。目前主要用于配制高强混凝土、早强混凝土、流态混凝土、蒸汽养护混凝土和铝酸盐水泥耐火混凝土等。

⑤复合减水剂：单一减水剂往往很难满足不同工程性质和不同施工条件的要求，因此，减水剂研究和生产中往往复合各种其他外加剂，组成早强减水剂、缓凝减水剂、引气减水剂、缓凝引气减水剂等等。随着工程建设和混凝土技术进步的需要，各种新型多功能复合减水剂正在不断研制生产中，如 2～3h 内无坍落度损失的保塑高效减水剂等，这一类外加剂主要有：聚羧酸盐与改性木质素的复合物、带磺酸端基的聚羧酸多元聚合物、芳香族氨基磺酸系高分子化合物、改性羟基衍生物与烷基芳香磺酸盐的复合物、萘磺酸甲醛缩合物与木钙等的复合物、三聚氰胺甲醛缩合物与木钙等的复合物。

⑥聚羧酸系高性能减水剂

聚羧酸系高性能减水剂是近年来发展较快的新一代减水剂，是指由含有羧基的不饱和单体与其他单体共聚而成，合混凝土在减水、保坍、增强、收缩及环保等方面具有优良性能的系列减水剂。减水率可达 25% 以上，坍落度损失小，1d 强度增加 50% 以上，收缩率比可小于 100%，甲醛含量小于 0.05%，氯离子含量小于 0.6%。

掺聚羧酸系减水剂的混凝土具有相对较高的含气量，因此可泵性好，特别适用于配制高强泵送混凝土、具有早强要求的混凝土和流态混凝土。聚羧酸系减水剂的价格相对较高，但掺量相对较低，对配制高强度混凝土仍有较好的性价比，也可与其他减水剂复合使用。

其他减水剂新品种还有以甲基萘为原料的聚次甲基甲基萘磺酸钠减水剂；以古马隆为原料的氧茚树脂磺酸钠减水剂；胺基磺酸盐系高效减水剂；丙烯酸酯或醋酸乙烯的接枝共聚物系高效减水剂；聚羧酸醚系与交联聚合物的复合物系高效减水剂；顺丁烯二酸衍生共聚物系高效减水剂等。

2. 早强剂

早强剂是指能加速混凝土早期强度发展的外加剂。主要作用机理是加速水泥水化速度,加速水化产物的早期结晶和沉淀。主要功能是缩短混凝土施工养护期,加快施工进度,提高模板的周转率。主要适用于有早强要求的混凝土工程及低温、负温施工混凝土,有防冻要求的混凝土,预制构件,蒸汽养护等等。早强剂的主要品种有氯盐、硫酸盐和有机胺三大类,但更多使用的是它们的复合早强剂。

(1)氯化钙早强剂。氯盐类早强剂主要有 $CaCl_2$、$NaCl$、KCl、$AlCl_3$ 和 $FeCl_3$ 等。工程上最常用的是 $CaCl_2$,为白色粉末,适宜掺量 0.5%~3%。由于 Cl^- 对钢筋有腐蚀作用,故钢筋混凝土中掺量应控制在 1% 以内。$CaCl_2$ 早强剂能使混凝土 3d 强度提高 50%~100%,7d 强度提高 20%~40%,但后期强度不一定提高,甚至可能低于基准混凝土。此外,氯盐类早强剂对混凝土耐久性有一定影响,因此 $CaCl_2$ 早强剂及氯盐复合早强剂不得在下列工程中使用:

①环境相对湿度大于 8%、水位升降区、露天结构或经常受水淋的结构。主要是防止泛卤。

②镀锌钢材或铝铁相接触部位及有外露钢筋埋件而无防护措施的结构。

③含有酸碱或硫酸盐侵蚀介质中使用的结构。

④环境温度高于 60℃ 的结构。

⑤使用冷拉钢筋或冷拔低碳钢丝的结构。

⑥给排水构筑物、薄壁构件、中级和重级吊车、屋架、落锤或锻锤基础。

⑦预应力混凝土结构。

⑧含有活性骨料的混凝土结构。

⑨电力设施系统混凝土结构。

此外,为消除 $CaCl_2$ 对钢筋的锈蚀作用,通常要求与阻锈剂亚硝酸钠复合使用。

(2)硫酸盐类早强剂。硫酸盐类早强剂主要有硫酸钠(即元明粉,俗称芒硝)、硫代硫酸钠、硫酸钙、硫酸铝及硫酸铝钾(即明矾)等。建筑工程中最常用的为硫酸钠早强剂。

硫酸钠为白色粉末,适宜掺量为 0.5%~2.0%;早强效果不及 $CaCl_2$。对矿渣水泥混凝土早强效果较显著,但后期强度略有下降。硫酸钠早强剂在预应力混凝土结构中的掺量不得大于 1%;潮湿环境中的钢筋混凝土结构中掺量不得大于 1.5%;严格控制最大掺量,超掺可导致混凝土后期膨胀开裂,强度下降;混凝土表面起"白霜",影响外观和表面装饰。此外,硫酸钠早强剂不得用于下列工程:

①与镀锌钢材或铝铁相接触部位的结构及外露钢筋预埋件而无防护措施的结构。

②使用直流电源的工厂及电气化运输设施的钢筋混凝土结构。

③含有活性骨料的混凝土结构。

(3)有机胺类早强剂。有机胺类早强剂主要有三乙醇胺、三异醇胺等。工程上最常用的为三乙醇胺。三乙醇胺为无色或淡黄色油状液体,呈碱性,易溶于水。三乙醇胺的掺量极微,一般为水泥重的 0.02%~0.05%,虽然早强效果不及 $CaCl_2$,但后期强度不下降并略有提高,且无其他影响混凝土耐久性的不利作用。但掺量不宜超过 0.1%,否则可能导致混凝土后期强度下降。掺用时可将三乙醇胺先用水按一定比例稀释,以便于准确计量。此外,为改善三乙醇胺的早强效果,通常与其他早强剂复合使用。

(4)复合早强剂。为了克服单一早强剂存在的各种不足,发挥各自特点,通常将三乙醇胺、硫酸钠、氯化钙、氯化钠、石膏及其他外加剂复配组成复合早强剂,有时可产生超叠加作用。

3. 引气剂

引气剂是指混凝土在搅拌过程中能引入大量均匀、稳定且封闭的微小气泡的外加剂。气泡直径一般为 0.02～1.0mm,绝大部分 <0.2mm。其作用机理为引气剂作用于气—液界面,使表面张力下降,从而形成稳定的微细封闭气孔。常用引气剂有松香树脂、烷基苯磺碱盐、脂肪醇磺酸盐等等。最常用的为松香热聚树脂和松香皂两种。掺量一般为 0.005%～0.01%。严防超量掺用,否则将严重降低混土强度。当采用高频振捣时,引气剂掺量可适当提高。

(1)引气剂的主要功能。

①改善混凝土拌合物的和易性。在拌合物中,相互封闭的微小气泡能起到滚珠作用,减小骨料间的摩阻力,从而提高混凝土的流动性。若保持流动性不变,则可减少用水量,一般每增加 1% 的含气量可减少用水量 6%～10%。由于大量微细气泡能吸附一层稳定的水膜,从而减弱了混凝土的泌水性,故能改善混凝土的保水性和黏聚性。

②提高混凝土耐久性。由于大量的微细气泡堵塞和隔断了混凝土中的毛细孔通道,同时由于泌水少,泌水造成的孔缝也减少,因而能大大提高混凝土的抗渗性能,提高抗腐蚀性能和抗风化性能。另一方面,由于连通毛细孔减少,吸水率相应减小,且能缓冲水结冰时引起的内部水压力,从而使抗冻性大大提高。

③引气剂的应用和注意事项。引气剂主要应用于具有较高抗渗和抗冻要求的混凝土工程或贫混凝土,提高混凝土耐久性,也可用来改善泵送性。工程上常与减水剂复合使用,或采用复合引气减水剂。

由于引气剂导致混凝土含气量提高,混凝土有效受力面积减小,故混凝土强度将下降,一般每增加 1% 含气量,抗压强度下降 5% 左右,抗折强度下降 2%～3%。故引气剂的掺量必须通过含气量试验严格加以控制,普通混凝土中含气量的限值可按表 4-14 控制:

表 4-14　混凝土含气量限值

粗骨料最大粒径(mm)	10	15	20	25	40
含气量(%)≤	7.0	6.0	5.5	5.0	4.5

4. 缓凝剂

缓凝剂是指能延长混凝土的初凝和终凝时间的外加剂。最常用的缓凝剂为木钙和糖蜜。糖蜜的缓凝效果优于木钙,一般能缓凝 3h 以上。为了满足特殊工程超长缓凝的要求,如地铁连续墙、超长和超大混凝土结构、大型水利工程等,缓凝时间有时要求 24h 以上,目前常用葡萄酸钠、羟基羧酸及其盐类等。

缓凝剂的主要功能有:

(1)降低大体积混凝土的水化热和推迟温峰出现时间,有利于减小混凝土内外温差引起的应力开裂。

(2)便于夏季施工和连续浇捣的混凝土,防止出现混凝土施工缝。

(3)便于泵送施工、滑模施工和远距离运输。

(4)通常具有减水作用,故亦能提高混凝土后期强度或增加流动性或节约胶凝材料用量。

5. 速凝剂

速凝剂是指能使混凝土迅速硬化的外加剂。一般初凝时间小于 5min，终凝时间小于 10h，1h 内即产生强度，3d 强度可达基准混凝土 3 倍以上，但后期强度一般低于基准混凝土。

速凝剂主要用于喷射混凝土和紧急抢修工程、军事工程、防洪堵水工程等。如矿井、隧道、引水涵洞、地下工程岩壁衬砌、边坡和基坑支护等等。

6. 防冻剂

防冻剂指能使混凝土中水的冰点下降，保证混凝土在负温下凝结硬化并产生足够强度的外加剂。绝大部分防冻剂由防冻组分、早强组分、减水组分或引气剂复合而成，主要适用于冬季负温条件下的施工。值得说明的一点是，防冻组分本身并不一定能提高硬化混凝土抗冻性。常用防冻剂各类有：

(1)氯盐类防冻剂：以氯化钙、氯化钠为主与其他低温早强剂、减水剂、引气剂等复合而成。

(2)氯盐类阻锈防冻剂：以氯盐和阻锈剂(亚硝酸钠、亚硝酸钙)为主与其他低温早强剂、减水剂、引气剂等复合而成。

(3)氯盐类防冻剂：以亚硝酸盐、硝酸盐、硫酸盐、碳酸盐为主要组分。

(4)无氯低碱/无碱类防冻剂：以亚硝酸钙、$CO(NH_2)_2$ 等为主要早强防冻组分，是一种具有较好发展前景的外加剂。

7. 膨胀剂

膨胀剂是指能使混凝土产生一定体积膨胀的外加剂。掺入膨胀剂的目的是补偿混凝土自身收缩、干缩和温度变形，防止混凝土开裂，并提高混凝土的密实性和防水性能。常用膨胀剂品种有硫铝酸钙、氧化钙、氧化镁、铁屑膨胀剂和复合膨胀剂。也有采用加气类膨胀剂，如铝粉膨胀剂。

目前建筑工程中膨胀剂的应用越来越多，如地下室底板和侧墙混凝土、钢管混凝土、超长结构混凝土、有抗渗要求的混凝土工程等等。膨胀剂应用过程中应注意的问题：

(1)严格按照规定掺量掺加。掺量过低膨胀率小，起不到补偿收缩作用；掺量过高则会破坏混凝土结构。

(2)掺膨胀剂混凝土应加强养护。尤其是早期养护，以保证充分发挥膨胀剂的补偿收缩作用，浇水养护时间不得少于 14d。如果不能保证充分潮湿养护，有可能产生比不掺膨胀剂更大的收缩，导致混凝土开裂。

8. 加气剂

以化学反应的方法引入大量封闭气泡，用以调节混凝土的含气量和表观密度，也可以用来生产轻混凝土。常用的加气剂有：

(1)H_2 释放型加气剂：主要是较活泼的金属 Al、Mg、Zn 等在碱性条件下与水反应放出 H_2。

(2)O_2 释放型加气剂：H_2O_2 在氧化剂 $Ca(ClO)_2$、$KMnO_4$ 等作用下放出 O_2。

(3)N_2 释放型加气剂：主要是分子中含有 N—N 键的化合物，如偶氮类或肼类化合物在活化剂如铝酸盐、铜盐的作用下释放出 N_2。

(4)C_2H_2 释放型加气剂：碳化钙与水反应生成乙炔气体。

(5)空气释放型加气剂:通过 30 目筛的流化焦或活性炭在混凝土拌制过程中逐渐释放吸附的空气。

(6)高聚物型加气剂:异丁烯－马来酸酐共聚物的 Mg 盐、天然高分子物质(如水解蛋白质和适量增稠剂),配成水溶液,用发泡机制得密度为 0.1～0.2kg/L 的泡沫,引入水泥砂浆或混凝土中,硬化后即得轻质砂浆或混凝土。

综合考虑引气质量、可控制性和经济因素,实际工程中以 Al 粉较常用。

9. 絮凝剂

絮凝剂主要用以提高混凝土的黏聚性和保水性,使混凝土即使受到水的冲刷,水泥和集料也不离析分散。因此,这种混凝土又称为抗冲刷混凝土或水下不分散混凝土,适用于水下施工。常用的品种有:

(1)纤维素系:主要是非离子型水溶性纤维素醚,如亲水性强的羟基纤维素(HEC)、羟乙基甲基纤维素(HEMC)和羟丙基甲基纤维素(PHMC)等。它们的料度随分子量及取代基团的不同而不同。

(2)丙烯基系:以聚丙烯酰胺为主要成分。絮凝剂常与其他外加剂复合使用。如与减水剂复合、与引气剂复合、与调凝剂复合等。

10. 减缩剂

日本日产水泥公司和 Sanyo 化学工业公司于 1982 年首先研制成混凝土减缩剂(shrinkages reducing agent)。随后美国在 1985 年获得混凝土减缩剂的专利,在实际应用中取得了极其良好的技术效果。特别是对减小混凝土的自收缩具有很强的针对性。多年来,为了降低减缩剂的成本和改善混凝土的综合性能,对减缩剂的组成及复配技术开展了大量研究,并获得了多项专利。

减缩剂的主要作用机理是降低混凝土孔隙水的表面张力,从而减小毛细孔失水时产生的收缩应力。另一方面,减缩剂增强了水分子在凝胶体中的吸附作用,进一步减小混凝土的最终收缩值。根据毛细管强力理论,毛细孔失水时引起的收缩应力可由下式表示:

$$\Delta P = \frac{2\sigma\cos\theta}{r} \tag{4-4}$$

式中:ΔP——毛细孔水凹液面产生的收缩应力(MPa);

σ——水的表面张力;

θ——水凹液面与毛细孔壁的接触角;

r——毛细孔半径。

显而易见,在一定的毛细孔半径时,水的表面张力下降,将直接降低由毛细减小孔失水时产生的收缩应力。另一方面,由水和减缩剂组成的溶液黏度增加,使得接触角 θ 增大,即 $\cos\theta$ 减小,从而进一步降低混凝土的收缩应力。

由减缩剂的作用机理可知,在原材料和配合比一定时,减缩率是一个相对稳定值,施工养护和环境条件对混凝土的减缩率影响较小。亦即当养护条件差或空气相对湿度小、风速大,混凝土的收缩增大时,由于减缩率基本一定,故其降低收缩的绝对值也增加。反之亦然。

此外,减缩剂几乎没有水泥适应性问题,这是因为减缩剂是通过水的物理过程起作用的,与水泥的矿物组成和掺合料等无关,且与其他混凝土外加剂有良好的相容性。随着我国经济基础的加强,特别是混凝土工程裂缝控制的迫切需要,以及减缩剂研究技术和产品性能的进一步提高,减缩剂这一新材料定将得到越来越广泛的应用。

11. 养护剂

养护剂又称混凝土养生液,其主要作用是涂敷于混凝土表面,形成一层致密的薄膜,使混凝土表面与空气隔绝,防止水分蒸发,使混凝土利用自身水分最大限度地完成水化的外加剂。按主要成膜物质分为三大类:

(1)无机物类:主要成分为水玻璃及硅溶胶。此类养护剂深敷于混凝土表面,能与水泥的水化产物氢氧化钙反应生成致密的硅酸钙,堵塞混凝土表面水分的蒸发孔道而达到加强养护的作用。

(2)有机物类:主要乳化石蜡类和氯乙烯-偏氯乙烯共聚乳液类等。此类养护剂敷于混凝土表面,基本上不与混凝土组分发生反应,而是在混凝土表面形成连续的不透水薄膜,起到保水和养护的作用。

(3)有机、无机复合类:主要由有机高分子材料(如氯乙烯-偏氯乙烯共聚乳液、乙烯-醋酸乙烯共聚乳液、聚醋酸乙烯乳液、聚乙烯醇树脂等)与无机材料(如水玻璃、硅溶胶等)及其他表面活性剂复合而成。

12. 阻锈剂

阻锈剂是指能抑制或减轻混凝土中钢筋或其他预埋金属锈蚀的外加剂。钢筋或金属预埋件的锈蚀与其表面保护膜的情况有关。混凝土碱度高,埋入的金属表面形成钝化膜,有效地抑制钢筋锈蚀。若混凝土中存在氯化物,会破坏钝化膜,加速钢筋锈蚀。加入适宜的阻锈剂可以有效地防止锈蚀的发生或减缓锈蚀的速度。常用的种类有:

(1)阳离子型阻锈剂:以亚硝酸盐、铬酸盐、苯甲酸盐为主要成分。其特点是具有接受电子的能力,能抑制阳极反应。

(2)离子型阻锈剂:以碳酸钠和氢氧化钠等碱性物质为主要成分。其特点是阴离子为强的质子受体,它们通过提高溶液 pH 值,降低 Fe 离子的溶解度而减缓阳极反应或在阴极区形成难溶性被复膜而抑制反应。

(3)复合型阻锈剂:如硫代羟基苯胺。其特点是分子结构中具有两个或更多的定位基团,既可作为电子授体,又可作为电子受体,兼具以上两种阻锈剂的性质,能够同时影响阴阳极反应。因此,它不仅能抑制氯化物侵蚀,而且能抑制金属表面上微电池反应引起的锈蚀也很有效。

13. 脱模剂

用于减小混凝土与模板粘着力,易于使二者脱离而不损坏混凝土或渗入混凝土内的外加剂。国内常用的脱模剂主要有下列几种:

(1)海藻酸钠 1.5kg,滑石粉 20kg,洗衣粉 1.5kg,水 80kg,将海藻酸钠先浸泡 2～3d,再与其他材料混合,调制成白色脱模剂。常用于涂刷钢模。缺点是每涂一次不能多次使用,在冬季、雨季施工时,缺少防冻、防雨的有效措施。

(2)乳化机油(又名皂化石油)50%～55%,水(60～80℃)40%～45%,脂肪酸(油酸、硬脂酸或棕榈脂酸)1.5%～2.5%,石油产物(煤油或汽油)2.5%,磷酸(85%浓度)0.01%,苛性钾 0.02%,按上述重量比,先将乳化机油加热到 50～60℃,并将硬脂酸稍加粉碎,然后倒入已加热的乳化机油中,加以搅拌,使其溶解(硬脂酸溶点为 50～60℃)。

第3节　普通混凝土的技术性质

一、新拌混凝土的性能

(一)混凝土的和易性

1. 和易性的概念

新拌混凝土的和易性,也称工作性,是指拌合物易于搅拌、运输、浇捣成型,并获得质量均匀密实的混凝土的一项综合技术性能。通常用流动性、黏聚性和保水性三项内容表示。流动性是指拌合物在自重或外力作用下产生流动的难易程度;黏聚性是指拌合物各组成材料之间不产生分层离析现象;保水性是指拌合物不产生严重的泌水现象。

通常情况下,混凝土拌合物的流动性越大,则保水性和黏聚性越差,反之亦然。和易性良好的混凝土是指既具有满足施工要求的流动性,又具有良好的黏聚性和保水性。因此,不能简单地将流动性大的混凝土称之为和易性好,或者流动性减小说成和易性变差。良好的和易性既是施工的要求也是获得质量均匀密实混凝土的基本保证。

由于流动性、保水性和黏聚性三者之间的矛盾,我们必须通过原材料的合理选择、配合比的精心设计,使其协同达到最优,这一点对泵送施工尤其重要。

2. 和易性的测试和评定

混凝土拌合物和易性是一项极其复杂的综合指标,到目前为止全世界尚无能够全面反映混凝土和易性的测定方法,通常通过测定流动性,再辅以其他直观观察或经验综合评定混凝土和易性。流动性的测定方法有坍落度法、维勃稠度法、探针法、斜槽法、流出时间法和凯利球法等十多种,对普通混凝土而言,最常用的是坍落度法和维勃稠度法。

(1)坍落度法:将搅拌好的混凝土分三层装入坍落度筒中(见图 4-7a),每层插捣 25 次,抹平后垂直提起坍落度筒,混凝土则在自重作用下坍落,以坍落高度(单位 mm)代表混凝土的流动性。坍落度越大,则流动性越好。

黏聚性通过观察坍落度测试后混凝土所保持的形状,或侧面用捣棒敲击后的形状判定,如图 4-7 所示。当坍落度筒一提起即出现图中(c)或(d)形状,表示黏聚性不良;敲击后出现(b)状,则黏聚性好;敲击后出现(c)状,则黏聚性欠佳;敲击后出现(d)状,则黏聚性不良。

保水性是以水或稀浆从底部析出的量大小评定(见图 4-7b)。析出量大,保水性差,严重时粗骨料表面稀浆流失而裸露。析出量小则保水性好。

根据坍落度值大小将混凝土分为四类:

①大流动性混凝土:坍落度≥160mm;

②流动性混凝土:坍落度(100~150)mm;

③塑性混凝土:坍落度(10~90)mm;

④干硬性混凝土:坍落度<10mm。

坍落度法测定混凝土和易性的适用条件为:

a. 粗骨料最大粒径≤40mm;

b. 坍落度≥10mm。

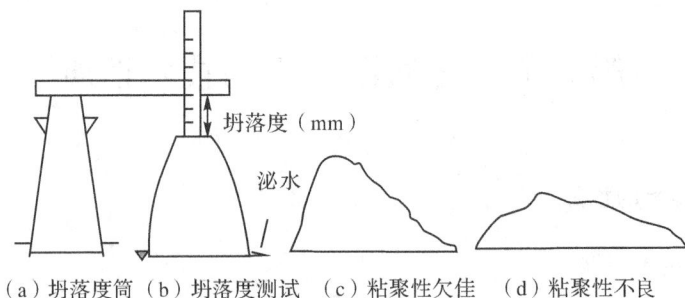

（a）坍落度筒 （b）坍落度测试 （c）粘聚性欠佳 （d）粘聚性不良

图 4-7 混凝土拌合物和易性测定

对坍落度小于 10mm 的干硬性混凝土,坍落度值已不能准确反映其流动性大小。如当两种混凝土坍落度均为零时,但在振捣器作用下的流动性可能完全不同。故一般采用维勃稠度法测定。

（2）维勃稠度法:坍落度法的测试原理是混凝土在自重作用下坍落,而维勃稠度法则是在坍落度筒提起后,施加一个振动外力,测试混凝土在外力作用下完全填满面板所需时间（单位:秒）代表混凝土流动性,试验装置见示意图 4-8。时间越短,流动性越好;时间越长,流动性越差。

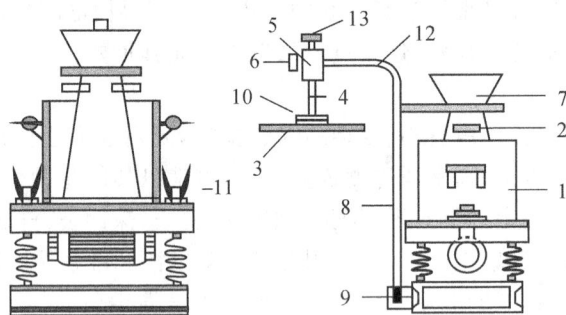

图 4-8 维勃稠度试验仪
1. 容器;2. 坍落度筒;3. 圆盘;4. 滑棒;5. 套筒;6.13. 螺栓;7. 漏斗;
8. 支柱;9. 定位螺丝;10. 荷重;11. 元宝螺丝;12. 旋转架

（3）坍落度的选择原则:实际施工时采用的坍落度大小根据下列条件选择。

①构件截面尺寸大小:截面尺寸大,易于振捣成型,坍落度适当选小些,反之亦然。

②钢筋疏密:钢筋较密,则坍落度选大些。反之亦然。

③施工方式:人工捣实,则坍落度选大些;机械振捣则小些。泵送施工,坍落度一般不宜小于 100 mm。

④运输距离:从搅拌机出口至浇捣现场运输距离较远时,应考虑途中坍落度损失,坍落度宜适当选大些,特别是预拌混凝土。

⑤气候条件:气温高、空气相对湿度小时,因水泥水化速度加快及水份挥发加速,坍落度损失大,坍落度宜选大些,反之亦然。

一般情况下,泵送施工时的坍落度均可满足各种结构工程的需要,当采用非泵送施工时,可按表 4-15 选用。

表 4-15　混凝土浇筑时的坍落度　　　　　　（mm）

构 件 种 类	坍落度
基础或地面等的垫层、无配筋的大体积结构(挡土墙、基础等)或配筋稀疏的结构	10～30
板、梁和大型及中型截面的柱子等	30～50
配筋密列的结构(薄壁、斗仓、筒仓、细柱等)	50～70
配筋特密的结构	70～90

3. 影响和易性的主要因素

(1)单位用水量

单位用水量是混凝土流动性的决定因素。用水量增大,流动性随之增大。但用水量大带来的不利影响是保水性和黏聚性变差,易产生泌水分层离析,从而影响混凝土的匀质性、强度和耐久性。大量的实验研究证明在原材料品质一定的条件下,单位用水量一旦选定,单位胶凝材料用量增减(50～100)kg/m³,混凝土的流动性基本保持不变,这一规律称为固定用水量定则。这一定则对普通混凝土的配合比设计带来极大便利,即可通过固定用水量保证混凝土坍落度的同时,调整胶凝材料用量,即调整水胶比,来满足强度和耐久性要求。在进行混凝土配合比设计时,当混凝土水胶比在 0.40～0.80 范围时,单位用水量可根据施工要求的坍落度和粗骨料的种类、规格,根据《普通混凝土配合比设计规程》(JGJ55—2011)按表 4-16 选用,再通过试配调整,最终确定单位用水量。

表 4-16　混凝土单位用水量选用表

项　目	指　标	卵石最大粒径(mm)				碎石最大粒径(mm)			
		10.0	20.0	31.5	40.0	16.0	20.0	31.5	40.0
坍落度(mm)	10～30	190	170	160	150	200	185	175	165
	35～50	200	180	170	160	210	195	185	175
	55～70	210	190	180	170	220	205	195	185
	75～90	215	195	185	175	230	215	205	195
维勃稠度(s)	16～20	175	160	—	145	180	170	—	155
	11～15	180	165	—	150	185	175	—	160
	5～10	185	170	—	155	190	180	—	165

注:①本表用水量系采用中砂时的平均取值,如采用细砂,每立方米混凝土用量可增加 5～10kg,采用粗砂时则可减少 5～10kg。

②掺用外加剂或掺合料时,可相应增减用水量。

(2)浆骨比

浆骨比指浆体用量与砂石用量之比值。在混凝土凝结硬化之前,浆体主要赋予流动性;在混凝土凝结硬化以后,主要赋予黏结强度。在水胶比一定的前提下,浆骨比越大,即浆体量越大,混凝土流动性越大。通过调整浆骨比大小,既可以满足流动性要求,又能保证良好的黏聚性和保水性。浆骨比不宜太大,否则易产生流浆现象,使黏聚性下降。浆骨比也不宜太小,否则因骨料间缺少黏结体,拌合物易发生崩塌现象。因此,合理的浆骨比是混凝土拌合物和易性的良好保证。

（3）水胶比

水胶比即水用量与胶凝材料用量之比。在胶凝材料用量和骨料用量不变的情况下,水胶比增大,相当于单位用水量增大,浆体变稀,拌合物流动性也随之增大,反之亦然。用水量增大带来的负面影响是严重降低混凝土的保水性,增大泌水,同时使黏聚性也下降。但水胶比也不宜太小,否则因流动性过低影响混凝土振捣密实,易产生麻面和空洞。合理的水胶比是混凝土拌合物流动性、保水性和黏聚性的良好保证。

（4）砂率

砂率是指砂子占砂石总重量的百分率,表达式为:

$$S_p = \frac{S}{S+G} \times 100\% \tag{4-5}$$

式中:S_p——砂率;

$\quad S$——砂子用量(kg);

$\quad G$——石子用量(kg)。

砂率对和易性的影响非常显著。

①对流动性的影响。在胶凝材料用量和水胶比一定的条件下,由于砂子与浆体组成的砂浆在粗骨料间起到润滑和辊珠作用,可以减小粗骨料间的摩擦力,所以在一定范围内,随砂率增大,混凝土流动性增大。另一方面,由于砂子的比表面积比粗骨料大,随着砂率增加,粗细骨料的总表面积增大,在浆体用量一定的条件下,骨料表面包裹的浆量减薄,润滑作用下降,使混凝土流动性降低。所以砂率超过一定范围,流动性随砂率增加而下降,见图4-9a。

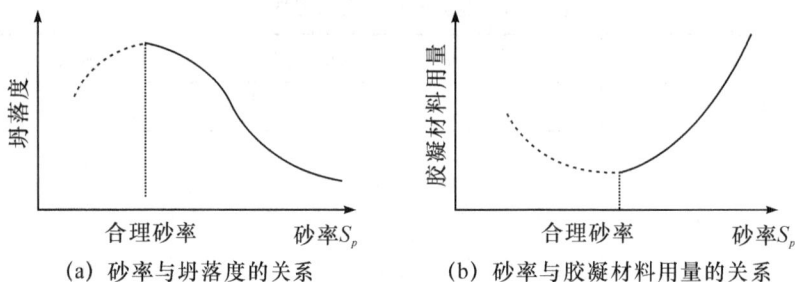

(a) 砂率与坍落度的关系　　(b) 砂率与胶凝材料用量的关系

图 4-9　砂率与混凝土流动性和胶凝材料用量的关系

②对黏聚性和保水性的影响。当低于合理砂率时,随砂率减小,混凝土的黏聚性和保水性均下降,易产生泌水、离析和流浆现象;随砂率增大,黏聚性和保水性增加。但砂率过大,当浆体不足以包裹骨料表面时,则黏聚性反而下降。

③合理砂率的确定。合理砂率是指砂子填满石子空隙并有一定的富余量,能在石子间形成一定厚度的砂浆层,以减少粗骨料间的摩擦阻力,使混凝土流动性达最大值;或者在保持流动性不变的情况下,使浆体用量达最小的砂率。如图4-9b。

合理砂率的确定可根据上述两原则通过试验确定。在大型混凝土工程和预拌混凝土企业中经常采用。对普通混凝土工程可根据经验或根据JGJ 55参照表4-17选用。但对泵送施工的大流动性混凝土,按表4-17选用的砂率偏小,在实际工程中应通过试验适当调整。

表 4-17　混凝土砂率选用表

水灰比（W/C）	卵石最大粒径（mm）			碎石最大粒径（mm）		
	10.0	20.0	40.0	16.0	20.0	40.0
0.40	26～32	25～31	24～30	30～35	29～34	27～32
0.50	30～35	29～34	28～33	33～38	32～37	30～35
0.60	33～38	32～37	31～36	36～41	35～40	33～38
0.70	36～41	35～40	34～39	39～44	38～43	36～41

注：①表中数值系中砂的选用砂率。对细砂或粗砂，可相应地减少或增大砂率；
　　②本砂率适用于坍落度为 10～60mm 的混凝土。坍落度如大于 60mm 或小于 10mm 时，应相应增大或
　　　减小砂率；按每增大 20mm，砂率增大 1% 的幅度予以调整。
　　③只用一个单粒级粗骨料配制混凝土时，砂率值应适当增大；
　　④掺有各种外加剂或掺合料时，其合理砂率值应经试验或参照其他有关规定选用；
　　⑤对薄壁构件砂率取偏大值。
　　⑥采用机制砂配置混凝土时，砂率可适当增大。

（5）水泥品种及细度

水泥品种不同时，达到相同流动性的需水量往往不同，从而影响混凝土流动性。另一方面，不同水泥品种对水的吸附作用往往不等，从而影响混凝土的保水性和黏聚性。如火山灰水泥、矿渣水泥配制的混凝土流动性比普通水泥小。在流动性相同的情况下，矿渣水泥的保水性能较差，黏聚性也较差。同品种水泥越细，流动性越差，但黏聚性和保水性越好。

（6）掺合料品种和掺量

掺合料品种不同时，对流动性的影响非常显著。如Ⅰ级粉煤灰可增大流动性，并使保水性得以改善，Ⅱ级粉煤灰则有可能降低流动性；硅灰则严重降低混凝土流动性，但黏聚性和保水性得以改善；超细磨的矿粉通常也降低流动性，但当较粗时则对流动性影响较小；偏高岭土、沸石粉通常也降低流动性，而对黏聚性和保水性有改善作用。其影响程度随掺量增加而增大。

（7）骨料的品种和粗细程度

卵石表面光滑，碎石粗糙且多棱角，因此卵石配制的混凝土流动性较好，但黏聚性和保水性则相对较差。河砂与山砂的差异与上述相似。对级配符合要求的砂石料来说，粗骨料粒径越大，砂子的细度模数越大，则流动性越大，但黏聚性和保水性有所下降，特别是砂的粗细，在砂率不变的情况下，影响更加显著。

（8）骨料的含水状态

粗细骨料的吸水率虽然总体均不大，但由于在混凝土中的总量大，一般在 1800kg/m³ 左右，即使是 0.5% 的吸水率，也达 9kg/m³，将严重降低混凝土的流动性。虽然吸水有一个时间过程，但将影响到混凝土的坍落度损失。因此，当采用干砂配制混凝土时，须考虑吸水率对混凝土流动性和坍落度损失的影响。当采用湿砂配制混凝土时，在扣除砂的含水量时，也应考虑到这一因素。特别是采用吸水率大、吸水速度快的砂石料时更应引起重视。合理的方式是将饱和面干状态的砂石质量作为设计和计量的依据。

（9）外加剂

改善混凝土和易性的外加剂主要有减水剂和引气剂。它们能使混凝土在不增加用水量的条件下增加流动性，并具有良好的黏聚性和保水性。详见第五节。

(10)时间、气候条件

随着水泥水化和水分蒸发,混凝土的流动性将随着时间的延长而下降。气温高、湿度小、风速大将加速流动性的损失。

4. 混凝土和易性的调整和改善措施

(1)当混凝土流动性小于设计要求时,为了保证混凝土的强度和耐久性,不能单独加水,必须保持水胶比不变,增加浆体用量。但浆体用量过多,则混凝土成本提高,且将增大混凝土的收缩和水化热等。混凝土的黏聚性和保水性也可能下降。

(2)当坍落度大于设计要求时,可在保持砂率不变的前提下,增加砂石用量。实际上相当于减少浆体数量。

(3)改善骨料级配,既可增加混凝土流动性,也能改善黏聚性和保水性。但骨料占混凝土用量的75%左右,实际操作难度往往较大。

(4)掺减水剂或引气剂,是改善混凝土和易性的最有效措施。

(5)尽可能选用最优砂率。当黏聚性不足时可适当增大砂率。

(二)混凝土的凝结时间

混凝土的凝结时间与水泥的凝结时间有相似之处,但由于骨料的掺入,水胶比的变动及外加剂的应用,又存在一定的差异。水胶比增大,凝结时间延长;早强剂、速凝剂使凝结时间缩短;缓凝剂则使凝结时间大大延长。

混凝土的凝结时间分初凝和终凝。初凝指混凝土加水至失去塑性所经历的时间,亦即表示施工操作的时间极限;终凝指混凝土加水到产生强度所经历的时间。初凝时间希望适当长,以便于施工操作;终凝与初凝的时间差则越短越好,因为这一过程的收缩和温度变形特别容易使混凝土产生早期裂缝。

混凝土凝结时间的测定通常采用贯入阻力法。影响混凝土实际凝结时间的因素主要有水胶比、水泥品种、水泥细度、外加剂、掺合料和气候条件等等。

二、硬化混凝土的性能

(一)混凝土的强度

强度是硬化混凝土最重要的性质,混凝土的其他性能与强度均有密切关系,混凝土的强度也是配合比设计、施工控制和质量检验评定的主要技术指标。混凝土的强度主要有抗压强度、抗折强度、抗拉强度和抗剪强度等。其中抗压强度值最大,也是最主要的强度指标。

1. 混凝土的立方体抗压强度和强度等级

根据我国《普通混凝土力学性能试验方法》(GB/T 50081—2002)规定,立方体试件的标准尺寸为150mm×150mm×150mm;标准养护条件为温度20±2℃,相对湿度95%以上;标准龄期为28d。在上述条件下测得的抗压强度值称为混凝土立方体抗压强度,以f_{cu}表示。其测试和计算方法详见试验部分。

根据《混凝土结构设计规范》(GB 50010—2010),混凝土的强度等级应按立方体抗压强度标准值确定,混凝土立方体抗压强度标准值是指标准方法制作、养护的边长为150mm的立方体试件,在28d或设计规定龄期用标准方法测得的具有95%保证率的抗压强度。钢筋混凝土结构用混凝土分为 C15、C20、C25、C30、C35、C40、C45、C50、C55、C60、C65、C70、

C75、C80 共 14 个等级。根据《混凝土质量控制标准》(GB 50164—2011)的规定,强度等级采用符号 C 和相应的标准值表示,普通混凝土划分为 C10、C15、C20、C25、C30、C35、C40、C45、C50、C55、C60 、C65、C70、C75、C80、C85、C90、C95、C100 共 19 个强度等级。如 C30 表示立方体抗压强度标准值为 30MPa,亦即混凝土立方体抗压强度≥30MPa 的概率要求达到95%以上。

混凝土强度等级的划分主要是为了方便设计、施工验收等。强度等级的选择主要根据建筑物的重要性、结构部位和荷载情况确定。一般可按下列原则初步选择:

(1)普通建筑物的垫层、基础、地坪及受力不大的结构或非永久性建筑选用 C10~C15。

(2)普通建筑物的梁、板、柱、楼梯、屋架等钢筋混凝土结构选用 C20~C30。

图 4-10　钢压板对试件的约束

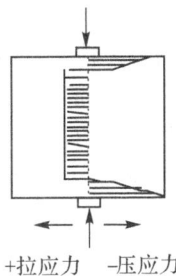

(3)高层建筑、大跨度结构、预应力混凝土及特种结构宜选用 C30 以上混凝土。

2. 轴心抗压强度

轴心抗压强度也称为棱柱体抗压强度。由于实际结构物(如梁、柱)多为棱柱体构件,因此采用棱柱体试件强度更有实际意义。它是采用 150mm×150mm×(300~450)mm 的棱柱体试件,经标准养护到 28d 测试而得。同一材料的轴心抗压强度 f_{cp} 小于立方体强度 f_{cu},其比值大约为 $f_{cp}=(0.7\sim0.8)f_{cu}$。这是因为抗压强度试验时,试件与上下两块钢压板间的摩擦力,对混凝土产生环向约束作用,侧向变形受到限制,即"环箍效应",其影响高度大约为试件边长的 0.866 倍,如图 4-11。因此立方体试件整体受到环箍效应的限制,测得的强度相对较高。而棱柱体试件的中间区域未受到"环箍效应"的影响,属纯压区,测得的强度相对较低。当钢压板与试件之间涂上润滑剂后,摩擦阻力减小,环箍效应减弱,立方体抗压强度与棱柱体抗压强度趋于相等。

+拉应力　−压应力

图 4-11　劈裂抗拉试验装置示意图

3. 抗拉强度

混凝土的抗拉强度很小,只有抗压强度的 1/10~1/20,混凝土强度等级越高,其比值越小。为此,在钢筋混凝土结构设计中,一般不考虑混凝土承受拉力,而是通过配置钢筋,由钢筋来承担结构的拉力。但抗拉强度对混凝土的抗裂性具有重要作用,它是结构设计中裂缝宽度和裂缝间距计算控制的主要指标,也是抵抗由于收缩和温度变形而导致开裂的主要指标。

用轴向拉伸试验测定混凝土的抗拉强度,由于荷载不易对准轴线而产生偏拉,且夹具处由于应力集中常发生局部破坏,因此试验测试非常困难,测试值的准确度也较低,故国内外普遍采用劈裂法间接测定混凝土的抗拉强度,即劈裂抗拉强度。

劈拉试验是采用边长为 150mm 的立方体作为标准试件,在上下两相对面的中心线上施加均布线荷载,使试件内竖向平面上产生均布拉应力,如图 4-11。

此拉应力可通过弹性理论计算得出,计算式如下:

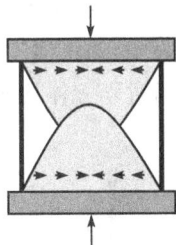

$$f_{st} = \frac{2P}{\pi A} = 0.637 \frac{P}{A} \tag{4-6}$$

式中：f_{st}——混凝土劈裂抗拉强度（MPa）；

P——破坏荷载（N）；

A——试件劈裂面积（mm^2）。

劈拉法不但大大简化了试验过程，而且能较准确地反应混凝土的抗拉强度。试验研究表明，轴拉强度低于劈拉强度，两者的比值约为 0.8～0.9。在无试验资料时，劈拉强度也可通过立方体抗压强度由下式估算：

$$f_{st} = 0.35 f_{cu}^{3/4} \tag{4-7}$$

4. 影响混凝土强度的主要因素

影响混凝土强度的因素很多，从内因来说，主要有胶凝材料强度、水胶比和骨料质量；从外因来说，则主要有施工条件、养护温度、湿度、龄期、试验条件和外加剂等等。分析影响混凝土强度各因素的目的，在于可根据工程实际情况，采取相应技术措施，提高混凝土的强度。

（1）胶凝材料强度和水胶比：混凝土的强度主要来自胶凝材料凝结硬化体（以下简称水泥石）以及与骨料之间的黏结强度。胶凝材料强度越高，则水泥石自身强度及与骨料的黏结强度就越高，混凝土强度也越高，试验证明，混凝土与胶凝材料强度成正比关系。

水泥完全水化的理论需水量约为水泥质量的 23%，但实际拌制混凝土时，为获得良好的和易性，水胶比往往远大于 0.23，多余水分蒸发后，在混凝土内部留下孔隙，且水胶比越大，留下的孔隙越大，使有效承压面积减少，混凝土强度也就越小。另一方面，多余水分在混凝土内的迁移过程中遇到粗骨料时，由于受到粗骨料的阻碍，水分往往在其底部积聚，形成水泡，极大地削弱砂浆与骨料的黏结强度，使混凝土强度下降。因此，在胶凝材料强度和其他条件相同的情况下，水胶比越小，混凝土强度越高，水胶比越大，混凝土强度越低。但水胶比太小，混凝土过于干稠，使得不能保证振捣均匀密实，强度反而降低。试验证明，在相同的情况下，混凝土的强度（f_{cu}）与水胶比呈有规律的曲线关系，而与胶水比则呈线性关系。如图 4-12 所示，通过大量试验资料的数理统计分析，当混凝土强度等级小于 C60 时，建立了混凝土强度经验公式（又称鲍罗米公式）：

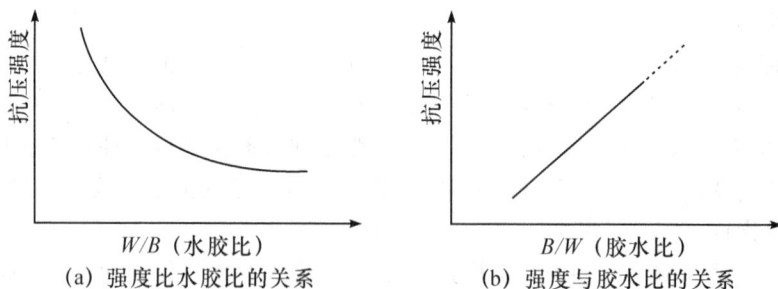

（a）强度比水胶比的关系　　　　（b）强度与胶水比的关系

图 4-12　混凝土强度与水胶比及胶水比的关系

$$f_{cu} = \alpha_a f_b \left(\frac{B}{W} - \alpha_b \right) \tag{4-8}$$

式中：f_{cu}——混凝土的立方体抗压强度（MPa）；

$\dfrac{B}{W}$——混凝土的胶水比；即 $1m^3$ 混凝土中胶凝材料与水用量之比，其倒数即是水胶比；

f_b——胶凝材料 28d 胶砂抗压强度（MPa）；

α_a、α_b——与骨料种类有关的经验系数。

胶凝材料的胶砂强度根据国家标准《水泥胶砂强度检验方法（ISO 法）》（GB/T 17671—1999）测定。当胶凝材料 28d 胶砂强度无实测值时，可按下式计算：

$$f_b = \gamma_f \gamma_s \cdot f_{ce} \tag{4-9}$$

式中：γ_f、γ_s——粉煤灰和粒化高炉矿渣粉的影响系数，可按表 4-18 选用。

f_{ce}——水泥 28d 胶砂抗压强度（MPa）。

表 4-18　粉煤灰和粒化高炉矿渣粉的影响系数

掺量（%）	粉煤灰影响系数 γ_f	粒化高炉矿渣粉影响系数 γ_s
0	1.00	1.00
10	0.85～0.95	1.00
20	0.75～0.85	0.95～1.00
30	0.65～0.75	0.90～1.00
40	0.55～0.65	0.80～0.90
50	—	0.70～0.85

注：①采用 Ⅰ 级、Ⅱ 级粉煤灰宜取上限值；
②采用 S75 级粒化高炉矿渣粉宜取下限值，采用 S95 级宜取上限值，采用 S105 级可取上限值加 0.05；
③当超出表中的掺量时，影响系数应经试验确定。

当水泥 28d 胶砂抗压强度无实测值时，可按下式计算：

$$f_{ce} = \gamma_c \cdot f_{ce,g} \tag{4-10}$$

式中：γ_c——水泥强度等级富余系数，可按实际统计资料确定，当无实际统计资料时，可按表 4-19 取用。如水泥已存放一定时间，则取 1.0；如存放时间超过 3 个月，或水泥已有结块现象，γ_c 可能小于 1.0，必须通过试验实测。

$f_{ce,g}$——水泥强度等级值。如 42.5 级，$f_{ce,g}$ 取 42.5MPa。

表 4-19　水泥强度等级值的富余系数

水泥强度等级	32.5	42.5	52.5
富余系数	1.12	1.16	1.10

经验系数 α_a、α_b 可通过试验或根据本地区经验确定。根据所用骨料品种，《普通混凝土配合比设计规程》（JGJ 55—2011）提供的参数为：

碎石：$\alpha_a = 0.53$，$\alpha_b = 0.20$；

卵石：$\alpha_a = 0.49$，$\alpha_b = 0.13$。

混凝土强度经验公式给配合比设计和质量控制带来极大便利。例如，当选定水泥强度等级（或胶凝材料强度）、水胶比和骨料种类时，可以推算混凝土 28d 强度值。又例如，根据设计要求的混凝土强度值，在原材料选定后，可以估算应采用的水胶比值。

[例 4-2]　已知某混凝土用胶凝材料强度为 45.6MPa，水胶比 0.50，碎石。试估算该混凝土 28d 强度值。

[解]　因为：$W/B = 0.50$，所以 $B/W = 1/0.5 = 2$

碎石：$\alpha_a = 0.53$，$\alpha_b = 0.20$

代入混凝土强度公式有：

$$f_{cu}=0.53\times45.6(2-0.20)=43.5(\text{MPa})$$

答：估计该混凝土 28d 强度值为 43.5MPa。

[例 4-3]　已知某工程用混凝土采用强度等级为 42.5 的普通水泥(强度富余系数 γ_c 为 1.10,)，卵石，要求配制强度为 36.8MPa 的混凝土。估算应采用的水胶比。

[解]　$f_{ce}=\gamma_c\cdot f_{ce,g}=1.10\times42.5=46.8(\text{MPa})$

卵石：$\alpha_a=0.49,\alpha_b=0.13$

代入混凝土强度公式有：

$$36.8=0.49\times46.8\times(B/W-0.13)$$

解得：$B/W=1.73$，　所以：$W/B=0.58$

答：配制该混凝土应采用的水胶比为 0.58。

(2)骨料的品质：骨料中的有害物质含量高，则混凝土强度低，骨料自身强度不足，也可能降低混凝土强度。在配制高强混凝土时尤为突出。

骨料的颗粒形状和表面粗糙度对强度影响较为显著，如碎石表面较粗糙，多棱角，与水泥砂浆的机械啮合力(即黏结强度)提高，混凝土强度较高。相反，卵石表面光洁，强度也较低，这一点在混凝土强度公式中的骨料系数中已有所反映。但若保持流动性相等，胶凝材料用量相等时，由于卵石混凝土可比碎石混凝土适当少用部分水，即水胶比略小，此时，两者强度相差不大。砂的作用效果与粗骨料类似。

当粗骨料中针片状含量较高时，将降低混凝土强度，对抗折强度的影响更显著。所以在骨料选择时要尽量选用接近球状体的颗粒。

(3)施工条件：施工条件主要指搅拌和振捣成型。一般来说，机械搅拌比人工搅拌均匀，因此强度也相对较高(如图 4-13 所示)；搅拌时间越长，混凝土强度越高，如图 4-14。但考虑到能耗、施工进度等，一般要求控制在(2～3)min 之间；投料方式对强度也有一定影响，如先投入粗骨料、水泥和适量水搅拌一定时间，再加入砂和其余水，能比一次全部投料搅拌提高强度 10% 左右。

一般情况下，采用机械振捣比人工振捣均匀密实，强度也略高。而且机械振捣允许采用更小的水胶比，获得更高的强度。此外，高频振捣、多频振捣和二次振捣等工艺，均有利于提高强度。

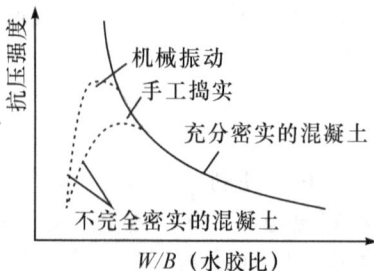

图 4-13　机械振动和手工捣实对混凝土强度的影响　　图 4-14　搅拌时间对混凝土强度的影响

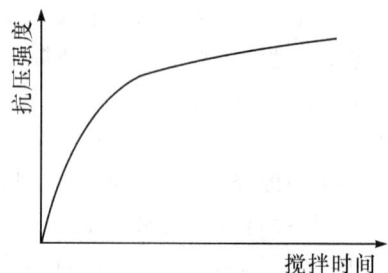

(4)养护条件：混凝土浇筑成型后的养护温度、湿度是决定强度发展的主要外部因素。

养护环境温度高，水泥水化速度加快，混凝土强度发展也快，早期强度高；反之亦然。但是,当养护温度超过40℃以上时,虽然能提高混凝土的早期强度,但28d以后的强度通常比20℃标准养护的低。若温度在冰点以下,不但水泥水化停止,而且有可能因冰冻导致混凝土结构疏松,强度严重降低,尤其是早期混凝土应特别加强防冻措施。

湿度通常指的是空气相对湿度。相对湿度低,空气干燥,混凝土中的水分挥发加快,致使混凝土缺水而停止水化,混凝土强度发展受阻。另一方面,混凝土在强度较低时失水过快,极易引起干缩开裂,影响混凝土耐久性。因此,应特别加强混凝土早期的浇水养护,确保混凝土内部有足够的水分使水泥充分水化。根据有关规定和经验,在混凝土浇筑完毕后12h内应开始对混凝土加以覆盖或浇水,对硅酸盐水泥、普通水泥和矿渣水泥配制的混凝土浇水养护不得少于7d;对掺有缓凝剂、膨胀剂、大量掺合料或有防水抗渗要求的混凝土浇水养护不得少于14d。对于掺减水剂的混凝土,由于早期收缩开裂风险大增加,因此,宜在混凝土浇筑抹平后立即开始覆盖、喷雾或喷养护剂养护。

(5)龄期:龄期是指混凝土在正常养护下所经历的时间。随着养护龄期的增长,水泥水化程度提高,凝胶体增多,自由水和孔隙率减少,密实度提高,混凝土强度也随之提高。最初的7d内强度增长较快,而后增幅减少,28d以后,强度增长更趋缓慢,但如果养护条件得当,则在数十年内仍将有所增长。

普通硅酸盐水泥配制的混凝土,在标准养护下,混凝土强度的发展大致与龄期(d)的对数成正比关系,因此可根据某一龄期的强度推定另一龄期的强度。特别是以早期强度推算28d龄期强度。如下式:

$$f_{cu,28} = \frac{\lg 28}{\lg n} \cdot f_{cu,n} \qquad (4-11)$$

式中:$f_{cu,28}$、$f_{cu,n}$分别为28d和第nd时的混凝土抗压强度。n必须$\geqslant$3d。当采用早强型普通硅酸盐水泥时,以3d～7d强度推算28d强度会偏大。在实际工程中,由于通常掺有减水剂和掺合料,这一经验公式的实用价值已经不大。

另一方面,综合温度和龄期对混凝土强度的影响,理论上,可从已知龄期的强度估计另一龄期的强度,如图4-15所示。但这一规律也会因水泥品种、掺合料品种和掺量、配合比和外加剂不同而变化。对预拌混凝土企业通常应通过实验总结规律,以指导生产和工程应用。

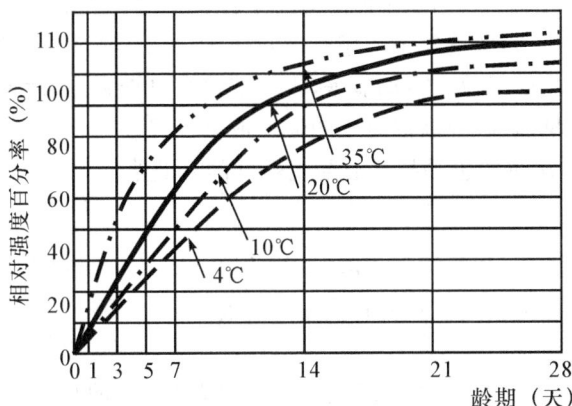

图4-15 温度、龄期对混凝土强度的影响曲线

(6)外加剂:在混凝土中掺入减水剂,可在保证相同流动性前提下,减少用水量,降低水

胶比,从而提高混凝土的强度。掺入早强剂,则可有效加速水泥水化速度,提高混凝土早期强度,但对 28d 强度不一定有利,后期强度还有可能下降,因此,使用时应十分谨慎。

(7)试验条件对测试结果的影响:试验条件是指试件的尺寸、形状、表面状态和加载速度等。

①试件尺寸:大量的试验研究证明,试件的尺寸越小,测得的强度相对越高,这是由于大试件内存在孔隙、裂缝或局部缺陷的机率增大,使强度降低。因此,当采用非标准尺寸试件时,要乘以尺寸换算系数。根据 JGJ 55 规定,100mm×100mm×100mm 立方体试件换算成 150mm 立方体标准试件时,应乘以系数 0.95;200mm×200mm×200mm 的立方体试件的尺寸换算系数为 1.05。

②试件形状:主要指棱柱体和立方体试件之间的强度差异。由于"环箍效应"的影响,棱柱体强度较低,这在前面已有分析。

③表面状态:表面平整,则受力均匀,强度较高;而表面粗糙或凹凸不平,则受力不均匀,强度偏低。若试件表面涂润滑剂及其他油脂物质时,"环箍效应"减弱,强度较低。

④含水状态:混凝土含水率较高时,由于软化作用,强度较低;而混凝土干燥时,则强度较高。且混凝土强度等级越低,差异越大。

⑤加载速度:根据混凝土受压破坏理论,混凝土破坏是在变形达到极限值时发生的。当加载速度较快时,材料变形的增长落后于荷载的增加速度,故破坏时的强度值偏高;相反,当加载速度很慢,混凝土将产生徐变,使强度偏低。

综上所述,混凝土的试验条件,将在一定程度上影响混凝土强度测试结果,因此,试验时必须严格执行有关标准规定,熟练掌握试验操作技能。

5. 提高混凝土强度的措施

根据上述影响混凝土强度的因素分析,提高混凝土强度可从以下几方面采取措施:

(1)采用高强度水泥,提高胶凝材料强度。

(2)尽可能降低水胶比,或采用干硬性混凝土。

(3)采用优质砂石骨料,选择合理砂率。

(4)采用机械搅拌和机械振捣,确保搅拌均匀性和振捣密实性,加强施工管理。

(5)改善养护条件,保证一定的温度和湿度条件,必要时可采用湿热处理,提高早期强度。特别对掺入大量掺合料的混凝土或用粉煤灰水泥、矿渣水泥、火山灰水泥、复合水泥配制的混凝土,湿热处理的增强效果更加显著,不仅能提高早期强度,后期强度也能提高。

(6)掺入减水剂或早强剂,提高混凝土的强度或早期强度。

(7)掺硅灰或超细矿渣粉也是提高混凝土强度的有效措施。

(二)混凝土的变形性能

混凝土在凝结硬化过程和凝结硬化以后,均将产生一定量的体积变形。主要包括化学收缩、干湿变形、自收缩、温度变形及荷载作用下的变形。

1. 化学收缩

由于胶凝材料水化产物的体积小于反应前胶凝材料和水的总体积,从而使混凝土出现体积收缩。这种由胶凝材料水化和凝结硬化而产生的自身体积减缩,称为化学收缩。其收缩值随混凝土龄期的增加而增大,大致与时间的对数成正比,亦即早期收缩大,后期收缩小。收缩量与胶凝材料用量和品种有关。胶凝材料用量越大,化学收缩值越大。这一点在富混凝土和高强混凝土中尤应引起重视。化学收缩是不可逆变形。

2. 干缩湿胀

因混凝土内部水分蒸发引起的体积变形,称为干燥收缩。混凝土吸湿或吸水引起的膨胀,称为湿胀。在混凝土凝结硬化初期,如空气过于干燥或风速大、蒸发快,可导致混凝土塑性收缩裂缝。在混凝土凝结硬化以后,当收缩值过大,收缩应力超过混凝土极限抗拉强度时,可导致混凝土干缩裂缝。因此,混凝土的干燥收缩在实际工程中必须十分重视。

3. 自收缩

混凝土的自收缩问题早在 20 世纪 40 年代就由 Davis 提出,由于自收缩在普通混凝土中占总收缩的比例较小,在过去的 60 多年中几乎被忽略不计。但随着低水胶比高强混凝土的应用,混凝土的自收缩问题重新得到关注。自收缩和干缩产生机理在实质上可以认为是一致的,常温条件下主要由毛细孔失水,形成水凹液面而产生收缩应力。所不同的只是自收缩是因水泥水化导致混凝土内部缺水,外部水分未能及时补充而产生,这在低水胶比高强混凝土中是极其普遍的。干缩则是混凝土内部水分向外部挥发而产生。研究结果表明,当混凝土的水胶比低于 0.3 时,自收缩值高达 $200 \times 10^{-6} \sim 400 \times 10^{-6} \mathrm{m/m}$。此外,胶凝材料用量增加和硅灰、磨细矿粉的使用都将增加混凝土的自收缩值。

4. 早期收缩

根据我国《普通混凝土长期性能和耐久性能试验方法标准》(GBJ 50082—2009),通常所说的混凝土干燥收缩,是将混凝土成型后用塑料膜覆盖养护 24h 脱模,再在水中养护 48h,取出后表面擦干测试基准长度,在温度为 $(20 \pm 2)℃$、相对湿度为 $(60 \pm 5)\%$ 的恒温恒湿条件下测试不同龄期的收缩值。早期收缩则是指从混凝土加水搅拌成型后至 3d 内的收缩。对于传统的普通混凝土,由于水胶比大,早期混凝土内水份相对充足,再加上适时的养护,3d 内的收缩相对较小,即使不加养护,一般也只有 $50 \times 10^{-6} \mathrm{m/m}$ 左右,对混凝土裂缝的影响较小,所以常常被忽略。但对现代普通混凝土,特别是减水剂的掺入;水泥越来越细,早期强度提高;混凝土强度等级不断提高,水胶比越来越小;泵送施工要求的砂率增大等等,如果早期养护不能有效保障,则混凝土的早期收缩可高达 $500 \times 10^{-6} \mathrm{m/m}$ 以上,足以导致混凝土早期收缩开裂,必须引起高度重视。

影响混凝土收缩值的因素主要有:

(1)胶凝材料用量:砂石骨料的收缩值很小,故混凝土的干缩主要来自胶凝材料的收缩,净浆的收缩值可达 $2000 \times 10^{-6} \mathrm{m/m}$ 以上。在水胶比一定时,胶凝材料用量越大,混凝土干缩值也越大。故在高强混凝土配制时,尤其要控制胶凝材料用量。相反,若骨料含量越高,胶凝材料用量越少,则混凝土干缩越小。对普通混凝土而言,相应的干缩比为混凝土:砂浆:净浆=1:2:4 左右。良好养护混凝土的极限收缩值约为 $(500 \sim 900) \times 10^{-6} \mathrm{m/m}$。

(2)水胶比:在胶凝材料用量一定时,水胶比越大,意味着多余水分越多,蒸发收缩值也越大。因此要严格控制水胶比,尽量降低水胶比。但值得关注的是,大量的研究结果表明,当掺入减水剂以后,混凝土的收缩值随水胶比减小而增大,其作用机理还有待进一步研究。

(3)胶凝材料品种和强度:一般情况下,矿渣水泥比普通水泥收缩大。高强度水泥比低强度水泥收缩大。硅灰等掺合料会增大混凝土的收缩。故对在干燥环境施工和使用的混凝土结构,要尽量避免使用矿渣水泥。

(4)环境条件:气温越高、环境湿度越小或风速越大,混凝土的干燥速度越快,在混凝土凝结硬化初期特别容易引起干缩开裂,故必须加强早期养护。空气相对湿度越低,最终的极限收缩也越大。

干燥混凝土吸湿或吸水后,其干缩变形可得到部分恢复,这种变形称为混凝土的湿胀。对于已干燥的混凝土,即使长期泡在水中,仍有部分干缩变形不能完全恢复,残余收缩约为总收缩的 $30\%\sim50\%$。这是因为干燥过程中混凝土的结构和强度均发生了变化。但若混凝土一直在水中硬化时,体积不变,甚至略有膨胀,这是由于凝胶体吸水产生的溶胀作用,与化学收缩并不矛盾。

5. 温度变形

混凝土的温度膨胀系数大约为 $10\times10^{-6}\text{m}/(\text{m}\cdot\text{℃})$。即温度每升高或降低1℃,长 1m 的混凝土将产生 0.01mm 的膨胀或收缩变形。混凝土的温度变形对大体积混凝土、纵长结构混凝土及大面积混凝土工程等极为不利,极易产生温度裂缝。如纵长 100m 的混凝土,温度升高或降低 30℃(冬夏季温差),则将产生 30mm 的膨胀或收缩,在完全约束条件下,不考虑徐变松弛,混凝土内部将产生 7.5MPa 左右拉应力,足以导致混凝土开裂。故纵长结构或大面积混凝土均要设置伸缩缝、配制温度钢筋或掺入膨胀剂,防止混凝土开裂。

6. 荷载作用下的变形

(1)短期荷载作用下的变形:混凝土在外力作下的变形包括弹性变形和塑性变形两部分。塑性变形主要由水泥凝胶体的塑性流动和各组成间的滑移产生,所以混凝土是一种弹塑性材料,在短期荷载作用下,其应力—应变关系为一条曲线,如图 4-16。

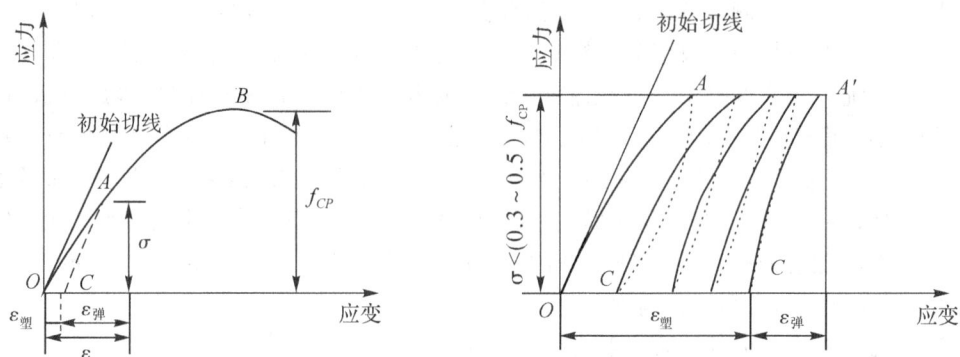

(a)混凝土在压应力作用下的应力—应变关系　　(b)混凝土在低应力重复荷载下的应力—应变关系

图 4-16　混凝土在荷载作用下的应力—应变关系

(2)混凝土的静力弹性模量:弹性模量为应力与应变之比值。对纯弹性材料来说,弹性模量是一个定值,而对混凝土这一弹塑性材料来说,不同应力水平的应力与应变之比值为变数。应力水平越高,塑性变形比重越大,故测得的比值越小。因此,我国《普通混凝土力学性能试验方法》(GB/T 50081—2002)规定,混凝土的弹性模量是以棱柱体(150mm×150mm×300mm)试件抗压强度的 1/3 作为控制值,在此应力水平下重复加荷—卸荷至少 2 次以上,以基本消除塑性变形后测得的应力—应变之比值,是一个条件弹性模量,在数值上近似等于初始切线的斜率。表达式为:

$$E_S=\frac{\sigma}{\varepsilon} \tag{4-12}$$

式中:E_s——混凝土静力抗压弹性模量(MPa);

σ——混凝土的应力取 1/3 的棱柱体轴心抗压强度(MPa);

ε——混凝土应力为 σ 时的弹性应变(m/m,无量纲)。

影响弹性模量的因素主要有:①混凝土强度越高,弹性模量越大。C10~C60 混凝土的弹性模量约在 $(1.75\sim3.60)\times10^4$ MPa。②骨料含量越高,骨料自身的弹性模量越大,则混凝土弹性模量越大。③混凝土水胶比越小,混凝土越密实,弹性模量越大。④混凝土养护龄期越长,弹性模量也越大。⑤早期养护温度较低时,弹性模量较大,亦即蒸汽养护混凝土的弹性模量较小。⑥掺入引气剂将使混凝土弹性模量下降。

(3)长期荷载作用下的变形——徐变:混凝土在一定的应力水平(如 50%~70% 的极限强度)下,保持荷载不变,随着时间的延续而增加的变形称为徐变。徐变产生的原因主要是凝胶体的黏性流动和滑移。加荷早期的徐变增加较快,后期减缓,如图 4-17 所示。混凝土在卸荷后,一部分变形瞬间恢复,这一变形小于最初加荷时产生的弹塑性变形。在卸荷后一定时间内,变形还会缓慢恢复一部分,称为徐变恢复。最后残留部分的变形称为残余变形。混凝土的徐变一般可达 $300\times10^{-6}\sim1500\times10^{-6}$ m/m。

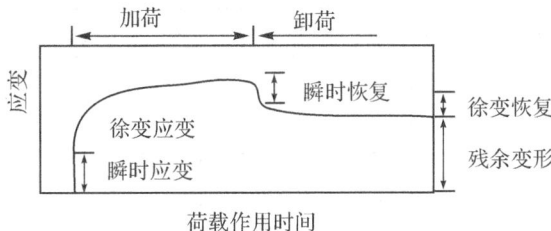

图 4-17 混凝土的应变与荷载作用时间的关系

混凝土的徐变在不同结构物中有不同的作用。对普通钢筋混凝土构件,能消除混凝土内部温度应力和收缩应力,减弱混凝土的开裂现象。对预应力混凝土结构,混凝土的徐变使预应力损失大大增加,这是极其不利的。因此预应力结构一般要求较高的混凝土强度等级以减小徐变及预应力损失。

影响混凝土徐变变形的因素主要有:①胶凝材料用量越大(水胶比一定时),徐变越大。②W/B 越小,徐变越小。③龄期长、结构致密、强度高,则徐变小。④骨料用量多,弹性模量高、级配好,最大粒径大,则徐变小。⑤应力水平越高,徐变越大。此外还与试验时的应力种类、试件尺寸、温度等有关。

(三)混凝土的耐久性

混凝土的耐久性是指在外部和内部不利因素的长期作用下,保持其原有设计性能和使用功能的性质。是混凝土结构经久耐用的重要指标。外部因素指的是酸、碱、盐的腐蚀作用,冰冻破坏作用,水压渗透作用,氯离子渗透作用,碳化作用,干湿循环引起的风化作用,荷载应力作用和振动冲击作用等等。内部因素主要指的是碱骨料反应和自身体积变化。通常用混凝土的抗渗性、抗氯离子渗透性、抗冻性、抗碳化性能、抗腐蚀性能和碱骨料反应综合评价混凝土的耐久性。

《混凝土结构设计规范》(GB 50010—2010)对混凝土结构耐久性作了明确界定,共分为五大环境类别,见表 4-20。其中一类、二类和三类环境中,设计使用年限为 50 年的结构混凝土应符合表 4-21 的规定。

表 4-20 混凝土结构的环境类别

环境类别		条 件
一		室内干燥环境;无侵蚀性静水浸没环境
二	a	室内潮湿环境;非严寒和非寒冷地区的露天环境、与无侵蚀性的水或土壤直接接触的环境;严寒和寒冷地区的冰冻线以下与无侵蚀性的水或土壤直接接触的环境
	b	干湿交替环境;水位频繁变动环境;严寒和寒冷地区的露天环境;严寒和寒冷地区的冰冻线以上与无侵蚀性的水或土壤直接接触的环境
三	a	严寒和寒冷地区冬季水位变动的环境;受除冰盐影响环境;海风环境
	b	盐渍土环境;受出冰盐作用环境;海岸环境
四		海水环境
五		受人为或自然的侵蚀性物质影响的环境

表 4-21 结构混凝土耐久性的基本要求

环境类别		最大水胶比	最低强度等级	最大氯离子含量(%)	最大碱含量(kg/m³)
一		0.60	C20	0.30	不限制
二	a	0.55	C25	0.20	
	b	0.50(0.55)	C30(C25)	0.15	3.0
三	a	0.45(0.50)	C35(C30)	0.15	
	b	0.40	C40	0.10	

注:①氯离子含量系指其占胶凝材料总量的百分率;
②预应力构件混凝土中的最大氯离子含量为 0.06%,最小胶凝材料用量为 300 kg/m³,最低混凝土强度等级应按表中规定提高两个等级;
③素混凝土构件的水胶比及最低强度等级的要求可适当放松;
④处于寒冷和严寒地区二 b、三 a 类环境中的混凝土应使用引气剂,并可采用括号中的有关参数;
⑤当有可靠工程经验时,对处于二类环境中的最低混凝土强度等级可降低一个等级;
⑥当使用非碱活性骨料时,对混凝土中的碱含量可不作限制。

此外,对一类环境中,设计使用年限为 100 年的结构混凝土,应符合下列规定:钢筋混凝土结构的最低混凝土强度等级为 C30;预应力结构为 C40;最大氯离子含量为 0.05%;宜使用非碱活性骨料,当使用碱活性骨料时,最大碱含量为 3.0kg/m³;保护层厚度相应增加 40%;使用过程中应定期维护。

对二类和三类环境中设计使用年限为 100 年的混凝土结构,应采取专门有效措施。

三类环境中的结构构件,其受力钢筋宜采用阻锈剂、环氧树脂涂层钢筋或其他具有耐腐蚀性能的钢筋、采取阴极保护措施或采用可更换的构件措施等。

四类和五类环境中的混凝土结构,其耐久性应经专门设计,并应符合有关标准的规定。

1. 混凝土的抗渗性

混凝土的抗渗性是指抵抗压力液体(水、油、溶液等)渗透作用的能力。抗渗性是决定混凝土耐久性最主要的技术指标。因为混凝土抗渗性好,即混凝土密实性高,外界腐蚀介质不易侵入混凝土内部,从而抗腐蚀性能就好。同样,水不易进入混凝土内部,冰冻破坏作用和风化作用就小。因此混凝土的抗渗性可以认为是混凝土耐久性指标的综合体现。对一般混凝土结构,特别是地下建筑、水池、水塔、水管、水坝、排污管渠、油罐以及港工、海工混凝土结构,更应保证混凝土具有足够的抗渗性能。

混凝土的抗渗性能用抗渗标号表示。抗渗标号是根据《普通混凝土长期性能和耐久性能试验方法标准》(GBJ 50082—2009)的规定,通过试验确定。根据《混凝土质量控制标准》(GB 50164—2011)的规定,混凝土抗渗性能分为 P4、P6、P8、P10 和 P12 共 5 个等级,分别表示混凝土能抵抗 0.4、0.6、0.8、1.0 和 1.2MPa 的水压力而不渗漏。

影响混凝土抗渗性的主要因素有:

(1)水胶比和胶凝材料用量。水胶比和胶凝材料用量是影响混凝土抗渗透性能的最主要指标。水胶比越大,多余水分蒸发后留下的毛细孔道就越多,亦即孔隙率越大,又多为连通孔隙,故混凝土抗渗性能越差。特别是当水胶比大于 0.6 时,抗渗性能急剧下降。因此,为了保证混凝土的耐久性,对水胶比必须加以限制。如某些工程从强度计算出发可以选用较大水胶比,但为了保证耐久性又必须选用较小水胶比,此时只能提高强度,服从耐久性要求。为保证混凝土耐久性,胶凝材料用量的多少,在某种程度上可由水胶比确定。因为混凝土达到一定流动性的用水量基本一定,胶凝材料用量少,亦即水胶比大。我国 JGJ 55—2011《普通混凝土配合比设计规程》对混凝土工程最大水胶比和最小胶凝材料用量的限制条件见表 4-22。

表 4-22　混凝土的最大水胶比和最小胶凝材料用量

环境类别		最大水胶比	最小胶凝材料用量		
			素混凝土	钢筋混凝土	预应力混凝土
一		0.60	250	280	300
二	a	0.55	280	300	300
	b	0.50(0.55)	320		
三	a	0.45(0.50)	330		
	b	0.40			

注:①当用活性掺合料取代部分水泥时,表中的最大水胶比及最小胶凝材料用量即为替代前的水胶比和胶凝材料用量。

②配制 C15 级及其以下等级的混凝土时,可不受本表的限制。

(2)骨料含泥量和级配。骨料含泥量高,则总表面积增大,混凝土达到同样流动性所需用水量增加,毛细孔道增多;另一方面,含泥量大的骨料界面黏结强度低,也将降低混凝土的抗渗性能。若骨料级配差,则骨料空隙率大,填满空隙所需浆体增大,同样导致毛细孔增加,影响抗渗性能。如浆体不能完全填满骨料空隙,则抗渗性能更差。

(3)施工质量和养护条件。搅拌均匀、振捣密实是混凝土抗渗性能的重要保证。适当的养护温度和浇水养护是保证混凝土抗渗性能的基本措施。如果振捣不密实留下蜂窝、空洞,抗渗性就严重下降,如果温度过低产生冻害或温度过高产生温度裂缝,抗渗性能严重降低。如果浇水养护不足,混凝土产生干缩裂缝,也严重降低混凝土抗渗性能。因此,要保证混凝土良好的抗渗性能,施工养护是一个极其重要的环节。

此外,水泥的品种、掺合料种类和掺量、混凝土拌合物的保水性和黏聚性等,对混凝土抗渗性能也有显著影响。

提高混凝土抗渗性的措施,除了对上述相关因素加以严格控制和合理选择外,可通过掺入引气剂或引气减水剂提高抗渗性。其主要作用机理是引入微细闭气孔、阻断连通毛细孔道,同时降低用水量或水胶比。

2. 混凝土的抗冻性

混凝土的抗冻性是指混凝土在吸水饱和状态下,能经受多次冻融循环而不破坏,同时也不严重降低强度的性能。

混凝土冻融破坏的机理,主要是内部毛细孔中的水结冰时产生 9% 左右的体积膨胀,在混凝土内部产生膨胀应力,当这种膨胀应力超过混凝土局部的抗拉强度时,就可能产生微细裂缝,在反复冻融作用下,混凝土内部的微细裂缝逐渐增多和扩大,最终导致混凝土强度下降,或混凝土表面(特别是棱角处)产生酥松剥落,直至完全破坏。

混凝土抗冻性以抗冻标号表示。抗冻标号的测定根据 GBJ 50082—2009 的规定进行。将吸水饱和的混凝土试件在 $-15℃$ 条件下冰冻 4h,再在 20℃ 水中融化 4h 作为一个循环,以抗压强度下降不超过 25%,重量损失不超过 5% 时,混凝土所能承受的最大冻融循环次数来表示。根据《混凝土质量控制标准》(GB 50164—2011)的规定,混凝土的抗冻标号分为 D50、D100、D150、D200 和大于 D200 共 5 个标号,其中的数字表示混凝土能经受的最大冻融循环次数。如 D200,即表示该混凝土能承受 200 次冻融循环,且强度损失小于 25%,重量损失小于 5%。

影响混凝土抗冻性的主要因素有:①水胶比或孔隙率。水胶比大,则孔隙率大,导致吸水率增大,冰冻破坏严重,抗冻性差。②孔隙特征。连通毛细孔易吸水饱和,冻害严重。若为封闭孔,则不易吸水,冻害就小。故加入引气剂能提高抗冻性。若为粗大孔洞,则混凝土一离开水面水就流失,冻害较小。故无砂大孔混凝土的抗冻性较好。③吸水饱和程度。若混凝土的孔隙非完全吸水饱和,冰冻过程产生的压力促使水分向孔隙处迁移,从而降低冰冻膨胀应力,对混凝土破坏作用就小。④混凝土的自身强度。在相同的冰冻破坏应力作用下,混凝土强度越高,冻害程度也就越低。此外还与降温速度和冰冻温度有关。

从上述分析可知,要提高混凝土抗冻性,关键是提高混凝土的密实性,即降低水胶比;加强施工养护,提高混凝土的强度和密实性,同时也可掺入引气剂等改善孔结构。

对长期处于潮湿或水位变动的严寒和寒冷环境混凝土的含气量应分别不小于 4.5% ($D_{max}=40mm$)、5.0% ($D_{max}=25mm$)、5.5% ($D_{max}=20mm$)。若是盐冻环境,含气量则应分别再提高 0.5%,但也不宜超过 7.0%。

3. 混凝土的抗碳化性能

(1)混凝土碳化机理。混凝土碳化是指混凝土内水化产物 $Ca(OH)_2$ 与空气中的 CO_2 在一定湿度条件下发生化学反应,产生 $CaCO_3$ 和水的过程。反应式如下:

$$Ca(OH)_2 + CO_2 + H_2O = CaCO_3 + 2H_2O$$

碳化使混凝土的碱度下降,故也称混凝土中性化。碳化过程是由表及里逐步向混凝土内部发展的,碳化深度大致与碳化时间的平方根成正比,可用下式表示:

$$L = K\sqrt{t} \tag{4-13}$$

式中：L——碳化深度（mm）；

t——碳化时间（d）；

K——碳化速度系数。

碳化速度系数与混凝土的原材料、孔隙率和孔隙构造、CO_2 浓度、温度、湿度等条件有关。在外部条件（CO_2 浓度、温度、湿度）一定的情况下，它反映混凝土的抗碳化能力强弱。K 值越大，混凝土碳化速度越快，抗碳化能力越差。

（2）碳化对混凝土性能的影响。碳化作用对混凝土的负面影响主要有两方面，一是碳化作用使混凝土的收缩增大，导致混凝土表面产生拉应力，从而降低混凝土的抗拉强度和抗折强度，严重时直接导致混凝土开裂。由于开裂降低了混凝土的抗渗性能，使得 CO_2 和其他腐蚀介质更易进入混凝土内部，加速碳化作用，降低耐久性。二是碳化作用使混凝土的碱度降低，失去混凝土强碱环境对钢筋的保护作用，导致钢筋锈蚀膨胀，严重时，使混凝土保护层沿钢筋纵向开裂，直至剥落，进一步加速碳化和腐蚀，严重影响钢筋混凝土结构的力学性能和耐久性能。

碳化作用生成的 $CaCO_3$ 能填充混凝土中的孔隙，使密实度提高；另一方面，碳化作用释放出的水分有利于促进未水化水泥颗粒的进一步水化。因此，碳化作用能适当提高混凝土的抗压强度，但对混凝土结构工程而言，碳化作用造成的危害远远大于抗压强度的提高。

（3）影响混凝土碳化速度的主要因素

①混凝土的水胶比：前面已详细分析过，水胶比大小主要影响混凝土孔隙率和密实度。因此水胶比大，混凝土的碳化速度就快。这是影响混凝土碳化速度的最主要因素。

②水泥品种和用量：普通水泥水化产物中 $Ca(OH)_2$ 含量高，碳化同样深度所消耗的 CO_2 量要求多，相当于碳化速度减慢。而矿渣水泥、火山灰水泥、粉煤灰水泥、复合水泥以及高掺量混合材配制的混凝土，$Ca(OH)_2$ 含量低，故碳化速度相对较快。水泥用量大，碳化速度慢。

③掺合料种类和掺量：掺合料的掺入，由于二次水化作用会减少水化产物中 $Ca(OH)_2$ 含量，进步降低碱度，在水胶比不变的情况下，通常会加速混凝土的碳化速度。但当水胶比下降或密实度提高时，碳化速度不一定加快。

③施工养护：搅拌均匀、振捣成型密实、养护良好的混凝土碳化速度较慢。蒸汽养护的混凝土碳化速度相对较快。

④环境条件：空气中 CO_2 的浓度大，碳化速度加快。当空气相对湿度为 50％～75％时，碳化速度最快。当相对湿度小于 20％时，由于缺少水环境，碳化终止；当相对湿度达 100％或水中混凝土，由于 CO_2 不易进入混凝土孔隙内，碳化也将停止。

（4）提高混凝土抗碳化性能的措施。从前述影响混凝土碳化速度的因素分析可知，提高混凝土抗碳化性能的关键是提高混凝土的密实性，降低孔隙率，阻止 CO_2 向混凝土内部渗透。绝对密实的混凝土碳化作用也就自然停止。因此提高混凝土碳化性能的主要措施为：尽可能降低混凝土的水胶比，提高密实度；加强施工养护，保证混凝土均匀密实，水泥水化充分；根据环境条件合理选择水泥品种；用减水剂、引气剂等外加剂降低水胶比或引入封密气孔改善孔结构；必要时还可以采用表面涂刷石灰水等加以保护。

4. 混凝土的碱—骨料反应

碱—骨料反应主要是指混凝土内水泥中所含的碱（K_2O 和 Na_2O），与骨料中的活性

SiO_2 发生化学反应,在骨料表面形成碱——硅酸凝胶,吸水后将产生 3 倍以上的体积膨胀,从而导致混凝土膨胀开裂而破坏。碱骨料反应引起的破坏,一般要经过若干年后才会发现,而一旦发生则很难修复,因此,对水泥中碱含量大于 0.6%;骨料中含有活性 SiO_2 且在潮湿环境或水中使用的混凝土工程,必须加以重视。大型水工结构、桥梁结构、高等级公路、飞机场跑道一般均要求对骨料进行碱活性试验或对水泥的碱含量加以限制。此外,也有研究报导碱——碳酸盐反应可能导致混凝土破坏。

为预防混凝土碱骨料反应带来的危害,一般可掺入适量的粉煤灰、矿粉或其他矿物掺合料,控制混凝土中最大碱含量小于 $3.0kg/m^3$。对于矿物掺合料中的碱含量,粉煤灰碱含量可取实测值的 1/6,矿渣粉碱含量可取实测值的 1/2。

5. 提高混凝土耐久性的措施

虽然混凝土工程因所处环境和使用条件不同,要求有不同的耐久性,但就影响混凝土耐久性的因素来说,良好的混凝土密实度是关键,因此提高混凝土的耐久性可以从以下几方而进行:

(1)控制混凝土最大水胶比和最小胶凝材料用量,保障混凝土的密实性。

(2)合理选择水泥品种,以适应不同使用环境的要求。

(3)控制骨料质量,选用良好的级配。

(4)加强施工质量控制,确保振捣密实和良好的养护。

(5)采用适宜的外加剂。

(6)掺入粉煤灰、矿粉、硅灰或沸石粉等活性混合材料。

第 4 节　混凝土的质量检验和评定

一、混凝土质量波动的原因

在混凝土施工过程中,原材料、施工养护、试验条件、气候因素的变化,均可能造成混凝土质量的波动,影响到混凝土的和易性、强度及耐久性。由于强度是混凝土的主要技术指标,其他性能可从强度得到间接反映,故以强度为例分析影响波动的因素。

(一)原材料的质量波动

原材料的质量波动主要有:砂细度模数和级配的波动;粗骨料最大粒径和级配的波动;超逊径含量的波动;骨料含泥量的波动;骨料含水量的波动;水泥强度(不同批或不同厂家的实际强度)的波动;外加剂质量的波动(如液体材料的含固量、减水剂的减水率等)等等。所有这些质量波动,均将影响混凝土的强度。在现场施工或预拌工厂生产混凝土时,必须对原材料的质量加以严格控制,及时检测并加以调整,尽可能减少原材料质量波动对混凝土质量的影响。

(二)生产和施工养护引起的混凝土质量波动

混凝土的质量波动与生产和施工养护有着十分紧密的关系。如混凝土搅拌时间长短;计量误差;计量时未根据砂石含水量变动及时调整配合比;运输时间过长引起分层、析水;振捣时间过长或不足;浇水养护时间,或者未能根据气温和湿度变化及时调整保温保湿措施等等。

(三)试验条件变化引起的混凝土质量波动

试验条件的变化主要指取样代表性,成型质量(特别是不同人员操作时),试件的养护条件变化,试验机自身误差以及试验人员操作的熟练程度等等。

二、混凝土质量(强度)波动的规律

在正常的原材料供应和施工条件下,混凝土的强度有时偏高,有时偏低,但总是在配制强度的附近波动,质量控制越严,施工管理水平越高,则波动的幅度越小;反之,则波动的幅度越大。通过大量的数理统计分析和工程实践证明,混凝土的质量波动符合正态分布规律,正态分布曲线见图 4-18。

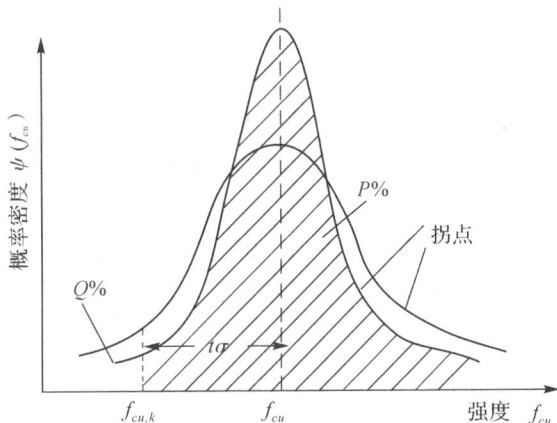

图 4-18　正态分布曲线

正态分布的特点:

(1)曲线形态呈钟型,在对称轴的两侧曲线上各有一个拐点。拐点至对称轴的距离等于 1 个标准差 σ。

(2)曲线以平均强度为对称轴两边对称。即小于平均强度和大于平均强度出现的概率相等。平均强度值附近的概率(峰值)最高。离对称轴越远,出现的概率越小。

(3)曲线与横坐标之间围成的面积为总概率,即 100%。

(4)曲线越窄、越高,相应的标准差值(拐点离对称距离)也越小,表明强度越集中于平均强度附近,混凝土匀质性好,质量波动小,施工管理水平高。若曲线宽且矮,相应的标准差越大,说明强度离散大、匀质性差、施工管理水平差。因此从概率分布曲线可以比较直观地分析混凝土质量波动的情况。

三、混凝土强度的匀质性评定

混凝土强度的均匀性,通常采用数理统计方法加以评定,主要评定参数有:

（一）强度平均值 $f_{cu,m}$

混凝土强度平均值按下式计算：

$$f_{cu,m} = \frac{1}{N}(f_{cu,1} + f_{cu,2} + \cdots + f_{cu,N}) = \frac{1}{N}\sum_{i=1}^{N} f_{cu,i} \qquad (4\text{-}14)$$

式中，N 为该批混凝土试件立方体抗压强度的总组数；$f_{cu,i}$ 为第 i 组试件的强度值。理论上，平均强度 $f_{cu,m}$ 与该批混凝土的配制强度相等，它只反映该批混凝土强度的总平均值，而不能反映混凝土强度的波动情况。例如平均强度 20MPa，可以由 15MPa、20MPa、25MPa 求得，也可以由 18MPa、20MPa、22MPa 求得，虽然平均值相等，但它们的均匀性显然后者优于前者。

（二）标准差 σ

混凝土强度标准差按下式计算：

$$\sigma = \sqrt{\frac{\sum_{i=1}^{N}(f_{cu,i} - f_{cu,m})^2}{N-1}} \qquad (4\text{-}15)$$

由正态分布曲线可知，标准差在数值上等于拐点至对称轴的距离。其值越小，说明混凝土质量波动越小，均匀性越好。对平均强度相同的混凝土而言，标准差 σ 能确切反映混凝土质量的均匀性，但当平均强度不等时，并不适用。例如平均强度分别为 20MPa 和 50MPa 的混凝土，当 σ 均等于 5MPa 时，对前者来说波动已很大，而对后者来说波动并不算大。因此，对不同强度等级的混凝土单用标准差值尚难以评判其匀质性，宜采用变异系数加以评定。

（三）变异系数 C_v

变异系数 C_v 根据下式计算：

$$C_v = \frac{\sigma}{f_{cu,m}} \qquad (4\text{-}16)$$

变异系数亦即为标准差 σ 与平均强度 $f_{cu,m}$ 的比值，实际上反映相对于平均强度而言的变异程度。其值越小，说明混凝土质量越均匀，波动越小。如上例中，前者的 $C_v = 5/20 = 0.25$；后者的 $C_v = 5/50 = 0.1$。显而易见，后者质量均匀性好，施工管理水平高。根据《混凝土强度检验评定标准》GBJ 50107—2010 中规定，混凝土的生产质量水平，可根据不同强度等级，统计同期内混凝土强度的标准差和试件强度不低于设计等级的百分率来评定。并将混凝土生产单位质量管理水平划分为"优良"、"一般"及"差"三个等级。见表 4-23。

表 4-23　混凝土生产质量水平

生产质量水平		优良		一般		差	
评定指标	强度等级生产单位	<C20	≥C20	<C20	≥C20	<C20	≥C20
混凝土强度标准差 σ（MPa）	预拌混凝土和预制混凝土构件厂	≤3.0	≤3.5	≤4.0	≤5.0	>4.0	>5.0
	集中搅拌混凝土的施工现场	≤3.5	≤4.0	≤4.5	≤5.5	>4.5	>5.5
强度等于或高于要求强度等级的百分率 $P(\%)$	预拌混凝土厂和预制构件厂及集中搅拌的施工现场	≥95		>85		≤85	

（四）强度保证率 $P(\%)$

根据数理统计的概念，强度保证率指混凝土强度总体中大于设计强度等级的概率，亦即混凝土强度大于设计等级的组数占总组数的百分率。可根据正态分布的概率函数计算求得：

$$P = \frac{1}{\sqrt{2\pi}} \int_{-t}^{\infty} e^{-\frac{t^2}{2}} dt \qquad (4\text{-}17)$$

式中：P——强度保证率；

t——概率度，或称为保证率系数，根据下式计算：

$$t = \frac{|f_{cu,k} - f_{cu,m}|}{\sigma} = \frac{|f_{cu,k} - f_{cu,m}|}{C_v f_{cu,m}} \qquad (4\text{-}18)$$

式中：$f_{cu,k}$——混凝土设计强度等级。

根据 t 值，可计算强度保证率 P。由于计算比较复杂，一般可根据表 4-24 直接查取 P 值。

表 4-24　不同 t 值的强度保证率 P 值

t	0.00	0.50	0.80	0.84	1.00	1.04	1.20	1.28	1.40	1.50	1.60
$P(\%)$	50.0	69.2	78.8	80.0	84.1	85.1	88.5	90.0	91.9	93.3	94.5
t	1.645	1.70	1.75	1.81	1.88	1.96	2.00	2.05	2.33	2.50	3.00
$P(\%)$	95.0	95.5	96.0	96.5	97.0	97.5	97.7	98.0	99.0	99.4	99.87

（五）混凝土的配制强度

从上述分析可知，如果混凝土的平均强度与设计强度等级相等，强度保证率系数 $t=0$，此时保证率为 50%，亦即只有 50% 的混凝土强度大于等于设计强度等级，工程质量难以保证。因此，必须适当提高混凝土的配制强度，以提高保证率。这里指的配制强度实际上等于混凝土的平均强度。根据我国 JGJ55—2011 的规定，混凝土强度保证率必须达到 95% 以上，此时对应的保证率系数 $t=1.645$，当混凝土的设计强度等级小于 C60 时，配制强度按下式计算：

$$f_{cu,h} = f_{cu,m} = f_{cu,k} + 1.645\sigma \qquad (4\text{-}19)$$

式中：$f_{cu,h}$——混凝土的配制强度（MPa）；

σ——混凝土强度标准差（MPa）。

当混凝土强度等级不小于 C60 时，配制强度按下式计算：

$$f_{cu,h} = f_{cu,m} = 1.15 f_{cu,k} \qquad (4\text{-}20)$$

混凝土强度标准差的确定可根据近 $1\sim3$ 个月的同一品种、同一强度等级混凝土的强度资料，按下式计算：

$$\sigma = \sqrt{\frac{\sum_{i=1}^{n} f_{cu,i}^2 - n f_{cu,m}^2}{n-1}} \qquad (4\text{-}21)$$

对于强度等级不大于 C30 的混凝土，当混凝土强度标准差计算值不小于 3.0MPa 时，按上式计算结果取值；当计算值小于 3.0MPa 时，取 3.0MPa。对于强度等级大于 C30 且小于 C60 的混凝土，当混凝土强度标准差计算值不小于 4.0MPa 时，按上式计算结果取值；当计算值小于 4.0MPa 时,取 4.0MPa。

当无统计资料和经验时,可参考表 4-25 取值。

表 4-25　标准差的取值表

混凝土设计强度等级 $f_{cu,k}$	<C20	C25~C45	C50~C55
σ(MPa)	4.0	5.0	6.0

四、混凝土强度检验评定标准

(1)当混凝土的生产条件在较长时间内能保持一致,且同一品种混凝土的强度变异性能保持稳定时,应由连续的三组试件代表一个验收批,其强度应同时符合下列要求:

$$f_{cu,m} \geqslant f_{cu,k} + 0.7\sigma \tag{4-22}$$

$$f_{cu,min} \geqslant f_{cu,k} - 0.7\sigma \tag{4-23}$$

当混凝土强度等级不高于 C20 时,尚应符合下式要求:

$$f_{cu,min} \geqslant 0.85 f_{cu,k} \tag{4-24}$$

当混凝土强度等级高于 C20 时,尚应符合下式要求:

$$f_{cu,min} \geqslant 0.90 f_{cu,k} \tag{4-25}$$

式中:$f_{cu,m}$——同一验收批混凝土强度的平均值(MPa);

$f_{cu,k}$——设计的混凝土强度的标准值(MPa);

σ_0——验收批混凝土强度的标准差(MPa);

$f_{cu,min}$——同一验收批混凝土强度的最小值(MPa)。

检验批混凝土立方体抗压强度的标准差应按下式计算:

$$\sigma_0 = \sqrt{\frac{\sum_{i=1}^{m} f_{cu,i}^2 - m f_{cu,m}^2}{m-1}} \tag{4-26}$$

式中:m——前一检验期内验收批总批数。

(2)当混凝土的生产条件不能满足上述条件的规定时,或在前一检验期内的同一品种混凝土没有足够的强度数据用以确定验收批混凝土强度标准差时,应由不少于 10 组的试件代表一个验收批,其强度应同时符合下列要求:

$$f_{cu,m} - \lambda_1 \sigma \geqslant f_{cu,k} \tag{4-27}$$

$$f_{cu,min} \geqslant \lambda_2 f_{cu,k} \tag{4-28}$$

式中:σ——验收批混凝土强度的标准差(MPa),当 σ 的计算值小于 $0.06 f_{cu,k}$ 时,取 $\sigma = 0.06 f_{cu,k}$;

λ_1, λ_2——合格判定系数。按下表 4-26 取值。

表 4-26　合格判定系数

试件组数	10~14	15~19	≥20
λ_1	1.15	1.05	0.95
λ_2	0.9	0.85	

(3)对零星生产的预制构件或现场搅拌批量不大的混凝土,可采用非统计方法评定,验收批强度必须同时符合下列要求:

$$f_{cu,m} \geqslant 1.15 f_{cu,k} \tag{4-29}$$

(当混凝土强度等级大于 C60 时,为 $f_{cu,m} \geqslant 1.10 f_{cu,k}$)

$$f_{cu,min} \geqslant 0.95 f_{cu,k} \tag{4-30}$$

(4)当对混凝土的试件强度代表性有怀疑时,可采用从结构、构件中钻取芯样或其他非破损检验方法,对结构、构件中的混凝土强度进行推定,作为是否应进行处理的依据。

第 5 节　混凝土的配合比设计

一、混凝土配合比设计基本要求

混凝土配合比是指 $1m^3$ 混凝土中各组成材料的用量,或各组成材料之重量比。配合比设计的目的是为满足以下四项基本要求:

(1)满足施工要求的和易性;

(2)满足设计的强度等级,并具有 95％ 的保证率;

(3)满足工程所处环境对混凝土的耐久性要求;

(4)经济合理,最大限度节约胶凝材料用量,降低混凝土成本。

二、混凝土配合比设计中的三个基本参数

为了达到混凝土配合设计的四项基本要求,关键是要控制好水胶比(W/B)、单位用量(W_0)和砂率(S_p)三个基本参数。这三个基本参数的确定原则如下:

1. 水胶比

水胶比根据设计要求的混凝土强度和耐久性确定。确定原则为:在满足混凝土设计强度和耐久性的基础上,选用较大水胶比,以节约胶凝材料,降低混凝土成本。

2. 单位用水量

单位用水量主要根据坍落度要求和粗骨料品种、最大粒径确定。确定原则为:在满足施工和易性的基础上,尽量选用较小的单位用水量,以节约胶凝材料。因为当 W/B 一定时,用水量越大,所需胶凝材料用量也越大。

3. 砂率

合理砂率的确定原则为:砂子的用量填满石子的空隙略有富余。砂率对混凝土和易性、强度和耐久性影响很大,也直接影响胶凝材料用量,故应尽可能选用最优砂率,并根据砂子细度模数、坍落度要求等加以调整,有条件时宜通过试验确定。

三、混凝土配合比设计方法和原理

混凝土配合比设计的基本方法有两种:一是体积法(又称绝对体积法);二是重量法(又称假定表观密度法),基本原理如下:

1. 体积法基本原理

体积法的基本原理为混凝土的总体积等于砂子、石子、水、水泥、矿物掺合料体积及混凝土中所含的少量空气体积之总和。若以 V_h、V_c、V_f、V_w、V_s、V_g、V_k 分别表示混凝土、水泥、矿物掺合料、水、砂、石子、空气的体积,则有:

$$V_h = V_w + V_c + V_f + V_s + V_g + V_k \tag{4-31}$$

若以 C_0、F_0、W_0、S_0、G_0 分别表示 $1m^3$ 混凝土中水泥、矿物掺合料、水、砂、石子的用量 (kg),以 ρ_w、ρ_c、ρ_f、ρ_s、ρ_g 分别表示水、水泥、矿物掺合料的密度和砂、石子的表观密度(kg/m^3),0.01α 表示混凝土中空气体积,则上式可改为:

$$\frac{C_0}{\rho_c} + \frac{F_0}{\rho_f} + \frac{W_0}{\rho_w} + \frac{S_0}{\rho_s} + \frac{G_0}{\rho_g} + 0.01\alpha = 1 \tag{4-32}$$

式中,α 为混凝土含气量百分率(%),在不使用引气型外加剂时,可取 $\alpha = 1$。

2. 重量法基本原理

重量法基本原理为混凝土的总重量等于各组成材料重量之和。当混凝土所用原材料和三项基本参数确定后,混凝土的表观密度(即 $1m^3$ 混凝土的重量)接近某一定值。若预先能假定出混凝土表观密度,则有:

$$C_0 + F_0 + W_0 + S_0 + G_0 = \rho_{0h} \tag{4-33}$$

式中 ρ_{0h} 为 $1m^3$ 混凝土的重量(kg),即混凝土的表观密度。可根据原材料、和易性、强度等级等信息在 $2350 \sim 2450 kg/m^3$ 之间选用。

混凝土配合比设计中砂、石料用量指的是干燥状态下的重量。水工、港工、交通系统常采用饱和面干状态下的重量。

四、混凝土配合比设计步骤

混凝土配合比设计步骤为:首先根据原始技术资料计算"初步计算配合比";然后经试配调整获得满足和易性要求的"基准配合比";再经强度和耐久性检验定出满足设计要求、施工要求和经济合理的"试验室配合比";最后根据施工现场砂、石料的含水率换算成"施工配合比"。

(一)初步计算配合比计算步骤

1. 计算混凝土配制强度($f_{cu,h}$)

$$f_{cu,h} = f_{cu,m} = f_{cu,k} + 1.645\sigma \tag{4-34}$$

2. 根据配制强度和耐久性要求计算水胶比(W/B)

(1)根据强度要求计算水胶比。

由式:$f_{cu,h} = \alpha_a f_b \left(\dfrac{B}{W} - \alpha_b \right)$

则有:$\dfrac{W}{B} = \dfrac{\alpha_a f_b}{f_{cu,h} + \alpha_a \alpha_b f_b}$

(2)根据耐久性要求查表 4-22,得最大水胶比限值。

(3)比较强度要求水胶比和耐久性要求水胶比,取两者中的最小值。

3. 确定用水量

根据施工要求的坍落度和骨料品种、粒径,由表 4-16 选取每立方米混凝土的用水量

（W_0）。掺外加剂时,对流动性或大流动性混凝土的用水量可按下式计算：

$$W_0 = W'_0(1-\beta)\qquad(4\text{-}35)$$

式中：W_0——计算配合比每立方米混凝土的用水量（kg/m³）；

W'_0——未掺外加剂时推定的满足实际坍落度要求的每立方米混凝土用水量（kg/m³），根据表 4-16 中 90mm 坍落度的用水量为基础,按每增大 20mm 坍落度相应增加 5 kg/m³ 用水量来计算,当坍落度增大到 180mm 以上时,随坍落度相应增加的用水量可减少。例如：碎石,最大粒径 31.5mm,坍落度 90mm 时的用水量为 205 kg/m³,当设计要求坍落度 180mm 时,坍落度增加值为 90mm,则用水量增加值约为 22.5 kg/m³,因此 W'_0 等于 227.5kg/m³。

β——外加剂的减水率（%）,应经试验确定。

每立方米混凝土中外加剂用量 A_0 按下式计算：

$$A_0 = B_0\beta_a\qquad(4\text{-}36)$$

式中：A_0——计算配合比每立方米混凝土中外加剂用量（kg/m³）；

B_0——计算配合比每立方米混凝土中胶凝材料用量（kg/m³）；

β_a——外加剂掺量（%）,应经试验确定。

4. 计算每立方米混凝土的胶凝材料用量（B_0）

（1）计算胶凝材料用量：$B_0 = W_0 \div \dfrac{W}{B}$；

（2）查表 4-22,复核是否满足耐久性要求的最小胶凝材料用量,取两者中的较大值；

（3）每立方米混凝土的矿物掺合料用量应按下式计算：

$$F_0 = B_0\beta_f\qquad(4\text{-}37)$$

式中：F_0——计算配合比每立方米混凝土中矿物掺合料用量（kg/m³）；

β_f——矿物掺合料掺量（%）。

（4）水泥用量 C_0 即为胶凝材料用量减去矿物掺合料用量。

5. 确定合理砂率（S_p）

（1）可根据骨料品种、粒径及 W/B 查表 4-17 选取。实际选用时可采用内插法,并根据附加说明进行修正。

（2）在有条件时,可通过试验确定最优砂率。

6. 计算砂、石用量（S_0、G_0）,并确定初步计算配合比

（1）重量法：

$$\begin{cases} C_0 + F_0 + W_0 + S_0 + G_0 = \rho_{0h} \\ S_p = \dfrac{S_0}{S_0 + G_0} \end{cases}\qquad(4\text{-}38)$$

（2）体积法：

$$\begin{cases} \dfrac{C_0}{\rho_c} + \dfrac{F_0}{\rho_f} + \dfrac{W_0}{\rho_w} + \dfrac{S_0}{\rho_s} + \dfrac{G_0}{\rho_g} + 0.01\alpha = 1 \\ S_p = \dfrac{S_0}{S_0 + G_0} \end{cases}\qquad(4\text{-}39)$$

（3）配合比的表达方式：

①根据上述方法求得的 C_0、F_0、W_0、S_0、G_0、A_0,直接以每立方米混凝土材料的用量（kg）

表示。

②根据各材料用量间的比例关系表示：$C_0 : F_0 : S_0 : G_0 = C_0/B_0 : F_0/B_0 : S_0/B_0 : G_0/B_0$，再加上 W/B 值、β_a。

（二）基准配合比和试验室配合比的确定

初步计算配合比是根据经验公式和经验图表估算而得，因此不一定符合实际情况，必经通过试拌验证。当不符合设计要求时，需通过调整使和易性满足施工要求，使 W/B 满足强度和耐久性要求。

1. 和易性调整——确定基准配合比

根据初步计算配合比配成混凝土拌合物，先测定混凝土坍落度，同时观察黏聚性和保水性。如不符合要求，按下列原则进行调整：

（1）当坍落度小于设计要求时，可在保持水胶比不变的情况下，增加用水量和相应的胶凝材料用量（浆体）。

（2）当坍落度大于设计要求时，可在保持砂率不变的情况下，增加砂、石用量（相当于减少浆体用量）。

（3）当黏聚性和保水性不良时（通常是砂率不足），可适当增加砂用量，即增大砂率。

（4）当拌合物砂浆量明显过多时，可单独加入适量石子，即降低砂率。

在混凝土和易性满足要求后，测定拌合物的实际表观密度（ρ_h），并按下式计算每 $1m^3$ 混凝土的各材料用量——即基准配合比：

令：$A = B_{拌} + W_{拌} + S_{拌} + G_{拌}$

$$
\text{则有：}\quad
\begin{cases}
B_j = \dfrac{B_{拌}}{A} \times \rho_h \\[2mm]
W_j = \dfrac{W_{拌}}{A} \times \rho_h \\[2mm]
S_j = \dfrac{S_{拌}}{A} \times \rho_h \\[2mm]
G_j = \dfrac{G_{拌}}{A} \times \rho_h
\end{cases}
\qquad (4\text{-}40)
$$

式中：A——试拌调整后，各材料的实际总用量（kg）；

ρ_h——混凝土的实测表观密度（kg/m^3）；

$B_{拌}$、$W_{拌}$、$S_{拌}$、$G_{拌}$——试拌调整后，胶凝材料、水、砂子、石子实际拌合用量（kg）；

B_j、W_j、S_j、G_j——基准配合比中 $1m^3$ 混凝土的各材料用量（kg）。

如果初步计算配合比和易性完全满足要求而无需调整，也必须测定实际混凝土拌合物的表观密度，并利用上式计算 B_j、W_j、S_j、G_j。否则将出现"负方"或"超方"现象。亦即初步计算 $1m^3$ 混凝土，在实际拌制时，少于或多于 $1m^3$。当混凝土表观密度实测值与计算值之差的绝对值不超过计算值的 2% 时，则初步计算配合比即为基准配合比，无需调整。

2. 强度和耐久性复核——确定试验室配合比

根据和易性满足要求的基准配合比和水胶比，配制一组混凝土试件；并保持用水量不变，水胶比分别增加和减少 0.05 再配制二组混凝土试件，用水量应与基准配合比相同，砂率可分别增加和减少 1%。制作混凝土强度试件时，应同时检验混凝土拌合物的流动性、黏聚性、保水性和表观密度,并以此结果代表相应配合比的混凝土拌合物的性能。

三组试件经标准养护 28d,测定抗压强度,以三组试件的强度和相应胶水比作图,确定与配制强度相对应的胶水比,并重新计算胶凝材料和砂石用量。当对混凝土的抗渗、抗冻等耐久性指标有要求时,则制作相应试件进行检验。强度和耐久性均合格的水胶比对应的配合比,称为混凝土试验室配合比。计作 B、W、S、G。

(三)施工配合比

试验室配合比是以干燥(或饱和面干)材料为基准计算而得,但现场施工所用的砂、石料常含有一定水分,因此,在现场配料前,必须先测定砂石料的实际含水率,在用水量中将砂石带入的水扣除,并相应增加砂石料的称量值。设砂的含水率为 $a\%$;石子的含水率为 $b\%$,则施工配合比按下列各式计算:

$$\begin{cases} 胶凝材料:B'=B \\ 砂子:S'=S(1+a\%) \\ 石子:G'=G(1+b\%) \\ 水:W'=W-S \cdot a\%-G \cdot b\% \end{cases} \tag{4-41}$$

[例 4-4] 某框架结构钢筋混凝土,混凝土设计强度等级为 C30,现场机械搅拌,机械振捣成型,混凝土坍落度要求为 50~70mm,根据施工单位的管理水平和历史统计资料,混凝土强度标准差 σ 取 4.0MPa。所用原材料如下:

水泥:普通硅酸盐水泥 32.5 级,密度 $\rho_c=3.1$,水泥强度富余系数 $\gamma_c=1.12$;

砂:河砂 $M_x=2.4$,Ⅱ级配区,$\rho_s=2.65\text{g/cm}^3$;

石子:碎石,$D_{max}=40\text{mm}$,连续级配,级配良好,$\rho_g=2.70\text{g/cm}^3$;

水:自来水。

求:混凝土初步计算配合比。

[解] 1. 确定混凝土配制强度($f_{cu,h}$)

$f_{cu,h}=f_{cu,k}+1.645\sigma=30+1.645\times4.0=36.58(\text{MPa})$

2. 确定水胶比(W/B)

(1)根据强度要求计算水胶比(W/B):

$$\frac{W}{B}=\frac{\alpha_a f_{ce}}{f_{cu,h}+\alpha_a\alpha_b f_{ce}}=\frac{0.53\times32.5\times1.12}{36.58+0.53\times0.20\times32.5\times1.12}=0.48$$

(2)根据耐久性要求确定水胶比(W/B):

由于框架结构混凝土梁处于干燥环境,对水胶比无限制,故取满足强度要求的水胶比即可。

3. 确定用水量(W_0)

查表 4-16 可知,坍落度 50~70mm 时,用水量 185kg;

4. 计算胶凝材料用量(B_0)

$$B_0=W_0\times\frac{B}{W}=185\times\frac{1}{0.48}=385(\text{kg})$$

根据表 4-22,满足耐久性对胶凝材料用量的最小要求。

5. 确定砂率(S_p)

参照表 4-17,通过插值(内插法)计算,取砂率 $S_p=32\%$。

6. 计算砂、石用量(S_0、G_0)

采用体积法计算,因无引气剂,取 $a=1$。

$$\begin{cases} \dfrac{385}{3100}+\dfrac{185}{1000}+\dfrac{S_0}{2650}+\dfrac{G_0}{2700}+0.04\times1=1 \\ \dfrac{S_0}{S_0+G_0}=32\% \end{cases}$$

解上述联立方程得:$S_0=583g$;$G_0=1241g$。

因此,该混凝土初步计算配合为:$B_o=385kg$,$W_o=185kg$,$S_0=583kg$,$G_0=1241kg$。或者:$B:S:G=1:1.51:3.22$,$W/B=0.48$。

[例 4-5] 承上题,根据初步计算配合比,称取 12L 各材料用量进行混凝土和易性试拌调整。测得混凝土坍落度 $T=20mm$,小于设计要求,增加 5% 的水泥和水,重新搅拌测得坍落度为 65mm,且黏聚性和保水性均满足设计要求,并测得混凝土表观密 $\rho_h=2390kg/m^3$,求基准配合比。又经混凝土强度试验,恰好满足设计要求,已知现场施工所用砂含水率5.5%,石子含水率1.0%,求施工配合比。

[解] 1. 基准配合比

(1)根据初步计算配合比计算 12L 各材料用量为:

$B=4.62kg$,$W=2.220kg$,$S=7.00kg$,$G=14.89kg$

(2)增加 5% 的水泥和水用量为:

$\Delta B=0.231kg$,$\Delta W=0.111kg$

(3)各材料总用量为:

$A=(4.62+0.23)+(2.220+0.111)+7.00+14.89=29.07(kg)$

(4)计算得基准配合比为:$B_j=399$,$W_j=192$,$S_j=576$,$G_j=1224$。

2. 施工配合比

根据题意,试验室配合比等于基准配合比,则施工配合比为:

$B=B_j=399kg$

$S=576\times(1+5.5\%)=608kg$

$G=1224\times(1+1\%)=1236kg$

$W=192-576\times5.5\%-1224\times1\%=148kg$

[例 4-6] 某框架结构钢筋混凝土,混凝土设计强度等级为 C40,机械搅拌,泵送施工,机械振捣成型,混凝土坍落度要求为 180mm,根据施工单位的管理水平和历史统计资料,混凝土强度标准差 σ 取 5.0MPa。所用原材料如下:

水泥:普通硅酸盐水泥 42.5 级,密度 $\rho_c=3.10$,水泥强度富余系数 $\gamma_c=1.16$;

粉煤灰:Ⅱ级,密度 $\rho_f=2.20$;掺量 20%;

砂:河砂 $M_x=2.4$,Ⅱ级配区,$\rho_s=2.65g/cm^3$;

减水剂:非引气型减水剂,掺量 $\beta_a=1.8\%$,混凝土减水率 18%;

石子:碎石,$D_{max}=31.5mm$,连续级配,级配良好,$\rho_g=2.70g/cm^3$;

水:自来水。

求:混凝土初步计算配合比。

[解]

1. 确定混凝土配制强度($f_{cu,h}$)

$$f_{cu,h} = f_{cu,k} + 1.645\sigma = 40 + 1.645 \times 5.0 = 48.2 (\text{MPa})$$

2. 确定水胶比(W/B)

(1)根据强度要求计算水胶比(W/B)：

胶凝材料强度：$f_b = \gamma_f \cdot f_{ce} = 0.85 \times 42.5 \times 1.16 = 41.9 (\text{MPa})$

水胶比：$\dfrac{W}{B} = \dfrac{\alpha_a f_b}{f_{cu,h} + \alpha_a \alpha_b f_b} = \dfrac{0.53 \times 41.9}{48.2 + 0.53 \times 0.20 \times 41.9} = 0.42$

(2)根据耐久性要求确定水胶比(W/B)：

由于框架结构混凝土梁处于干燥环境，对水胶比无限制，故取满足强度要求的水胶比即可。

3. 确定用水量(W_0)

根据表 4-16，碎石，最大粒径 31.5mm，坍落度 90mm 时的用水量为 205kg/m³，设计要求坍落度 180mm，坍落度增加值为 90mm，则用水量增加值约为 22.5kg/m³，因此未掺外加剂时推定的满足实际坍落度要求的每立方米混凝土用水量 W'_0 等于 227.5kg/m³。则有：

$$W_0 = W'_0(1 - \beta) = 227.5(1 - 18\%) = 186.6 (\text{kg})$$

4. 计算胶凝材料用量(B_0)

$$B_0 = W_0 \times \frac{B}{W} = 186.6 \times \frac{1}{0.42} = 444 (\text{kg})$$

根据表 4-22，满足耐久性对胶凝材料用量的最小要求。

计算粉煤灰用量：$F_0 = B_0 \beta_f = 444 \times 20\% = 89 (\text{kg})$

计算水泥用量：$C_0 = B_0 - F_0 = 444 - 89 = 355 (\text{kg})$

5. 确定砂率(S_p)

参照表 4-17，根据水胶比 0.42，碎石，$D_{max} = 31.5$mm，通过内插法得砂率 30.6%，这一砂率适用于坍落度 10mm～60mm 的混凝土，取中值 30mm，由于本工程要求坍落度 180mm，增加值为 150mm，根据表中注 2，坍落度每增加 20mm，砂率增加 1%，即增加 7.5%，因此，砂率为 38.1%，取整数确定为 38%。

6. 计算砂、石用量(S_0、G_0)

采用体积法计算，因无引气剂，取 $a = 1$。

$$\begin{cases} \dfrac{355}{3100} + \dfrac{89}{2200} + \dfrac{186.6}{1000} + \dfrac{S_0}{2650} + \dfrac{G_0}{2700} + 0.01 \times 1 = 1 \\ \dfrac{S_0}{S_0 + G_0} = 38\% \end{cases}$$

解上述联立方程得：$S_0 = 660$kg；$G_0 = 1078$kg。

7. 计算减水剂用量

$$A_0 = B_0 \beta_a = 444 \times 1.8\% = 7.99 (\text{kg})$$

因此，该混凝土初步计算配合为：$C_0 = 355$kg，$F_0 = 185$kg，$W_0 = 186.6$kg，$S_0 = 695$kg，$G_0 = 1043$kg，$A_0 = 7.99$kg。

第6节　高强混凝土

根据《高强混凝土结构技术规程》(CECS 104：99)，将强度等级大于等于 C50 的混凝土称为高强混凝土；将具有良好的施工和易性和优异耐久性，且均匀密实的混凝土称为高性能混凝土；同时具有上述各性能的混凝土称为高强高性能混凝土；而《普通混凝土配合比设计规范》(JGJ 55—2011)中则将强度等级大于等于 C60 的混凝土称为高强混凝土；《混凝土结构设计规范》(GB 50010—2010)则未明确区分普通混凝土或高强混凝土，只规定了钢筋混凝土结构的混凝土强度等级不应低于 C15，混凝土强度范围从 C15～C80。综合国内外对高强混凝土的研究和应用实践，以及现代混凝土技术的发展，将大于等于 C60 的混凝土称为高强度混凝土是比较合理的。

获得高强混凝土的有效途径主要有掺高性能混凝土外加剂和活性掺合料，并同时采用高强度等级的水泥和优质骨料。对于具有特殊要求的混凝土，还可掺用纤维材料提高抗拉、抗弯性能和冲击韧性；也可掺用聚合物等提高密实度和耐磨性。常用的外加剂有高效减水剂、高效泵送剂、高性能引气剂、防水剂和其他特种外加剂。常用的活性混合材料有Ⅰ级粉煤灰或超细磨粉煤灰、磨细矿粉、沸石粉、偏高岭土、硅粉等，有时也可掺适量超细磨石灰石粉或石英粉。常用的纤维材料有钢纤维、聚酯纤维和玻璃纤维等。

一、高强混凝土的原材料

(一)水泥

水泥的品种通常选用硅酸盐水泥和普通水泥，也可采用矿渣水泥等。强度等级选择一般为：C50～C80 混凝土宜用强度等级 42.5；C80 以上选用更高强度的水泥。1m³ 混凝土中的水泥用量宜控制在 500kg 以内，且尽可能降低胶凝材料用量。水泥和矿物掺合料的总量不应大于 600kg/m³。

(二)掺合料

最常用的掺合料有硅灰、磨细矿渣、优质粉煤灰、沸石粉等，现有研究成果表明，偏高岭土也是优异的掺合料。

(三)外加剂

高效减水剂(或泵送剂)是高强混凝土最常用的外加剂品种，减水率一般要求大于 25%，以最大限度降低水胶比，提高强度。为改善混凝土的施工和易性及提供其他特殊性能，也可同时掺入引气剂、缓凝剂、防水剂、膨胀剂、防冻剂等。掺量可根据不同品种和要求根据需要选用。

(四)砂、石料

一般宜选用级配良好的中砂，细度模数宜为 2.6～3.0。含泥量不应大于 2.0%，泥块含量不应大于 0.5%。有害杂质控制在国家标准以内。

石子宜选用连续级配的碎石，最大骨料粒径一般不宜大于 25mm，强度宜大于混凝土强度的 1.20 倍。对强度等级大于 C80 的混凝土，最大粒径不宜大于 20mm。针片状含量不宜

大于 5%,含泥量不应大 0.5%,泥块含量不应大于 0.2%。

二、高强混凝土的配合比设计

高强混凝土配合比设计理论尚不完善,通常应经试验确定。一般可尊循下列原则进行。

(一)水胶比 W/B

普通混凝土配合比设计中的鲍罗米公式对 C60 以上的混凝土已不尽适用,但水胶比仍是决定混凝土强度的主要因素,目前尚无完善的公式可供选用,故配合比设计时通常根据设计强度等级、原材料和经验,通过试验确定水胶比。

(二)用水量和胶凝材料用量

普通水泥中用水量根据坍落度要求、骨料品种、粒径选择。高强混凝土可参考执行,当由此确定的用水量导致水泥或胶凝材料总用量过大时,可通过调整减水剂品种或掺量来降低用水量或胶凝材料用量。也可以根据强度和耐久性要求,首先确定水泥或胶凝材料用量,再由水胶比计算用水量,当流动性不能满足设计要求时,再通过调整减水剂品种或掺量加以调整。

(三)砂率

对泵送高强混凝土,砂率的选用要考虑可泵性要求,在满足施工工艺和施工和易性要求的基础上,砂率宜尽量选小些,以降低胶凝材料用量。从原则上来说,砂率宜通过试验确定最优砂率。

当缺少试验依据和经验时,水胶比、胶凝材料用量和砂率可按表 4-27 选取,并经试验确定。

表 4-27　水胶比、胶凝材料用量和砂率

强度等级	水胶比	胶凝材料用量(kg/m³)	砂率(%)
≥C60,<C80	0.28～0.34	480～560	
≥C80,<C100	0.26～0.28	520～580	35～42
C100	0.24～0.26	550～600	

(四)高效减水剂

高效减水剂的品种选择原则,除了考虑减水率大小外,尚要考虑对混凝土坍落度损失、保水性和黏聚性的影响,更要考虑对强度、耐久性和收缩的影响。

减水剂的掺量可根据减水率的要求,在允许掺量范围内,通过试验确定。但一般不宜因减水的需要而超量掺用。

(五)掺合料

其掺量通常根据混凝土性能要求和掺合料品种性能,结合原有试验资料和经验选择并通过试验确定。掺合料总掺量宜控制在 $25\%\sim40\%$ 之间,其中硅灰掺量不宜超过 10%。

其他设计计算步骤与普通混凝土基本相同。试配过程应采用三个不同的配合比进行混凝土强度试验,其中一个为计算配合比经和易性调整后的基准配合比,另外两个配合比的水胶比分别增减 0.02。

三、高强混凝土的主要技术性质

(1)高强混凝土的早期强度高,但后期强度增长率一般不及普通混凝土。故不能用普通混凝土的龄期—强度关系式(或图表),由早期强度推算后期强度。如C60~C80混凝土,3d强度约为28d的60%~70%;7d强度约为28d的80%~90%。

(2)高强混凝土由于非常致密,故抗渗、抗冻、抗碳化、抗腐蚀等耐久性指标均十分优异,可极大地提高混凝土结构物的使用年限。

(3)由于混凝土强度高,因此构件截面尺寸可大大减小,从而改变"肥梁胖柱"的现状,减轻建筑物自重,简化地基处理,并使高强钢筋的应用和效能得以充分利用。

(4)高强混凝土的弹性模量高,徐变小,可大大提高构筑物的结构刚度。特别是对预应力混凝土结构,可大大减小预应力损失。

(5)高强混凝土的抗拉强度增长幅度往往小于抗压强度,即拉压比相对较低,且随着强度等级提高,脆性增大,韧性下降。

(6)高强混凝土的胶凝材料用量较大,故水化热大,自收缩大,干缩也较大,较易产生裂缝。

四、高强混凝土的应用

高强混凝土作为建设部推广应用的十大新技术之一,是建设工程发展的必然趋势。发达国家早在20世纪50年代即已开始研究应用。我国约在20世纪80年代初首先在轨枕和预应力桥梁中加以应用。在高层建筑中的应用则始于80年代末,进入90年代以来,研究和应用增加,北京、上海、广州、深圳等许多大中城市已建起了多幢高强混凝土建筑。

随着国民经济的发展,高强混凝土在建筑、道路、桥梁、港口、海洋、大跨度及预应力结构、高耸建筑物等工程中的应用将越来越广泛,强度等级也将不断提高,C50~C80的混凝土将普遍得到使用,C80以上的混凝土将在一定范围内得到应用。

第7节 轻混凝土

轻混凝土是指表观密度小于1950kg/m³的混凝土。可分为轻集料混凝土、多孔混凝土和无砂大孔混凝土三类。轻混凝土的主要特点为:

1. 表观密度小。轻混凝土与普通混凝土相比,其表观密度一般可减小1/4~3/4,使上部结构的自重明显减轻,从而显著地减少地基处理费用,并且可减小柱子的截面尺寸。又由于构件自重产生的恒载减小,因此可减少梁板的钢筋用量。此外,还可降低材料运输费用,加快施工进度。

2. 保温性能良好。材料的表观密度是决定其导热系数的最主要因素,因此轻混凝土通常具有良好的保温性能,能够降低建筑物使用能耗。普通混凝土的导热系数一般为1.70W/(m·K),而轻集料结构混凝土的导热系数可小于0.60W/(m·K)。

3. 耐火性能良好。轻混凝土具有保温性能好、热膨胀系数小等特点,遇火强度损失小,故特别适用于耐火等级要求高的高层建筑和工业建筑。

4. 力学性能良好。轻混凝土的弹性模量较小、受力变形较大,抗裂性较好,能有效吸收地震能,提高建筑物的抗震能力,故适用于有抗震要求的建筑。

5. 易于加工。轻混凝土中,尤其是多孔混凝土,易于打入钉子和进行锯切加工。这为施工中固定门窗框、安装管道和电线等带来很大方便。

轻混凝土在主体结构的中应用尚不多,主要原因是价格较高。但是,若对建筑物进行综合经济分析,则可收到显著的技术和经济效益,尤其是考虑建筑物使用阶段的节能效益,其技术经济效益更佳。

一、轻集料混凝土

用轻粗集料、轻细集料(或普通砂)和水泥配制而成的混凝土,其干表观密度不大于1950kg/m³,称为轻集料混凝土(也称为轻骨料混凝土)。当粗细集料均为轻集料时,称为全轻混凝土;当细集料为普通砂时,称砂轻混凝土。

(一)轻集料的种类及技术性质

1. 轻集料的种类

凡是粒径为5mm以上,堆积密度小于1000kg/m³的轻质集料,称为轻粗集料。粒径小于5mm,堆积密度小于1200kg/m³的轻质集料,称为轻细集料。

轻集料按来源不同分为三类:①天然轻集料(如浮石、火山渣及轻砂等);②工业废料轻集料(如粉煤灰陶粒、膨胀矿渣、自燃煤矸石等);③人造轻集料(如膨胀珍珠岩、页岩陶粒、黏土陶粒等)。

2. 轻集料的技术指标

轻集料的技术指标主要有堆积密度、强度、颗粒级配和吸水率等,此外,还有耐久性、体积安定性、有害成分含量等。

(1)堆积密度:轻集料的表现密度直接影响所配制的轻集料混凝土的表观密度和性能,轻粗集料按堆积密度划分为 10 个等级:200、300、400、500、600、700、800、900、1000、1100kg/m³。轻砂的堆积密度为 410~1200kg/m³。

(2)强度:轻粗集料的强度,通常采用"筒压法"测定其筒压强度。筒压强度是间接反映轻集料颗粒强度的一项指标,对相同品种的轻集料,筒压强度与堆积密度常呈线性关系。但筒压强度不能反映轻集料在混凝土中的真实强度,因此,技术规程中还规定采用强度标号来评定轻粗集料的强度。"筒压法"和强度标号测试方法可参考有关规范。

(3)吸水率:轻集料的吸水率一般都比普通砂石料大,因此将显著影响混凝土拌合物的和易性、水胶比和强度的发展。在设计轻集料混凝土配合比时,必须根据轻集料的 1h 吸水率计算附加用水量。国家标准中关于轻集料 1h 吸水率的规定是:轻砂和天然轻粗集料吸水率不作规定,其他轻粗集料的吸水率应符合《轻集料及其试验方法第 1 部分:轻集料》(GB/T 17431.1—2010)的规定。(关于轻集料 1h 吸水率的规定应符合《轻集料及其试验方法第1 部分:轻集料》(GB/T 17431.1—2010)中 5.4 条规定。)

(4)最大粒径与颗粒级配:保温及结构保温轻集料混凝土用的轻集料,其最大粒径不宜大于 40mm。结构轻集料混凝土的轻集料不宜大于 20mm。

对轻粗集料的级配要求,其自然级配的空隙率不应大于 50%。轻砂的细度模数不宜大于 4.0;大于 5mm 的筛余量不宜大于 10%。

(二)轻集料混凝土的强度等级

轻集料混凝土按干表观密度一般为 600～1900kg/m³,共分为 14 个等级。强度等级按立方体抗压强度标准值分为 LC5.0、LC7.5、LC10、LC15、LC20、LC25、LC30、LC35、LC40、LC45、LC50、LC55、LC60 等 13 个等级。

按用途不同,轻集料混凝土分为三类,其相应的强度等级和表观密度要求见表 4-28。

表 4-28　轻集料混凝土按用途分类

类别名称	混凝土强度等级的合理范围	混凝土表观密度等级的合理范围	用　途
保温轻集料混凝土	LC5.0	≤800	主要用于保温的围护结构或热工构筑物
结构保温轻集料混凝土	LC5.0、LC7.5、LC10、LC15	800～1400	主要用于既承重又保温的围护结构
结构轻集料混凝土	LC15、LC20、LC25、LC30、LC35、LC40、LC45、LC50、LC55、LC60	1400～1900	主要用于承重构件或构筑物

轻集料混凝土由于其轻集料具有颗粒表观密度小、总表面积大、易于吸水等特点,所以其拌合物适用的流动范围比较窄,过大的流动性会使轻集料上浮、离析;过小的流动性则会使捣实困难。流动性的大小主要取决于用水量,由于轻集料吸水率大,因而其用水量的概念与普通混凝土略有区别。加入拌合物中的水量称为总用水量,可分为两部分,一部分被集料吸收,其数量相当于 1h 的吸水量,这部分水称为附加用水量,其余部分称为净用水量,使拌合物获得要求的流动性和保证水泥水化的进行。净用水量可根据混凝土的用途及要求的流动性来选择。另外,轻集料混凝土的和易性也受砂率的影响,尤其是采用轻细集料时,拌合物和易性随着砂率的提高而有所改善。轻集料混凝土的砂率一般比普通混凝土的砂率略大。

对于轻集料混凝土,由于轻集料自身强度较低,因此其强度的决定因素除了水泥强度与水胶比(水胶比考虑净用水量)外,还取决于轻集料的强度。与普通混凝土相比,采用轻集料会导致混凝土强度下降,并且集料用量越多,强度降低越大,其表观密度也越小。

轻集料混凝土的另一特点是,由于受到轻集料自身强度的限制,因此,每一品种轻集料只能配制一定强度的混凝土,如要配制高于此强度的混凝土,即使降低水胶比,也不可能使混凝土强度有明显提高,或提高幅度很小。

轻集料混凝土的变形比普通混凝土大,弹性模量较小,约为同级别普通混凝土的 50%～70%,制成的构件受力后挠度较大是其缺点。但因极限应变大,有利于改善构筑物的抗震性能或抵抗动荷载能力。轻集料混凝土的收缩和徐变比普通混凝土相应地大 20%～50% 和 30%～60%,热膨胀系数则比普通混凝土低 20% 左右。

(三)轻集料混凝土的制作与使用特点

(1)轻集料本身吸水率较天然砂、石为大,若不进行预湿,则拌合物在运输或浇筑过程中的坍落度损失较大,在设计混凝土配合比时须考虑轻集料附加水量。

(2)拌合物中粗集料容易上浮,也不易搅拌均匀,应选用强制式搅拌机作较长时间的搅拌。轻集料混凝土成型时振捣时间不宜过长,以免造成分层,最好采用加压振捣。

(3)轻集料吸水能力较强,要加强浇水养护,防止早期干缩开裂。

(四)轻集料混凝土配合比设计要点

轻集料混凝土配合比设计的基本要求与普通混凝土相同,但应满足对混凝土表观密度的要求。

轻集料混凝土配合比设计方法与普通混凝土基本相似,分为绝对体积法和松散体积法。砂轻混凝土宜采用绝对体积法,即按每立方米混凝土的绝对体积为各组成材料的绝对体积之和进行计算。松散体积法宜用于全轻混凝土,即以给定每立方米混凝土的粗细集料松散总体积为基础进行计算,然后按设计要求的混凝土表观密度为依据进行校核,最后通过试拌调整得出(详见《轻骨料混凝土技术规程》JGJ 51—2002)。

轻集料混凝土与普通混凝土配合比设计中的不同之处主要有两点,一是用水量为净用水量与附加用水量两者之和;二是砂率为砂的体积占砂石总体积之比值。

二、多孔混凝土

多孔混凝土中无粗、细骨料,内部充满大量细小封闭的孔,孔隙率高达 60% 以上。多孔混凝土可分为加气混凝土和泡沫混凝土两种。近年来,也有用压缩空气经过充气介质弥散成大量微气泡,均匀地分散在料浆中而形成多孔结构。这种多孔混凝土称为充气混凝土。

根据养护方法不同,多孔混凝土可分为蒸压多孔混凝土和非蒸压(蒸养或自然养护)多孔混凝土两种。由于蒸压加气混凝土在生产和制品性能上有较多优越性,以及可以大量地利用工业废渣,故近年来发展应用较为迅速。

多孔混凝土质轻,其表观密度不超过 $1000kg/m^3$,通常在 $300\sim800kg/m^3$ 之间;保温性能优良,导热系数随其表观度降低而减小,一般为 $0.09\sim0.17W/(m\cdot K)$;可加工性好,可锯、可刨、可钉、可钻,并可用胶粘剂黏结。

(一)蒸压加气混凝土

蒸压加气混凝土是用钙质材料(水泥、石灰)、硅质材料(石英砂、尾矿粉、粉煤灰、粒状高炉矿渣、页岩等)和适量加气剂为原料,经过磨细、配料、搅拌、浇筑、切割和蒸压养护(在压力为 0.8MPa～1.5MPa 下养护 6～8h)等工序生产而成。

加气剂一般采用铝粉膏,它能迅速与钙质材料中的氢氧化钙发生化学反应产生氢气,形成气泡,使料浆形成多孔结构。其化学反应过程如下:

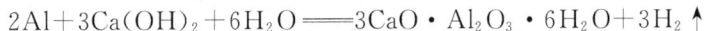

$$2Al+3Ca(OH)_2+6H_2O \Longrightarrow 3CaO\cdot Al_2O_3\cdot 6H_2O+3H_2\uparrow$$

除铝粉膏外,也可采用双氧水、碳化钙、漂白粉等作为加气剂。

蒸压加气混凝土通常是在工厂预制成砌块或条板等制品。蒸压加气混凝土砌块按其强度和表观密度划分产品等级。根据我国《蒸压加气混凝土砌块》(GB11968—2006)规定,强度级别分为 A1.0,A2.0,A2.5,A3.0,A3.5,A5.0,A7.5,A10 共七个级别,其强度平均值和单块最小值应分别满足表 4-29 的要求。

表 4-29　蒸压加气混凝土砌块的立方体抗压强度

强度等级		A1.0	A2.0	A2.5	A3.5	A5.0	A7.5	A10
平均值（MPa）	≥	1.0	2.0	2.5	3.5	5.0	7.5	10
单块最小值（MPa）	≥	0.8	1.6	2.0	2.8	4.0	6.0	8.0

体积密度级别分为 B03、B04、B05、B06、B07、B08 共六个级别。各强度级别和密度级别的要求见表 4-30。

表 4-30　蒸压加气混凝土砌块的强度级别和密度级别

密度等级		B03	B04	B05	B06	B07	B08
强度级别	优等品（A）	A1.0	A2.0	A3.5	A5.0	A7.5	A10.0
	合格品（B）			A2.5	A3.5	A5.0	A7.5

蒸压加气混凝土砌块在温度为 20±2℃、相对湿度为 41%～45% 的条件下,测定的干燥收缩值不大于 0.5mm/m。表观密度级别为 B03、B04、B05 的导热系数分别小于 0.10 W/(m·K)、0.12W/(m·K)、0.14W/(m·K),可用作保温层。

蒸压加气混凝土砌块适用于承重和非承重的内墙和外墙。强度等级 A3.5 级、密度等级 B05 和 B06 级的砌块用于横墙承重的房屋时,其楼层数不得超过三层。总高度不超过 10m;强度等级 A5.0 级、密度等级 B06 级和 B07 级的砌块,一般不宜超过五层,总高度不超过 16m。蒸压加气混凝土砌块可用作框架结构中的非承重墙。

加气混凝土条板可用于工业和民用建筑中,作承重和保温合一的屋面板和隔墙板。条板均配有钢筋,钢筋必须预先经防锈处理。另外,还可用加气混凝土和普通混凝土预制成复合墙板,用作外墙板。蒸压加气混凝土还可做成各种保温制品,如管道保温壳等。

蒸压加气混凝土的吸水率大,且强度较低,所以其所用砌筑砂浆及抹面砂浆与砌筑砖墙时不同,需专门配制。墙体外表面必须作饰面处理,其门窗固定方法也与砖墙不同。

（二）泡沫混凝土

泡沫混凝土是将由水泥等拌制的料浆与由泡沫剂搅拌造成的泡沫混合搅拌,再经浇筑、养护硬化而成的多孔混凝土。

配制自然养护的泡沫混凝土时,水泥强度等级不宜低于 32.5,否则强度太低。当生产中采用蒸汽养护或蒸压养护时,不仅可缩短养护时间,且能提高强度,还能掺用粉煤灰、煤渣或矿渣,以节省水泥,甚至可以全部利用工业废渣代替水泥。如以粉煤灰、石灰、石膏等为胶凝材料,再经蒸压养护,制成蒸压泡沫混凝土。

泡沫混凝土的技术性质和应用,与相同表观密度的加气混凝土大体相同。也可在现场直接浇筑,用作屋面保温层。

三、大孔混凝土

大孔混凝土指无细骨料的混凝土,按其粗骨料的种类,可分为普通无砂大孔混凝土和轻集料大孔混凝土两类。普通大孔混凝土是用碎石、卵石、重矿渣等配制而成。轻集料大孔混凝土则是用陶粒、浮石、碎砖、煤渣等配制而成。有时为了提高大孔混凝土的强度,也可掺入少量细骨料,这种混凝土称为少砂混凝土。

普通大孔混凝土的表观密度在 $1500 \sim 1900 kg/m^3$ 之间,抗压强度为 $3.5 \sim 10 MPa$。轻集料大孔混凝土的表现密度在 $500 \sim 1500 kg/m^3$ 之间,抗压强度为 $1.5 \sim 7.5 MPa$。

大孔混凝土的导热系数小,保温性能好,收缩一般较普通混凝土小 $30\% \sim 50\%$,抗冻性优良。

大孔混凝土宜采用单一粒级的粗骨料,如粒径为 $10 \sim 20 mm$ 或 $10 \sim 30 mm$。不允许采用小于 $5 mm$ 和大于 $40 mm$ 的骨料。水泥宜采用等级为 32.5 或 42.5 的水泥。水胶比(对轻集料大孔混凝土为净用水量的水胶比)可在 $0.30 \sim 0.40$ 之间取用,应以浆体能均匀包裹在骨料表面不流淌为准。

大孔混凝土适用于制做墙体小型空心砌块、砖和各种板材,也可用于现浇墙体。普通大孔混凝土还可制成滤水管、滤水板等,广泛用于市政工程。

第 8 节 泵送混凝土

泵送混凝土是指坍落度不小于 $100 mm$,并用泵送施工的混凝土。它能一次连续完成水平运输和垂直运输,效率高、节约劳动力,因而近年来国内外应用十分广泛。

泵送混凝土拌合物必须具有较好的可泵性。所谓可泵性,即拌合物具有顺利通过管道、摩擦阻力小、不离析、不阻塞和黏聚性良好的性能。

保证混凝土良好可泵性的基本要求是:

(一)水泥

泵送混凝土应选用硅酸盐水泥、普通硅酸盐水泥、矿渣硅酸盐水泥、粉煤灰硅酸盐水泥,不宜采用火山灰质硅酸盐水泥。

(二)骨料

泵送混凝土所用粗骨料宜用连续级配,其针片状含量不宜大于 10%。最大粒径与输送管径之比,当泵送高度 $50 m$ 以下时,碎石不宜大于 $1:3$,卵石不宜大于 $1:2.5$;泵送高度在 $50 \sim 100 m$ 时,碎石不宜大于 $1:4$,卵石不宜大于 $1:3$;泵送高度在 $100 m$ 以上时,碎石不宜大于 $1:5.0$,卵石不宜大于 $1:4$。宜采用中砂,其通过 $0.315 mm$ 筛孔的颗粒含量不应少于 15%,通过 $0.160 mm$ 筛孔的含量不宜少于 5%。

(三)掺合料与外加剂

泵送混凝土应掺用泵送剂或减水剂,并宜掺用粉煤灰、矿粉或其他掺合料以改善混凝土的可泵性。

(四)坍落度

泵送混凝土入泵时的坍落度一般应符合表 4-31 的要求,配制时应考虑坍落度经时损失。

表 4-31 混凝土入泵坍落度与泵送高度关系表

最大泵送高度(m)	50	100	200	400	400 以上
入泵坍落度(mm)	100～140	150～180	190～220	230～260	—
入泵扩展度(mm)	—	—	—	450～590	600～700

（五）泵送混凝土配合比设计

泵送混凝土的水胶比不宜大于 0.60，水泥和矿物掺合料总量不宜小于 $300kg/m^3$，砂率宜为 35～45%。采用引气剂的泵送混凝土，其含气量不宜超过 4%。实践证明，泵送混凝土掺用优质的磨细粉煤灰和矿粉后，可显著改善和易性及节约水泥，而强度不降低。泵送混凝土的用水量和胶凝材料用量较大，使混凝土易产生离析和收缩裂纹等问题。

第 9 节　特种混凝土

一、抗渗混凝土

抗渗混凝土是指抗渗等级不低于 P6 级的混凝土。即它能抵抗 0.6MPa 静水压力作用而不发生透水现象。

抗渗混凝土所用原材料应符合下列要求：

（1）水泥强度等级不宜低于 32.5，其品种应按设计要求选用，当有抗冻要求时，应优先选用硅酸盐水泥或普通硅酸盐水泥；

（2）粗骨料的最大粒径不宜大于 40mm，其含泥量不得大于 1.0%，泥块含量不得大于 0.5%；

（3）细骨料的含泥量不得大于 3.0%，泥块含量不得大于 1.0%；

（4）外加剂宜采用防水剂、膨胀剂、引气剂或减水剂。

表 4-32　抗渗混凝土的最大水胶比限值

抗渗等级	P 6	P8～P12	P12 以上
C20～C30	0.60	0.55	0.50
C30 以上	0.55	0.50	0.45

抗渗混凝土配合比计算应遵守以下几项规定：

（1）每立方米混凝土中的胶凝材料用量不宜少于 320kg；

（2）砂率宜为 35%～40%；灰砂比宜为 1:(2～2.5)；

（3）抗渗混凝土的最大水胶比应符合表 4-32 规定；

（4）当掺用引气剂或引气型减水剂时，含气量宜控制在 3.0%～5.0%。

为了提高混凝土的抗渗性，通常采用合理选择原材料、提高混凝土的密实程度以及改善混凝土内部孔隙结构等方法来实现。常用方法有：

1. 骨料级配法

通过改善骨料级配,使骨料本身达到最大密实程度的堆积状态。为了降低空隙率,还应加入约占骨料量 5%～8% 的粒径小于 0.16mm 的细粉料。同时严格控制水胶比、用水量及拌合物的和易性,使混凝土结构致密,提高抗渗性。

2. 外加剂法

在混凝土中掺适当品种的外加剂,改善混凝土内孔结构,隔断或堵塞混凝土中各种孔隙、裂缝、渗水通道等,达到改善混凝土抗渗的目的。这种方法施工简单,造价低廉,质量可靠,被广泛采用。常用外加剂有引气剂、密实剂(如采用 $FeCl_3$ 防水剂)、高效减水剂(降低水胶比)、膨胀剂(防止混凝土收缩开裂)等。

3. 采用特种水泥

采用无收缩不透水水泥、膨胀水泥等来拌制混凝土,能够改善混凝土内的孔结构,有效提高混凝土的致密度和抗渗能力。

二、大体积混凝土

大体积混凝土是指混凝土结构物实体最小尺寸等于或大于 1m,或预计会因胶凝材料水化热引起混凝土内外温差过大而导致有害裂缝的混凝土。如大型建筑物基础底板、承台等。

大体积混凝土所用原材料应符合下列规定:

(1)水泥宜采用中、低热硅酸盐水泥或低热矿渣硅酸盐水泥,水泥的 3d 和 7d 水泥化热应符合现行国家标准《中热硅酸盐水泥 低热硅酸盐水泥》GB 200 规定。当采用硅酸盐水泥或普通硅酸盐水泥时,应掺加矿物掺合料,胶凝材料的 3d 和 7d 水泥化热不宜大于 240 kJ/kg 和 270kJ/kg。

(2)(粗骨料宜为连续级配,最大粒径不宜小于 31.5mm,含泥量不应大于 1.0%。

(3)宜采用中砂,含泥量不应大于 3.0%。

(4)宜掺用矿物掺合料和缓凝型减水剂。

宜采用 60d 或 90d 龄期作为设计强度,使用前宜采用标准尺寸试件进行试验,配合比应符合下列规定:

(1)水胶比不宜大于 0.55,用水量不宜大于 175kg/m³。

(2)在保证混凝土性能要求的前提下,宜提高粗骨料的用量;砂率宜控制为 38%～42%。

(3)在保证混凝土性能要求的前提下,应减少胶凝材料中的水泥用量,提高矿物掺合料用量。

(4)在配合比试配和调整时,控制混凝土绝热温升不大于 50℃。

(5)大体积混凝土配合比应满足施工对混凝土凝结时间的要求。

三、抗冻混凝土

抗冻混凝土是指使用环境比较严酷,混凝土的抗冻等级要求 F50 以上的混凝土。

抗冻混凝土的原材料应符合下列规定:

(1)水泥应采用硅酸盐水泥或普通硅酸盐水泥。

(2)粗骨料宜为连续级配,含泥量不应大于 1.0%,泥块含量不应大于 0.5%。

(3)细骨料含泥量不应大于 3.0%,泥块含量不应大于 1.0%。

(4)粗、细骨料均应通过坚固性试验,并符合 JGJ52 的规定。

(5)抗冻等级不小于 F100 的混凝土宜掺用引气剂。

(6)在钢筋混凝土和预应力混凝土中不得掺用含有氯盐的防冻剂;在预应力混凝土中不得掺用含有亚硝酸盐或碳酸盐的防冻剂。

抗冻混凝土的配合比应符合下列规定:

(1)最大水胶比和最小胶凝材料用量应符合表 4-33 的规定。

表 4-33　抗冻混凝土最大水胶比和最小胶凝材料用量

设计抗冻等级	最大水胶比		最小胶凝材料用量 (kg/m³)
	无引气剂时	有引气剂时	
F50	0.55	0.60	300
F100	0.50	0.55	320
不低于 F150	—	0.50	350

(2)如掺用复合矿物掺合料,其掺量宜符合表 4-34 的规定。

表 4-34　抗冻混凝土复合矿物掺合料最大掺量

水胶比	最大掺量	
	采用硅酸盐水泥时	采用普通硅酸盐水泥时
≤0.40	60	50
>0.40	50	40

注:①采用其他通用硅酸盐水泥时,可将水泥混合材掺量20%以上的混合材量计入矿物掺合料;
②复合矿物掺合料中各矿物掺合料组分的掺量不宜超过表 4-3 中单掺时的限量。

(3)掺用引气剂的混凝土最小含气量应符合表 4-35 的规定,最大不宜超过 7.0%。

表 4-35　抗冻混凝土最小含气量

粗骨料最大粒径(mm)	最小含气量(%)	
	潮湿或水位变动的寒冷和严寒环境	盐冻环境
40.0	4.5	5.0
25.0	5.0	5.5
20.0	5.5	6.0

四、耐热混凝土

耐热混凝土是指能长期在高温(200~900℃)作用下保持所要求的物理和力学性能的一种特种混凝土。

普通混凝土不耐高温,故不能在高温环境中使用。其不耐高温的原因是:水泥石中的氢氧化钙及石灰岩质的粗骨料在高温下均要产生分解,石英砂在高温下要发生晶型转变而体积膨胀,加之水泥石与骨料的热膨胀系数不同。所有这些,均将导致普通混凝土在高温下产生裂缝,强度严重下降,甚至破坏。

耐热混凝土是由合适的胶凝材料、耐热粗、细骨料及水,按一定比例配制而成。根据所用胶凝材料不同,通常可分为以下几种:

1. 矿渣水泥耐热混凝土

矿渣水泥耐热混凝土是以矿渣水泥为胶结材料,安山岩、玄武岩、重矿渣、黏土碎砖等为耐热粗、细骨料,并以烧黏土、砖粉等作磨细掺合料,再加入适量的水配制而成。耐热磨细掺合料中的二氧化硅和三氧化铝在高温下能与氧化钙作用,生成稳定的无水硅酸盐和铝酸盐,它们能提高水泥的耐热性。矿渣水泥配制的耐热混凝土其极限使用温度为900℃。

2. 铝酸盐水泥耐热混凝土

铝酸盐水泥耐热混凝土是采用高铝水泥或硫铝酸盐水泥、耐热粗细骨料、高耐火度磨细掺合料及水配制而成。这类水泥在300~400℃下其强度会急剧降低,但残留强度能保持不变。到1100℃时,其结构水全部脱出而烧结成陶瓷材料,则强度重又提高。常用粗、细骨料有碎镁砖、烧结镁砖、矾土、镁铁矿和烧黏土等。铝酸盐水泥耐热混凝土的极限使用温度为1300℃。

3. 水玻璃耐热混凝土

水玻璃耐热混凝土是以水玻璃作胶结材料,掺入氟硅酸钠作促硬剂,耐热粗、细骨料可采用碎铁矿、镁砖、铬镁砖、滑石、焦宝石等。磨细掺合料为烧黏土、镁砂粉、滑石粉等。水玻璃耐热混凝土的极限使用温度为1200℃。施工时严禁加水;养护时也必须干燥,严禁浇水养护。

4. 磷酸盐耐热混凝土

磷酸盐耐热混凝土是由磷酸铝和高铝质耐火材料或锆英石等制备的粗、细骨料及磨细掺合料配制而成,目前更多的是直接采用工业磷酸配制耐热混凝土。这种混凝土具有高温韧性强、耐磨性好、耐火度高的特点,其极限使用温度为1500~1700℃。磷酸盐耐热混凝土的硬化需在150℃以上烘干,总干燥时间不少于24h,硬化过程中不允许浇水。

耐热混凝土多用于高炉基础、焦炉基础,热工设备基础及围护结构、护衬、烟囱等。

五、耐酸混凝土

能抵抗多种酸及大部分腐蚀性气体侵蚀作用的混凝土称为耐酸混凝土。

1. 水玻璃耐酸混凝土

水玻璃耐酸混凝土由水玻璃作胶结,氟硅酸钠作促硬剂,与耐酸粉料及耐酸粗、细骨料按一定比例配制而成。耐酸粉料由辉绿岩、耐酸陶瓷碎料、石英质材料磨细而成。耐酸粗、细骨料常用石英岩、辉绿岩、安山岩、玄武岩、铸石等。水玻璃耐酸混凝土的配合比一般为水玻璃:耐酸粉料:耐酸细骨料:耐酸粗骨料=0.6~0.7:1:1:1.5~2.0。水玻璃耐酸混凝土养护温度不低于10℃,养护时间不少于6d。

水玻璃耐酸混凝土能抵抗除氢氟酸以外的各种酸类的侵蚀,特别是对硫酸、硝酸有良好的抗腐性,且具有较高的强度,其3d强度约为11MPa,28d强度可达15MPa。多用于化工车间的地坪、酸洗槽、贮酸池等。

2. 硫磺耐酸混凝土

它是以硫磺为胶凝材料,聚硫橡胶为增韧剂,掺入耐酸粉料和细骨料,经加热(160~

170℃)熬制成硫磺砂浆,灌入耐酸粗骨料中冷却后即为硫磺耐酸混凝土。其抗压强度可达40MPa以上,常用于地面、设备基础、贮酸池槽等。

六、聚合物混凝土

聚合物混凝土是由有机聚合物、无机胶凝材料和骨料结合而成的新型混凝土,常用的有以下两类。

(一)聚合物浸渍混凝土(PIC)

将已硬化的混凝土干燥后浸入有机单体中,用加热或辐射等方法使混凝土孔隙内的单体聚合,使混凝土与聚合物形成整体,称为聚合物浸渍混凝土。

由于聚合物填充了混凝土内部的孔隙和微裂缝,从而增加了混凝土的密实度,提高了水泥与骨料之间的黏结强度,减少了应力集中,因此具有高强、耐蚀、抗冲击等优良的物理力学性能。与基材(混凝土)相比,抗压强度可提高2~4倍,一般可达150MPa。

浸渍所用的单体有:甲基丙烯酸甲酯(MMA)、苯乙烯(S)、丙烯腈(AN)、聚脂—苯乙烯等。对于完全浸渍的混凝土应选用黏度尽可能低的单体,如 MMA,S 等,对于局部浸渍的混凝土,可选用黏度较大的单体如聚脂—苯乙烯等。

聚合物浸渍混凝土适用于要求高强度、高耐久性的特殊构件,特别适用于输送液体的有筋管道、无筋管道和坑道。

(二)聚合物水泥混凝土(PCC)

聚合物水泥混凝土是用聚合物乳液拌和水泥,并掺入砂或其他骨料而制成。生产工艺与普通混凝土相似,便于现场施工。

聚合物可用天然聚合物(如天然橡胶)和各种合成聚合物(如聚醋酸乙烯、苯乙烯、聚氯乙烯等)。矿物胶凝材料可用普通水泥和高铝水泥。

通常认为,在混凝土凝结硬化过程中,聚合物与水泥之间没有发生化学作用,只是水泥水化吸收乳液中水分,使乳液脱水而逐渐凝固,水泥水化产物与聚合物互相包裹填充形成致密的结构,从而改善了混凝土的物理力学性能,表现为黏结性能好,耐久性和耐磨性高,抗折强度明显提高,但不及聚合物浸渍混凝土显著,抗压强度有可能下降。

聚合物水泥混凝土多用于无缝地面,也常用于混凝土路面和机场跑道面层和构筑物的防水层。

七、纤维混凝土

纤维混凝土是以混凝土为基体,外掺各种纤维材料而成。掺入纤维的目的是提高混凝土的抗拉、抗弯、冲击韧性,也可以有效改善混凝土的脆性性质。

常用的纤维材料有钢纤维、玻璃纤维、石棉纤维、碳纤维和合成纤维等。所用的纤维必须具有耐碱、耐海水、耐气候变化的特性。国内外研究和应用钢纤维较多,因为钢纤维对抑制混凝土裂缝的形成,提高混凝土抗拉和抗弯、增加韧性效果最佳,但成本较高,因此,近年来合成纤维的应用技术研究较多,有可能成为纤维混凝土主要品种之一。

在纤维混凝土中,纤维的含量,纤维的几何形状以及纤维的分布情况,对其性质有重要影响。以钢纤维为例:为了便于搅拌,一般控制钢纤维的长径比为60~100,掺量为0.5%~

1.3%(体积比),尽可能选用直径细、截面形状非圆形的钢纤维,钢纤维混凝土一般可提高抗拉强度 2 倍左右,抗冲击强度提高 5 倍以上。

纤维混凝土目前主要用于复杂应力结构构件、对抗冲击性要求高的工程,如飞机跑道、高速公路、桥面面层、管道等。随着纤维混凝土技术的提高,各类纤维性能的改善,成本的降低,在建筑工程中的应用将会越来越广泛。

八、防辐射混凝土

能遮蔽 X、γ 射线等对人体有危害的混凝土,称为防辐射混凝土。它由水泥、水及重骨料配制而成,其表观密度一般在 $3000kg/m^3$ 以上。混凝土愈重,其防护 X、γ 射线的性能越好,且防护结构的厚度可减小。但对中子流的防护,除需要混凝土很重外,还需要含有足够多的最轻元素——氢。

配制防辐射混凝土时,宜采用胶结力强、水化结合水量高的水泥,如硅酸盐水泥,最好使用硅酸锶等重水泥。采用高铝水泥施工时需采取冷却措施。常用重骨料主要有重晶石($BaSO_4$)、褐铁矿($2Fe_2O_3 \cdot 3H_2O$)、磁铁矿(Fe_3O_4)、赤铁矿(Fe_2O_3)等。另外,掺入硼和硼化物及锂盐等,也能有效改善混凝土的防护性能。

防辐射混凝土主要用于原子能工业以及应用放射性同位素的装置中,如反应堆、加速器、放射化学装置、海关、医院等的防护结构。

九、彩色混凝土

彩色混凝土,也称为面层着色混凝土。通常采用彩色水泥或白水泥加颜料按一定比例配制成彩色饰面料,先铺于模底,厚度不小于 10mm,再在其上浇筑普通混凝土,这称为反打一步成型。也可冲压成型。除此之外,还可采取在新浇混凝土表面上干撒着色硬化剂显色,或者采用化学着色剂渗入已硬化混凝土的毛细孔中,生成难溶且抗磨的有色沉淀物显示色彩。

彩色混凝土目前多用于制作路面砖,有人行道砖和车行道砖两类,按其形状又分为普通型砖和异型砖两种。路面砖也有本色砖。普型铺地砖有方形、六角形等多种,它们的表面可做成各种图案花纹,异型路面砖铺设后,砖与砖之间相互产生联锁作用,故又称联锁砖。联锁砖的排列方式有多种,不同排列则形成不同图案的路面。采用彩色路面砖铺路面,可形成多彩美丽的图案和永久性的交通管理标志,具有美化城市的作用。

十、碾压式水泥混凝土

碾压式水泥混凝土是以较低的胶凝材料用量和很小的水胶比配制而成的超干硬性混凝土,经机械振动碾压密实而成,通常简称为碾压混凝土。这种混凝土主要用来铺筑路面和坝体,具有强度高、密实度大、耐久性好和成本低等优点。

(一)原材料和配合比

碾压混凝土的原材料与普通混凝土基本相同。为节约水泥、改善和易性和提高耐久性,通常掺大量的粉煤灰。当用于路面工程时,粗集料最大粒径应不大于 20mm,基层则可放大到 30~40mm。为了改善集料级配,通常掺入一定量的石屑,且砂率比普通混凝土要大。

碾压混凝土的配合比设计主要通过击实试验,以最大表观密度或强度为技术指标,来选择合理的集料级配、砂率、胶凝材料用量和最佳含水量(其物理意义与普通混凝土的水胶比相似),采用体积法计算砂石用量,并通过试拌调整和强度验证,最终确定配合比。并以最佳含水率和最大表观密度值作为施工控制和质量验收的主要技术依据。

(二)主要技术性能和经济效益

1. 主要技术性能

(1)强度高:碾压混凝土由于采用很小的水胶比(一般为 0.3 左右),集料又采用连续密级配,并经过振动式或轮胎式压路机的碾压,混凝土具有密实度和表观密度大的优点,水泥胶结料能最大限度地发挥作用,因而混凝土具有较高的强度,特别是早期强度更高。如胶凝材料用量为 $200kg/m^3$ 的碾压混凝土抗压强度可达 30MPa 以上,抗折强度大于 5MPa。

(2)收缩小:碾压混凝土由于采用密实级配,胶结料用量低,水胶比小,因此混凝土凝结硬化时的化学收缩小,多余水分挥发引起的干缩也小,从而混凝土的总收缩大大下降,一般只有同等级普通混凝土的 1/2～1/3 左右。

(3)耐久性好:由于碾压混凝土的密实结构,孔隙率小,因此,混凝土的抗渗性、耐磨性、抗冻性和抗腐蚀性等耐久性指标大大提高。

2. 经济效益

(1)节约水泥:等强度条件下,碾压混凝土可比普通混凝土节约胶凝材料用量 30% 以上。

(2)工效高、加快施工进度:碾压混凝土应用于路面工程可比普通混凝土提高工效 2 倍左右。又由于早期强度高,可缩短养护期、加快施工进度、提早开放交通。

(3)降低施工和维护费用:当碾压混凝土应用于大体积混凝土工程时,由于水化热小,可以大大简化降温措施,节约降温费用。对混凝土路面工程,其养护费用远低于沥青混凝土路面,而且使用年限较长。

习题与复习思考题

1. 砂颗粒级配、细度模数的概念及测试和计算方法。

2. 石子最大粒径、针片状、压碎指标的概念及测试和计算方法。

3. 粗骨料最大粒径的限制条件。

4. 减水剂的作用机理和使用效果。

5. 从技术经济及工程特点考虑,针对大体积混凝土、高强混凝土、普通现浇混凝土、混凝土预制构件、喷射混凝土和泵送混凝土工程或制品,选用合适的外加剂品种,并简要说明理由。

6. 混凝土掺合料的主要功能。

7. 混凝土拌合物和易性的概念、测试方法、主要影响因素、调整方法及改善措施。

8. 混凝土立方体抗压强度、棱柱体抗压强度、抗拉强度和劈裂抗拉强度的概念及相互关系。

9. 影响混凝土强度的主要因素及提高强度的主要措施有哪些?

10. 在什么条件下能使混凝土的配制强度与其所用水泥的强度等级相等?

11. 混凝土产生变形的主要形式有哪些?

12. 影响混凝土干缩值大小的主要因素有哪些?

13. 温度变形对混凝土结构的危害。

14. 混凝土耐久性的概念,抗渗性、抗冻性、抗碳化、抗碱—骨料反应的概念及测试和表达方式。

15. 影响混凝土耐久性的主要因素及提高耐久性的措施有哪些?

16. 混凝土的合理砂率及确定的原则是什么?

17. 混凝土质量(强度)波动的主要原因有哪些?

18. 配合比设计的原则、目标和基本方法。

19. 甲、乙两种砂,取样筛分结果如下:

筛孔尺寸(mm)		4.75	2.36	1.18	0.600	0.300	0.150	<0.150
筛余量(g)	甲 砂	0	3.5	26.5	80.5	139.5	210.0	40.0
	乙 砂	31.0	169.0	121.5	88.5	49.5	30.5	10.0

(1)分别计算细度模数并评定其级配。

(2)欲将甲、乙两种砂混合配制出细度模数为 2.7 的砂,问两种砂的比例应各占多少? 混合砂的级配如何?

20. 钢筋混凝土梁的截面最小尺寸为 240mm,配置钢筋的直径为 20mm,钢筋中心距离为 60mm,问可选用最大粒径为多少的石子?

22. 某工程用碎石和普通水泥 32.5 级配制 C40 混凝土,水泥强度富余系数 1.15,混凝土强度标准差 4.0MPa。求水胶比。若改用普通水泥 42.5 级,水泥强度富余系数为 1.12,水胶比为多少。

23. 三个建筑工地生产的混凝土,实际平均强度均为 24.0MPa,设计要求的强度等级均为 C20,三个工地的强度变异系数 C_v 值分别为 0.102、0.155 和 0.250。问三个工地生产的混凝土强度保证率(P)分别是多少? 并比较三个工地施工质量控制水平。

24. 某工程设计要求的混凝土强度等级为 C25,要求强度保证率 $P=95\%$。试求:

(1)当混凝土强度标准差 $\sigma=5.0$MPa 时,混凝土的配制强度应为多少?

(2)若通过提高施工管理水平,σ 降为 3.0MPa 时,混凝土的配制强度为多少?

(3)若采用普通硅酸盐水泥 32.5 和卵石配制混凝土,用水量为 180kg/m³,水泥富余系数 $\gamma=1.10$。问 σ 从 5.0MPa 降到 3.0MPa,每 m³ 混凝土可节约水泥多少 kg?

25. 某工程在一个施工期内浇筑的某部位混凝土,各班测得的混凝土 28d 的抗压强度值(MPa)如下:

32.6;33.6;40.0;33.0;33.2;33.2;32.8;37.2;31.2;36.0;34.0;40.8;32.4;31.2;34.4;34.4;33.2;34.4;32.0;36.20;31.8;39.0;39.9;31.0;39.4。该部位混凝土设计强度等级为 C30,试计算此批混凝土的平均强度 $f_{cu,m}$、标准差 σ、变异系数 C_v 和强度保证率 P(试件尺寸:150mm×150mm×150mm)。

26. 已知混凝土的水胶比为 0.60,每 m³ 混凝土拌合用水量为 180kg,砂率 33%,水泥的密度 $\rho_c=3.10$g/cm³,砂子和石子的表观密度分别为 $\rho_s=2.62$g/cm³ 及 $\rho_g=2.70$g/cm³。

试用体积法求 1m³ 混凝土中各材料的用量。

27. 某实验室试拌混凝土,经调整后各材料用量为:普通水泥 4.50kg,水 2.70kg,砂 9.90kg,碎石 18.90g,又测得拌合物表观密度为 2.38kg/L,试求:

(1)每 m³ 混凝土的各材料用量;

(2)当施工现场砂子含水率为 3.5%,石子含水率为 1.0% 时,求施工配合比;

(3)如果把实验室配合比直接用于现场施工,则现场混凝土的实际配合比将如何变化? 对混凝土强度将产生多大影响?

28. 某混凝土预制构件厂,生产预应力钢筋混凝土大梁,需用设计强度为 C40 的混凝土,拟用原材料为:

水泥:普通硅酸盐水泥 42.5,水泥强度富余系数为 1.10,$\rho_c = 3.15 \text{g/cm}^3$;

中砂:$\rho_s = 2.66 \text{g/cm}^3$;级配合格;

碎石:$\rho_g = 2.70 \text{g/cm}^3$,级配合格,$D_{max} = 20 \text{mm}$。

已知单位用水量 $W = 170 \text{kg}$,标准差 $\sigma = 5 \text{MPa}$。试用体积法计算混凝土配合比。

29. 某框架结构钢筋混凝土,混凝土设计强度等级为 C40,机械搅拌,泵送施工,机械振捣成型,混凝土坍落度要求为 180mm,根据施工单位的管理水平和历史统计资料,混凝土强度标准差 σ 取 5.0MPa。所用原材料如下:

水泥:普通硅酸盐水泥 42.5 级,密度 $\rho_c = 3.10$,水泥强度富余系数 $K_c = 1.16$;

粉煤灰:Ⅱ级,密度 $\rho_f = 2.20$;掺量 15%;

矿粉:S95 级,密度 $\rho_s g = 2.95$;掺量 10%;

砂:河砂 $M_x = 2.4$,Ⅱ级配区,$\rho_s = 2.65 \text{g/cm}^3$;

减水剂:非引气型减水剂,掺量 $\beta_a = 1.8\%$,混凝土减水率 18%;

石子:碎石,$D_{max} = 31.5 \text{mm}$,连续级配,级配良好,$\rho_g = 2.70 \text{g/cm}^3$;

水:自来水。

求:混凝土初步计算配合比。

30. 今用普通硅酸盐水泥 42.5,配制 C20 碎石混凝土,水泥强度富余系数为 1.10,耐久性要求混凝土的最大水胶比为 0.60,问混凝土强度富余多少? 若要使混凝土强度不产生富余,可采取什么方法?

第 5 章　砂　浆

　　砂浆是由胶凝材料、细集料以及填料、纤维、添加剂和水按一定比例配合,经搅拌并硬化而成。从某种意义上可以说砂浆是无粗集料的混凝土。

　　按所用胶凝材料,砂浆可分为水泥砂浆、水泥石灰混合砂浆、石灰砂浆、水玻璃耐酸砂浆和聚合物砂浆。按照生产方式可分为预拌砂浆、现场搅拌砂浆。按功能和用途可分为砌筑砂浆、抹面砂浆、装饰砂浆、防水砂浆、保温砂浆、耐酸砂浆、耐热砂浆、防腐砂浆、抗裂砂浆和修补砂浆等。

　　建设工程中,砂浆主要用于砌体的砌筑、墙地面找平、防水抹面、粘贴墙地砖、装饰面层、勾缝、修补和作为墙地面的保温层等,随着砂浆日益多功能化,在保温隔热、吸声、防辐射、耐酸、耐腐蚀等更多领域可以应用。

第 1 节　砂浆的组成材料

一、胶凝材料

　　常用的砂浆胶凝材料有水泥、石灰和聚合物等。胶凝材料的品种根据砂浆的使用环境和用途选择。

（一）水泥

　　通用水泥均可以用来配制砂浆,也可采用砌筑水泥。水泥品种的选择与混凝土相同。由于砂浆强度相对于混凝土而较低,因此通常选用强度等级为 32.5 级的水泥,以保证砂浆的和易性。混合砂浆和聚合物砂浆采用的水泥强度等级也不宜大于 42.5 级。当必须采用高强度等级的水泥时,可掺入适量掺合料,以调节强度与砂浆的和易性。

　　砌筑水泥(GB/T 3183—2003)是在硅酸盐水泥熟料中掺入大量的炉渣、灰渣等混合材经磨细后制得的和易性较好的水硬性胶凝材料,代号 M。主要用于配制砂浆。砌筑水泥中的熟料含量一般为 $15\% \sim 25\%$,强度较低,见表 5-1。细度为 0.080mm 方孔筛筛余量不得超过 10%。初凝不得早于 60min,终凝不得迟于 12h。

表 5-1　砌筑水泥各标号、各龄期强度值

水泥等级	抗压强度（MPa）		抗折强度（MPa）	
	7d	28d	7d	28d
12.5	7.0	12.5	1.5	3.0
22.5	10.0	22.5	2.0	4.0

（二）石灰

为了改善砂浆的和易性和节约水泥,通常在砂浆中掺入适量的石灰。过去使用较多的为石灰膏,目前使用较多的为消石灰粉和磨细生石灰粉。石灰在水泥砂浆中用作保水憎稠材料,具有保水性好、价格低廉的优点,可有效避免砌体如砖的高吸水性而导致的砂浆起壳脱落现象,因此广泛用作配制砌筑砂浆与抹面砂浆,是一种传统的建筑材料。但由于石灰耐水性差,加之质量不稳定,导致所配置的砂浆强度低、黏结性差,影响砌体工程质量,而且由于石灰粉掺加时粉尘大,施工现场劳动条件差,环境污染也十分严重,所以目前的使用已受到限制。

（三）可再分散乳胶粉

可再分散乳胶粉是高分子聚合物乳液经喷雾干燥以及后续处理而成的粉状热塑性树脂,可以增加砂浆的内聚力、黏聚力和柔韧性。可再分散乳胶粉的生产工艺流程示意图见图 5-1。

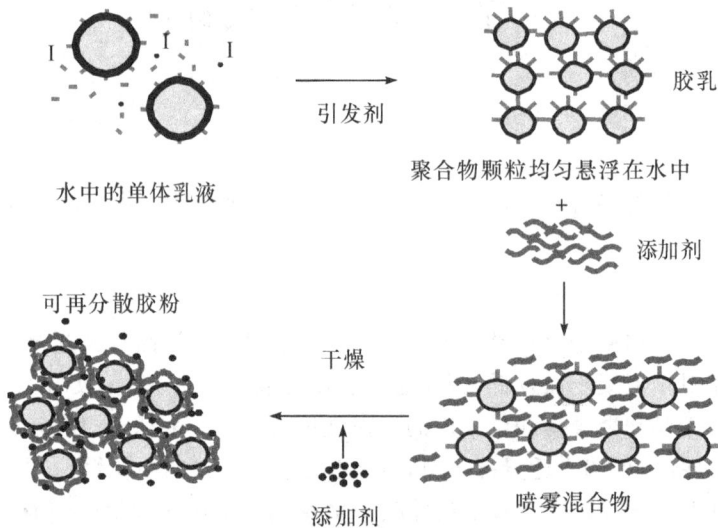

图 5-1　可再分散乳胶粉的生产工艺流程示意图

可再分散乳胶粉的成分包括以下五种:

（1）聚合物树脂。位于胶粉颗粒的核心部分也是可再分散乳胶粉发挥作用的主要成份。例如,聚醋酸乙烯酯/乙烯树脂。（2）内添加剂。起到改性树脂的作用。例如,增塑剂可降低树脂成膜温度,但并非每一种乳胶粉都有添加剂成分。（3）保护胶体。是乳胶粉颗粒表面上包裹的一层亲水性的材料,绝大多数可再分散乳胶粉的保护胶体为聚乙烯醇。（4）外添加剂。是为进一步扩展乳胶粉的性能而另外添加的材料,如高效塑化剂等。也不是每一种可

再分散乳胶都含有这种添加剂。(5)抗结块剂。为细矿物填料,主要用于防止乳胶粉在储运过程中结块以及便于胶粉流动(如从纸袋或槽车中倾倒出来)。

可再分散乳胶粉加入到水中后,在亲水性的保护胶体以及机械剪切力的作用下,乳胶粉颗粒可快速分散到水中,使可再分散乳胶粉成膜。随着聚合物薄膜的最终形成,在固化的砂浆中形成了由无机与有机胶凝材料构成的体系,即水硬性材料构成的脆硬性骨架,以及可再分散乳胶粉在间隙和固体表面成膜构成的柔性网络。可再分散乳胶粉在水中的再分散过程见图 5-2,其和水泥砂浆共同形成的复合结构的电子显微图像见图 5-3。

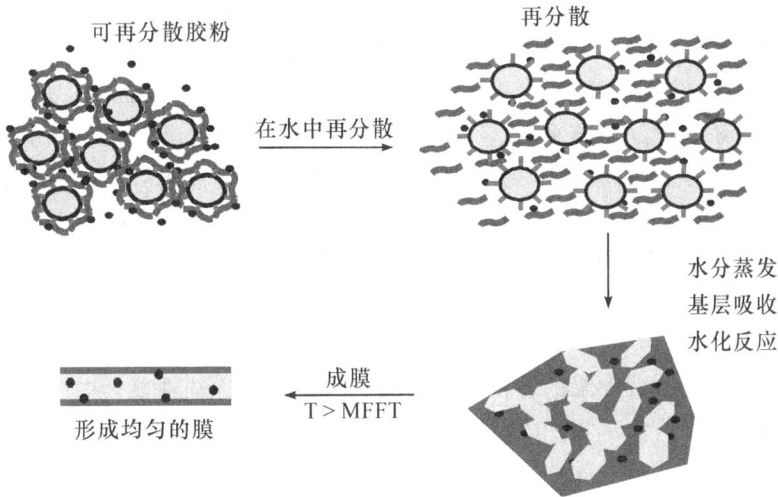

图 5-2　可再分散乳胶粉在水中的再分散过程

掺入可再分散乳胶粉后,可提高砂浆含气量,从而对新拌砂浆起到润滑的作用,而且分散时对水的亲和也增加了浆体的黏稠度,提高了施工砂浆的内聚力,所以可以改善新拌砂浆和易性。另外,由于乳胶粉形成的薄膜的拉伸强度通常高于水泥砂浆一个数量级以上,所以砂浆的抗拉强度得到增强;也由于聚合物具有较好的柔性,砂浆的变形能力和抗裂性均得以提高。

(四)水玻璃

化学工业和冶金工业常采用水玻璃作为胶凝材料配制水玻璃耐酸砂浆和水玻璃耐热砂浆。水玻璃的性能要求见第二章胶凝材料。

图 5-3　聚合物改性砂浆的 SEM 图像

二、细集料

配制砂浆的细集料最常用的是天然砂、机制砂,也可以采用膨胀珍珠岩和膨胀蛭石颗粒。砂应符合混凝土用砂的技术性质要求。由于砂浆层较薄,砂的最大粒径应有所限制,理论上不应超过砂浆层厚度的 1/4～1/5。例如砖砌体用砂浆宜选用中砂,最大粒径不宜大于

2.5mm;石砌体用砂浆宜选用粗砂,砂的最大粒径不宜大于5.0mm;光滑的抹面及勾缝的砂浆宜采用含泥量低的细砂,其最大粒径不宜大于1.2mm。由于砂中的含泥量对砂浆强度,特别是对干缩性能影响较大,因此,配制砌筑砂浆的砂含泥量不应超过5%。具体砂的性能要求见第四章混凝土。

珍珠岩是一种火山玻璃质岩,显微镜下观察其基质部分有明显的圆弧裂开,构成珍珠结构并具波纹构造、珍珠和油脂光泽。在快速加热条件下,它可膨胀成一种低容重、多孔状材料,称膨胀珍珠岩。由于其容量小、导热率低、耐火和隔声性能好,且无毒、价格低等特点,故可用作保温砂浆的集料。但由于大多数膨胀珍珠岩含硅量高(通常超过70%),多孔具有吸附性,对隔热保温极为不利,特别是在潮湿的地方,膨胀珍珠岩制品容易吸水致使其导热率急剧增大,高温时水分又易蒸发,带走大量的热,从而失去保温隔热性能。所以采用膨胀珍珠岩配制保温砂浆时应注意防水。

蛭石是由黑云母、金云母、绿泥石等矿物风化或热液蚀变而来,工业上常使用的是由蛭石和黑云母、金云母形成的层间矿物。将蛭石去除杂质后,破碎、过筛、干燥处理后进行焙烧膨化,可得膨胀蛭石。膨胀蛭石也是保温砂浆常用的集料。

三、添加剂和纤维

为改善新拌及硬化后砂浆的各种性能或赋予砂浆某些特殊性能,常在砂浆中掺入适量添加剂和纤维。

(一)纤维

砂浆中掺适量纤维,可以提高砂浆的抗裂性能,包括抵抗早期塑性收缩裂缝和后期干燥收缩裂缝。常用纤维材料有耐碱玻璃纤维、岩棉纤维、钢纤维、碳纤维和聚丙烯等各种化学纤维,其中聚丙烯纤维是目前最常用的纤维品种,其在每立方米砂浆中的掺量一般为1.0kg~1.5kg。聚丙烯纤维直径一般为$20\mu m \sim 80\mu m$,密度为$0.91g/cm^3$,抗拉强度为260MPa~414MPa,弹性模量0.15GPa~0.8GPa,极限延伸率为15%~160%,不溶于水,与大部分酸、碱和有机溶剂接触不发生作用,具有良好的耐久性。

(二)保水增稠剂

用于干粉砂浆的保水剂和增稠剂有纤维素醚和淀粉醚。纤维素醚主要采用天然纤维通过碱溶、接枝反应(醚化)、水洗、干燥、研磨等工序加工而成。纤维素醚可以分为离子型和非离子性。离子型主要有羧甲基纤维素盐,非离子型主要有甲基纤维素、甲基羟乙基(丙基)纤维素、羟乙基纤维素等。常用的纤维素醚有羟甲基乙基纤维素醚(MHEC)和羟甲基丙基纤维素醚(MHPC)。

纤维素醚的添加量很低,但能显著改善新拌砂浆的性能,是影响砂浆施工性能的一种主要添加剂。纤维素醚为流变改性剂,用来调节新拌砂浆的流变性能,主要有以下功能:

(1)增加新拌砂浆的稠度,防止离析并获得均匀一致的可素体。

(2)具有一定引气作用,还可以稳定砂浆中引入的均匀细小气泡。

(3)作为保水剂,有助于保持薄层砂浆中的水分(自由水),从而在砂浆施工后使水泥可以有更多的时间水化。

淀粉醚不仅可以显著增加砂浆的稠度,而且可以降低新拌砂浆的垂流程度,砂浆需水量和屈服值也略有增加,可以作为砂浆的抗悬挂剂。

（三）微沫剂

上世纪 70 年代开始在水泥砂浆中掺入松香皂等引气剂来代替部分或全部石灰,掺入微沫剂能改善砂浆的和易性,即在水泥砂浆中掺入松香皂等引气剂来代替部分或全部石灰。微沫剂实际上为引气剂的一种,在砂浆搅拌过程可形成大量微小、封闭和稳定的气泡,一方面能增加浆体体积,改善和易性,使得用水量相应减少,而且搅拌后产生的适量微气泡使拌合物骨料颗粒间的接触点大大减少,降低了颗粒间的摩擦力,砂浆内聚性好,便于施工。另一方面,微小的封闭气泡可以改善砂浆的抗渗性能,特别是提高砂浆的保温性能。但微沫剂掺加量过多将明显降低砂浆的强度和黏结性。

（四）憎水剂

憎水剂可以防止水分进入砂浆,同时还可以保持砂浆处于开放状态从而允许水蒸气的扩散。主要有脂肪酸金属盐、硅烷和特殊的憎水性可再分散聚合物粉末等三个系列。

（五）消泡剂

消泡剂的功能与引气剂相反。引气剂定向吸附于气—液表面稳定的单分子膜包裹空气从而形成微小气泡。消泡剂在溶液中比稳泡剂更容易被吸附,当其进入液膜后,可以使已吸附于气—液表面的引气剂分子基团脱附,因而使之不易形成稳定的膜,降低液体的黏度,使液膜失去弹性,加速液体渗出,最终使液膜变薄破裂,从而可以减少砂浆中的气泡尤其是大气泡的含量。

消泡剂作用机理分为破泡作用和抑泡作用。破泡作用:破坏泡沫稳定存在的条件,使稳定存在的气泡变为不稳定的气泡并使之进一步变大、析出,并使已经形成的气泡破灭。抑泡作用:不仅能使已生成的气泡破灭,而且能较长时间抑制气泡形成。

消泡剂也是一类表面活性剂,常用作消泡剂的有磷酸酯类(磷酸三丁酯)、有机硅化合物、聚醚、高碳醇(二异丁基甲醇)、异丙醇、脂肪酸及其脂、二硬脂酸酰乙二胺等。

（六）其他外加剂

另外砂浆中还有许多其他的外加剂,如提高流动性的减水剂、调节凝结时间的缓凝剂和速凝剂、提高砂浆早期强度的早强剂等,这些外加剂的内容参见第四章混凝土部分。

四、填料

为改善砂浆的和易性、节约胶凝材料用量、降低砂浆成本,同时改善砂浆性能,在配制砂浆时可掺入粉煤灰、矿渣微粉、硅灰、炉灰、黏土膏、电石渣、碳酸钙粉等作为填料。粉煤灰、矿渣微粉、硅灰以及沸石粉具有一定的火山灰活性,参见第四章混凝土。电石渣的主要组成为 $Ca(OH)_2$,可以替代部分或全部石灰。

（一）碳酸钙粉

碳酸钙粉来自于石灰岩矿石。根据碳酸钙生产方法的不同,可以将碳酸钙分为轻质碳酸钙、重质碳酸钙和活性碳酸钙。

重质碳酸钙简称重钙,是用机械方式直接粉碎天然的大理石、方解石、石灰石、白垩、贝壳等而制得。

轻质碳酸钙又称为沉淀碳酸钙,简称轻钙,是将石灰石等原料煅烧生成石灰和二氧化碳,再加水消化石灰生成石灰乳,然后再通入二氧化碳碳化石灰乳生成碳酸钙沉淀,最后经脱水、干燥和粉碎而制得。或者先用碳酸钠和氯化钙进行反应生成碳酸钙沉淀,然后经脱水、干燥和粉碎而制得。由于轻质碳酸钙的沉降体积(2.4~2.8ml/g)比重质碳酸钙的沉降体积(1.1~1.4ml/g)大,所以称之为轻质碳酸钙。

活性碳酸钙又称改性碳酸钙、表面处理碳酸钙、胶质碳酸钙,简称活钙,是用表面改性剂对轻质碳酸钙或重质碳酸钙进行表面改性而制得的。由于经表面改性剂改性后的碳酸钙一般都具有补强作用,即所谓的"活性",所以习惯上把改性碳酸钙都称为活性碳酸钙。

(二)膨润土

膨润土内含有蒙脱土,是以蒙脱土石为主要成分的层状硅酸盐。

膨润土具有很强的吸湿性,能吸附相当于自身体积8~20倍的水而膨胀至30倍;在水介质中能分散成胶体悬浮液,并具有一定的黏滞性,触变性和润滑性,它和泥砂等的掺和物具有可塑性和黏结性,有较强的阳离子交换能力和吸附能力。

膨润土为溶胀材料,其溶胀过程将吸收大量的水,使砂浆中的自由水减少,导致砂浆流动性降低,流动性损失加快;膨润土为类似蒙脱石的硅酸盐,主要具有柱状结构,因而其水解后,在砂浆中可形成卡屋结构,增大砂浆的稳定性,同时其特有的滑动效果,在一定程度上提高砂浆滑动性能,增大可泵性。

(三)凹凸棒土

凹凸棒土是指以凹凸棒石为主要组成部分的一种黏土矿,凹凸棒石是一种层链状结构的含水富镁铝硅酸黏土矿物。

由于凹凸棒土具有特殊的物理化学性质,在石油、化工、造纸、医药、农业等方面都得到广泛的应用。在建筑领域中,除了作为涂料填充剂,矿棉黏结剂和防渗材料外,凹凸棒土其他的应用还在开发。改性凹凸棒土用作砂浆保水增稠外加剂的应用研究正在得到人们的广泛重视。

五、水

拌制砂浆用水与混凝土拌合用水的要求相同,均需满足《混凝土拌合用水标准》(JGJ63—89)的规定。

第2节　砂浆的主要技术性质

建筑砂浆的主要技术性质包括新拌砂浆的和易性、密度、凝结时间,以及硬化砂浆的强度、黏结性、收缩和抗渗性等。

一、新拌砂浆的技术性质

新拌砂浆的技术性质主要指和易性、密度、凝结时间、含气量等,其中和易性包括流动性和保水性两项指标。

（一）流动性

流动性指砂浆在自重或外力作用下产生流动的难易程度。砂浆流动性实质上反映了砂浆的稠度。流动性的大小用砂浆稠度测定仪测定，以圆锥体沉入砂浆中深度表示，单位为 mm，称为稠度。影响砂浆流动性的主要因素有：

(1)胶凝材料及掺加料的品种和用量（常用灰砂比表示）；

(2)砂的粗细程度，形状及级配；

(3)用水量；

(4)外加剂品种与掺量；

(5)搅拌时间及环境条件等。

砂浆流动性的选择与基底材料种类、施工条件以及天气情况等有关。对于多孔吸水性砌体材料（砖）和干热天气，稠度一般选 70～90mm；对于密实不吸水砌体材料和湿冷天气，稠度一般选 30～50mm。

（二）保水性

保水性指新拌砂浆保持水分，各组成材料不产生离析的性能。如果砂浆保水性不良，运输、存放和施工过程容易产生泌水、分层、离析或水分被基面过快吸收，导致施工困难，并影响胶凝材料的正常水化硬化，降低砂浆强度以及与基层的黏结强度。影响保水性的主要因素有胶凝材料的用量和品种，石灰膏、黏土膏、微沫剂等能有效改善砂浆的保水性。

但砂浆的保水性不宜过高。一方面导致挂灰困难，影响砌筑和粉刷施工。另一方面由于内部水分无法在塑性阶段挥发或被基层吸收，使砂浆强度下降，并增大砂浆的干燥收缩。

建筑砂浆的保水性可用分层度表示。分层度的测定是先测定砂浆稠度，再将砂浆装入分层度筒内，静置 30min 后，去掉上部三分之二的砂浆，取剩余部分砂浆经拌合 2 分钟后再测稠度，两次测得的稠度差值即为砂浆的分层度（以 mm 计）。

对于保水性能特别优良的砂浆，采用分层度已很难精确反映砂浆的保水性能，也可采用规范《建筑砂浆基本性能试验方法标准（JGJ/T 70—2009）》中建筑砂浆的保水性试验指标来表示，其试验过程为，在砂浆装入密封好的试模后盖上棉纱和滤纸，然后用 2 公斤的重物压 2 分钟，测试被滤纸吸走的水分，以重物压前后砂浆含水量的比值表示预拌砂浆的保水性能。

（三）新拌砂浆的其他性能

新拌砂浆的密度是砂浆拌合物捣实后的单位体积质量。是以人工或机械捣实的砂浆拌合物质量除以砂浆密度测定仪的容积来表示。新拌砂浆拌合物的凝结时间采用贯入阻力法测定，以贯入阻力值达到 0.5MPa 时所需的时间来表示。新拌砂浆的含气量反映新拌砂浆内部所含气体的多少，可采用仪器法或容重法测定，具体测定过程可参考规范《建筑砂浆基本性能试验方法标准（JGJ/T 70—2009）》进行。

二、硬化后砂浆的主要技术性质

（一）立方体抗压强度和强度等级

砂浆抗压强度以 70.7mm×70.7mm×70.7mm 的带底试模所成型的立方体试件强度表示，3 个为一组。砂浆抗压强度试件成型后在室温为（20±5℃）的环境下静置（24±2h）左右且气温较低时不能超过两昼夜,然后拆模放入温度为(20±2℃)、相对湿度为90%以上的标准养护室中养护至规定龄期进行测试。根据《砌筑砂浆配合比设计规程》(JGJ98—2010)的规定,水泥砂浆及预拌砌筑砂浆的强度等级分为 M5、M7.5、M10、M15、M20、M25、M30;水泥混合砂浆等级可分为 M5、M7.5、M10、M15。对不吸水基层材料,砂浆强度主要取决于水泥强度和水灰比。对吸水性基层材料,砂浆强度主要取决于水泥强度和水泥用量,而与水灰比无关。

(二)拉伸黏结强度

砂浆与基材之间的黏结强度直接影响到砌体的抗裂性、整体性、砌体强度、抗震性以及粉刷层的抗剥落性能。一般来说,砂浆抗压强度越高,黏结强度也越高。当然,基层材料的吸水性能、表面状态、清洁程度、湿润状况以及施工养护等都影响到黏结强度。砂浆中掺入聚合物可有效提高砂浆的黏结强度。

砂浆拉伸黏结强度的试验方法参见规范《建筑砂浆基本性能试验方法标准(JGJ/T 70—2009)》和《预拌砂浆(JG/T 230—2007)》。试验装拉伸黏结强度用示意图见图5-4。具体试验过程如下所述,先按照水泥:砂:水=1:3:0.5的质量比例成型养护好基底水泥砂浆试件,然后制备砂浆料浆,其中干混砂浆料浆、湿拌砂浆料浆和现拌砂浆料浆的干物料总量不少于 10 公斤,并在成型框中按规定工艺成型检验砂浆,每组至少制备 10 个试件,养护13天后用环氧树脂黏结上夹具,继续养护1天后测试拉伸黏结强度。

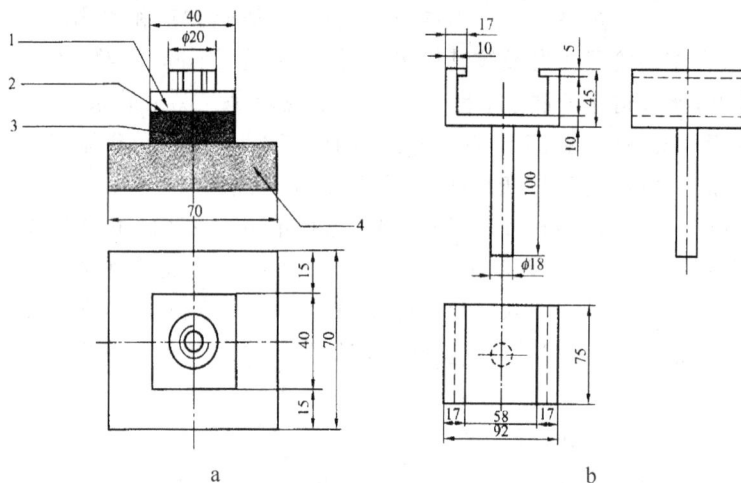

图 5-4　砂浆拉伸黏结强度示意图

a. 1—拉伸用钢制上夹具;2—胶粘剂;3—检验砂浆;4—水泥砂浆块;

b. 拉伸用钢制下夹具。

(三)导热系数

导热系数的测试方法有防护热箱法、热流计法、热线法等。导热系数的计算参见第1章。

第 3 节　砌筑砂浆的配合比设计

目前常用的砌筑砂浆有水泥砂浆和水泥混合砂浆两大类。根据《砌筑砂浆配合比设计规程》(JGJ98—2010)的规定,水泥砂浆配合比可根据表 5-2 选用,并通过试配确定。

表 5-2　水泥砂浆各材料用量　　　　　　　　　(kg/m³)

强度等级	水泥	砂	用水量
M5	200~230	砂的堆积密度	270~330
M7.5	230~260		
M10	260~290		
M15	290~330		
M20	340~400		
M25	360~410		
M30	430~480		

注:①M15 及 M15 以下强度等级水泥砂浆,水泥强度等级为 32.5 级;M15 以上强度等级水泥砂浆,水泥强度等级为 42.5 级;

②当采用细沙或粗砂时,用水量分别取上限或下限;

③稠度小于 70mm 时,用水量可小于下限;

④施工现场气候炎热或干燥时,可酌量增加用水量;

⑤试配强度应按照式 5-1 进行计算。

水泥混合砂浆配合比设计步骤如下:

一、确定试配强度

砂浆的试配强度可按下式确定:

$$f_{m,0} = K f_2 \tag{5-1}$$

式中:$f_{m,0}$——砂浆的试配强度(MPa),精确至 0.1MPa;

f_2——砂浆抗压强度平均值(MPa),精确至 0.1MPa;

K——系数,按表 5-3 取值

表 5-3　砂浆强度标准差 δ 及 K 值

强度等级 施工水平	强度标准差(MPa)							K
	M5	M7.5	M10	M15	M20	M25	M30	
优良	1.00	1.15	2.00	3.00	4.00	5.00	6.00	1.15
一般	1.25	1.88	2.50	3.75	5.00	6.25	7.50	1.20
较差	1.50	2.25	3.00	4.50	6.00	7.50	9.00	1.25

砂浆强度标准差的确定应符合下列规定:

当有统计资料时,砂浆强度标准差应按式(5-2)计算:

$$\sigma = \sqrt{\frac{\sum\limits_{i=1}^{n} f_{m,i}^2 - N\mu_{fm}^2}{N-1}} \tag{5-2}$$

式中: $f_{m,i}$——统计周期内同一品种砂浆第 i 组试件的强度(Mpa);

μ_{fm}——统计周期内同一品种砂浆 N 组试件强度的平均值(MPa);

n——统计周期内同一品种砂浆试件的组数, $n \geqslant 25$。

当不具有近期统计资料时,砂浆现场强度标准差 σ 可按表 5-3 取用。

二、计算水泥用量

每立方米砂浆中的水泥用量,应按下式计算:

$$Q_c = \frac{1000(f_{m,0} - \beta)}{\alpha \cdot f_{ce}} \tag{5-3}$$

式中: Q_c——每立方米砂浆中的水泥用量(kg),应精确至 1kg;

$f_{m,0}$——砂浆的试配强度,精确至 0.1MPa;

f_{ce}——水泥的实测强度,精确至 0.1MPa;

α、β——砂浆的特征系数,其中 $\alpha = 3.03$,$\beta = -15.09$。

注:各地区也可用本地区试验资料确定的 α、β 值,统计用的试验组数不得少于 30 组。

在无法取得水泥的实测强度 f_{ce} 时,可按下式计算:

$$f_{ce} = r_c \cdot f_{ce,k} \tag{5-4}$$

式中: $f_{ce,k}$——水泥强度等级对应的强度值(MPa);

r_c——水泥强度等级值的富余系数,该值应按实际统计资料确定。无统计资料时取 $r_c = 1.0$。

三、水泥混合砂浆的掺合料用量

水泥混合砂浆的掺合料应按下式计算:

$$Q_D = Q_A - Q_C \tag{5-5}$$

式中: Q_D——每立方米砂浆中掺合料用量,精确至 1kg;石灰膏、黏土膏使用时的稠度为(120 $\pm$5)mm;

Q_C——每立方米砂浆中水泥用量,精确至 1kg;

Q_A——每立方米砂浆中水泥和掺加料的总量,精确至 1kg;可为 350。

四、确定砂子用量

每立方米砂浆中砂子用量 Q_s(kg/m³),应按干燥状态(含水率小于 0.5%)的堆积密度作为计算值。

五、用水量

每立方米砂浆中用水量 Q_w(kg/m³),可根据砂浆稠度要求选用 240～310kg,并通过试验确定。

注:(1)混合砂浆的用水量,不包括石灰膏中的水;

（2）当采用细沙或粗砂时,用水量分别取上限或下限;

（3）稠度小于70mm时,用水量可小于下限;

（4）施工现场气候炎热或干燥时,可酌量增加用水量。

第4节　预拌砂浆

一、预拌砂浆的种类

预拌砂浆可分为干混砂浆和湿拌砂浆。

（一）干混砂浆

干混砂浆曾称为干粉料、干混料或干粉砂浆。它是由胶凝材料、细骨料、外加剂、聚合物干粉、掺合料等固体材料组成,经工厂准确配料和均匀混合而制成的砂浆半成品,不含拌和水。拌和水是使用前在施工现场搅拌时加入。

干混砂浆按用途分为干混砂浆和特种干混砂浆。

普通干混砂浆按用途分为干混砌筑砂浆、干混抹灰砂浆、干混地面砂浆干混普通防水砂浆。并采用表5-4的符号。

表5-4　普通干混砂浆符号

品种	干混砌筑砂浆	干混抹灰砂浆	干混地面砂浆	干混普通防水砂浆
符号	DM	DP	DS	DW

按强度等级和抗渗等级的分类应符合表5-5的规定。

表5-5　普通干混砂浆分类

项目	干混砌筑砂浆	干混抹灰砂浆	干混地面砂浆	干混普通防水砂浆
强度等级	M5、M7.5、M10、M15、M20、M25、M30	M5、M10、M15、M20	M15、M20、M25	M10、M15、M20
抗渗等级	—	—	—	P6、P8、P10

特种干混砂浆按干混瓷砖黏结砂浆、干混耐磨地坪砂浆、干混界面处理砂浆、干混特种防水砂浆、干混自流平砂浆、干混灌浆砂浆、干混外保温抹面砂浆、干混聚苯颗粒保温砂浆和干混无机集料保温砂浆,采用表5-6的符号。

表5-6　特种干混砂浆符号

品种	干混此种黏结砂浆	干混耐磨地坪砂浆	干混界面处理砂浆	干混特种防水砂浆	干混自流平砂浆
符号	DTA	DFH	DIT	DWS	DSL
品种	干混灌浆砂浆	干混外保温黏结砂浆	干混外保温抹面砂浆	干混聚苯颗粒保温砂浆	干混无机集料保温砂浆
符号	DRG	DEA	DBI	DPG	DTI

干混砂浆为采用新技术与新材料以及保证工程质量创造了有利条件,而且有利于文明施工和环境保护。随着研究开发和推广应用的深入,干混砂浆在品质、效率、经济和环保等方面的优越性正被逐步认识。

(二)湿拌砂浆

湿拌砂浆与干混砂浆有相似之处,原材料基本相同,所不同的主要是水是在工厂直接加入的,类似于预拌混凝土。但预拌混凝土到施工现场后的浇筑速度较快,对坍落度和初凝时间的控制主要是考虑运输和浇筑时间。而预拌砂浆到施工现场后用于砌筑或粉刷(地坪除外),施工时间要长得多,因此对流动度损失和初凝时间的控制要求更高。

按用途分为湿拌砌筑砂浆、湿拌抹灰砂浆、湿拌地面砂浆和湿拌防水砂浆,并采用表5-7的符号。

表 5-7　湿拌砂浆符号

品种	湿拌砌筑砂浆	湿拌抹灰砂浆	湿拌地面砂浆	湿拌普通防水砂浆
符号	WM	WP	WS	WW

按强度等级和抗渗等级的分类应符合表5-8的规定。

表 5-8　湿拌砂浆分类

项目	湿拌砌筑砂浆	湿拌抹灰砂浆	湿拌地面砂浆	湿拌普通防水砂浆
强度等级	M5、M7.5、M10、M15、M20、M25、M30	M5、M7.5、M10、M15、M20	M15、M20、M25	M10、M15、M20
稠度(mm)	50、70、90	70、90、110	50	50、70、90
凝结时间	8、12、24	8、12、24	4、8	8、12、24
抗渗等级	—	—	—	—

二、预拌砂浆的技术要求

为适应建筑市场的需要,我国建设部颁布了《预拌砂浆》行业标准,该行业标准规定了干混砂浆和湿拌砂浆的强度等级及性能指标,分别见表5-9、5-10所示。

表 5-9　普通干混砂浆性能指标

项目	干混砌筑砂浆	干混抹灰砂浆		干混地面砂浆	干混普通防水砂浆
强度等级	M5、M7.5、M10、M15、M20、M25、M30	M5	M10、M15、M20	M15、M20、M25	M10、M15、M20
凝结时间(h)	3~8	3~8		3~8	3~8
保水性(%)	≥88	≥88		≥88	≥88
14d拉伸黏结强度(MPa)	—	≥0.15	≥0.20	—	≥0.20
抗渗等级	—	—		—	P6、P8、P10

表 5-10　湿拌砂浆性能指标

项目	湿拌砌筑砂浆	湿拌抹灰砂浆		湿拌地面砂浆	湿拌防水砂浆
强度等级	M5、M7.5、M10、M15、M20、M25、M30	M5	M10、M15、M20	M15、M20、M25	M10、M15、M20
稠度(mm)	50、70、90	70、90、110		50	50、70、90
凝结时间(h)	≥8、≥12、≥24	≥8、≥12、≥24		≥4、≥8、	≥8、≥12、≥24
保水性(%)	≥88	≥88		≥88	≥88
14d 拉伸黏结强度(MPa)	—	≥0.15	≥0.20	—	≥0.20
抗渗等级	—	—		—	P6、P8、P10

三、预拌砂浆的配合比设计(供参考)

(一)配合比设计步骤

预拌砂浆的配合比设计步骤如下:

1. 计算砂浆试配强度 $f_{m,o}$

按式(5-7)计算 $f_{m,o}$。

2. 选取用水量 Q_w

根据砂浆设计稠度以及水泥,粉煤灰,外加剂和砂的品质,按表 5-11 选取 Q_w。

表 5-11　预拌砂浆用水量选用表

砂浆种类	用水量/(kg/m³)	砂浆种类	用水量/(kg/m³)
砌筑 抹灰	260～320 270～320	地面	250～300

3. 选取保水增稠功能外加剂用量 Q_{cf}

保水增稠功能外加剂用量可选用各类砂浆稠化粉、再分散乳胶粉等材料,其用量宜为 $30～70kg/m^3$(若采用保税增稠剂,用量为胶凝材料的 $1\%～2\%$)。水泥用量少时,砂浆稠化粉用量取上限;水泥用量多时,砂浆稠化粉取下限。

4. 取粉煤灰掺量 β_f

粉煤灰掺量以粉煤灰占水泥和粉煤灰总量的百分数表示,其值不应大于 50%。

5. 计算水泥用量 Q_c 和粉煤灰用量 Q_f

由
$$f_{m,o}=Af_c\frac{Q_c+KQ_f}{Q_w}+B \qquad (5-6)$$

$$\beta_f=\frac{Q_f}{Q_c+Q_f} \qquad (5-7)$$

解得

$$Q_f=\frac{Q_w(f_{m,o}-B)}{Af_c(\frac{1}{\beta_f}-1+K)} \qquad (5-8)$$

$$Q_C = \left(\frac{1}{\beta_f} - 1\right)Q_f \qquad (5\text{-}9)$$

式中：β_f——粉煤灰掺量（%）；

$f_{m,o}$——砂浆配置强度（Mpa）；

f_c——水泥实测 $28d$ 抗压强度（Mpa）；

Q_w——用水量（kg/m³）；

Q_f——粉煤灰用量（kg/m³）；

K、A、B——回归系数，$K=0.516$，$A=0.487$，$B=-5.19$。

外墙抹灰砂浆水泥用量不宜少于 250kg/m³，地面面层砂浆水泥用量不宜少于 300kg/m³。

6. 计算砂用量 Q_s

由

$$\frac{Q_s}{\rho_c} + \frac{Q_f}{\rho_f} + \frac{Q_{cf}}{\rho_{cf}} + \frac{Q_s}{\rho_s} + \frac{Q_a}{\rho_a} + \frac{Q_w}{\rho_w} + 0.01 = 1 \qquad (5\text{-}10)$$

得

$$Q_s = \rho_s\left(1 - \frac{Q_c}{\rho_c} - \frac{Q_f}{\rho_f} - \frac{Q_{cf}}{\rho_{cf}} - \frac{Q_a}{\rho_a} - \frac{Q_w}{\rho_w} - 0.01\right) \qquad (5\text{-}11)$$

式中：ρ——材料的密度（kg/m³）；

Q——材料的用量（kg/m³）；

下标 c、f、cf、a、w——分别指水泥、粉煤灰、稠化粉、缓凝剂、外加剂和水；

0.01——不用引气剂时，砂浆的含气量，m³。

7. 校核砂灰体积比

按下式计算灰砂体积比：

灰砂体积比＝（水泥＋粉煤灰＋稠化粉）体积：砂体积 （5-12）

如果计算得到的灰砂体积比不符合表 5-12 中的范围，应对配合比作适当的调整。

表 5-12　灰砂体积比

砂浆种类	（水泥＋粉煤灰＋稠化粉）体积：砂绝对体积
砌筑砂浆	（1：3.5）～（1：4.5）
抹灰砂浆	（1：2.5）～（1：4.0）
地面砂浆	（1：2.2）～（1：3.0）

8. 缓凝功能外加剂掺量

凝结时间应根据施工组织来确定。缓凝剂掺量根据其产品说明和砂浆凝结时间要求经试配确定。

（二）配合比的试配与校核

1. 和易性校核

采用工程中实际使用的材料，按计算配合比试拌砂浆，测定拌和物的稠度和分层度，当不能满足要求时，应调整材料用量，直到符合要求。调整拌和物性能后得到的配合比称为基准配合比。

2. 凝结时间校核

试配时至少应采用三个不同的配合比,其中一个为基准配合比,另外两个配合比的水泥用量或水泥与粉煤灰的总量按基准配合比分别增减 10%。在保证稠度,分层度合格的条件下,适当调整其用量,掺合料,保水增稠材料和缓凝剂的用量。

按上述三个配合比配置砂浆,测定凝结时间;并制作立方体试件,养护至 28d 后测定其抗压强度,选取凝结时间和抗压强度符合要求且水泥用量最低的配合比作为砂浆的配合比。

(三)配合比设计实例

[例] 工程需要 RP15 预拌抹灰砂浆,稠度要求为 90mm,凝结时间要求为 24h。原材料主要参数:32.5 级普通硅酸盐水泥,实测强度为 36.5MPa,密度为 3100kg/m³;中砂,表观密度为 2650kg/m³;Ⅱ级低钙干排粉煤灰,密度为 2100kg/m³;砂浆稠化粉,密度为 2300kg/m³;某预拌砂浆专用液体缓凝功能外加剂,密度为 1100kg/m³。施工水平一般。

[解]

(1)计算砂浆试配强度。查表 5-3 得砂浆强度标准差值为 3.75MPa,则试配强度为:

$$f_{m,o} = f_2 + 0.645\sigma$$
$$= 15.0 + 0.645 \times 3.75$$
$$= 17.4(\text{MPa})$$

(2)选取用水量。按表 5-4,初步取 $Q_w = 300\text{kg/m}^3$;该值还需通过试拌,按砂浆稠度要求进行调整。

(3)选取粉煤灰掺量。取 $\beta_f = 30\%$。

(4)计算粉煤灰用量

$$Q_f = \frac{Q_w(f_{m,o} - B)}{Af_c(\frac{1}{\beta_f} - 1 + K)} = \frac{300 \times (17.4 + 5.19)}{0.487 \times 36.5 \times (0.3^{-1} - 1 + 0.516)} = 134(\text{kg/m}^3)$$

(5)计算水泥用量

$$Q_c = (\frac{1}{\beta_f} - 1)Q_f = (0.3^{-1} - 1) \times 134 = 313(\text{kg/m}^3)$$

(6)选取砂浆稠化粉用量。根据水泥用量,取 $Q_{cf} = 50\text{kg/m}^3$。

(7)计算缓凝功能外加剂用量。根据砂浆的凝结时间要求为 24h 和其产品说明,取缓凝功能外加剂掺量为粉煤灰总质量的 1.3%,则缓凝剂的用量为:

$$Q_a = \beta_a(Q_c + Q_f + Q_{cf}) = 1.3\% \times (313 + 134 + 50) = 6.5(\text{kg/m}^3)$$

(8)计算砂用量

$$Q_s = \rho_s(1 - \frac{Q_c}{\rho_c} - \frac{Q_f}{\rho_f} - \frac{Q_{cf}}{\rho_{cf}} - \frac{Q_a}{\rho_a} - \frac{Q_w}{\rho_w} - 0.01)$$
$$= 2650 \times (1 - \frac{313}{3100} - \frac{134}{2100} - \frac{50}{2300} - \frac{6.5}{1100} - \frac{300}{1000} - 0.01)$$
$$= 1319(\text{kg/m}^3)$$

(9)校核灰砂比

灰砂比=(水泥+粉煤灰+稠化粉)体积∶砂体积
= (313/3100 + 134/2100 + 50/2300)∶(1319/2650)
= 1∶2.7

该灰砂比在表 5-10 的范围内。

（10）砂浆中各组成材料的用量

（11）水泥用量 $Q_c = 313\text{kg}/\text{m}^3$；

粉煤灰用量 $Q_f = 134\text{kg}/\text{m}^3$；

稠化粉用量 $Q_{cf} = 50\text{kg}/\text{m}^3$；

缓凝剂用量 $Q_a = 6.5\text{kg}/\text{m}^3$；

砂用量 $Q_s = 1319\text{kg}/\text{m}^3$；

用水量 $Q_w = 300\text{kg}/\text{m}^3$；

（12）砂浆中各组成材料的比例

水泥：粉煤灰：稠化粉：缓凝剂：砂：水 $= 1：0.43：0.16：0.02：4.2：0.96$

第 5 节　其他砂浆

一、普通抹面砂浆

凡涂抹在基底材料的表面，兼有保护基层和增加美观作用的砂浆，可统称为抹面砂浆。根据抹面砂浆功能不同，一般可将抹面砂浆分为普通抹面砂浆、防水砂浆、装饰砂浆和特种砂浆（如绝热、吸声、耐酸、防射线砂浆）等。抹面砂浆一般不承受荷载，与基层要有足够的黏结强度，面层要求平整、光洁、细致、美观。为了防止砂浆层的收缩开裂，可加入纤维材料、聚合物或掺加料。抹面砂浆的主要技术指标是和易性以及黏结强度。

常用的普通抹面砂浆有水泥砂浆、石灰砂浆、水泥石灰混合砂浆、麻刀石灰砂浆（简称麻刀灰）、纸筋石灰砂浆（简称纸筋灰）以及通过掺入各种微沫剂配制的水泥砂浆或混合砂浆等。

水泥砂浆主要用于潮湿或强度要求较高的部位；混合砂浆多用于室内抹灰或要求不高的外墙；石灰砂浆、麻刀灰、纸筋灰多用于室内抹灰。

二、装饰砂浆

装饰砂浆是指涂抹在建筑物内外墙表面，具有美观装饰效果的抹面砂浆。装饰砂浆的底层和中层抹灰与普通抹面砂浆基本相同，但是其面层要选用具有一定颜色的胶凝材料和骨料或者经各种加工处理，使得建筑物表面呈现各种不同的色彩、线条和花纹等装饰效果。

装饰砂浆一般采用水泥胶结料，灰浆类饰面砂浆多采用白色水泥或彩色水泥。所用集料除普通天然砂外，石碴类饰面常使用石英砂、彩釉砂、着色砂、彩色石碴等。颜料应采用耐碱性和耐候性优良的矿物颜料。

常用的装饰砂浆饰面方式有灰浆类饰面和石碴类饰面两大类。灰浆类饰面主要通过水泥砂浆的着色或对水泥砂浆表面进行艺术加工，从而获得具有特殊色彩、线条、纹理等质感的饰面。其主要优点是材料来源广泛，施工操作简便，造价比较低廉，而且通过不同的工艺加工，可以创造不同的装饰效果。常用的灰浆类饰面有拉毛灰、甩毛灰、仿面砖、拉条、喷涂和弹涂等。

石碴类饰面采用天然大理石、花岗石以及其他天然或人工石材经破碎成 4mm～8mm 的石碴粒料,再用水泥(普通水泥、白水泥或彩色水泥)作胶结料,采用不同的加工方法除去表面水泥浆皮,使石碴呈现不同的外露形式以及水泥浆与石碴的色泽对比,构成不同的装饰效果。石碴类饰面比灰浆类饰面色泽较明亮,质感相对丰富,不易褪色,耐光性和耐污染性也较好。常用的石碴类饰面有:水刷石、干粘石、斩假石和水磨石等。

三、防水砂浆

防水砂浆的配制方法和防水混凝土类似,主要通过掺入少量能改善抗渗性的有机物或无机物类外加剂,从而达到防水的目的。主要有引气剂防水砂浆,减水剂防水砂浆,三乙醇胺防水砂浆和三氯化铁防水砂浆的应用技术。

(一)引气剂防水砂浆

引气剂防水砂浆是国内应用较普遍的一种外加剂防水砂浆,是由砂浆拌合物中掺入微量引气剂配制而成的。它具有良好的和易性,抗渗性,抗冻性和耐久性,且经济效益显著。最常使用的引气剂为松香酸钠引气剂。

(二)减水剂防水砂浆

通过掺入各种减水剂配制的防水砂浆,统称为减水剂防水砂浆。减水剂在防水砂浆中常用掺量,与配制减水剂砂浆相当。砂浆中掺入减水剂后,由于减水剂分子对水泥颗粒的吸附一分散。润滑和湿润作用,减少拌合用水量,从而提高新拌砂浆的保水性和抗离析性。保持相同的和易性情况下,掺加减水剂能减少砂浆拌和用水量,使得砂浆中超过水泥水化所需的水量减少,这部分自由水蒸发后留下的毛细孔体积就相应减小,提高了砂浆的密实性

使用引气型减水剂,可以在砂浆中引入一定量独立,分散的小气泡,由于这种气泡的阻隔作用,改变了毛细管的数量和特征。

(三)三乙醇胺防水砂浆

三乙醇胺一般用作早强剂,亦可用来配制防水砂浆。用微量(占水泥质量的 0.05%)三乙醇胺的防水砂浆称为三乙醇胺防水砂浆。

三乙醇胺防水砂浆不仅具有良好的抗渗性,而且具有早强和增强作用,适用于需要早强的防水工程在砂浆中掺入为量三乙醇胺能提高抗渗性的基本原理为:三乙醇胺能加速水泥的水化作用,促使水泥水化早期就生成较多的含水结晶产物,相应地减少了游离水,也就相应的减少了由于游离水蒸发而遗留下来的毛细孔,从而提高了砂浆的抗渗性。

(四)氯化铁防水砂浆

氯化铁防水砂浆实在砂浆拌和物中,加入少量氯化铁防水剂配制成具有高抗渗性,高密实度的砂浆。

氯化铁防水剂的主要成分为氯化铁,氯化亚铁,硫酸铝等,它们能与水泥中 C_3S,C_2S 水化释放出的 $Ca(OH)_2$ 发生反应,生成氢氧化铁,氢氧化亚铁和氢氧化铝能不溶于水的胶体,这些胶体可以填充砂浆内的空隙,堵塞毛细管渗水通道,增加砂浆的密实性。氯化铁与 $Ca(OH)_2$ 作用生成氯化钙,不但能起填充作用,而且这种新生态的氯化钙能激化水泥熟料矿物,加速其水化速度,并与硅酸二钙,铝酸三钙和水反应生成氯硅酸钙和氯铝酸钙晶体提高了砂浆的密实性,因而抗渗性提高。

（五）膨胀防水砂浆

膨胀防水砂浆就是利用膨胀水泥或掺加膨胀剂配置的，在凝结硬化过程中产生一定的体积膨胀，补偿由于干燥失水和温度造成的收缩。

膨胀剂种类繁多，膨胀源各异，如 Aft，$Ca(OH)_2$、$Mg(OH)_2$、$Fe(OH)_3$ 等。由于膨胀源不同，在水化过程中发生的物理化学变化也不同，因此，补偿收缩的效果也不同。

四、保温和吸声砂浆

（一）膨胀聚苯颗粒保温砂浆

是以聚苯乙烯（EPS）颗粒作为主要轻骨料，水泥为胶结料，再配以合成纤维，高分子聚合物黏结剂，辅助性骨料等配置的保温砂浆。目前广泛应用于各种外墙外保温或内保温体系，其导热率小，保温性能优良，同时因合成纤维和聚合物黏结剂的有效应用，具有良好的抗裂。抗渗性，具备较好的性价比，是目前市场上主流产品之一。

（二）无机轻集料保温砂浆

采用水泥等胶凝材料和膨胀珍珠岩、膨胀蛭石、陶粒砂等无机轻质多孔骨料，按照一定比例配制的砂浆。其具有质量轻、保温隔热性能好（导热系数一般为 $0.07-0.10W/(m \cdot K)$）等特点，主要用于屋面、墙体保温和热水、空调管道的保温层。

（三）相变保温砂浆

将以经过处理的相变材料掺入抹面砂浆中即制成相变保温砂浆。相变材料可以用很小的体积贮存很多的热能而且在吸热的过程中保持温度基本不变。当环境升高到相变温度以上时，砂浆内的相变材料会由固相向液相转变，吸收热量；把多余的能量储存起来，使室温上升缓慢；当环境温度降低，降低到相变温度以下，砂浆内的相变材料会由液相向固相转变，释放出热量，保持室内温度适宜。因此可用作室内的冬季保温和夏季制冷材料，令室内保持良好的热舒适度，通过这种方法可以降低建筑能耗，从而实现建筑节能。变相砂浆的保温隔热原理既是使墙体对温度产生热惰性，长时间维持在一定的温度范围，不因环境温度的改变而改变。相变保温砂浆由于其蓄热能力较高，制备工艺简单，愈来愈受到人们的关注。

（四）吸声砂浆

吸声砂浆与保温砂浆类似，也是采用水泥等胶凝材料和聚苯颗粒、膨胀珍珠岩、膨胀蛭石、陶粒砂等轻质骨料，按照一定比例配制的砂浆。由于其骨料内部孔隙率大，因此吸声性能也十分优良。吸声砂浆还可以在砂浆中掺入锯末、玻璃纤维、矿物棉等材料拌制而成。主要用于室内吸声墙面和顶面。

五、其他特种砂浆

（一）自流平地坪砂浆

是在水泥基材料中加入聚合物及各种外加剂，完工后表面光滑平整，且具有高抗压强度。直流平地坪砂浆适合于仓库、停车场、工业厂房、学校、医院、展览厅等的施工，也可作为环氧地坪、聚氨酯地坪、PVC 薄地砖、饰面砖、木质砖、地毯等面材的高平整基层。

(二)耐酸砂浆

一般采用水玻璃作为胶凝材料,再配以耐酸骨料拌制而成,并掺入氟硅酸钠作为固化剂。耐酸砂浆主要作为衬砌材料、耐酸地面或内壁防护层等。

水玻璃类材料是由水玻璃(钠水玻璃或钾水玻璃)和硬化剂为主要材料组成的耐酸材料。水玻璃类材料是无机质的化学反应型胶凝材料。钠水玻璃与氟硅酸钠的反应产物是硅酸凝胶,因凝胶中不断脱水,缩合形成稳定的 $-Si-O-Si-$ 结构。该结果对大多数无机酸是稳定的,因此水玻璃类材料具有优良的耐酸性,耐热性和较高的力学性能。除热磷酸、氢氟酸、高级脂肪酸外,水玻璃类材料对大多数无机酸、有机酸酸性气体均有优良的耐腐蚀稳定性,尤其是对强氧化性酸、高浓度硫酸、硝酸、铬酸有足够的耐蚀能力。

密实型水玻璃砂浆由于密实度高,不仅保留了水玻璃类材料原有的良好化学稳定性,而且可以抑制酸液的渗透能力,使得酸液的渗透深度一般只有 2~5mm,从而提高了其抵抗结晶盐破坏的能力。

(三)防辐射砂浆

防辐射砂浆不但要求密度大,含结合水多,而且要求砂浆的导热率高(使局部的温度升高最小),热膨胀系数低(使由于温度的应变最小)和低的干燥收缩(使湿差应变最小),还要求砂浆具有良好的均质性,不允许存在空洞、裂纹等缺陷。此外,砂浆还应具有一定的结构强度和耐火性。一般采用重水泥(钡水泥、锶水泥)或重质骨料(磺铁矿、重晶石、硼砂等)拌制而成,可防止各类辐射,主要用于射线防护工程。

习题与复习思考题

1. 砂浆和易性的概念、指标和测试方法。

2. 对于吸水性不同的基层砌筑砂浆,其强度的影响因素有何不同?

3. 试分析影响砂浆黏结强度的主要因素。

4. 配制砂浆时,为什么除水泥外常常还要加入一定量的其他胶凝材料?

5. 某工程砌筑烧结多孔砖用水泥石灰混合砂浆,要求砂浆的强度等级为 M5。现场有强度等级为 32.5 和 42.5 级的矿渣硅酸盐水泥可供选用。已知所用水泥的堆积密度为 1100kg/m³;中砂的含水率为 0.3%、堆积密度为 1500kg/m³;石灰膏的表观密度为 1300kg/m³。试计算砂浆的体积配合比。

6. 推广应用预拌砂浆的主要技术经济意义有那些?

7. 防水砂浆和保温砂浆的种类有哪些?

第6章　建筑钢材

建筑钢材是指用于建筑工程中的各种型钢、钢板、普通钢筋、预应力筋等。

建筑钢材是在严格的质量控制条件下生产的,与非金属材料相比,具有品质均匀致密、强度和硬度高、塑性和韧性好、经受冲击和振动荷载等优点;钢材还具有优良的加工性能,可以锻压、焊接、铆接和切割,便于装配。

采用各种型钢和钢板制作的钢结构,具有强度高、自重轻等特点,适用于大跨度结构、多层及高层结构、受动力荷载结构和重型工业厂房结构等。

第1节　钢的分类

钢的分类方法很多,通常有以下几种分类方法。

一、按冶炼时脱氧程度分类

1. 沸腾钢。炼钢时仅加入锰铁进行脱氧,脱氧不完全。这种钢液铸锭时,有大量的一氧化碳气体逸出,钢液呈沸腾状,故称为沸腾钢,代号为"F"。

沸腾钢组织不够致密,成分不太均匀,硫、磷等杂质偏析较严重,故质量较差。但是因其成本低、产量高,故被广泛用于一般工程。

2. 镇静钢。炼钢时采用锰铁、硅铁和铝锭等作为脱氧剂,脱氧完全。这种钢液铸锭时基本没有气体逸出,能平静地充满锭模并冷却,故称为镇静钢,代号为"Z"。

镇静钢虽然成本较高,但是其组织致密,成分均匀,含硫量较少,性能稳定,故质量好。适用于预应力混凝土结构等重要结构工程。

3. 半镇静钢。脱氧程度介于沸腾钢和镇静钢之间,故称为半镇静钢,代号为"b"。

半镇静钢的质量介于沸腾钢和镇静钢之间。

4. 特殊镇静钢。比镇静钢脱氧程度更充分彻底的钢,故称为特殊镇静钢,代号为"TZ"。

特殊镇静钢的质量最好,适用于特别重要的结构工程。

与机械制造、国防工业及工具等用钢相比,建筑用钢材对其质量和性能要求相对较低,用量较大,所以,建筑钢材中多采用镇静钢或半镇静钢。

二、按化学成分分类

1. 碳素钢。化学成分主要是铁,其次是碳,故也称碳钢或铁碳合金钢,其含碳量为

$0.02\%\sim2.06\%$。碳素钢除了铁、碳外还含有极少量的硅、锰和微量的硫、磷等元素。碳素钢按含碳量多少又分为：

(1)低碳钢:含碳量小于 0.25%;

(2)中碳钢:含碳量为 $0.25\%\sim0.60\%$;

(3)高碳钢:含碳量大于 0.6%。

低碳钢在建筑工程中应用最广泛。

2. 合金钢。合金钢是在炼钢过程中,为改善钢材的性能,特意加入某些合金元素而制得的一种钢。常用合金元素有:硅、锰、钛、钒、铌、铬等。按合金元素总含量多少,合金钢又分为：

(1)低合金钢:合金元素总含量小于 5%;

(2)中合金钢:合金元素总含量为 $5\%\sim10\%$;

(3)高合金钢:合金元素总含量大于 10%。

低合金钢为建筑工程中常用的主要钢种。

三、按有害杂质含量分类

根据钢中有害杂质磷(P)和硫(S)含量的多少,钢材可分为以下四类:

1. 普通钢。磷含量不大于 0.045%,硫含量不大于 0.050%;

2. 优质钢。磷含量不大于 0.035%,硫含量不大于 0.035%;

3. 高级优质钢。磷含量不大于 0.025%,硫含量不大于 0.025%;

4. 特级优质钢。磷含量不大于 0.025%,硫含量不大于 0.015%。

四、按用途分类

1. 结构钢。主要用于建筑结构,如钢结构用钢、钢筋混凝土结构用钢等。一般为低碳钢、中碳钢、低合金钢。

2. 工具钢。主要用于各种刀具、量具及模具的钢,一般为高碳钢。

3. 特殊钢。具有特殊的物理、化学及机械性能的钢,如不锈钢、耐热钢、耐酸钢、耐磨钢、磁性钢等,一般为合金钢。

4. 专用钢。具有专门用途的钢,如铁道用钢、压力容器用钢、船舶用钢、桥梁用钢、建筑装饰用钢等。

钢材产品一般分为型材、板材、线材和管材等。型材包括钢结构用的角钢、工字钢、槽钢、方钢、吊车轨、钢板桩等。板材包括用于建造房屋、桥梁及建筑机械的中、厚钢板,用于屋面、墙面、楼板等的薄钢板。线材包括钢筋混凝土用钢筋和预应力混凝土用钢丝、钢绞线等。管材包括钢桁架和供水、供气(汽)管线等。

第 2 节　钢材的技术性质

钢材的技术性质主要包括力学性能和工艺性能两个方面。

一、抗拉性能

抗拉性能是钢材最重要的技术性质。根据低碳钢受拉时的应力—应变曲线(如图 6-1),可以了解抗拉性能的下列特征指标。

(一)弹性阶段

OA 阶段,如卸去荷载,试件将恢复原状,表现为弹性变形,与 A 点相对应的应力为弹性极限,用 σ_p 表示。此阶段应力 σ 与应变 ε 成正比,其比值为常数,即弹性模量,用 E 表示。弹性模量反映钢材抵抗变形的能力,它是钢材在受力条件下计算结构变形的重要指标。建筑工程中常用的低碳钢的弹性模量 E 为 $2.0 \times 10^5 \sim 2.1 \times 10^5 MPa$,$\sigma_p$ 为 $180 \sim 200MPa$。

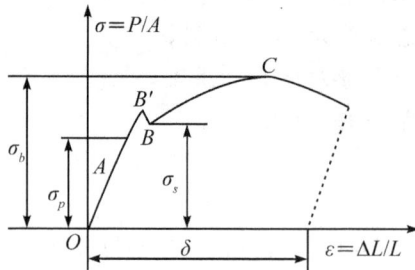

图 6-1　低碳钢受拉时应力—应变曲线

(二)屈服阶段

AB 阶段,当荷载增大,试件应力超过 σ_p 时,应变增加很快,而应力基本不变,这种现象称为屈服,此时,应力与应变不再成比例,开始产生塑性变形。图中 B' 点所对应的应力为屈服上限,最低点 B 所对应的应力为屈服下限。屈服上限与试验过程中的许多因素有关。屈服下限比较稳定,容易测试,所以规范规定以屈服下限的应力值作为钢材的屈服强度,用 σ_s 表示。屈服强度是钢材开始丧失对变形的抵抗能力,并开始产生大量塑性变形时所对应的应力。

中碳钢和高碳钢没有明显的屈服现象,规范规定以 0.2% 残余变形所对应的应力值作为名义屈服强度,用 $\sigma_{0.2}$ 表示。

屈服强度对钢材的使用意义重大。一方面,当钢材的实际应力超过屈服强度时,变形即迅速发展,将产生不可恢复的永久变形,尽管尚未破坏但是已不能满足使用要求;另一方面,当应力超过屈服强度时,因为变形不协调,受力较大部位的应力不再提高,而自动将荷载重新分配给某些应力较小的部位。因此,屈服强度是结构设计中确定钢材的容许应力及强度取值的主要依据。

(三)强化阶段

BC 阶段,当荷载超过屈服点时,由于试件(钢材)内部在高应力状态下晶格组织结构进行调整和发生变化,其抵抗变形能力又重新提高,故称为强化阶段。对应于最高点 C 点的应力称为强度极限或抗拉强度,用 σ_b 表示。抗拉强度是钢材所能承受的最大拉应力,即当拉应力达到强度极限时,钢材完全丧失了对变形的抵抗能力而断裂。

通常,钢材是在弹性范围内使用,但是在应力集中点,其应力可能超过屈服强度,此时由于产生一定的塑性变形,可以产生应力重分布,从而使结构免遭破坏。

抗拉强度虽然不能直接作为计算依据,但是屈服强度与抗拉强度的比值,即"屈强比"(σ_s/σ_b)对工程应用有重大意义。屈强比愈小,说明屈服强度与抗拉强度相差愈大,钢材在应力超过屈服强度工作时的可靠性愈大,即延缓结构破坏过程的潜力愈大,因而结构的安全储备愈大,结构愈安全;屈强比过小,钢材强度的有效利用率过低,造成浪费。屈强比愈大,则相反。工程所用的钢材不仅具有较高的屈服强度,还具有一定的屈强比,满足工程结构的安全可靠性和经济合理性,即应具有较高的"性价比"。常用碳素钢的屈强比为 0.58～0.63,合金钢的屈强比为 0.65～0.75。

(四)颈缩阶段

CD 阶段,当应力达到最高点之后,试件薄弱处的横截面显著缩小,产生"颈缩现象",由于试件断口区域局部横截面急剧缩小,此部位塑性变形迅速增加,拉力也随着下降,最后试件拉断。试件拉断后的标距增量与原始标距之比的百分率为伸长率(断后伸长率),按式(6-1)计算:

$$\delta_n = \frac{L_1 - L_0}{L_0} \times 100\%　\qquad (6-1)$$

式中:δ_n——伸长率(%);

L_1——试件拉断后的标距(mm);

L_0——试件试验前的原始标距(mm);

n——长或短试件的标志,长标距试件 $n=10$,短标距试件 $n=5$。

伸长率反映钢材拉伸断裂时所能承受的塑性变形能力,是衡量钢材塑性的重要技术指标。钢材拉伸时塑性变形在试件标距范围内分布是不均匀的,颈缩处伸长较大,故试件原始标距(L_0)与直径(d_0)之比愈大,颈缩处的伸长值占总伸长值的比例愈小,计算所得伸长率也愈小。通常钢材拉伸试件的原始标距取 $L_0=5d$ 或 $L_0=10d$,其伸长率分别以 δ_5 和 δ_{10} 表示。对于同一钢材,δ_5 大于 δ_{10}。

传统的伸长率(断后伸长率)只反映颈缩断口区域的残余变形,不能反映颈缩出现之前整体的平均变形,也不能反映弹性变形,这与钢材拉断时刻应变状态下的变形相差较大,而且,各类钢材的颈缩特征也有差异,再加上断口拼接误差,较难真实反映钢材的拉伸变形特性。为此,以钢材在最大力时的总伸长率,作为钢材的拉伸性能指标更为合理。

最大力总伸长率测定:选择 Y 和 V 两个标记,这两个标记之间的距离在拉伸试验之前至少应为 100mm。两个标记应位于夹具离断裂点最远的一侧。两个标记离开夹具的距离应不小于 20mm 或钢筋公称直径 d(取二者之较大者);两个标记与断裂点之间的距离应不小于 50mm 或 $2d$(取二者之较大者)。见图 6-2。

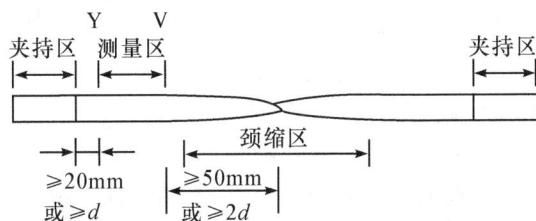

图 6-2　最大力总伸长率测试

最大力总伸长率,可按公式(6-2)计算:

$$\delta_{gt} = \left(\frac{L - L_0}{L_0} + \frac{\sigma_b}{E}\right) \times 100\% \qquad (6\text{-}2)$$

式中:δ_{gt}——最大力总伸长率(%);

L——图6-2所示断裂后的距离(mm);

L_0——试验前同样标记间的距离(mm);

σ_b——抗拉强度实测值(MPa);

E——钢筋的弹性模量,其值可取为 2.0×10^5 MPa。

二、冷弯性能

冷弯性能是钢材在常温条件下,承受弯曲变形的能力,是反映钢材缺陷的一种重要工艺性能。

钢材的冷弯性能以弯曲试验时的弯曲角度和弯心直径作为指标来表示。

钢材弯曲试验时弯曲角度愈大,弯心直径愈小,则表示对冷弯性能的要求愈高。试件弯曲处若无裂纹、起层及断裂等现象,则认为其冷弯性能合格。

钢材的冷弯性能与伸长率一样,也是反映钢材在静荷载作用下的塑性,而且冷弯是在更苛刻的条件下对钢材塑性的严格检验,它能反映钢材内部组织是否均匀、是否存在内应力及夹杂物等缺陷。在工程中,弯曲试验还被用作严格检验钢材焊接质量的一种手段。

三、冲击韧性

冲击韧性是钢材抵抗冲击荷载的能力。钢材的冲击韧性是以试件冲断时单位面积上所吸收的能量来表示。冲击韧性按式(6-3)计算:

$$a_k = \frac{W}{A} \qquad (6\text{-}3)$$

式中:a_k——冲击韧性(J/cm^2);

W——试件冲断时所吸收的冲击能(J);

A——试件槽口处最小横截面积(cm^2)。

影响冲击韧性的主要因素有:化学成分、冶炼质量、冷作硬化及时效、环境温度等。

钢材的冲击韧性随温度降低而下降,其规律是:冲击韧性一开始随温度降低而缓慢下降,但是当温度降至一定范围(狭窄的温度区间)时,钢材的冲击韧性骤然下降而呈脆性,即冷脆性,此时的温度称为脆性转变温度,见图6-3。脆性转变温度越低,表明钢材的低温冲击韧性越好。为此,在负温条件下使用的结构,设计时必须考虑钢材的冷脆

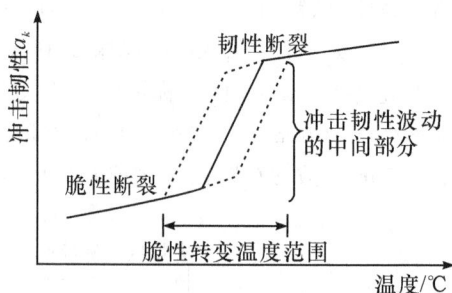

图6-3 钢的脆性转变温度

性,应选用脆性转变温度低于最低使用温度的钢材,并满足规范规定的 -20℃或-40℃条件下冲击韧性指标要求。

四、硬度

硬度是指钢材抵抗硬物压入表面的能力。硬度值与钢材的力学性能之间有着一定的相关性。

根据我国现行标准,测定钢材硬度的方法有:布氏硬度法、洛氏硬度法和维氏硬度法三种。常用的硬度指标为布氏硬度和洛氏硬度。

(一)布氏硬度

布氏硬度试验是按规定选择一个直径为 D（mm）的淬硬钢球或硬质合金球,以一定荷载 P(N)将其压入试件表面,持续至规定时间后卸去荷载,测定试件表面上的压痕直径 d（mm）,根据计算或查表确定单位面积上所承受的平均应力值,其值作为硬度指标(无量纲),称为布氏硬度,代号为 HB。

布氏硬度法比较准确,但是压痕较大,不宜用于成品检验。

(二)洛氏硬度

洛氏硬度试验是将金刚石圆锥体或钢球等压头,按一定荷载压入试件表面,以压头压入试件的深度来表示硬度值(无量纲),称为洛氏硬度,代号为 HR。

洛氏硬度法的压痕小,所以常用于判断钢材的热处理效果。

第3节　钢材的化学成分及其对钢材性能的影响

钢材中除了主要化学成分铁(Fe)以外,还含有少量的碳(C)、硅(Si)、锰(Mn)、磷(P)、硫(S)、氧(O)、氮(N)、钛(Ti)、钒(V)等元素,这些元素虽然含量少,但是对钢材性能有很大影响。

1. 碳

碳是决定钢材性能的最重要元素。碳对钢材性能的影响如图 6-4 所示。钢材中含碳量小于 0.8% 时,随着含碳量的增加,钢材的强度和硬度提高、塑性和韧性降低;含碳量在 0.8%～1.0% 时,随着含碳量的增加,钢材的强度和硬度提高、塑性降低,呈现脆性,含碳量在 1.0% 左右时,钢材的强度可达到最高;含碳量大于 1.0% 时,随着含碳量的增加,钢材的硬度提高、脆性增大、强度和塑性降低。含碳量大于 0.3% 时,随着含碳量的增加,钢材的可焊性显著降低、焊接性能变差、冷脆性和时效敏感性增大、耐大气腐蚀性降低。

一般建筑工程中,所用的碳素钢为低碳钢,其含碳量小于 0.25%;所用的低合金钢的含碳量小于 0.52%。

2. 硅

硅是作为脱氧剂而存在于钢中,是钢材中有益的主要合金元素。硅含量较低(小于 1.0%)时,随着硅含量的增加,提高钢材的强度、抗疲劳性、耐腐蚀性及抗氧化性,而对塑性和韧性无明显影响,但是对钢材的可焊性和冷加工性能有所影响。通常,碳素钢的硅含量小于 0.3%,低合金钢的硅含量小于 1.8%。

3. 锰

锰是炼钢时用来脱氧去硫而存在于钢中,是钢材中有益的主要合金元素。锰具有很强

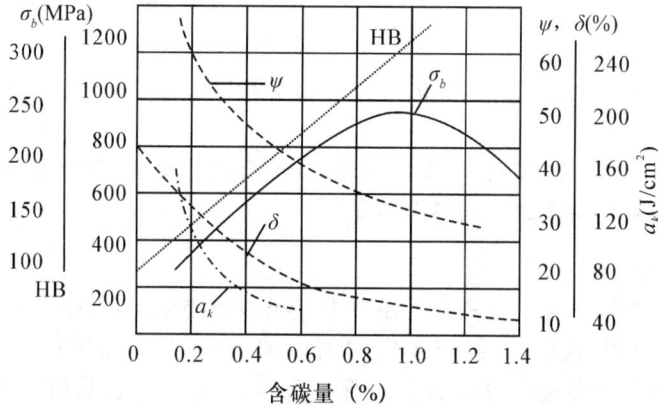

σ_b—抗拉强度；δ—伸长率；a_k—冲击韧性；ψ—断面收缩率；HB—硬度

图 6-4　含碳量对碳素钢性能的影响

的脱氧去硫能力，能消除或减轻氧、硫所引起的热脆性。随着锰含量的增加，显著改善钢材的热加工性能，提高钢材的强度、硬度及耐磨性。锰含量小于 1.0％时，对钢材的塑性和韧性无明显影响。一般低合金钢的锰含量为 1.0％～2.0％。

4. 磷

磷是钢材中很有害的元素。随着磷含量的增加，钢材的强度、屈强比、硬度、耐磨性和耐蚀性提高，塑性、韧性、可焊性显著降低。特别是温度愈低，对钢材的塑性和韧性的影响愈大，增大钢材的冷脆性。故磷在低合金钢中可配合其他元素作为合金元素使用。通常，磷含量要小于 0.045％。

5. 硫

硫是钢材中很有害的元素。随着硫含量的增加，增大钢材的热脆性，降低钢材的可焊性、冲击韧性、耐疲劳性和抗腐蚀性，降低钢材的各种机械性能。通常，硫含量要小于 0.045％。

6. 氧

氧是钢材中的有害元素。随着氧含量的增加，钢材的强度有所降低，塑性特别是韧性显著降低，可焊性变差。氧的存在会造成钢材的热脆性。通常，氧含量要小于 0.03％。

7. 氮

氮对钢材性能的影响与碳、磷相似。随着氮含量的增加，钢材的强度提高，但是塑性特别是韧性显著降低，可焊性变差，冷脆性加剧。氮在铝、铌、钒等元素的配合下可以减少其不利影响，改善钢材性能，可作为低合金钢的合金元素使用。通常，氮含量要小于 0.008％。

8. 钛

钛是强脱氧剂。随着钛含量的增加，显著提高钢材的强度，改善韧性、可焊性，但是略降低塑性。钛是常用的微量合金元素。

9. 钒

钒是弱脱氧剂。钒加入钢中可减弱碳和氮的不利影响。随着钒含量的增加，有效地提高钢材的强度，但是有时也会增加焊接淬硬倾向。钒是常用的微量合金元素。

第 4 节　钢材的冷加工、时效和焊接

一、钢材的冷加工

将钢材于常温下进行冷拉、冷拔、冷轧、冷扭等,使之产生一定的塑性变形,强度和硬度明显提高,塑性和韧性有所降低,这个过程称为钢材的冷加工(或冷加工强化、冷作强化)。

建筑工程中对大量使用的钢筋,往往同时进行冷加工和时效处理,常用的冷加工方法是冷拉和冷拔。

1. 冷拉

将热轧钢筋用拉伸设备在常温下拉长,使之产生一定的塑性变形称为冷拉。冷拉后的钢筋不仅屈服强度提高 20%～30%,同时还增加钢筋长度(4%～10%),因此冷拉也是节约钢材(一般 10%～20%)的一种措施。

钢材经冷拉后屈服阶段缩短,伸长率减小,材质变硬。

实际冷拉时,应通过试验确定冷拉控制参数。冷拉参数的控制,直接关系到冷拉效果和钢材质量。

钢筋的冷拉可采用控制应力或控制冷拉率的方法。当采用控制应力方法时,在控制应力下的最大冷拉率应满足规定要求,当最大冷拉率超过规定要求时,应进行力学性能检验。当采用控制冷拉率方法时,冷拉率必须由试验确定,测定冷拉率时钢筋的冷拉应力应满足规定要求。对不能分清炉罐号的热轧钢筋,不应采取控制冷拉率的方法。

2. 冷拔

将光圆钢筋通过硬质合金拔丝模孔强行拉拔。钢筋在冷拔过程中,不仅受拉,同时还受到挤压作用。经过一次或多次冷拔后,钢筋的屈服强度可提高 40%～60%,但是塑性明显降低,具有硬钢的特性。

二、钢材的时效处理

将冷加工后的钢材,在常温下存放 15～20 天,或加热至 100～200℃并保持 2h 左右,其屈服强度、抗拉强度及硬度进一步提高,这个过程称为时效处理。前者称为自然时效,后者称为人工时效。

强度较低的钢筋可采用自然时效,强度较高的钢筋则需采用人工时效。

钢材经冷加工及时效处理后,其性能变化规律如图 6-5 所示。

图 6-5 中 $OBCD$ 为未经冷拉和时效处理试件的 $\sigma-\varepsilon$ 曲线。当试件冷拉至超过屈服强度的任意一个 K 点时卸荷载,此时由于试件已经产生塑性变形,曲线沿 KO' 下降, KO' 大致与 BO 平行。如果立即重新拉伸,则新的屈服点将提高至 K 点,之后的 $\sigma-\varepsilon$ 曲线将与原来曲线 KCD 相

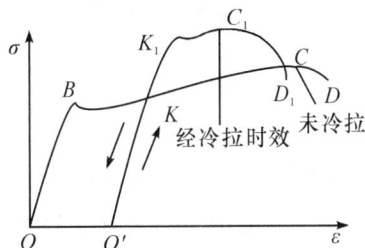

图 6-5　钢筋冷拉时效后应力—应变曲线的变化

似。如果在 K 点卸荷载后不立即重新拉伸,而将试件进行自然时效或人工时效,然后再拉伸,则其屈服点又进一步提高至 K_1 点,继续拉伸时曲线沿 $K_1C_1D_1$ 发展。这表明钢筋经冷拉和时效处理后,屈服强度得到进一步提高,抗拉强度亦有所提高,塑性和韧性则相应降低。

三、钢材的焊接

钢材焊接是将两块金属局部加热,接缝部分迅速熔融或半熔融,使其牢固连接起来。焊接是各种型钢、钢板、钢筋等钢材的主要连接方式。建筑工程的钢结构,焊接结构要占 90% 以上。在钢筋混凝土结构中,大量的钢筋接头、钢筋网片、钢筋骨架、预埋铁件及钢筋混凝土预制构件的安装等,都要采用焊接。

钢材的焊接性能是指在一定的焊接工艺条件下,在焊缝及其附近过热区(热影响区)不产生裂纹及硬脆倾向,焊接后钢材的力学性能,特别是强度不低于被焊钢材(母材)的强度。

(一)钢材焊接的基本方法

钢材的主要焊接方法:

1. 电弧焊。以焊条作为一极,钢材为另一极,利用焊接电流流过所产生的电弧热进行焊接的一种熔焊方法。

2. 闪光对焊。将两钢材安放成对接形式,利用电阻热使对接点金属熔化,产生强烈飞溅,形成闪光,迅速施加顶锻力完成的一种压焊方法。

3. 电渣压力焊。将两钢材安放成竖向对接形式,焊接电流流过对接端面间隙,在焊剂层下形成电弧过程和电渣过程,所产生的电弧热和电阻热,熔化钢材,加压完成的一种压焊方法。

4. 埋弧压力焊。将两钢材安放成 T 型接头形式,焊接电流流过,在焊剂层下产生电弧,形成熔池,加压完成的一种压焊方法。

5. 电阻点焊。将两钢材安放成交叉叠接形式,压紧于两电极之间,利用电阻热熔化母材金属,加压形成焊点的一种压焊方法。

6. 气压焊。采用氧乙炔火焰或其他火焰将两钢材对接处加热,使其达到塑性状态(固态)或熔化状态(熔态)后,加压完成的一种压焊方法。

焊接过程的特点是:在很短的时间内达到很高的温度(剧热);金属熔化的体积很小(局部);金属传热快,冷却速度快(剧冷)。因此,在焊接部位常发生复杂的、不均匀的反应和变化;存在剧烈的膨胀和收缩。因而易产生内应力、组织的变化及变形。

经常发生的焊接缺陷有以下几种:

(1)焊缝金属缺陷:裂纹(主要是热裂纹)、气孔、夹杂物(脱氧生成物和氮化物)。

(2)焊缝附近基体金属热影响区的缺陷:裂纹(冷裂纹)、晶粒粗大和析出物脆化(焊接过程中形成的碳化物或氮化物,在缺陷处析出,使晶格畸变加剧所引起的脆化)。

由于焊接件在使用过程中的主要性能是强度、塑性、韧性和耐疲劳性,因此,对焊接件的性能影响最大的是焊接缺陷,由此引起的塑性和冲击韧性的降低。

(二)影响钢材焊接质量的主要因素

1. 钢材的可焊性。可焊性好的钢材,焊接质量易于保证。含碳量小于 0.25% 的碳素钢具有良好的可焊性。加入合金元素(如硅、锰、钒、钛等),将增大焊接处的硬脆性,降低可焊性,特别是硫能使焊接处产生热裂纹及硬脆性。

2. 焊接工艺。钢材的焊接由于局部金属在短时间内达到高温熔融,焊接后又急速冷却,因此必将伴随产生急剧的膨胀、收缩、内应力及组织变化,从而引起钢材性能的改变。所以,必须正确掌握焊接方法,选择适宜的焊接工艺及控制参数。

3. 焊条、焊剂等焊接材料。根据不同材质的被焊钢材,选用符合质量要求并适宜的焊条、焊剂。但是焊条的强度必须大于被焊钢材的强度。

钢材焊接后必须取样进行焊接件力学性能检验,一般包括拉伸试验和弯曲试验,要求试验时焊接处不能断裂。

第 5 节　钢材的技术标准与选用

钢材可分为钢筋混凝土结构用钢和钢结构用钢两大类。

一、主要钢种

(一)碳素结构钢

1. 碳素结构钢的牌号及其表示方法

根据国家标准《碳素结构钢》(GB/T 700—2006)规定,碳素结构钢牌号分为 Q195、Q215、Q235 和 Q275。

碳素结构钢的牌号由屈服强度的字母 Q、屈服强度数值、质量等级符号(A、B、C、D)、脱氧方法符号(F、Z、TZ)等 4 个部分按顺序构成。镇静钢(Z)和特殊镇静钢(TZ)在钢的牌号中可以省略。按硫、磷杂质含量由多到少,质量等级分为 A、B、C、D 。如 Q235—A·F,表示此碳素结构钢是屈服强度为 235MPa 的 A 级沸腾钢;Q235—C,表示此碳素结构钢是屈服强度为 235MPa 的 C 级镇静钢。

2. 碳素结构钢的技术要求

根据国家标准《碳素结构钢》(GB/T 700—2006),碳素结构钢的技术要求如下:

(1)化学成分:各牌号碳素结构钢的化学成分应符合表 6-1 的规定。

表 6-1　碳素结构钢的化学成分

牌　号	统一数字代号[①]	质量等级	厚度(或直径)(mm)	化学成分(质量分数)(%),不大于					脱氧方法
				C	Mn	Si	S	P	
Q195	U11952	—	—	0.12	0.50	0.30	0.040	0.035	F、Z
Q215	U12152	A	—	0.15	1.20	0.35	0.050	0.045	F、Z
	U12155	B					0.045		
Q235	U12352	A		0.22	1.40	0.35	0.050	0.045	F、Z
	U12355	B		0.20[②]			0.045		
	U12358	C		0.17			0.040	0.040	Z
	U12359	D					0.035	0.035	TZ

续表

牌号	统一数字代号①	质量等级	厚度(或直径)(mm)	C	Mn	Si	S	P	脱氧方法
				化学成分(质量分数)(%),不大于					
Q275	U12752	A	—	0.24			0.050		F、Z
	U12755	B	≤40	0.21	1.50	0.35	0.045	0.045	Z
			>40	0.22					
	U12758	C	0.20			0.040	0.040		
	U12759	D					0.035	0.035	TZ

注:①表中为镇静钢(Z)、特殊镇静钢(TZ)牌号的统一数字代号,沸腾钢牌号的统一数字代号如下:

Q195F——U11950;

Q215AF——U12150,Q215BF——U12153;

Q235AF——U12350,Q235BF——U12353;

Q275AF——U12750。

②经需方同意,Q235B 的含碳量可不大于 0.22%。

(2)力学性能

碳素结构钢的力学性能应符合表 6-2 的规定;弯曲性能应符合表 6-3 的规定。

表 6-2 碳素结构钢的力学性能

牌号	质量等级	拉伸试验													冲击试验(V 型)	
		屈服强度①σ_s(MPa),不小于						抗拉强度②σ_b(MPa)	断后伸长率 δ(%),不小于						温度(℃)	冲击功(纵向)(J)不小于
		厚度(或直径)(mm)							钢材厚度(或直径)(mm)							
		≤16	>16~40	>40~60	>60~100	>100~150	>150~200		≤40	>40~60	>60~100	>100~150	>150~200			
Q195	—	195	185	—	—	—	—	315~430	33	—	—	—	—	—	—	
Q215	A	215	205	195	185	175	165	335~450	31	30	29	27	26	—	27
	B													+20	
Q235	A	235	225	215	215	195	185	370~500	26	25	24	22	21	—	27③
	B													+20	
	C													0	
	D													−20	
Q275	A	275	265	255	245	225	215	410~540	22	21	20	18	17	—	27
	B													+20	
	C													0	
	D													−20	

注:①Q195 的屈服强度值仅供参考,不作交货条件。

②厚度大于 100mm 的钢材,抗拉强度下限允许降低 20MPa。宽带钢(包括剪切钢板)抗拉强度上限不作交货条件。

③厚度小于 25mm 的 Q235B 级钢材,如供方能保证冲击吸收功合格,经需方同意,可不作检验。

表 6-3　碳素结构钢的弯曲性能

牌　号	试样方向	冷弯试验($B=2a^{①}$,$180°$)	
		钢材厚度 a(或直径)^{②}(mm)	
		$\leqslant 60$	$>60\sim 100$
		弯心直径 d	
Q195	纵	0	—
	横	$0.5a$	
Q215	纵	$0.5a$	$1.5a$
	横	a	$2a$
Q235	纵	a	$2a$
	横	$1.5a$	$2.5a$
Q275	纵	$1.5a$	$2.5a$
	横	$2a$	$3a$

注:①B 为试样宽度,a 为试样厚度(或直径)。
　　②钢材厚度(或直径)大于 100mm 时,弯曲试验由双方协商确定。

从表 6-1、表 6-2 和表 6-3 可以看出,碳素结构钢随着牌号的增大,其含碳量和锰含量增加,强度和硬度提高,而塑性和韧性降低,弯曲性能逐渐变差。

3. 碳素结构钢的应用

碳素结构钢通常用于焊接、铆接、栓接工程结构用热轧钢板、钢带、型钢和钢棒。选用碳素结构钢,应综合考虑结构的工作环境条件、承受荷载类型(动荷载或静荷载等)、承受荷载方式(直接或间接等)、连接方式(焊接或非焊接等)等。碳素结构钢由于其综合性能较好,且成本较低,目前在建筑工程中应用广泛。应用最广泛的碳素结构钢是 Q235,由于其具有较高的强度,良好的塑性、韧性及可焊性,综合性能好,故较好地满足一般钢结构和钢筋混凝土结构的用钢要求。用 Q235 大量轧制各种型钢、钢板及钢筋。其中 Q235—A,一般仅适用于承受静荷载作用的结构;Q235—C 和 Q235—D,可用于重要的焊接结构。

Q195 和 Q215,强度低,塑性和韧性较好,具有良好的可焊性,易于冷加工,常用作钢钉、铆钉、螺栓及钢丝等,也可用作轧材用料。Q215 经冷加工后可代替 Q235 使用。

Q275 强度较高,但是塑性、韧性和可焊性较差,不易焊接和冷加工,可用于轧制钢筋、制作螺栓配件等,但是更多用于机械零件和工具等。

(二)优质碳素结构钢

根据国家标准《优质碳素结构钢》(GB/T 699—1999)的规定,共有 31 个牌号。

1. 分类与代号

(1)钢材按冶金质量等级分为:

优质钢

高级优质钢　A

特级优质钢　E

(2)钢材按使用加工方法分为两类:

①压力加工用钢　　　UP

热压力加工用钢　　UHP

顶锻用钢	UF
冷拔坯料	UCD
②切削加工用钢	UC

2. 技术要求

(1)牌号、统一数字代号及化学成分

优质碳素结构钢的牌号是由两位数字和字母两部分构成。两位数字表示平均含碳量的万分数;字母分别表示锰含量、冶金质量等级、脱氧方法。普通锰含量(0.35%~0.80%)的不写"Mn",较高锰含量(0.80%~1.20%)的,在两位数字后面加注"Mn";高级优质碳素结构钢加注"A",特级优质碳素结构钢加注"E";沸腾钢加注"F",半镇静钢加注"b"。例如:15F 号钢,表示平均含碳量为 0.15%、普通锰含量的优质沸腾钢;45Mn 号钢表示平均含碳量为 0.45%、较高锰含量的优质镇静钢。

根据国家标准《优质碳素结构钢》(GB/T 699—1999),优质碳素结构钢的牌号、统一数字代号及化学成分应符合表 6-4 的规定。

表 6-4 优质碳素结构钢的牌号、统一数字代号及化学成分

序号	统一数字代号	牌号	化学成分(%)					
			C	Si	Mn	Cr	Ni	Cu
						不小于		
1	U200800	08F	0.05~0.11	≤0.03	0.25~0.50	0.10	0.30	0.25
2	U20100	10F	0.07~0.13	≤0.07	0.25~0.50	0.15	0.30	0.25
3	U20150	15F	0.12~0.18	≤0.07	0.25~0.50	0.25	0.30	0.25
4	U20082	08	0.05~0.11	0.17~0.37	0.35~0.65	0.10	0.30	0.25
5	U20102	10	0.07~0.13	0.17~0.37	0.35~0.65	0.15	0.30	0.25
6	U20152	15	0.12~0.18	0.17~0.37	0.35~0.65	0.25	0.30	0.25
7	U20202	20	0.17~0.23	0.17~0.37	0.35~0.65	0.25	0.30	0.25
8	U20252	25	0.22~0.29	0.17~0.37	0.50~0.80	0.25	0.30	0.25
9	U20302	30	0.27~0.34	0.17~0.37	0.50~0.80	0.25	0.30	0.25
10	U20352	35	0.32~0.39	0.17~0.37	0.50~0.80	0.25	0.30	0.25
11	U20402	40	0.37~0.44	0.17~0.37	0.50~0.80	0.25	0.30	0.25
12	U20452	45	0.42~0.50	0.17~0.37	0.50~0.80	0.25	0.30	0.25
13	U20502	50	0.47~0.55	0.17~0.37	0.50~0.80	0.25	0.30	0.25
14	U20552	55	0.52~0.60	0.17~0.37	0.50~0.80	0.25	0.30	0.25
15	U20602	60	0.57~0.65	0.17~0.37	0.50~0.80	0.25	0.30	0.25
16	U20652	65	0.62~0.70	0.17~0.37	0.50~0.80	0.25	0.30	0.25
17	U20702	70	0.67~0.75	0.17~0.37	0.50~0.80	0.25	0.30	0.25
18	U20752	75	0.72~0.80	0.17~0.37	0.50~0.80	0.25	0.30	0.25

序号	统一数字代号	牌号	化学成分（%）					
			C	Si	Mn	Cr	Ni	Cu
						不小于		
19	U20802	80	0.77～0.85	0.17～0.37	0.50～0.80	0.25	0.30	0.25
20	U20852	85	0.82～0.90	0.17～0.37	0.50～0.80	0.25	0.30	0.25
21	U21152	15Mn	0.12～0.18	0.17～0.37	0.70～1.00	0.25	0.30	0.25
22	U21202	20Mn	0.17～0.23	0.17～0.37	0.70～1.00	0.25	0.30	0.25
23	U21252	25Mn	0.22～0.29	0.17～0.37	0.70～1.00	0.25	0.30	0.25
24	U21302	30Mn	0.27～0.34	0.17～0.37	0.70～1.00	0.25	0.30	0.25
25	U21352	35Mn	0.32～0.39	0.17～0.37	0.70～1.00	0.25	0.30	0.25
26	U21402	40Mn	0.37～0.44	0.17～0.37	0.70～1.00	0.25	0.30	0.25
27	U21452	45Mn	0.42～0.50	0.17～0.37	0.70～1.00	0.25	0.30	0.25
28	U21502	50Mn	0.48～0.56	0.17～0.37	0.70～1.00	0.25	0.30	0.25
29	U21602	60Mn	0.57～0.65	0.17～0.37	0.70～1.00	0.25	0.30	0.25
30	U21652	65Mn	0.62～0.70	0.17～0.37	0.90～1.20	0.25	0.30	0.25
31	U21702	70Mn	0.67～0.75	0.17～0.37	0.90～1.20	0.25	0.30	0.25

注：表中所列牌号为优质钢，如果是高级优质钢，在牌号后面加"A"（统一数字代号最后一位数字改为"3"）；如果是特级优质钢，在牌号后面加"E"（统一数字代号最后一位数字改为"6"）；对于沸腾钢，牌号后面加"F"（统一数字代号最后一位数字改为"0"）；对于半镇静钢，牌号后面加"b"（统一数字代号最后一位数字改为"1"）。

（2）硫、磷含量

根据国家标准《优质碳素结构钢》（GB/T 699—1999），优质碳素结构钢的硫、磷含量应符合表 6-5 的规定。

表 6-5　优质碳素结构钢的硫、磷含量

级　　别	P	S
	不小于（%）	
优质钢	0.035	0.035
高级优质钢	0.030	0.030
特级优质钢	0.025	0.020

（3）力学性能

根据国家标准《优质碳素结构钢》（GB/T 699—1999），优质碳素结构钢的力学性能应符合表 6-6 的规定。

表 6-6 优质碳素结构钢的力学性能

序号	牌号	试件毛坯尺寸(mm)	推荐热处理(℃)			力学性能					钢材交货状态硬度 HBS10/3000 不小于	
			正火	淬火	回火	σ_b(MPa)	σ_S(MPa)	δ_S(%)	φ(%)	A_{ku}(J)	未热处理	退火
						不小于						
1	08F	25	930			295	175	35	60		131	
2	10F	25	930			315	185	33	55		137	
3	15F	25	920			355	205	29	55		143	
4	08	25	930			325	105	33	60		131	
5	10	25	930			335	205	31	55		137	
6	15	25	920			375	225	27	55		143	
7	20	25	910			410	245	25	55		156	
8	25	25	900	870	600	450	275	23	50	71	170	
9	30	25	880	860	600	490	295	21	50	63	179	
10	35	25	870	850	600	530	315	20	45	55	197	
11	40	25	860	840	600	570	335	19	45	47	217	187
12	45	25	850	840	600	600	355	16	40	39	229	197
13	50	25	830	830	600	630	375	14	40	31	241	207
14	55	25	820	820	600	645	380	13	35		255	217
15	60	25	810			675	400	12	35		255	229
16	65	25	810			695	410	10	30		255	229
17	70	25	790			715	420	9	30		369	229
18	75	试样		820	480	1080	880	7	30		285	241
19	80	试样		820	480	1080	930	6	30		285	241
20	85	试样		820	480	1130	980	6	30		302	255
21	15Mn	25	920			410	245	26	55		163	
22	20Mn	25	910			450	275	34	50		197	
23	25Mn	25	900	870	600	490	295	22	50	71	207	
24	30Mn	25	880	860	600	540	315	20	45	63	217	187
25	35Mn	25	870	850	600	560	335	18	45	55	229	197
26	40Mn	25	860	840	600	590	355	17	45	47	229	207
27	45Mn	25	850	840	600	620	375	15	40	39	241	217
28	50Mn	25	830	830	600	645	390	13	40	31	255	217
29	60Mn	25	810			695	410	11	35		269	229
30	65Mn	25	830			735	430	9	30		285	229
31	70Mn	25	790			785	450	8	30		285	229

注:①直径小于 16mm 的圆钢和厚度不大于 12mm 的方钢、扁钢,不作冲击试验。
   ②表中所列的力学性能仅适用于截面尺寸不大于 80mm 的钢材,对于大于 80mm 的钢材,允许其断后伸长率、断后收缩率比表中的规定分别降低 2%(绝对值)及 5%(绝对值)。

优质碳素结构钢的力学性能主要取决于含碳量,含碳量高的强度高,但是塑性和韧性降低。

在建筑工程中,优质碳素结构钢主要用于重要结构。常用 30～45 号钢,制作钢铸件及高强螺栓;常用 65～80 号钢,制作碳素钢丝、刻痕钢丝和钢绞线;常用 45 号钢,制作预应力混凝土用的锚具。

(三)低合金高强度结构钢

低合金高强度结构钢是在碳素结构钢的基础上,加入总量小于 5% 的合金元素制成的结构钢。所加入的合金元素主要有锰、硅、钒、钛、铌、铬、镍等。

1. 低合金高强度结构钢的牌号及其表示方法

根据国家标准《低合金高强度结构钢》(GB/T 1591—2008),低合金高强度结构钢共有八个牌号,即 Q345、Q390、Q420、Q460、Q500、Q550、Q620 和 Q690。

低合金高强度结构钢的牌号是由屈服强度字母 Q,屈服强度数值,质量等级符号(A、B、C、D、E)三个部分构成。

2. 低合金高强度结构钢的技术要求及应用

(1)低合金高强度结构钢的化学成分应符合表 6-7 的规定。

表 6-7　低合金高强度结构钢的化学成分

牌号	质量等级	化学成分(质量分数)/%													
		C	Si	Mn	P	S	Nb	V	Ti	Cr	Ni	Cu	N	Mo	B	Als
		不大于														不小于
Q345	A	≤0.20	≤0.50	≤1.70	0.035	0.035	0.07	0.15	0.20	0.30	0.50	0.30	0.012	0.10	—	—
	B				0.035	0.035										
	C				0.030	0.030										
	D	≤0.18			0.030	0.030										0.015
	E				0.025	0.020										
Q390	A	≤0.20	≤0.50	≤1.70	0.035	0.035	0.07	0.20	0.20	0.30	0.50	0.30	0.015	0.10	—	—
	B				0.035	0.035										
	C				0.030	0.030										
	D				0.030	0.025										0.015
	E				0.025	0.020										
Q420	A	≤0.20	≤0.50	≤1.70	0.035	0.035	0.07	0.20	0.20	0.30	0.80	0.30	0.015	0.20	—	—
	B				0.035	0.035										
	C				0.030	0.030										
	D				0.030	0.025										0.015
	E				0.025	0.020										

续表

牌号	质量等级	化学成分(质量分数)/%														
		C	Si	Mn	P	S	Nb	V	Ti	Cr	Ni	Cu	N	Mo	B	Als
		不大于														不小于
Q460	C	≤0.20	≤0.60	1.80	0.030	0.030	0.11	0.20	0.20	0.30	0.80	0.55	0.015	0.20	0.004	0.015
	D				0.030	0.025										
	E				0.025	0.020										
Q500	C	≤0.18	≤0.60	≤1.80	0.030	0.030	0.11	0.12	0.20	0.60	0.80	0.55	0.015	0.20	0.004	0.015
	D				0.030	0.025										
	E				0.025	0.020										
Q550	C	≤0.18	≤0.60	≤2.00	0.030	0.030	0.11	0.12	0.20	0.80	0.80	0.80	0.015	0.30	0.004	0.015
	D				0.030	0.025										
	E				0.025	0.020										
Q620	C	≤0.18	≤0.60	≤2.00	0.030	0.030	0.11	0.12	0.20	1.00	0.80	0.80	0.015	0.30	0.004	0.015
	D				0.030	0.025										
	E				0.025	0.020										
Q690	C	≤0.18	≤0.60	≤2.00	0.030	0.030	0.11	0.12	0.20	1.00	0.80	0.80	0.015	0.30	0.004	0.015
	D				0.030	0.025										
	E				0.025	0.020										

(2)低合金高强度结构钢的弯曲性能,当需方要求做弯曲试验时,弯曲试验应符合表6-8的规定。当供方保证弯曲性能合格时,可不做弯曲试验。

表6-8 低合金高强度结构钢的弯曲试验

牌 号	试样方向	180°弯曲试验弯心直径〔a为试样厚度(或直径)〕	
		钢材厚度(或直径,边长)	
		≤16mm	>16mm～100mm
Q345	宽度不小于600mm的扁平材,拉伸试验取横向试样。宽度小于600mm的扁平材、型钢及棒材取纵向试样	2a	3a
Q390			
Q420			
Q460			

(3)低合金高强度结构钢的力学性能应符合6-9的规定。

低合金高强度结构钢与碳素结构钢相比,强度较高,综合性能好,所以在相同使用条件下,可比碳素结构钢节省用钢20%～30%,对减轻结构自重有利。同时低合金高强度结构钢还具有良好的塑性、韧性、可焊性、耐磨性、耐蚀性、耐低温性等性能,有利于延长钢材的服役性能,延长结构的使用寿命。

低合金高强度结构钢通常用于一般结构和工程用钢板、钢带、型钢和钢棒。广泛用于钢结构和钢筋混凝土结构中,特别适用于各种重型结构、高层结构、大跨度结构及大柱网结构等。

表 6-9　低合金高强度结构钢的力学性能

牌号	质量等级	以下公称厚度(直径、边长)(mm)下屈服强度 σ_s(MPa)									以下公称厚度(直径、边长)(mm)下抗拉强度 σ_b(MPa)							伸长率(A)(%) 公称厚度(直径、边长)(mm)					
		≤16	>16~40	>40~63	>63~80	>80~100	>100~150	>150~200	>200~250	>250~400	≤40	>40~63	>63~80	>80~100	>100~150	>150~250	>250~400	≤40	>40~63	>63~100	>100~150	>150~250	>250~400
Q345	A	≥345	≥335	≥325	≥315	≥305	≥285	≥275	≥265	—	470~630	470~630	470~630	470~630	450~600	450~600	—	≥20	≥19	≥19	≥18	≥17	—
	B	≥345	≥335	≥325	≥315	≥305	≥285	≥275	≥265	—	470~630	470~630	470~630	470~630	450~600	450~600	—	≥20	≥19	≥19	≥18	≥17	—
	C	≥345	≥335	≥325	≥315	≥305	≥285	≥275	≥265	—	470~630	470~630	470~630	470~630	450~600	450~600	450~600	≥21	≥20	≥20	≥19	≥18	≥17
	D	≥345	≥335	≥325	≥315	≥305	≥285	≥275	≥265	≥265	470~630	470~630	470~630	470~630	450~600	450~600	450~600	≥21	≥20	≥20	≥19	≥18	≥17
	E	≥345	≥335	≥325	≥315	≥305	≥285	≥275	≥265	—	470~630	470~630	470~630	470~630	450~600	450~600	450~600	≥21	≥20	≥20	≥19	≥18	≥17
Q390	A	≥390	≥370	≥350	≥330	≥330	≥310	—	—	—	490~650	490~650	490~650	490~650	470~620	—	—	≥20	≥19	≥19	≥18	—	—
	B	≥390	≥370	≥350	≥330	≥330	≥310	—	—	—	490~650	490~650	490~650	490~650	470~620	—	—	≥20	≥19	≥19	≥18	—	—
	C	≥390	≥370	≥350	≥330	≥330	≥310	—	—	—	490~650	490~650	490~650	490~650	470~620	—	—	≥20	≥19	≥19	≥18	—	—
	D	≥390	≥370	≥350	≥330	≥330	≥310	—	—	—	490~650	490~650	490~650	490~650	470~620	—	—	≥20	≥19	≥19	≥18	—	—
	E	≥390	≥370	≥350	≥330	≥330	≥310	—	—	—	490~650	490~650	490~650	490~650	470~620	—	—	≥20	≥19	≥19	≥18	—	—
Q420	A	≥420	≥400	≥380	≥360	≥360	≥340	—	—	—	520~680	520~680	520~680	520~680	500~650	—	—	≥19	≥18	≥18	≥18	—	—
	B	≥420	≥400	≥380	≥360	≥360	≥340	—	—	—	520~680	520~680	520~680	520~680	500~650	—	—	≥19	≥18	≥18	≥18	—	—
	C	≥420	≥400	≥380	≥360	≥360	≥340	—	—	—	520~680	520~680	520~680	520~680	500~650	—	—	≥19	≥18	≥18	≥18	—	—
	D	≥420	≥400	≥380	≥360	≥360	≥340	—	—	—	520~680	520~680	520~680	520~680	500~650	—	—	≥19	≥18	≥18	≥18	—	—
	E	≥420	≥400	≥380	≥360	≥360	≥340	—	—	—	520~680	520~680	520~680	520~680	500~650	—	—	≥19	≥18	≥18	≥18	—	—
Q460	C	≥460	≥440	≥420	≥400	≥400	≥380	—	—	—	550~720	550~720	550~720	550~720	530~700	—	—	≥17	≥16	≥16	≥16	—	—
	D	≥460	≥440	≥420	≥400	≥400	≥380	—	—	—	550~720	550~720	550~720	550~720	530~700	—	—	≥17	≥16	≥16	≥16	—	—
	E	≥460	≥440	≥420	≥400	≥400	≥380	—	—	—	550~720	550~720	550~720	550~720	530~700	—	—	≥17	≥16	≥16	≥16	—	—
Q500	C	≥500	≥480	≥470	≥450	≥440	—	—	—	—	610~770	600~760	590~750	540~730	—	—	—	≥17	≥17	≥17	—	—	—
	D	≥500	≥480	≥470	≥450	≥440	—	—	—	—	610~770	600~760	590~750	540~730	—	—	—	≥17	≥17	≥17	—	—	—
	E	≥500	≥480	≥470	≥450	≥440	—	—	—	—	610~770	600~760	590~750	540~730	—	—	—	≥17	≥17	≥17	—	—	—
Q550	C	≥550	≥530	≥520	≥500	≥490	—	—	—	—	670~830	620~810	600~790	590~780	—	—	—	≥16	≥16	≥16	—	—	—
	D	≥550	≥530	≥520	≥500	≥490	—	—	—	—	670~830	620~810	600~790	590~780	—	—	—	≥16	≥16	≥16	—	—	—
	E	≥550	≥530	≥520	≥500	≥490	—	—	—	—	670~830	620~810	600~790	590~780	—	—	—	≥16	≥16	≥16	—	—	—
Q620	C	≥620	≥600	≥590	≥570	—	—	—	—	—	710~880	690~880	670~860	—	—	—	—	≥15	≥15	≥15	—	—	—
	D	≥620	≥600	≥590	≥570	—	—	—	—	—	710~880	690~880	670~860	—	—	—	—	≥15	≥15	≥15	—	—	—
	E	≥620	≥600	≥590	≥570	—	—	—	—	—	710~880	690~880	670~860	—	—	—	—	≥15	≥15	≥15	—	—	—
Q690	C	≥690	≥670	≥660	≥640	—	—	—	—	—	770~940	750~920	730~900	—	—	—	—	≥14	≥14	≥14	—	—	—
	D	≥690	≥670	≥660	≥640	—	—	—	—	—	770~940	750~920	730~900	—	—	—	—	≥14	≥14	≥14	—	—	—
	E	≥690	≥670	≥660	≥640	—	—	—	—	—	770~940	750~920	730~900	—	—	—	—	≥14	≥14	≥14	—	—	—

注:①当屈服不明显时,可测试 $\sigma_{p0.2}$ 代替下屈服强度。
②宽度不小于 600 mm 的扁平材,拉伸试验取横向试样;宽度小于 600mm 的扁平材、型钢及棒材取纵向试样。断后伸长率最小值相应提高 1%(绝对值)。
③厚度>250mm~400mm 的数值适合于扁平材。

（四）合金结构钢

1. 合金结构钢的牌号及其表示方法

根据国家标准《合金结构钢》（GB/T 3077—1999），合金结构钢共有 77 个牌号。

合金结构钢的牌号是由两位数字、合金元素、合金元素平均含量、质量等级符号四部分构成。两位数字表示平均含碳量的万分数；当硅含量的上限≤0.45％或锰含量的上限≤0.9％时，不加注"Si"或"Mn"，其他合金元素无论含量多少均加注合金元素符号；合金元素平均含量为 1.50％～2.49％或 2.50％～3.49％或 3.50％～4.49％时，在合金元素符号后面加注"2"或"3"或"4"，合金元素平均含量小于 1.5％时不加注；高级优质钢加注"A"，特级优质钢加注"E"，优质钢不加注。例如 20Mn2 钢，表示平均含碳量为 0.20％、硅含量上限≤0.45％、平均锰含量为 0.15％～2.49％的优质合金结构钢。

2. 合金结构钢的性能及应用

合金结构钢的分类及代号与优质碳素结构钢相同。合金结构钢的特点是均含有 Si 和 Mn，生产过程中对硫、磷等有害杂质控制严格，并且均为镇静钢，因此质量稳定。

合金结构钢与碳素结构钢相比，具有较高的强度和较好的综合性能，即具有良好的塑性、韧性、可焊性、耐低温性、耐腐蚀性、耐磨性、耐疲劳性等性能，有利于节省用钢，有利于延长钢材的服役性能，延长结构的使用寿命。

合金结构钢主要用于轧制各种型钢（角钢、槽钢、工字钢）、钢板、钢管、铆钉、螺栓、螺帽以及钢筋等，特别是用于各种重型结构、大跨度结构、高层结构等，其技术经济效果更为显著。

二、混凝土结构用钢筋

随着我国现代化建设的发展和"四节一环保"（节能、节地、节水、节材及环境保护）的要求，在混凝土结构工程中提倡应用高强、高性能钢筋。

钢筋按性能确定其牌号和强度级别，并以相应的符号表达。根据混凝土结构构件对受力的性能要求，规定各种牌号钢筋的选用原则。

混凝土结构用钢筋，主要由碳素结构钢和低合金结构钢轧制而成，主要有钢筋混凝土结构用热轧钢筋、余热处理钢筋、冷轧带肋钢筋等普通钢筋（各种非预应力筋）和预应力混凝土结构用钢丝、钢绞线、预应力螺纹钢筋等预应力筋。按直条或盘条（也称盘卷）供货。

（一）钢筋混凝土用热轧钢筋

由于钢筋混凝土用热轧钢筋，具有较好的延性、可焊性、机械连接性能及施工适应性，所以是混凝土结构工程中用量最多的普通钢筋。

钢筋混凝土用钢筋，根据其表面形状分为光圆钢筋和带肋钢筋两类。带肋钢筋有月牙肋钢筋和等高肋钢筋等，如图 6-6 所示。

按标准规定，钢筋拉伸、弯曲试验的试样不允许进行车削加工。计算钢筋强度时钢筋截面面积应采用其公称横截面积。

1. 钢筋混凝土用热轧光圆钢筋

根据国家标准《钢筋混凝土用热轧光圆钢筋》（GB 1499.1—2008），热轧光圆钢筋的公称直径及允许偏差、公称截面面积、理论重量及允许偏差应符合表 6-10 的规定；牌号和化学

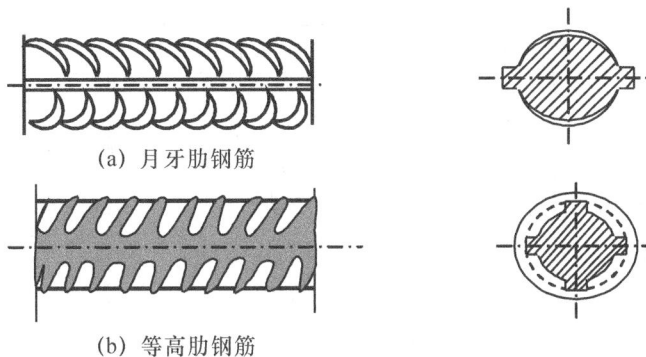

(a) 月牙肋钢筋

(b) 等高肋钢筋

图 6-6　带肋钢筋

成分应符合表 6-11 的规定；力学性能特征值和弯曲性能应符合表 6-12 的规定。

《钢筋混凝土用热轧光圆钢筋》(GB 1499.1—2008)标准，不适用于由成品钢材再次成的再生钢筋。

热轧光圆钢筋的牌号是由 HPB 和屈服强度特征值构成，其中 H、P、B 分别为热轧(Hot rolled)、光圆(Plain)、钢筋(Bars)三个词的英文首位字母。

2. 钢筋混凝土用热轧带肋钢筋

根据国家标准《钢筋混凝土用热轧带肋钢筋》(GB 1499.2—2007)，热轧带肋钢筋的公称直径及允许偏差、公称截面面积、理论重量及允许偏差应符合表 6-10 的规定；牌号和化学成分应符合表 6-11 的规定；力学性能特征值和弯曲性能应符合表 6-12 的规定。

国家标准《钢筋混凝土用热轧带肋钢筋》(GB 1499.2—2007)，不适用于由成品钢材再次成的再生钢筋及余热处理钢筋。

普通热轧带肋钢筋的牌号是由 HRB 和屈服强度特征值构成，其中 H、R、B 分别为热轧(Hot rolled)、带肋(Ribbed)、钢筋(Bars)三个词的英文首位字母。

细晶粒热轧带肋钢筋的牌号是由 HRBF 和屈服强度特征值组成，其中 F 为细(Fine)的英文首位字母。其他字母含义同前。

表 6-10　热轧光圆钢筋、热轧带肋钢筋的公称直径与理论重量允许偏差

表面形状	公称直径及允许偏差(mm)		公称截面面积(mm²)	理论重量(kg/m)及允许偏差	
光圆钢筋	6(6.5)		28.27(33.18)	0.222(0.260)	±7%
	8	±0.3	50.27	0.395	
	10		78.54	0.617	
	12		113.1	0.888	
	14		153.9	1.21	±5%
	16		201.1	1.58	
	18	±0.4	254.5	2.00	
	20		314.2	2.47	
	22		380.1	2.98	

续表

表面形状	公称直径及允许偏差（mm）		公称截面面积（mm²）	理论重量（kg/m）及允许偏差	
带肋钢筋	6	±0.3	28.27	0.222	±7%
	8	±0.4	50.27	0.395	
	10		78.54	0.617	
	12		113.1	0.888	±5%
	14		153.9	1.21	
	16		201.1	1.58	
	18		254.5	2.00	
	20	±0.5	314.2	2.47	
	22		380.1	2.98	
	25	±0.6	490.9	3.85	±4%
	28		615.8	4.83	
	32		804.2	6.31	
	36		1 018	7.99	
	40	±0.7	1 257	9.87	
	50	±0.8	1 964	15.42	

注：表中理论重量按密度为 7.85 g/cm³ 计算。公称直径 6.5 mm 的产品为过渡性产品。

表 6-11　热轧光圆钢筋、热轧带肋钢筋的牌号、化学成分

表面形状	牌号	化学成分（质量分数）/%，不大于					
		C	Si	Mn	P	S	Ceq
光圆钢筋	HPB235	0.22	0.30	0.65	0.045	0.050	—
	HPB300	0.25	0.55	1.50			
带肋钢筋	HRB335 HRBF335	0.25	0.80	1.60	0.045	0.045	0.52
	HRB400 HRBF400						0.54
	HRB500 HRBF500						0.55

根据《混凝土结构工程施工质量验收规范》（GB 50204—2002—2011 版）和《钢筋混凝土用热轧带肋钢筋》（GB 1499.2—2007），对有抗震设防要求的结构，其纵向受力钢筋的性能应满足设计要求；当设计无具体要求时，对按一、二、三级抗震等级设计的框架和斜撑构件（含梯段）中的纵向受力钢筋应采用 HRB335E、HRB400E、HRB500E、HRBF335E、HRBF400E 或 HRBF500E 钢筋（已有牌号后面加"E"钢筋），其强度和最大力总伸长率的实测值还应符合下列规定：

（1）钢筋实测抗拉强度与实测屈服强度之比不小于 1.25；

（2）钢筋实测屈服强度与表 6-12 规定的屈服强度特征值之比不大于 1.30；

（3）钢筋的最大力总伸长率 δ_{gt} 不小于 9.0%。

表 6-12 热轧光圆钢筋、热轧带肋钢筋的牌号、力学性能、弯曲性能

表面形状	牌 号	设计符号	公称直径 a(mm)	屈服强度 σ_s(MPa)	抗拉强度 σ_b(MPa)	断后伸长率 δ(%)	最大力总伸长率 δ_{gt}(%)	弯曲试验(180°) 弯心直径(d) 钢筋公称直径(a)
				不 小 于				
光圆钢筋	HPB235	ϕ	6~22	235	370	25	10	$d=a$
	HPB300			300	420	25	10	$d=a$
带肋钢筋	HRB335 HRBF335	Φ Φ^F	6~25 28~40 >40~50	335	455	17	7.5	$3a$ $4a$ $5a$
	HRB400 HRBF400	Φ Φ^F	6~25 28~40 >40~50	400	540	16	7.5	$4a$ $5a$ $6a$
	HRB500 HRBF500	Φ Φ^F	6~25 28~40 >40~50	500	630	15	7.5	$6a$ $7a$ $8a$

注:①直径 28~40mm 各牌号钢筋的断后伸长率 δ 可降低 1%;直径大于 40mm 各牌号钢筋的断后伸长率 δ 可降低 2%。

②对于没有明显屈服强度的钢,屈服强度特征值 σ_s 应采用规定比例延伸强度 $\sigma_{p0.2}$。

③根据供需双方协议,伸长率类型可从 δ 或 δ_{gt} 中选定。如伸长率类型未经协议确定,则伸长率采用 δ,仲裁检验时采用 δ_{gt}。

热轧光圆钢筋是用 Q215 或 Q235 碳素结构钢轧制而成的钢筋。其强度较低,塑性及焊接性能好,伸长率大,便于弯折成型和进行各种冷加工,我国目前广泛用于钢筋混凝土构件中,作为中小型钢筋混凝土结构的受力钢筋和各种钢筋混凝土结构的箍筋等。

热轧带肋钢筋是用低合金镇静钢或半镇静钢轧制成的钢筋,其强度较高,延性、机械连接性和可焊性及施工适应性较好,而且因表面带肋,加强了钢筋与混凝土之间的黏结力,我国目前广泛应用于大、中型钢筋混凝土结构的主要受力钢筋,经过冷拉后可用作预应力筋。

目前,我国推广 400MPa、500MPa 级高强热轧带肋钢筋作为纵向受力的主导钢筋,限制并准备逐步淘汰 335MPa 级热轧带肋钢筋的应用,用 300MPa 级光圆钢筋取代 235MPa 级光圆钢筋。

根据《混凝土结构设计规范》(GB 50010—2010)和《混凝土结构工程施工质量验收规范》(GB 50204—2002—2011 版),纵向受力钢筋宜采用 HRB400、HRB500、HRBF400、HRBF500 钢筋,也可采用 HPB300、HRB335、HRBF335 钢筋;梁、柱纵向受力钢筋应采用 HRB400、HRB500、HRBF400、HRBF500 钢筋;箍筋宜采用 HRB400、HRBF400、HPB300、HRB500、HRBF500 钢筋,也可采用 HRB335、HRBF335 钢筋。箍筋用于抗剪、抗扭及抗冲切设计时,不宜采用强度高于 400MPa 级的钢筋;当用于约束混凝土的间接配筋(如连续螺旋配箍或封闭焊接箍)时,采用 500MPa 级钢筋具有一定的经济效益。

HRB500 钢筋尚未进行充分的疲劳试验研究,因此承受疲劳作用的钢筋宜选用 HRB400 钢筋。当 HRBF 钢筋用于疲劳荷载作用的构件时,应经试验验证。

(二)钢筋混凝土用余热处理钢筋 HRB500 级的带肋钢筋

钢筋混凝土用余热处理钢筋是热轧后利用热处理原理进行表面控制冷却(穿水),并利

用芯部余热自身完成回火处理所得的成品钢筋。其表面金相组织为淬火自回火组织。

余热处理后钢筋的强度提高,但是其延性、可焊性、机械连接性及施工适应性降低。一般可用于对变形性能及加工性能要求不高的构件中,如基础、大体积混凝土、楼板、墙体以及次要的中小结构构件等。

1. 分类、牌号

根据国家标准《钢筋混凝土用余热处理钢筋》(GB 13014—2010),按屈服强度特征值分为 400、500 级,按用途分为可焊和非可焊。

钢筋混凝土用余热处理钢筋牌号的构成及其含义如表 6-13。

表 6-13 钢筋混凝土用余热处理钢筋牌号的构成及其含义

类别	牌号	牌号构成	英文字母含义
余热处理钢筋	RRB400 RRB500	由 RRB+规定的屈服强度特征值	RRB—余热处理筋的英文缩写 W—焊接的英文缩写
	RRB400W RRB500W	由 RRB+规定的屈服强度特征值+可焊	

2. 尺寸、重量及允许偏差

钢筋混凝土用余热处理钢筋的公称直径范围为 8mm～40mm,标准推荐的钢筋公称直径为 8、10、12、16、20、25、32 和 40mm。

钢筋混凝土用余热处理钢筋的实际重量与理论重量的允许偏差应符合表 6-14 的规定。

表 6-14 钢筋混凝土用余热处理钢筋的实际重量与理论重量的允许偏差

公称直径(mm)	实际重量与公称重量的偏差(%)
8～12	±7
14～20	±5
22～40	±4

3. 技术要求

(1)化学成分

钢筋混凝土用余热处理钢筋的化学成分和碳当量(熔炼分析)应符合表 6-15 的规定。根据需要,钢中还可加入 V、Nb、Ti 等元素。

表 6-15 钢筋混凝土用余热处理钢筋的化学成分

牌号	化学成分(%)(不大于)					
	C	Si	Mn	P	S	Ceq
RRB400 RRB500	0.30	1.00	1.60	0.045	0.045	
RRB400W RRB500W	0.25	0.80	1.60	0.045	0.045	0.54 0.55

(2)力学性能

钢筋混凝土用余热处理钢筋的力学性能特性值应符合表 6-16 的规定。

表 6-16　钢筋混凝土用余热处理钢筋的力学性能

牌号	设计符号	R_{eL}(MPa)	R_m(MPa)	$A(\%)$	$A_{gt}(\%)$
		不小于			
RRB400	$\unicode{x1}^R$	400	540	14	5.0
RRB500		500	630	13	
RRB400W		430	570	14	
RRB500W		530	660	13	

注:时效后检验结果。

对于没有明显屈服强度的钢,屈服强度特性值 R_{eL} 应采用规定非比例伸长应力 $R_{p0.2}$。

根据供需双方协议,伸长率类型可从 A 或 A_{gt} 中选定。如伸长率类型未经协议确定,则伸长率采用 A。仲裁试验时采用 A_{gt}。

(3)弯曲性能

钢筋混凝土用余热处理钢筋的弯曲性能应符合表 6-17 的规定。按表 6-17 规定的弯芯直径弯曲 180°后,钢筋受弯曲部位表面不得产生裂纹。

表 6-17　钢筋混凝土用余热处理钢筋的弯曲性能

牌号	公称直径 a	弯芯直径 d
RRB400	8~25	4a
RRB400W	5a	28~40
RRB500	8~25	6a
RRB500W	28~40	7a

钢筋混凝土用余热处理钢筋的拉伸、弯曲试验试样,不允许进行车削加工。

国家标准《钢筋混凝土用余热处理钢筋》(GB 13014—2010),不适用于由成品钢材和废旧钢材再次轧制成的钢筋。

钢筋混凝土用余热处理钢筋的应用与热轧带肋钢筋基本类似。建筑工程中常用的余热处理钢筋牌号为 RRB400,根据《混凝土结构设计规范》(GB 50010—2010)和《混凝土结构工程施工质量验收规范》(GB 50204—2002—2011 版),RRB400 钢筋宜作为纵向受力钢筋;RRB400 钢筋不宜用于直接承受疲劳荷载的构件。

(三)冷轧带肋钢筋

冷轧带肋钢筋是由热轧光圆钢筋为母材,经冷轧减径后在其表面冷轧成二面或三面横肋(月牙肋)的钢筋,见图 6-7。

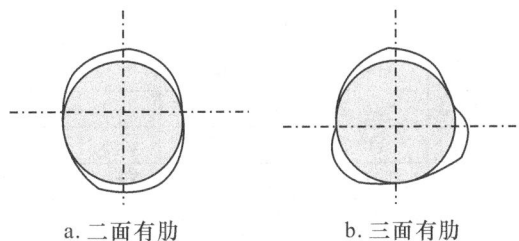

a.二面有肋　　　　　b.三面有肋

图 6-7　冷轧带肋钢筋横截面上月牙肋分布情况

1. 牌号

根据国家标准《冷轧带肋钢筋》(GB 13788—2008),牌号由 CRB 和抗拉强度最小值构成。C、R、B 分别表示冷轧(Cold rolled)、带肋(Ribbed)、钢筋(Bars)三个词的英文首位字母。

冷轧带肋钢筋分为 CRB550、CRB650、CRB800、CRB970 四个牌号。CRB550 为普通钢筋混凝土用钢筋,其他牌号为预应力混凝土用钢筋。

2. 尺寸、重量及允许偏差

三面肋和二面肋钢筋的尺寸、重量及允许偏差应符合表 6-18 的规定。

表 6-18 三面肋和二面肋钢筋的尺寸、重量及允许偏差

公称直径 d (mm)	公称横截面积 (mm)	重量		横肋中点高		横肋间隙		相对肋面积 f_r 不小于
		理论重量 (kg/m)	允许偏差 (%)	h (mm)	允许偏差 (mm)	l (mm)	允许偏差 (%)	
4	12.6	0.099		0.30		4.0		0.036
4.5	15.9	0.125		0.32		4.0		0.039
5	19.6	0.154		0.32		4.0		0.039
5.5	23.7	0.186		0.40		5.0		0.039
6	28.3	0.222		0.40		5.0		0.039
6.5	33.2	0.261		0.46		5.0		0.045
7	38.5	0.302		0.46		5.0		0.045
7.5	44.2	0.347		0.55		6.0		0.045
8	50.3	0.395	±4	0.55	+0.10 −0.05	6.0	±15	0.045
8.5	56.7	0.445		0.55		7.0		0.045
9	63.6	0.499		0.75		7.0		0.052
9.5	70.8	0.556		0.75		7.0		0.052
10	78.5	0.617		0.75		7.0		0.052
10.5	86.5	0.679		0.75		7.4		0.052
11	95.0	0.746		0.85		7.4		0.056
11.5	103.8	0.815		0.95		8.4		0.056
12	113.1	0.888		0.95		8.4		0.056

3. 化学成分

冷轧带肋钢筋用盘条的参考牌号和化学成分如表 6-19。

表 6-19 冷轧带肋钢筋用盘条的参考牌号和化学成分

钢筋牌号	盘条牌号	化学成分(%)					
		C	Si	Mn	V、Ti	S	P
CRB550	Q215	0.09~0.15	≤0.30	0.25~0.55	—	≤0.050	≤0.045
CRB650	Q235	0.14~0.22	≤0.30	0.30~0.65	—	≤0.050	≤0.045
CRB800	24MnTi	0.19~0.27	0.17~0.37	1.20~1.60	Ti：0.01~0.05	≤0.045	≤0.045
	20MnSi	0.17~0.25	0.40~0.80	1.20~1.60		≤0.045	≤0.045
CRB970	41MnSiV	0.37~0.45	0.60~1.10	1.00~1.40	V：0.05~0.12	≤0.045	≤0.045
	60	0.57~0.65	0.17~0.37	0.50~0.80	—	≤0.035	≤0.035

4. 技术性能

根据国家标准《冷轧带肋钢筋》(GB 13788—2008),力学性能和工艺性能应符合表 6-20 的规定。

表 6-20　冷轧带肋钢筋的力学性能和工艺性能

牌号	$R_{p0.2}$ (MPa) 不小于	R_m (MPa)	伸长率(%) 不小于		弯曲试验 (180°)	反复弯曲 次数	应力松弛初始应力应相当于公称抗拉强度的 70%
			$A_{11.3}$	A_{100}			1000h 松弛率(%)
CRB550	500	550	8.0	—	$D=3d$	—	—
CRB650	585	650	—	4.0	—	3	8
CRB800	720	800	—	4.0	—	3	8
CRB970	875	970	—	4.0	—	3	8

注:表中 D 为弯心直径,d 为钢筋公称直径。

钢筋的强屈比 $R_m/R_{p0.2}$ 比值应不小于 1.03。经供需双方协议可用 $A_{gt} \geqslant 2.0\%$ 代替 A。

CRB550 钢筋的公称直径范围为 4mm～12mm。CRB650 及以上牌号钢筋的公称直径为 4mm、5mm、6mm。

(四)预应力混凝土用钢棒

预应力混凝土用钢棒是由低合金热轧圆盘条经淬火和回火所得钢棒。

根据国家标准《预应力混凝土用钢棒》(GB/T 5223.3—2005):

1. 分类

按钢棒表面形状分为光圆钢棒、螺旋槽钢棒、螺旋肋钢棒、带肋钢棒四种。

2. 代号及标记

预应力混凝土用钢棒代号为 RCB,光圆钢棒代号为 P,螺旋槽钢棒代号为 HG,螺旋肋钢棒代号为 HR,带肋钢棒代号为 R,普通松弛代号为 N,低松弛代号为 L。

产品标记中应含有预应力混凝土钢棒代号 RCB、公称直径、公称抗拉强度、延性级别(延性 35 或延性 25)、松弛(N 或 L)、钢棒表面形状代号(P 或 HG 或 HR 或 R)、标准号。

3. 技术性能

尺寸、重量、性能等应符合表 6-21 的规定。伸长特性(包括延性级别和相应伸长率)应符合表 6-22 的规定。

表 6-21 预应力混凝土用钢棒公称直径、横截面积、重量及性能

表面形状类型	公称直径 D_a(mm)	公称横截面积 S_n(mm²)	横截面积 S(mm²) 最小	横截面积 S(mm²) 最大	每米参考重量 (g/m)	抗拉强度 σ_b(MPa) 不小于	规定非比例延伸强度 $\sigma_{0.2}$(MPa)	弯曲性能（光圆钢棒、螺旋肋钢棒）性能要求	弯曲半径(mm)
光圆	6	28.3	26.8	29.0	222	对所有规格钢棒 1080 1230 1420 1570	对所有规格钢棒 930 1080 1280 1420	反复弯曲不小于 4 次/180°	15
光圆	7	38.5	36.3	39.5	302				20
光圆	8	50.3	47.5	51.1	394				20
光圆	10	78.5	74.1	80.4	616				25
光圆	11	95.0	93.1	97.4	746			弯曲 160°~180°后弯曲处无裂缝	弯心直径为钢棒公称直径的 10 倍
光圆	12	113	106.8	115.8	887				
光圆	13	133	130.3	136.3	1044				
光圆	14	154	145.6	157.8	1209				
光圆	16	201	190.2	206.0	1578				
螺旋槽	7.1	40	39.0	41.7	314			—	
螺旋槽	9	64	62.4	66.5	502				
螺旋槽	10.7	90	87.5	93.6	707				
螺旋槽	12.6	125	121.5	129.9	981				
螺旋肋	6	28.3	26.8	29.0	222			反复弯曲不小于 4 次(180°)	15
螺旋肋	7	38.5	36.3	39.5	302				20
螺旋肋	8	50.3	47.5	51.1	394				20
螺旋肋	10	78.5	74.1	80.4	616				25
螺旋肋	12	113	106.8	115.8	888			弯曲 160°~180°后弯曲处无裂缝	弯心直径为钢棒公称直径的 10 倍
螺旋肋	14	154	145.6	157.8	1 209				
带肋	6	28.3	26.8	29.0	222				
带肋	8	50.3	47.5	51.1	394				
带肋	10	78.5	74.1	80.4	616				
带肋	12	113	106.8	115.8	887				
带肋	14	154	145.6	157.8	1209				
带肋	16	201	190.2	206.0	1578				

表 6-22 预应力混凝土用钢棒伸长特性

延性级别	最大力总伸长率 δ_{gt}(%)	断后伸长率 δ(%)
延性	3.5	7.0
延性	2.5	5.0

注：①日常检验可用断后伸长率，仲裁试验以最大力总伸长率为准。
②最大力总伸长率标距 L_0=200 mm。
③断后伸长率标距 L_0 为钢棒公称直径的 8 倍。

4. 应用

预应力混凝土用钢棒具有高强度、高韧性和高握裹力等优点，主要用于预应力混凝土桥梁轨枕，还用于预应力梁、板结构及吊车梁等。

预应力混凝土用钢棒成盘供应，开盘后能自行伸直，不需调直和焊接，施工方便，且节约钢材。

（五）预应力混凝土用钢丝

预应力混凝土用钢丝是用索氏体化盘条制造，经冷拉或冷拉后消除应力处理制成。

根据国家标准《预应力混凝土用钢丝》（GB/T 5223—2002），钢丝按加工状态分为冷拉钢丝（代号为 WCD）和消除应力钢丝两类；消除应力钢丝按松弛性能又分为低松弛级钢丝（代号为 WLR）和普通松弛级钢丝（代号为 WNR）两种；钢丝按外形分为光圆钢丝（代号为 P）、螺旋肋钢丝（代号为 H）和刻痕钢丝（代号为 I）三种。

预应力混凝土用钢丝的产品标记是由预应力钢丝、公称直径、抗拉强度等级、加工状态代号、外形代号、标准号六部分组成。例如：预应力钢丝 7.00－1570－WLR－H－GB/T 5223—2002。

根据《混凝土结构设计规范》（GB 50010—2010），在结构设计中消除应力光圆钢丝的设计符号为"Φ^P"、消除应力螺旋肋钢丝的设计符号为"Φ^H"。

冷拉钢丝、消除应力光圆及螺旋肋钢丝、消除应力刻痕钢丝的力学性能应符合表 6-23、表 6-24、表 6-25 的规定。

表 6-23　冷拉钢丝的力学性能

公称直径 d_n（mm）	抗拉强度 σ_b（MPa）不小于	规定非比例伸长应力 $\sigma_{p0.2}$（MPa）不小于	最大力总伸长率 ($L_0=200$mm) δ_{gt}（%）不小于	弯曲次数 （次/180°）不小于	弯曲半径 R（mm）	断面收缩率 ψ（%）不小于	每 210mm 扭距的扭转次数 n 不小于	初始应力为 70% 公称抗拉强度时，1000h 后应力松弛率 r（%）不小于
3.00	1470	1100	1.5	4	7.5	—	—	8
4.00	1570	1180		4	10	35	8	
	1670	1250						
5.00	1770	1330		4	15		8	
6.00	1470	1100		5	15		7	
7.00	1570	1180		5	20	30	6	
	1670	1250						
8.00	1770	1330		5	20		5	

表 6-24　消除应力光圆及螺旋肋钢丝的力学性能

公称直径 d_n(mm)	抗拉强度 σ_b(MPa) 不小于	规定非比例伸长应力 $\sigma_{p0.2}$(MPa) 不小于		最大力总伸长率 ($L_0=200$mm) δ_{gt}(%) 不小于	弯曲次数 (次/180°) 不小于	弯曲半径 R(mm)	应力松弛性能		
							初始应力相当于公称抗拉强度的百分数(%)	1000h后应力松弛率 r(%) 不大于	
								WLR	WNR
							对所有规格		
4.00	1470	1290	1250	3.5	3	10	60	1.0	4.5
4.80	1570	1380	1330						
	1670	1470	1410		4	15			
	1770	1560	1500						
5.00	1860	1640	1580						
6.00	1470	1290	1250		4	15	70	2.0	8
6.25	1570	1380	1330		4	20			
	1670	1470	1410		4	20			
7.00	1770	1560	1500		4	20			
8.00	1470	1290	1250		4	20	80	4.5	12
9.00	1570	1380	1330		4	25			
10.00	1470	1290	1250		4	25			
12.00					4	30			

表 6-25　消除应力的刻痕钢丝的力学性能

公称直径 d_n(mm)	抗拉强度 σ_b(MPa) 不小于	规定非比例伸长应力 $\sigma_{p0.2}$(MPa) 不小于		最大力总伸长率 ($L_0=200$mm) δ_{gt}(%) 不小于	弯曲次数 (次/180°) 不小于	弯曲半径 R(mm)	应力松弛性能		
							初始应力相当于公称抗拉强度的百分数(%)	1000h后应力松弛率 r(%) 不大于	
								WLR	WNR
							对所有规格		
≤5.00	1470	1290	1250	3.5	3	15	60	1.5	4.5
	1570	1380	1330						
	1670	1470	1410				70	2.5	8
	1770	1560	1500						
	1860	1640	1580						
>5.00	1470	1290	1250			20	80	4.5	12
	1570	1380	1330						
	1670	1470	1410						
	1770	1560	1500						

　　预应力混凝土用钢丝具有强度高、柔性好、松弛率低、抗腐蚀性强、质量稳定、安全可靠等特点,主要用于大跨度屋架及薄腹梁、大跨度吊车梁、桥梁等预应力结构。

目前我国,增列中强度预应力钢丝,以补充中等强度预应力筋的空缺,用于中、小跨度的预应力构件;逐步淘汰锚固性能差的刻痕钢丝。

（六）预应力混凝土用螺纹钢筋

预应力混凝土用螺纹钢筋（也称精轧螺纹钢筋）是一种热轧成带有不连续外螺纹的直条大直径预应力筋,该钢筋在任意截面处,均可用带有匹配形状的内螺纹的连接器或锚具进行连接或锚固。

根据国家标准《预应力混凝土用螺纹钢筋》(GB/T 20065—2006):

1. 强度等级代号

预应力混凝土用螺纹钢筋以屈服强度划分级别,其代号为"PSB"加上规定屈服强度最小值来表示。P、S、B 分别为 Prestressing、Screw、Bars 的英文首位字母。例如:PSB830,表示屈服强度最小值为 830 MPa 的预应力混凝土用螺纹钢筋。

根据《混凝土结构设计规范》(GB 50010—2010),在结构设计中预应力混凝土用螺纹钢筋的设计符号为"Φ^T"。

2. 重量允许偏差

实际重量与理论重量的允许偏差应不大于理论重量的 $\pm 4\%$,标准推荐的公称直径为 25mm、32mm。外形采用螺纹状无纵肋且钢筋两侧螺纹在同一螺旋线上,其外形如图 6-8 所示。

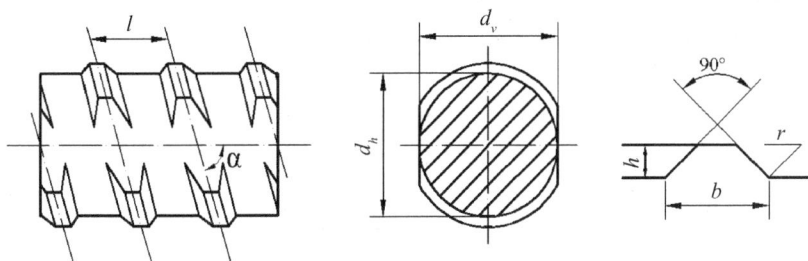

d_h—基圆直径;d_v—基圆直径;h—螺纹高;b—螺纹底宽;

l—螺距;r—螺纹根弧;α—导角

图 6-8　预应力混凝土用螺纹钢筋表面及截面形状

3. 力学性能

力学性能应符合表 6-26 的规定,以保证经过不同方法加工的成品钢筋。

表 6-26　预应力混凝土用螺纹钢筋的力学性能

级别	设计符号	屈服强度 R_{eL}(MPa)	抗拉强度 R_m(MPa)	断后伸长率 A(%)	最大力总伸长率 A_{gt}(%)	应力松弛性能	
						初始应力	1000h 后应力松弛率 r(%)
		不小于					
PSB785	Φ^T	785	980	7	3.5	$0.8R_{eL}$	≤3
PSB830		830	1030	6			
PSB930		930	1080	6			
PSB1080		1080	1 230	6			

注:无明显屈服时,用规定非比例延伸强度($R_{P0.2}$)代替。

(1)供方在保证钢筋 1000h 松弛性能合格的基础上,可进行 10h 松弛试验,初始应力为公称屈服强度的 80%,松弛率不大于 1.5%;

(2)伸长率类型通常选用 A,经供需双方协商,也可选用 A_{gt};

(3)经供需双方协商,可提供其他规格的钢筋,可进行疲劳试验。

4. 表面质量

(1)钢筋表面不得有横向裂纹、结疤和折叠;

(2)允许有不影响钢筋力学性能和连接的其他缺陷。

(七)预应力混凝土用钢绞线

预应力混凝土用钢绞线是用索氏体化盘条制造的若干根直径为 2.5~6.0mm 的冷拉光圆钢丝或刻痕钢丝捻制,再进行连续的稳定化处理而制成。

表 6-27　1×7 结构钢绞线力学性能

钢绞线结构	钢绞线公称直径 D_n(mm)	抗拉强度 σ_b(MPa) 不小于	整根钢绞线的最大力 F_m(kN) 不小于	规定非比例延伸力 $F_{p0.2}$(kN) 不小于	最大力总伸长率 ($L_0 \geq 400mm$) δ_{gt}(%) 不小于	初始负荷相当于公称最大力的百分数(%)	1000h 后应力松弛率 r(%) 不大于
						对所有规格	
1×7	9.50	1720	94.3	84.9	3.5	60	1.0
		1860	102	91.8			
		1960	107	96.3			
	11.10	1720	128	115			2.5
		1860	138	124			
		1960	145	131			
	12.70	1720	170	153		70	
		1860	184	166			
		1960	193	174			
	15.20	1470	206	185		80	4.5
		1570	220	198			
		1670	234	211			
		1720	241	217			
		1860	260	234			
		1960	274	247			
	15.70	1770	266	239			
		1860	279	251			
	17.80	1720	327	294			
		1860	353	318			
(1×7)C	12.70	1860	208	187			
	15.20	1860	300	270			
	18.00	1720	384	346			

根据国家标准《预应力混凝土用钢绞线》(GB/ T5224—2003),钢绞线按结构分为 5 类,其结构代号分别为:1×2(用两根钢丝捻制)、1×3(用三根钢丝捻制)、1×3I(用三根刻痕钢

丝捻制)、1×7(用七根钢丝捻制的标准型)、(1×7)C(用七根钢丝捻制又经模拔)。

预应力混凝土用钢绞线的产品标记是由预应力钢绞线、结构代号、公称直径、强度级别、标准号 5 部分组成,例如:预应力钢绞线 1×7－15.20－1860－GB/T 5224－2003。

根据《混凝土结构设计规范》(GB 50010—2010),在结构设计中预应力混凝土用钢绞线的设计符号为"ϕ^s"。

根据国家标准《预应力混凝土用钢绞线》(GB/T 5224—2003),预应力混凝土结构最常用的 1×7 钢绞线的力学性能应符合表 6-27 的规定。

预应力钢绞线具有强度高、与混凝土黏结性能好、易于锚固等特点,多使用于大跨度、重荷载的预应力混凝土结构。

我国目前,推广应用高强、大直径的预应力钢绞线。

三、钢结构用钢

在钢结构用钢中一般可直接选用各种规格与型号的型钢,构件之间可直接连接或附件连接。连接方式为铆接、栓接或焊接。因此,钢结构用钢材主要是型钢和钢板。型钢和钢板的成型方法主要有热轧和冷轧。

1. 热轧型钢

热轧型钢主要采用碳素结构钢 Q235—A,低合金高强度结构钢 Q345 和 Q390 热轧成型。

常用的热轧型钢有角钢、工字钢、槽钢、T 型钢、H 型钢、Z 型钢等。热轧型钢的标记方式为一组符号中需要标示型钢名称、横断面主要尺寸、型钢标准号、钢牌号及钢种标准。例如,用碳素结构钢 Q235—A 轧制的,尺寸为 160mm×160mm×16mm 的等边角钢,应标示为:

$$\text{热轧等边角钢} \frac{160×160×16－GB\ 9787－88}{Q235－A－GB/T\ 700－2006}$$

碳素结构钢 Q235—A 制成的热轧型钢,强度适中,塑性和可焊性较好,冶炼容易,成本低,适用于建筑工程中的各种钢结构。低合金高强度结构钢 Q345 和 Q390 制成的热轧型钢,综合性能较好,适用于大跨度、承受动荷载的钢结构。

2. 钢板和压型钢板

钢板是用碳素结构钢或低合金高强度结构钢经热轧或冷轧生产的扁平钢材。以平板状态供货的称为钢板,以卷状态供货的称为钢带。厚度大于 4mm 以上为厚板,厚度小于或等于 4mm 的为薄板。

热轧碳素结构钢厚板,是钢结构用主要钢材。薄板用于屋面、墙面或压型板原料等。低合金高强度结构钢厚板,用于重型结构、大跨度桥梁和高压容器等。

压型钢板是用薄板经冷压或冷轧成波形、双曲线、V 形等形状,压型钢板有涂层薄板、镀锌薄板、防腐薄板等。具有单位质量轻、强度高、抗震性能好、施工快、外形美观等优点。主要用于维护结构、楼板、屋面等。

3. 冷弯薄壁型钢

冷弯薄壁型钢是用 2mm～6mm 的薄钢板经冷弯或模压制成,有角钢、槽钢等开口薄壁型钢及方形、矩形等空心薄壁型钢,主要用于轻型钢结构。

冷弯薄壁型钢的表示方法与热轧型钢相同。

建筑工程中钢筋混凝土用钢和钢结构用钢,主要根据结构的重要性、承受荷载类型(动荷载或静荷载)、承受荷载方式(直接或间接等)、连接方法(焊接、铆接或栓接)、温度条件(正温或负温)等,综合考虑钢种或钢牌号、质量等级和脱氧方法等进行选用。

第6节 建筑钢材的腐蚀与防护

金属腐蚀现象是十分普遍的。从热力学的观点出发,除了少数贵金属(Au、Pt)外,一般金属发生腐蚀都是自发过程。可以说,人类有效地利用金属的历史,就是与金属腐蚀做斗争的历史。近50年来,金属腐蚀已基本发展成为一门独立的综合性边缘学科。随着现代工业的迅速发展,使原来大量使用的高强度钢构件不断暴露出严重的腐蚀问题,引起许多相关学科的关注。

金属腐蚀给社会带来巨大的经济损失,造成了灾难性事故,耗竭了宝贵的资源与能源,污染了环境,阻碍了高科技的正常发展。根据一些发达国家统计,每年由于金属腐蚀而造成的经济损失约占国民经济生产总值的2%～4%。美国1982年因金属腐蚀造成的经济损失约为1260亿美元,约占当年国民生产总值的4.2%;英国1969年金属腐蚀损失约为13.65亿英镑,约占国民生产总值的3.5%;日本1967年金属腐蚀损失约为92亿美元,约占国民生产总值的1.8%;前苏联1967年金属腐蚀损失约为67亿美元,约占国民生产总值的2%;前联邦德国1974年金属腐蚀损失约为60亿美元,约占国民生产总值的3%;中国2010年海水腐蚀金属的损失约为1.2万亿元人民币,约占GDP的3%,相当于每个中国人为此损失约1000元人民币。根据《中国腐蚀调查报告》(2003),中国金属腐蚀总损失约占GDP的5%;美国约占GDP的3.4%;日本约占GDP的2.8%。

中国金属腐蚀经济损失大于中国所有自然灾害经济损失的总和,具体数据如表6-28。

表6-28 金属腐蚀损失大于所有自然灾害损失的总和

中国	GDP(万亿)	腐蚀损失(5% GDP)	所有自然灾害损失(万亿)	腐蚀/自然灾害(倍数)
2012 年	51.9	2.6	0.42	6.2
2011 年	47.2	2.36	0.31	7.6
2010 年	39.8	1.99	0.53	3.8
2009 年	33.5	1.68	0.25	6.7
2008 年	31.4	1.57	1.18 (其中汶川地震损失0.85)	1.3

一、建筑钢材的腐蚀

钢材的腐蚀是钢材受环境介质的化学作用或电化学作用等而引起破坏和变质的现象。钢材的腐蚀都是从表面开始。U. R. Evans(艾文斯)认为:"金属腐蚀是金属从元素态转变为化合态的化学变化及电化学变化"。建筑钢材腐蚀的主要形式有均匀腐蚀、点蚀、应力腐蚀、腐蚀疲劳等。

钢结构中,钢材的腐蚀导致钢材有效截面积减小、氧化膜破坏、应力腐蚀破裂(开裂或断裂)、产生蚀坑应力集中、氢脆或氢致、体积膨胀、产生各种化学物质、物理溶解、失去光泽等,是导致钢结构耐久性失效的重要因素。尤其在冲击荷载、循环交变荷载作用下,将产生腐蚀疲劳和应力腐蚀现象,使钢材的疲劳强度显著降低,甚至出现脆性断裂。

根据统计调查结果表明,在所有钢材腐蚀中腐蚀疲劳、全面腐蚀和应力腐蚀引起的钢结构破坏事故所占比率较高,分别为 23%、22% 和 19%。由于应力腐蚀和氢脆的突发性,因此其危害性最大,常常造成灾难性事故,在实际生产和应用中应引起足够的重视。

混凝土结构中,钢筋锈蚀(混凝土结构工程中习惯称为钢筋锈蚀)膨胀引起混凝土保护层顺筋开裂,是导致混凝土结构耐久性失效的重要因素,是混凝土结构破坏的重要原因。混凝土结构中钢筋的锈蚀不仅导致钢筋横截面积减小、钢筋力学性能劣化(如应力不均匀分布、锈坑应力集中)、钢筋与混凝土粘接性能降低;而且钢筋锈蚀产物具有体积膨胀的特性,导致混凝土锈胀开裂,进而进一步加剧钢筋锈蚀,促使钢筋与混凝土的粘接力不断降低,改变混凝土结构受力体系,最终使混凝土结构性能降低或加速混凝土结构破坏。

建筑钢材腐蚀是混凝土结构和钢结构破坏的重要原因。混凝土结构和钢结构的失效形式取决于材料、受力状态、环境条件、结构特征等。

根据腐蚀机理以及与环境介质直接发生反应,建筑钢材的腐蚀主要分为化学腐蚀和电化学腐蚀。

(一)化学腐蚀

化学腐蚀是钢材直接与周围介质发生化学反应而产生的腐蚀。化学腐蚀多数是氧化作用,氧化性介质有空气、氧、水蒸气、二氧化碳、二氧化硫、氯等。化学腐蚀的特征是在钢材表面生成较疏松的氧化物(腐蚀产物)。化学腐蚀随温度、湿度提高而加速,干湿交替环境中钢材腐蚀更为严重。

在无水的有机物介质中或高温的气体中(气体中即使含有水,也是以气相的水蒸气状态存在),钢材的腐蚀过程才是化学腐蚀过程。

(二)电化学腐蚀

电化学腐蚀是钢材与电解质溶液接触,形成腐蚀原电池而产生的腐蚀。电化学腐蚀与化学腐蚀显著区别的是电化学腐蚀过程中有电流产生。电化学腐蚀的特征是腐蚀区域是钢材表面的阳极,腐蚀产物常常发生在阳极与阴极之间,不能覆盖被腐蚀区域,起不到保护作用。潮湿环境中钢材表面会被一层电解质水膜所覆盖,而钢材本身含有铁、碳等多种成分,由于这些成分的电极电位不同,形成许多腐蚀原电池。在阳极区,铁被氧化成为 Fe^{2+} 离子进入水膜;在阴极区,溶于水膜中的氧被还原为 OH^- 离子。随后两者结合生成不溶于水的 $Fe(OH)_2$,并进一步氧化成为结构疏松且易剥落的棕黄色铁锈 $Fe(OH)_3$。

只要环境介质中有凝聚态的水(H_2O)存在,哪怕介质只含有很少量的凝聚态的水,钢材的腐蚀就以电化学腐蚀的过程进行,而钢材表面总会与含凝聚态水的介质接触,所以电化学腐蚀过程非常普遍。

当介质的组成、浓度、温度及阳极的电流密度等条件具备时,在钢材表面覆盖难溶的薄层氧化物膜(钝化膜,厚度一般为几个至十几个纳米)FeO,钢材转入钝化状态(简称钝态),

钢材表面特性为钝性,由于钝化膜是不良的离子导体(但却是电子导体,即半导体),由阳极过程优先形成阻滞层,能阻滞钢材的阳极溶解过程,从而引起的钢材和合金具有高的耐腐蚀状态,可以起到一定的防护钢材腐蚀的作用,故在干燥环境中,钢材腐蚀进展缓慢。但是,若钢材周围环境条件(如氯化物侵蚀或混凝土中性化等)变化,钝化膜的外层在溶液接触表面上以一定的速度溶解于溶液,钝化膜的厚度逐渐减小,直至钝化膜完全溶解消失(脱钝),钢材表面可以重新转入活性状态,钢材开始腐蚀(起锈)。钝化膜的溶解是化学溶解过程。

钢材在大气中的腐蚀,实际上是化学腐蚀和电化学腐蚀共同作用所致,但是以电化学腐蚀为主,电化学腐蚀是钢材腐蚀中最普遍的现象。

二、建筑钢材的防腐蚀措施

影响钢材腐蚀的主要因素有环境中的湿度、氧,介质中的酸、碱、盐,钢材的化学成分及表面状况等。一些卤素离子,特别是氯离子能破坏氧化膜(钝化膜),促进腐蚀反应,使腐蚀迅速发展。最常见的钢材腐蚀破坏的重要因素是供给溶氧的空气及水分。

钢材腐蚀时,腐蚀产物的体积大于腐蚀前钢材的原体积,钢材腐蚀后的腐蚀产物将发生体积膨胀(腐蚀膨胀),一般体积膨胀 1.5~4 倍,最严重的可达到原体积的 6 倍。

钢筋混凝土结构中,钢筋锈蚀时锈蚀产物向周围混凝土孔隙中扩散,当锈蚀产物填满孔隙并且积累到一定程度时,由于锈蚀膨胀受到钢筋周围混凝土的限制,在钢筋与混凝土的交界面上产生锈蚀膨胀力,即称锈胀力。随着钢筋锈蚀过程的发展,钢筋与混凝土交界面上的锈蚀产物不断积累增多,锈胀力不断增大,在钢筋周围混凝土中产生的环向拉应力也不断增大,当锈蚀发展到一定程度,环向拉应力超过混凝土抗拉极限时,混凝土因受拉而开裂(锈胀开裂),甚至剥落。

埋入混凝土中的钢筋,处于 pH 值大于 11 的混凝土碱性介质(新拌混凝土的 pH 值为 12 左右)环境时,在钢筋表面形成碱性氧化膜(钝化膜),钢筋处于钝化状态,阻止发生锈蚀,故在未中性化的混凝土中钢筋一般不易锈蚀。当钢筋处于 pH 值小于 11 的混凝土环境时,钢筋脱钝、起锈。

在工程实际中可采取以下技术措施防止或控制建筑钢材的腐蚀:

(一)涂(镀)层覆盖

1. 金属镀层覆盖

金属镀层按照镀上的金属或采用的工艺可分为很多类。通常用热浸镀、热喷镀(涂)、冷喷镀(涂)、低压等离子喷镀(涂)、低压电弧喷镀(涂)、物理气相沉积、化学气相沉积等方法覆盖钢材表面,提高钢材的耐腐蚀能力。薄壁钢材可采用热浸法镀锌、镀锡、镀铜、镀铬或镀锌后加涂塑料涂层等措施。

金属镀层从电化学腐蚀过程考虑,又可分为阳极层和阴极层。阳极层相对于基体钢材是阳极防护层,阴极层相对于基体钢材是阴极防护层。

2. 非金属涂层覆盖

非金属涂层可分为有机涂层和无机涂层。常用的有机涂层有油漆、防腐涂料、塑料、橡胶、防锈油等。常用的无机涂层有搪瓷、陶瓷、玻璃、水泥净浆、水泥砂浆、混凝土、石墨等。钢结构为了防护钢材腐蚀,常用的底漆有红丹、环氧富锌、硅酸乙酯、热喷铝锌、无机富锌、铁红环氧底等;常用的中间漆有环氧云铁、环氧玻璃鳞片等;常用的面漆有聚氨酯、丙烯酸树酯、乙烯树酯、醇酸磁、酚醛磁等。

涂(镀)的作用主要是覆盖,因此要求覆盖层完整无孔,使基体钢材不与介质接触,并且与基体钢材牢固结合,在使用过程中,不应脱层或剥落。

(二)防止形成电化学腐蚀原电池

当钢材与黄铜紧固件连接时会形成电化学腐蚀原电池,此时通过中间介入塑料配件使钢材与黄铜绝缘,可以避免电化学腐蚀原电池的形成,使钢材不被腐蚀。防止形成电化学腐蚀原电池的重要环节是在装配或连接材料之间尽量避免出现缝隙,连接处应避免形成水的通道。采用焊接形式比机械连接更有利于防止电化学腐蚀原电池的形成。

(三)电位控制

1. 阴极保护

在钢材表面通入足够的阴极电流,使这种钢材的阳极溶解速度减小,从而防止钢材腐蚀的方法,称为阴极保护法(简称 PG 法)。根据阴极电流的来源,阴极保护法可分为两种,一种是外加电流阴极保护法,是通过利用外加直流电源的负极与被保护的钢材相连接,使得被保护的钢材发生阴极极化从而达到保护钢材的目的;另一种是牺牲阳极阴极保护法,是通过外加牺牲阳极,使得被保护的钢材成为腐蚀电池的阴极,从而达到保护钢材的目的。这两种阴极保护法,在腐蚀电池的阳极区、阴极区所发生的电极反应是相似的。

外加电流阴极保护法的主要优点是性能稳定、服役寿命长,但其缺点是系统要求长期保证供电并需要定期进行维护。外加电流阴极保护技术,对预应力混凝土结构由于预应力筋处在高应力状态,因而钢材氢脆问题十分敏感。

外加电流阴极保护法的阳极系统可采用以下三种系统之一:

(1)混凝土表面安装网状贵金属阳极与优质水泥砂浆或聚合物改性水泥砂浆覆盖层组成的阳极系统;

(2)条状贵金属主阳极与含碳黑填料的水性或溶剂性导电涂层次阳极组成的阳极系统;

(3)开槽埋设于构件中的贵金属棒状阳极与导电聚合物回填物组成的阳极系统。

牺牲阳极阴极保护法比外加电流阴极保护法更为简单,但关键是要有合适的牺牲阳极材料,牺牲阳极的电位不宜过负,否则阴极上会析氢,可导致氢脆。目前常用的牺牲阳极材料有锌基、镁基和铝基三大类。目前建筑工程中常用的镀锌钢筋就是利用牺牲阳极的阴极保护技术。牺牲阳极阴极保护法适用于连续浸湿的环境。

牺牲阳极阴极保护法的阳极系统可采用以下两种系统之一:

(1)锌板与降低回路电阻的回填料组成的阳极系统;

(2)涂覆于混凝土表面的导电底涂料与锌喷涂层组成的阳极系统。

覆盖层防护钢材腐蚀有时是不完全的,因为覆盖层局部区域可能存在微小孔隙等缺陷,介质可通过缺陷而与钢材相接触,所以钢材腐蚀仍可发生。如果将阴极保护与油漆覆盖联合应用,则缺陷区域可得到保护,而所需的保护电流比未涂油漆的裸露钢材要小的多。

根据《混凝土结构耐久性修复与防护技术规程》(JGJ/T 259—2012),阴极保护法可用于混凝土结构中钢筋的保护。确认保护效果的方法是,测定钢筋电位或钢筋电位的衰减/发展值,符合相关要求。

2. 阳极保护

在钢材表面通入足够的阳极电流,使这种钢材电位向正方向移动,达到并保持在钝化区内,使钢材处于稳定的钝化状态,从而防止钢材腐蚀的方法,称为阳极保护法。这种方法与钢材的钝化有非常密切的关系,使钢材改变电位而保持钝态的方法有如下三种:

(1)用外加电源进行阳极极化——将被保护的钢材作为阳极,当阳极电流密度达到致钝电流密度时,钢材发生钝化,然后用较小的电流密度,使钢材的电位维持在钝化的范围内。

(2)往溶液中添加氧化剂——吹入空气或添加三价铁盐、硝酸盐、铬酸盐、重铬酸盐等氧化剂达到一定浓度,使溶液的氧化－还原电位升高,促进钝化。

(3)合金的阴极改性处理——在合金中添加少量的贵金属元素 Pd、Pt 等,由于它们起着强阴极的作用,加速阴极反应,使合金电位正方向移到钝化区内,从而得到保护。在溶液中添加 Pd^{2+}、Pt^{4+}、Ag^+、Cu^{2+} 等,由于这些金属离子在合金表面上的还原,也有类似的作用。

(四)电化学脱盐

电化学脱盐法(简称 ECR 法)的阳极系统由网状或条状阳极与浸没阳极的电解质溶液组成。电解质宜采用 $Ca(OH)_2$ 饱和溶液或自来水。根据《混凝土结构耐久性修复与防护技术规程》(JGJ/T 259—2012),电化学脱盐法可用于盐污染环境中混凝土结构的钢材保护。确认保护效果的方法是,测定混凝土的氯离子含量和钢筋电位,混凝土内氯离子含量应低于临界氯离子浓度。

(五)电化学再碱化

电化学再碱化法(简称 ERA 法)的阳极系统由网状或条状阳极与浸没阳极的电解质溶液组成。电解质宜采用 0.5M～1M 的 Na_2CO_3 水溶液等。根据《混凝土结构耐久性修复与防护技术规程》(JGJ/T 259—2012),电化学再碱化法可用于混凝土易中性化导致钢材腐蚀的混凝土结构。确认保护效果的方法是,测定混凝土 pH 值和钢筋电位,混凝土 pH 值应大于 11。

值得注意的是,预应力混凝土结构不得进行电化学脱盐和电化学再碱化处理;静电喷涂环氧涂层钢筋拼装的构件不得采用任何电化学防护;当预应力混凝土结构采用阴极保护时,应进行可行性论证。

(六)钢材合金化

钢材的化学成分对耐腐蚀性影响很大,在钢中加入一定量的铬、镍、钛、铜等合金元素,可制成耐腐蚀钢(或不锈钢)。通过加入某些合金元素,可以提高钢材的耐腐蚀能力。

(六)钢材表面缓蚀

钢材表面缓蚀是将具有表面活性的化学物质在钢材表面上先进行物理吸附,然后转化为化学吸附,占据钢材表面的活性点,从而达到抑制钢材腐蚀的作用。钢材表面缓蚀的类别有无机缓蚀、有机缓蚀、复配缓蚀等。缓蚀产品有 IMC－30－C、Q、Z,IMC－80－B、N、ZS,IMC－932H,IMC－871W 等。也可以在钢材表面涂刷钢材表面钝化剂。

(七)钢材表面改性

钢材表面改性是采用化学的、物理的方法改变钢材表面的化学成分或组织结构,以提高钢材的耐腐蚀性。钢材表面改性的方法有化学热处理(渗氮、渗碳、渗金属等)、激光重熔复合、离子注入、喷丸、纳米化、轧制复合等。

（八）高性能混凝土

对钢筋混凝土结构和预应力混凝土结构中普通钢筋及预应力筋的防锈措施，根据结构的性质和所处环境等，考虑混凝土等材料的质量要求，主要是提高混凝土等材料的密实度、填充度，保证混凝土保护层厚度，控制氯盐外加剂的掺量。必要时在混凝土中掺入阻锈剂（防锈剂或缓蚀剂）。

预应力筋一般含碳量较高，多是经过变形加工或冷加工处理，又处于高应力工作状态，因而对锈蚀破坏很敏感，特别是高强度热处理钢筋，容易产生应力锈蚀、氢脆等现象。所以，重要的预应力混凝土结构，除了禁止掺用氯盐外，还应对原材料进行严格检验。

根据近几年的研究结果表明，在拌制混凝土过程中掺入矿物掺合料和化学外加剂，配制成高性能混凝土，改善其微观、细观结构，例如改善界面过渡区、调整孔结构、减少初始缺陷等，提高混凝土的密实度和耐久性，尤其显著提高混凝土保护层的密实度和耐久性，具备抵抗各种复杂环境、介质等耦合作用的能力，提前并缩短钢筋的钝化时间，使钢筋尽快达到钝化状态并长时间保持钝化状态，推迟并延缓钢筋的脱钝和起锈时间，显著降低钢筋的锈蚀速率，大大减少锈蚀产物量，降低锈胀力，避免或显著降低混凝土结构的锈胀开裂，钢筋与混凝土保持良好的黏结力，提高混凝土结构的长期服役性能，延长其服役寿命。

总之，金属腐蚀防护的实质是降低材料与环境条件之间的电化学反应速度。因此，改善材料、改变环境、隔离材料与环境，减少或阻止离子、氧、水在材料与环境之间的交换是相应的措施。每一种金属腐蚀防止措施各有其特色，在实际工程中选择何种防止措施，应根据具体条件确定。

习题与复习思考题

1. 钢的分类方法有哪几种？每种分类中具体分为哪几种钢？

2. 为什么说屈服强度（σ_s）、抗拉强度（σ_b）和伸长率（δ）是钢材的重要技术性能指标？

3. 为什么对于同一钢材，δ_5 大于 δ_{10}？

4. 为何以最大力总伸长率作为钢材拉伸性能指标更为合理？

5. 弯曲性能的表示方法及其实际意义？

6. 随含碳量增加，碳素钢的性能有何变化？

7. 碳素结构钢中，若含有较多的磷、硫或者氮、氧及锰、硅等元素时，对钢性能的主要影响如何？

8. 试述钢材的主要焊接方法。

9. 碳素结构钢的牌号如何表示？为什么 Q235 号钢被广泛应用于建筑工程中？

10. 试比较 Q235－A·F、Q235－B·b、Q235－C 和 Q235－D 在性能和应用上有什么区别？

11. 低合金高强度结构钢的主要用途及被广泛采用的原因？

12. 混凝土结构设计中各种钢筋分别用什么样的设计符号表示？

13. 混凝土结构设计中有抗震设防要求的结构，其纵向受力钢筋的性能应满足哪些设计要求？

14. 混凝土结构设计中纵向受力钢筋宜采用哪种牌号的热轧钢筋,梁、柱纵向受力钢筋应采用哪种牌号的热轧钢筋,箍筋宜采用哪种牌号的热轧钢筋?

15. 对热轧钢筋进行冷拉并时效处理的主要目的及主要方法?

16. $\sigma_{0.2}$,δ_5,δ_{10},a_k 符号表示的意义是什么?

17. 冷拔低碳钢丝、钢绞线、热处理钢筋的特性及主要用途?

18. 根据腐蚀机理,钢材的腐蚀分为哪几种,通常情况下以哪种腐蚀为主?

19. 影响钢材腐蚀的主要因素有哪些?

20. 钢筋混凝土结构中钢筋腐蚀会造成怎样的不利影响?

21. 试述防护钢材腐蚀的主要技术措施。

22. 从进货的一批钢筋中抽样,并截取两根钢筋做拉伸试验,测得如下结果:屈服下限荷载分别为 43.3kN、42.1kN;抗拉极限分别为 62.8kN、62.1kN,钢筋公称直径为 12mm,标距为 60mm,拉断时长度分别为 72.1mm 和 71.9mm,试评定其牌号?说明其利用率及使用中安全可靠度?

第7章　墙体、屋面及门窗材料

第1节　墙体材料

墙体材料是房屋建筑的主要围护材料和结构材料。常用的墙体材料有砖、砌块和板材三大类。其中实心黏土砖在我国已有数千年的应用历史,但由于实心黏土砖毁田取土、生产能耗大、抗震性能差、块体小、自重大、自然耗损大、劳动生产率低、不利于施工机械化等缺点,目前正逐步被限制和淘汰使用。

墙体材料的发展方向是生产和应用多孔砖、空心砖、废渣砖、建筑砌块和建筑板材等各种新型墙体材料,主要目标是节能、节土、利废、保护环境和改善建筑功能。同时要求轻质高强,减轻构筑物自重,简化地基处理;有利于推进施工机械化、加快施工速度、降低劳动强度、提高劳动生产率和工程质量;有利于加速住宅产业化的进程,且抗震性能好、平面布置灵活、便于房屋改造。

一、砖

砖的种类很多,按所用原材料可分为黏土砖、页岩砖、煤矸石砖、粉煤灰砖、灰砂砖、炉渣砖、淤泥砖、固体废弃物砖等;按生产工艺可分为烧结砖和非烧结砖,其中非烧结砖又可分为压制砖、蒸养砖和蒸压砖等;按有无孔洞可分为多孔砖、空心砖和实心砖。

(一)烧结普通砖

凡以黏土、页岩、煤矸石、粉煤灰为主要原材料,经成型、干燥、焙烧、冷却而成的实心或孔洞率不大于15%的烧结砖的称为烧结普通砖。

1. 分类

烧结普通砖按主要原料不同,分为烧结黏土砖(N)、烧结页岩砖(Y)、烧结煤矸石砖(M)和烧结粉煤灰砖(F)等。

烧结黏土砖以黏土为主要原材料,由于耗用大量农田,能耗高,且生产中会释放氟、硫化物等有害气体,目前已被限制或淘汰使用,在许多城市已经被禁止使用。但由于我国已有建筑中的墙体材料绝大部分为此类砖,是一段不能割裂的历史。而且,烧结多孔砖可以认为是从实心黏土砖演变而来。另一方面,烧结页岩砖、烧结煤矸石砖、烧结粉煤灰砖等的规格尺寸和基本要求均与烧结黏土实心砖相似。

烧结页岩砖以页岩为主要原料,经破碎、粉磨、成型、制坯、干燥和焙烧等工艺制成,其焙烧温度一般在1000℃左右。生产这种砖可完全不用黏土,配料时所需水分较少,有利于砖坯的干燥,且制品收缩小。砖的颜色与黏土砖相似,但表观密度较大,约为 $1500\sim2750\text{kg}/\text{m}^3$,抗压强度为 $7.5\sim15\text{MPa}$,吸水率为 20% 左右,可代替实心黏土砖应用于建筑工程。

烧结煤矸石砖以煤矸石为主要原料,经配料、粉碎、磨细、成型、焙烧而制得。焙烧时基本不需外投煤,因此生产煤矸石砖不仅节省大量的黏土原料、减少废渣的占地,也节省了大量燃料。烧结煤矸石砖的表观密度一般为 $1500\text{kg}/\text{m}^3$ 左右,比实心黏土砖小,抗压强度一般为 $10\sim20\text{MPa}$,吸水率为 15% 左右,抗风化性能优良。

烧结粉煤灰砖以粉煤灰为主要原料,并掺入适量黏土(二者体积比为 $1:1\sim1.25$)或膨润土等无机复合掺合料,经均化配料、成型、制坯、干燥、焙烧而制成。由于粉煤灰中存在部分未燃烧的碳,能耗降低,也称为半内燃砖。表观密度为 $1400\text{kg}/\text{m}^3$ 左右,抗压强度 $10\sim15\text{MPa}$,吸水率 20% 左右。颜色从淡红至深红。

此外,烧结普通砖按烧结时的火候(窑内温度分布)不同,可分为欠火砖、正火砖和过火砖;按焙烧方法不同,又可分为内燃砖和外燃砖。

2. 生产工艺

烧结普通砖的主要生产工艺包括配料、成型、干燥、焙烧、冷却等若干个环节,烧结黏土砖、烧结页岩砖、烧结煤矸石砖和烧结粉煤灰砖的生产工艺基本相似,仅在配料环节有所不同。以下以烧结黏土砖为例简单作一介绍。

烧结黏土砖以粉质或砂质黏土为主要原料,经取土、炼泥、制坯、干燥、焙烧等工艺制成。其中焙烧是制砖工艺的关键环节。一般是将焙烧温度控制在 $900\sim1100\text{℃}$ 之间,使砖坯烧至部分熔融而烧结。如果焙烧温度过高或时间过长,则易产生过火砖。过火砖的特点为色深、敲击声脆、变形大等。如果焙烧温度过低或时间不足,则易产生欠火砖。欠火砖的特点为色浅、敲击声哑、强度低、吸水率大、耐久性差等。当砖窑中焙烧时为氧化气氛,因生成三氧化铁(Fe_2O_3)而使砖呈红色,称为红砖。若在氧化气氛中烧成后,再在还原气氛中闷窑,红色 Fe_2O_3 还原成青灰色氧化亚铁(FeO),称为青砖。青砖一般较红砖致密、耐碱、耐久性好,但由于价格高,目前主要用于有特殊要求的一些清水墙中。此外,生产中可将煤渣、含碳量高的粉煤灰等工业废料掺入制坯的土中制作内燃砖。当砖焙烧到一定温度时,废渣中的碳也在干坯体内燃烧,因此可以节省大量的燃料和 $5\%\sim10\%$ 的黏土原料。内燃砖燃烧均匀,表观密度小,导热系数低,且强度可提高约 20%。

3. 主要技术性质

烧结普通砖外形为直角六面体,其公称尺寸为:$240\text{mm}\times115\text{mm}\times53\text{mm}$,加上砌筑用灰缝的厚度 10mm,则 4 块砖长,8 块砖宽,16 块砖厚分别恰好为 1m,故每 1m^3 砖砌体需用砖 512 块。根据国家标准《烧结普通砖》(GB/T 5101—2003)的规定,烧结普通砖的技术要求包括规格尺寸、外观质量、强度等级和耐久性等方面。根据尺寸允许偏差、外观质量、泛霜和石灰爆裂等性能分为优等品(A)、一等品(B)和合格品(C)3 个质量等级。

(1)尺寸偏差

烧结普通砖的允许尺寸偏差应符合表 7-1 的要求。

表 7-1　烧结普通砖尺寸允许偏差　　　　　　　　　（单位:mm）

公称尺寸	优等品		一等品		合格品	
	样本平均偏差	样本极差≤	样本平均偏差	样本极差≤	样本平均偏差	样本极差≤
240	±2.0	6	±2.5	7	±3.0	8
115	±1.5	5	±2.0	6	±2.5	7
53	±1.5	4	±1.6	5	±2.0	6

（2）外观质量

烧结普通砖的外观质量应符合表 7-2 的要求。

表 7-2　烧结普通砖外观质量　　　　　　　　　（单位:mm）

项目		优等品	一等品	合格品
两条面高度差		≤2	≤3	≤4
弯曲		≤2	≤3	≤4
杂质凸出高度		≤2	≤3	≤4
缺掉棱角的三个破坏尺寸不得同时大于		5	20	30
裂缝长度	a. 大面上宽度方向及其延伸至条面的长度	≤30	≤60	≤80
	b. 大面上长度方向及其延伸至顶面的长度或条顶面上水平裂纹的长度	≤50	≤80	≤100
完整面[a] 不得少于		二条面和二顶面	一条面和一顶面	—
颜色		基本一致	—	—

注：为装饰面施加的色差、凹凸纹、拉毛、压花等不算作缺陷。

a. 凡有下列缺陷之一者，不得称之为完整面。

　a)缺损在条面或顶面尚造成的破坏面尺寸同时大于 10mm×10mm。

　b)条面或顶面上裂纹宽度大于 1mm,其长度超过 30mm。

　c)压陷、粘底、焦花在条面或顶面上的凹陷或凸出超过 2mm,区域尺寸同时大于 10mm×10mm。

（3）强度等级

烧结普通砖的强度等级根据 10 块砖的抗压强度平均值、强度标准值或单块最小抗压强度值划分，共分为 MU30、MU25、MU20、MU15、MU10 五个等级，其具体要求如表 7-3 所示。

表 7-3　普通黏土砖的强度等级（MPa）

强度等级	抗压强度平均值 $\bar{f}$ ≥	变异系数 δ≤0.21	变异系数 > 0.21
		强度标准值 f_k ≥	单块最小抗压强度值 f_{min} ≥
MU30	30.0	22.0	25.0
MU25	25.0	18.0	22.0
MU20	20.0	14.0	16.0
MU15	15.0	10.0	12.0
MU10	10.0	6.5	7.5

烧结普通砖的强度试验根据《砌墙砖试验方法》(GB/T 2542—2012)进行。砖的强度等级评定根据《烧结普通砖》(GB/T 5101—2003)的规定,按下列步骤进行:

①按下式计算平均强度:

$$\overline{f} = \frac{1}{10}\sum_{i=1}^{10} f_i$$

② 按下式计算变异系数和标准差:

$$\delta = \frac{S}{\overline{f}}$$

$$S = \sqrt{\frac{1}{9}\sum_{i=1}^{10}(f_i - \overline{f})^2}$$

式中:δ——砖强度变异系数,精确至 0.01;

S——10 块砖强度标准差,精确至 0.01MPa;

$\overline{f}$——10 块砖强度平均值,精确至 0.1MPa;

f_i——单块砖强度测定值,精确至 0.01MPa。

③当变异系数 $\delta \leqslant 0.21$ 时,根据表 7-1 中的抗压强度平均值 $\overline{f}$ 和强度标准值 f_k 指标评定砖的强度等级,当样本量 $n = 10$ 时的强度标准值 f_k 按下式计算,精确至 0.1MPa:

$$f_k = \overline{f} - 1.8S$$

④ 当变异系数 $\delta > 0.21$ 时,根据表 7-1 中的抗压强度平均值 $\overline{f}$ 和单块最小抗压强度值 f_{min} 指标评定砖的强度等级。

f_{min} 指 10 块砖试样中的最小抗压强度值,精确至 0.1MPa

(4)抗风化性能

抗风化性能是烧结普通砖的重要耐久性指标之一,抗风化性能好的砖其使用寿命长。砖的抗风化性除与砖本身性质有关外,还与各地区所属的风化区(全国不同省份按风化指数划分为严重风化区与非严重风化区)有关。砖的抗风化性能通常用抗冻性、5h 沸煮吸水率及饱和系数三项指标表示。抗冻性要求冻融试验后,每块砖样不允许出现裂纹、分层、掉皮、缺棱、掉角等冻坏现象,且质量损失不得大于 2%;5h 沸煮吸水率和饱和系数根据各地所属分化区及砖种类不同有所差异;饱和系数是指常温 24h 吸水率与 5h 沸煮吸水率之比。

(5)泛霜

泛霜是指黏土原料中的可溶性盐类随着砖内水分蒸发而在砖表面产生的盐析现象,一般在砖表面形成絮团状斑点的白色粉末。轻微泛霜对清水墙建筑外观会产生较大影响,中等泛霜的砖在建筑潮湿部位时,7~8 年后因盐析结晶膨胀将使砖体的表面产生粉化剥落,在干燥的环境中使用约 10 年后也将脱落;严重泛霜将对建筑结构产生较大的破坏性。优等品无泛霜,一等品不允许出现中等泛霜,合格品不允许出现严重泛霜。

(6)石灰爆裂

原料中若夹带石灰或内燃料(粉煤灰、炉渣)中带入 CaO,在高温煅烧过程中生成过火石灰,在砖体内吸水膨胀,导致破坏,这种现象称为石灰爆裂。石灰爆裂影响砖墙的平整度、灰缝的平直度,甚至使墙面出现开裂破坏。对不同质量等级的砖,GB/T 5101—2003 分别做了具体的要求。

4. 烧结普通砖的应用

烧结普通砖具有良好的耐久性,主要应用于承重和非承重墙体,以及柱、拱、窑炉、烟囱、市政管沟及基础等。

（二）烧结多孔砖

烧结多孔砖外型一般为大面有贯穿孔的直角六面体（见图 7-1），孔型一般为矩形条孔或矩形孔，孔洞率要求大于等于 28％，孔洞孔宽度尺寸小于等于 13mm、孔长度尺寸小于等于 40mm，所有孔宽应相等。孔采用单向或双向交错排列，孔洞排列上下、左右应对称、分布均匀，规格大的应设置手抓孔。孔洞尺寸小而多，且为竖向孔，使用时孔洞方向平行于受力方向。

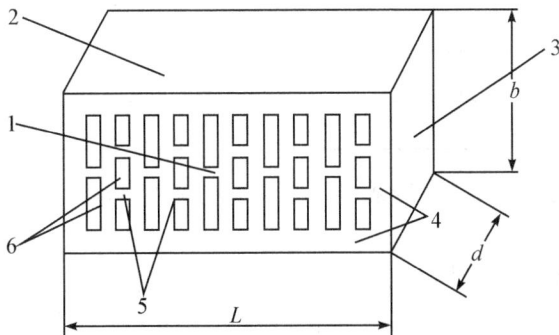

图 7-1　烧结多孔砖

1. 大面（坐浆面）；2. 条面；3. 顶面；4. 外壁；5. 肋；6. 孔洞

L—长度；b—宽度；d—高度

1. 分类

烧结多孔砖按照原料分为黏土砖、页岩砖、煤矸石砖、粉煤灰砖、淤泥砖、固体废弃物砖等。

2. 主要技术性质

烧结多孔砖的技术性能应满足国家规范《烧结多孔砖和多孔砌块》（GB 13544—2011）的要求。其主要技术要求包括尺寸允许偏差、外观质量、密度等级、强度等级、孔型孔结构及孔洞率、泛霜、石灰爆裂、抗风化性能，以及放射性核素限量等方面。

（1）尺寸规格

烧结多孔砖的规格尺寸（mm）为：290、240、190、180、140、115、90；其常用尺寸为 240mm×115mm×90mm。

（2）密度等级

烧结多孔砖密度等级分为 1000、1100、1200、1300 四个级别。试验按照《砌墙砖试验方法》（GB/T 2542—2012）进行，其具体要求如表 7-4 所示。

表 7-4　烧结多孔砖的密度等级（kg/m³）

密度等级	3块砖干燥表观密度平均值
1000	900～1000
1100	1000～1100
1200	1100～1200
1300	1200～1300

(3)强度等级

烧结多孔砖的强度等级分为 MU30、MU25、MU20、MU15、MU10 五个等级,评定时根据 10 块砖的大面(有孔面)抗压强度平均值、强度标准值划分,其具体要求如表 7-5 所示。

表 7-5 烧结多孔砖的强度等级(MPa)

强度等级	抗压强度平均值 $\overline{f} \geqslant$	强度标准值 $f_k \geqslant$
MU30	30.0	22.0
MU25	25.0	18.0
MU20	20.0	14.0
MU15	15.0	10.0
MU10	10.0	6.5

烧结多孔砖的强度试验根据《烧结多孔砖和多孔砌块》(GB 13544—2011)的规定,按下列步骤进行:

①按下式计算变异系数和标准差:

$$S = \sqrt{\frac{1}{9}\sum_{i=1}^{10}(f_i - \overline{f})^2}$$

式中:S——10 块砖强度标准差,精确至 0.01MPa;

$\overline{f}$——10 块砖强度平均值,精确至 0.1MPa;

f_i—— 单块砖强度测定值,精确至 0.01MPa。

② 根据表 7-5 中的抗压强度平均值 $\overline{f}$ 和强度标准值 f_k 指标评定砖的强度等级,当样本量 $n = 10$ 时的强度标准值 f_k 按下式计算,精确至 0.1MPa:

$$f_k = \overline{f} - 1.83S$$

(4)其他指标

烧结多孔砖的其他指标如泛霜、石灰爆裂、抗风化性能等耐久性能技术指标与烧结普通砖基本相同。

3. 烧结多孔砖的应用

烧结多孔砖主要用于六层及以下的承重砌体。

(三)烧结空心砖

烧结空心砖为端面有孔洞的直角六面体(见图 7-2),孔洞率要求大于等于 40%,孔大而小,孔洞为矩形条孔或其他孔形,平行于大面或条面,孔洞有序、交错排列,在与砂浆的接合面应设有增加结合力的凹线槽。

1. 分类

烧结空心砖按照原料也可分为黏土砖、页岩砖、煤矸石砖和粉煤灰砖等。

2. 主要技术性质

烧结空心砖的技术性能应满足国家规范《烧结空心砖和空心砌块》(GB 13545—2003)的要求。其主要技术技术要求包括尺寸允许偏差、外观质量、密度等级、强度等级、孔型孔结构及孔洞率、耐久性及放射性核素限量等方面。根据尺寸偏差、外观质量、孔洞排列及其结构、泛霜、石灰爆裂、吸水率等分为优等品(A)、一等品(B)和合格品(C)三个质量等级。

（1）尺寸规格

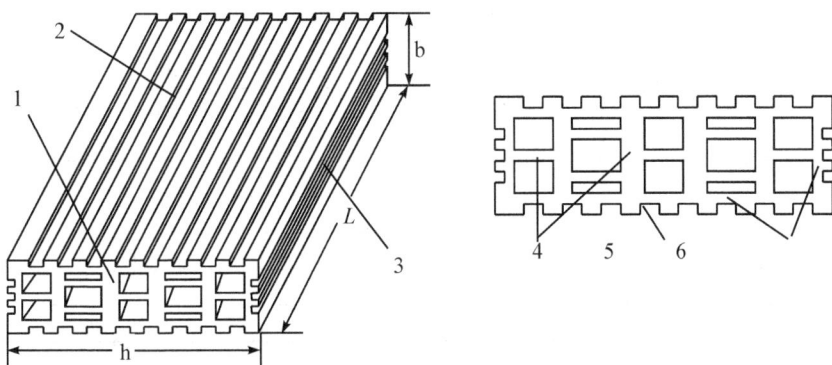

图 7-2　烧结空心砖

1.顶面；2.大面；3.条面；4.肋；5.凹线槽；6.外壁；

L—长度；b—宽度；h—高度

烧结空心砖的规格尺寸（mm）为：290、240、190、180（175）、140、115、90；其常用尺寸为290mm×190mm×90mm，240mm×180mm×115mm。

（2）密度等级

烧结空心砖密度等级分为 800、900、1000、1100 四个级别。试验按照《砌墙砖试验方法》（GB/T 2542—2012）进行，其具体要求如表 7-6 所示。

表 7-6　烧结空心砖的密度等级（kg/m³）

密度等级	5 块砖表观密度平均值
800	≤800
900	801～900
1000	901～1000
1100	1001～1100

（3）强度等级

烧结空心砖的强度等级分为 MU10.0、MU7.5、MU5.0、MU3.5、MU2.5 五个等级，评定时根据 10 块砖的大面抗压强度平均值、强度标准值或单块最小抗压强度值划分，共具体要求如表 7-7 所示。烧结空心砖的强度试验及计算评定与烧结普通砖相同。

（4）其他指标

烧结空心砖的其他指标如泛霜、石灰爆裂、抗风化性能等耐久性能技术指标与烧结普通砖基本相同。此外，规范对烧结空心砖的吸水率也有具体要求。

与烧结普通砖相比，多孔砖和空心砖可节省黏土 20%～30%，节约燃料 10%～20%，减轻自重 30% 左右，且烧成率高，施工效率高，并改善绝热性能和隔声性能。

表 7-7　烧结空心砖的强度等级（MPa）

强度等级	抗压强度（MPa）			密度等级范围（kg/m³）
	抗压强度平均值 $\overline{f} \geqslant$	变异系数 $\delta \leqslant 0.21$ 强度标准值 $f_k \geqslant$	变异系数 > 0.21 单块最小抗压强度值 $f_{min} \geqslant$	
MU10.0	10.0	7.0	8.0	≤1100
MU7.5	7.5	5.0	5.8	
MU5.0	5.0	3.5	4.0	
MU3.5	3.5	2.5	2.8	
MU2.5	2.5	1.6	1.8	≤800

（四）烧结保温砖

烧结保温砖是以黏土、页岩或煤矸石、粉煤灰、淤泥等固体废弃物为主要原材料制成的，或加入成孔材料制成的实心或多孔薄壁经焙烧而成，主要用于建筑物围护结构保温隔热的砖。从广义的概念讲其也属于烧结多孔砖或烧结空心砖。

1. 分类

烧结保温砖照原料分为黏土保温砖、页岩保温砖、煤矸石保温砖、粉煤灰保温砖、淤泥保温砖、固体废弃物保温砖等。

烧结保温砖按照烧结工艺和砌筑方法分为两类：经精细工艺处理砌筑中采用薄灰缝、契合无灰的缝烧结保温砖为 A 类；未经精细工艺处理的砌筑中采用普通灰缝的烧结保温砖为 B 类。

2. 主要技术性质

烧结保温砖的技术性能应满足国家规范《烧结保温砖和保温砌块》（GB 26538—2011）的要求。其主要技术要求包括尺寸偏差、外观质量、密度等级、强度等级、传热系数、耐久性及放射性核素限量等方面。

（1）尺寸规格

A 类按照长度、宽度、高度尺寸（mm）一般为：490、360（359、365）、300、250（249、248）、200、100，B 类按照长度、宽度、高度尺寸（mm）一般为：390、290、240、190、180（175）、140、115、90、53。

（2）密度等级

烧结保温砖密度等级分为 700、800、900、1000 四个级别，试验按照《砌墙砖试验方法》（GB/T 2542—2012）进行，其具体要求如表 7-8 所示。

表 7-8　烧结保温砖的密度等级（kg/m³）

密度等级	5 块砖表观密度平均值
700	≤700
800	701～800
900	801～900
1000	901～1000

（3）强度等级

烧结保温砖的强度等级分为 MU15.0、MU10.0、MU7.5、MU5.0、MU3.5 五个等级，评定时根据 10 块砖的抗压强度平均值、强度标准值或单块最小抗压强度值划分，其具体要求如表 7-9 所示。

表 7-9　烧结保温砖的强度等级（MPa）

强度等级	抗压强度（MPa）			密度等级范围（kg/m³）
	抗压强度平均值 $\bar{f} \geqslant$	变异系数 $\delta \leqslant 0.21$ 强度标准值 $f_k \geqslant$	变异系数 > 0.21 单块最小抗压强度值 $f_{min} \geqslant$	
MU15.0	15.0	10.0	12.0	$\leqslant 1000$
MU10.0	10.0	7.0	8.0	
MU7.5	7.5	5.0	5.8	
MU5.0	5.0	3.5	4.0	
MU3.5	3.5	2.5	2.8	$\leqslant 800$

（4）传热系数等级

烧结保温砖传热系数是保温性能的重要指标，具体传热系数等级按 K 值分为 2.00、1.50、1.35、1.00、0.90、0.80、0.70、0.60、0.50、0.40 十个质量等级，具体要求如表 7-10 所示。

表 7-10　烧结保温砖的传热系数等级（W/(m²·K)）

传热系数等级	单层试样传热系数 K 值的实测值范围
2.00	1.51~2.00
1.50	1.36~1.50
1.35	1.01~1.35
1.00	0.91~1.00
0.90	0.81~0.90
0.80	0.71~0.80
0.70	0.61~0.70
0.60	0.51~0.60
0.50	0.41~0.50
0.40	0.31~0.40

（5）其他指标

烧结保温砖的其他性能指标如泛霜、石灰爆裂、吸水率、抗风化性能等指标与烧结多孔砖或烧结空心砖基本相同。

（五）非烧结砖

非烧结砖的强度是通过配料中掺入一定量胶凝材料或在生产过程中形成一定量的胶凝

物质而制得。是替代烧结普通砖的新型墙体材料之一。非烧结砖的主要缺点是干燥收缩较大和压制成型产品的表面过于光洁,干缩值一般在 0.50mm/m 以上,容易导致墙体开裂和粉刷层剥落。

1. 蒸压灰砂砖和多孔砖

蒸压灰砂砖和多孔砖是以石灰和砂为主要原料,经磨细、混合搅拌、陈化、压制成型和蒸压养护制成的。一般石灰占 10%～20%,砂占 80%～90%。

蒸压养护的压力为 0.8～1.0MPa,温度 175℃左右,经 6h 左右的湿热养护,使原来在常温常压下几乎不与 $Ca(OH)_2$ 反应的砂(晶态二氧化硅),产生具有胶凝能力的水化硅酸钙凝胶,水化硅酸钙凝胶与 $Ca(OH)_2$ 晶体共同将未反应的砂粒黏结起来,从而使砖具有强度。

蒸压灰砂砖的规格与烧结普通砖相同。根据国家标准《蒸压灰砂砖》(GB 11945—1999)的规定,分为 MU25、MU20、MU15、MU10 四个强度等级。强度等级 MU15 及以上的砖可用于基础及其他建筑部位。MU10 砖可用于砌筑防潮层以上的墙体。

蒸压灰砂多孔砖(JC/T 637—2009)类似于烧结多孔砖,孔洞率要求不小于 25%,孔洞应上下左右对齐,分布均匀;按照抗压强度分为 MU30、MU25、MU20、MU15 四个强度等级。

灰砂砖可用于防潮层以上的建筑承重部位,不宜在温度高于 200℃以及承受急冷、急热或有酸性介质侵蚀的建筑部位使用。

2. 粉煤灰砖

粉煤灰砖是以粉煤灰和石灰为主要原料,掺加适量石膏和炉渣,加水混合拌成坯料,经陈化、轮碾、加压成型,再通过常压或高压蒸汽养护而制成的一种墙体材料。其尺寸规格与烧结普通砖相同。

根据 JC239—2001《粉煤灰砖》规定,粉煤灰砖根据外观质量、强度、抗冻性和干燥收缩值分为优等品、一等品和合格品。粉煤灰砖的强度等级分为 MU30、MU25、MU20、MU15和 MU10 五级。其强度和抗冻性指标要求如表 7-11 所示,一般要求优等品和一等品干燥收缩值不大于 0.65mm/m,合格品干燥收缩值不大于 0.75 mm/m。

粉煤灰砖可用于工业与民用建筑的墙体和基础。但用于基础或用于易受冻融和干湿交替作用的建筑部位时,必须采用一等品与优等品。用粉煤灰砖砌筑的建筑物,应适当增设圈梁及伸缩缝或其他措施,以避免或减少收缩裂缝。

粉煤灰砖不得用于长期受热(200℃以上)、受急冷急热和有酸性介质侵蚀的部位。

表 7-11　粉煤灰砖强度指标

强度等级	抗压强度(MPa),≥		抗折强度(MPa),≥		抗冻性	
	10 块平均值	单块最小值	10 块平均值	单块最小值	抗压强度(MPa),≥	
MU30	30.0	24.0	6.2	5.0	24.0	质量损失率,单块值≤2.0%
MU25	25.0	20.0	5.0	4.0	20.0	
MU20	20.0	16.0	4.0	3.2	16.0	
MU15	15.0	12.0	3.3	2.6	12.0	
MU10	10.0	8.0	2.5	2.0	8.0	

注:强度级别以蒸汽养护后,一天强度为准。

3. 炉渣砖

炉渣砖是以煤燃烧后的残渣为主要原料,配以一定数量的石灰和少量石膏,经配料、加水搅拌、陈化、轮辗、成型和蒸养或蒸压养护而制得的实心砌墙砖。其规格与烧结普通砖相同。

表 7-12　炉渣砖强度指标

强度等级	抗压强度(MPa)		抗折强度(MPa)		碳化性能(MPa)
	10 块平均值≥	单块最小值≥	10 块平均值≥	单块最小值≥	碳化后平均值≥
20	20.0	15.0	4.0	3.0	14.0
15	15.0	11.0	3.2	2.4	10.5
10	10.0	7.5	2.5	1.9	7.0
7.5	7.5	5.6	2.0	1.5	5.2

炉渣砖的抗压强度为 $10\sim25$ MPa,表观密度 $1500\sim2000$ kg/m³,其主要强度指标参见表 7-12。炉渣砖可以用于建筑物的墙体和基础,但是用于基础或易受冻融和干湿循环的部位必须采用强度等级 15 及以上的砖。防潮层以下建筑部位也应采用强度等级 15 及以上的炉渣砖。

4. 混凝土多孔砖

混凝土多孔砖是以水泥为主要胶结材料,砂、石为主要骨料,加水搅拌、振压成型,经自然养护制成的一种多排小孔砌筑材料。孔洞率大于 30%,主规格尺寸为 240mm×115mm ×90mm,共分为 MU30、MU25、MU20、MU15、MU10 五个强度等级。可用于承重或非承重砌体,当用于 ±0.000 以下的基础时,宜采用相配套的混凝土实心砖(规格尺寸与烧结普通砖相同),且强度等级不宜小于 MU15。

二、建筑砌块

建筑砌块的尺寸大于砖,并且为多孔或轻质材料,主要品种有:混凝土空心砌块(包括小型砌块和中型砌块两类)、蒸压加气混凝土砌块、轻集料混凝土砌块、粉煤灰砌块、煤矸石空心砌块、石膏砌块、菱镁砌块、大孔混凝土砌块、自保温混凝土复合砌块、陶粒加气混凝土砌块等。其中目前应用较多的是混凝土小型空心砌块、蒸压加气混凝土砌块、粉煤灰砌块和石膏砌块。

(一)普通混凝土小型空心砌块

普通混凝土小型空心砌块(GB/T 8239—1997)主要以水泥、砂、石和外加剂为原材料,经搅拌成型和自然养护制成,空心率为 $25\sim50$%,采用专用设备进行工业化生产。

混凝土小型空心砌块于 19 世纪末期起源于美国,目前在各发达国家已经十分普及。它具有强度高、自重轻、耐久性好等优点,部分砌块还具有美观的饰面以及良好的保温隔热性能,适合于建造各种类型的建筑物,包括高层和大跨度建筑,以及围墙、挡土墙、花坛等设施,应用范围十分广泛。砌块建筑还具有使用面积增大、施工速度较快、建筑造价和维护费用较低等优点。但混凝土小型空心砌块具有收缩较大,易产生收缩变形,不便砍削施工和管线布置等不足之处。

混凝土小型空心砌块主要技术性能指标有:

1. 形状、规格

混凝土砌块各部位的名称见图7-3,其中主规格尺寸为390mm×190mm×190mm,空心率不小于25%。

根据尺寸偏差和外观质量分为优等品(A)、一等品(B)和合格品(C)三级。

为了改善单排孔砌块对管线布置和砌筑效果带来的不利影响,近年来对孔洞结构作了大量的改进。目前实际生产和应用较多的为双排孔、三排孔和多排孔结构。另一方面,为了确保肋与肋之间的砌筑灰缝饱满和布浆施工的方便,砌块的底部均采用半封底结构。

2. 强度等级

根据混凝土砌块的抗压强度值划分为MU3.5、MU5.0、MU7.5、MU10.0、MU15.0、MU20.0共6个等级。抗压强度试验根据GB/T 419—1997进行。每组5个砌块,上下表面用水泥砂浆抹平,养护后进行抗压试验,以5个砌块的平均值和单块最小值确定砌块的强度等级,见表7-13。

3. 相对含水率

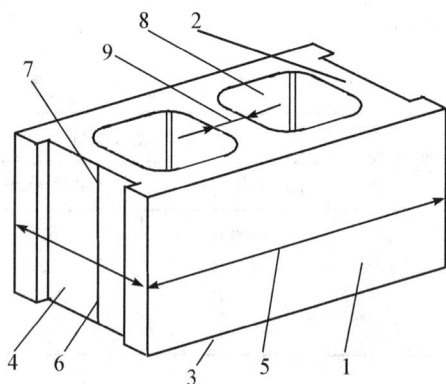

图7-3　砌块各部位的名称

1.条面;2.坐浆面(肋厚较小的面);
3.铺浆面(肋厚较大的面);4.顶面;
5.长度;6.宽度;7.高度;8.壁;9.肋

相对含水率是指混凝土砌块出厂含水率与砌块的吸水率之比值,是控制收缩变形的重要指标。对年平均相对湿度大于75%的潮湿地区,相对含水率要求不大于45%;对年平均相对湿度RH在50%~75%的地区,相对含水率要求不大于40%;对年平均相对湿度RH<50%的地区,相对含水率要求不大于35%。

表7-13　混凝土砌块强度等级表

强度等级	砌块抗压强度	
	平均值不小于	单块最小值不小于
MU3.5	3.5	2.8
MU5.0	5.0	4.0
MU7.5	7.5	6.0
MU10.0	10.0	8.0
MU15.0	15.0	12.0
MU20.0	20.0	16.0

4. 抗渗性

用于外墙面或有防渗要求的砌块,尚应满足抗渗性要求。它以3块砌块中任一块水面下降高度不大于10mm为合格。

此外,混凝土砌块的技术性质尚有抗冻性、干燥收缩值、软化系数和抗碳化性能等。

由于混凝土砌块的收缩较大,特别是肋厚较小,砌体的黏结面较小,黏结强度较低,砌体容易开裂,因此应采用专用砌筑砂浆和粉刷砂浆,以提高砌体的抗剪强度和抗裂性能。同时应增加构造措施。

（二）蒸压加气混凝土砌块

目前常用的蒸压加气混凝土砌块有以粉煤灰、水泥和石灰为主要原料生产的粉煤灰加气混凝土砌块、以水泥、石灰、砂为主要原料生产的砂加气混凝土砌块两大类。

1. 规格尺寸

根据《蒸压加气混凝土砌块》（GB/T 11968—2006），加气混凝土砌块的长度一般为600mm，宽度有 100mm、125mm、150mm、200mm、250mm、300mm 及 120mm、180mm、240mm 等九种规格，高度有 200mm、240mm、250mm、300mm 四种规格。在实际应用中，尺寸可根据需要进行生产。因此，可适应不同砌体的需要。

2. 强度及等级

抗压强度是加气混凝土砌块主要指标，以 100mm×100mm×100mm 的立方体试件强度表示，一组三块，根据平均抗压强度划分为 A1.0、A2.0、A2.5、A3.5、A5.0、A7.5、A10.0共 7 个等级，同时要求各强度等级的砌块单块最小抗压强度分别不低于 0.8、1.6、2.0、2.8、4.0、6.0、8.0MPa 的要求。

3. 体积密度

加气混凝土砌块根据干燥状态下的体积密度划分为 B03、B04、B05、B06、B07、B08 共 6个级别。各体积密度级别参见表 7-14，体积密度和强度级别对照表参见表 7-15。

表 7-14 蒸压加气混凝土砌块的干密度（kg/m³）

干密度级别		B03	B04	B05	B06	B07	B08
体积密度	优等品	300	400	500	600	700	800
	合格品	325	425	525	625	725	825

表 7-15 干密度级别和强度级别对照表

干密度级别		B03	B04	B05	B06	B07	B08
强度级别	优等品	A1.0	A2.0	A3.5	A5.0	A7.5	A10.0
	合格品			A2.5	A3.5	A5.0	A7.5

4. 干燥收缩

加气混凝土的干燥收缩值一般较大，特别是粉煤灰加气混凝土，由于没有粗细集料的抑制作用收缩率达 0.5mm/m。因此，砌筑和粉刷时宜采用专用砂浆，并增设拉结钢筋或钢筋网片。具体参数见表 7-16。

5. 导热性能和隔声性能

加气混凝土中含有大量小气孔，导热系数约为（0.10～0.20）W/(m·K)（见表 7-16）。因此具有良好的保温性能，既可用于屋面保温，也可用于墙体自保温。加气混凝土的多孔结构，使得其具有良好的吸声性能，平均吸声系数可达 0.15～0.20。

表 7-16　干燥收缩、抗冻性和导热系数对照表

干密度级别		B03	B04	B05	B06	B07	B08
干燥收缩值	标准法(mm/m)　≤	0.50					
	快速法(mm/m)　≤	0.80					
抗冻性	质量损失/%	5.0					
	冻后强度(MPa)≥　优等品(A)	0.8	1.6	2.8	4.0	6.0	8.0
	冻后强度(MPa)≥　合格品(B)			2.0	2.8	4.0	6.0
导热系数(干态)(W/(m·K))　≤		0.10	0.12	0.14	0.16	0.18	0.20

6. 蒸压加气混凝土砌块的应用

蒸压加气混凝土砌块具有表观密度小、导热系数小[0.10～0.20W/(m·K)]、隔声性能好等优点。B03、B04、B05 级一般用于非承重结构的围护和填充墙,也可用于屋面保温。B06、B07、B08 可用于不高于 6 层建筑的承重结构。在标高±0.000 以下,长期浸水或经常受干湿循环、受酸碱侵蚀以及表面温度高于 80℃ 的部位一般不允许使用蒸压加气混凝土砌块。

加气混凝土的收缩一般较大,容易导致墙体开裂和粉刷层剥落,因此,砌筑时宜采用专用砂浆,以提高黏结强度。粉刷时对基层应进行处理,并宜采用聚合物改性砂浆。

(三)轻集料混凝土小型空心砌块

轻集料混凝土小型空心砌块是以粉煤灰陶粒、黏土陶粒、页岩陶粒、膨胀珍珠岩等各种轻骨料替代普通骨料,再配以水泥、砂制作而成,其生产工艺与与普通混凝土小型空心砌块类似。尺寸规格为 390mm×190mm×190mm,密度等级有 700、800、900、1000、1100、1200、1300、1400 共 8 个,强度等级有 MU 2.5、MU 3.5、MU 5.0、MU 7.5、MU 10.0 共 5 级。目前我国各种轻集料混凝土小型空心砌块的产量约为 500 万 m³,约占全国混凝土小型砌块产量的 20%。轻集料混凝土小型空心砌块吸水率应不大于 18%、干燥收缩率应不大于 0.065%、碳化系数应不小于 0.8,软化系数应不小于 0.8,其余参数参照《轻集料混凝土小型空心砌块》(GBT 15229—2011)。与普通混凝土小型空心砌块相比,轻集料混凝土小型空心砌块重量更轻,保温性能、隔声性能、抗冻性能更好。主要应用于非承重结构的围护和框架结构填充墙。

(四)粉煤灰砌块和粉煤灰混凝土小型空心砌块

粉煤灰砌块又称为粉煤灰硅酸盐砌块,是以粉煤灰、石灰、石膏和骨料,经加水搅拌、振动成型、蒸汽养护而制成的实心砌块。粉煤灰砌块的主规格尺寸为 880mm×380mm×240mm,880mm×430mm×240mm,其外观形状见图 7-4,根据外观质量和尺寸偏差可分为一等品(B)和合格品(C)两种。砌块的抗压强度、碳化后强度、抗冻性能和密度应符合表7-15的规定。

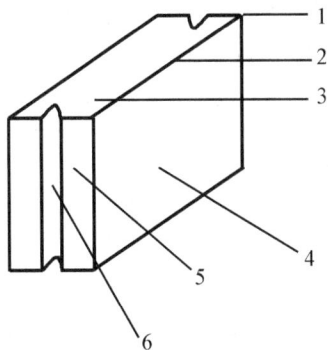

图 7-4 粉煤灰砌块各部位的名称
1.角；2.棱；3.坐浆面；4.侧面；5.端面；6.灌浆槽

表 7-17 粉煤灰砌块的性能指标

项目	指标	
	10 级	13 级
抗压强度(MPa)	3 块试块平均值不小于 10.0 单块最小值不小于 8.0	3 块试块平均值不小于 13.0 单块最小值不小于 10.5
人工碳化后强度(MPa)	不小于 6.0	不小于 7.5
抗冻性	冻融循环结束后,外观无明显疏松、剥落或裂缝,强度损失不大于 20%	
密度(Kg/m³)	不超过设计密度 10%	
干缩值(mm/m)	一等品不大于 0.75,合格品不大于 0.90	

粉煤灰混凝土小型空心砌块是指以水泥、粉煤灰、各种轻重骨料为主要材料,也可加入外加剂,经配料、搅拌、成型、养护制成的空心砌块。根据《粉煤灰混凝土小型空心砌块》(JC/T862—2008)的标准要求,按照孔的排数可分为单排孔、双排孔、多排孔;主规格尺寸为 390mm×190mm×190mm;按平均强度和最小强度可分为 MU3.5、MU5.0、MU7.5、MU10.0、MU15.0、MU20.0 六个强度等级;按砌块密度等级分为 600、700、800、900、1000、1200、1400 七个等级;其碳化系数不小于 0.80,软化系数应不小于 0.80;干燥收缩率不大于 0.060m/mm。其施工应用与普通混凝土小型空心砌块类似。

（五）石膏砌块

石膏砌块是以建筑石膏为原料,经料浆拌合、浇注成型、自然干燥或烘干而制成的轻质块状墙体材料。也可采用各种工业副产石膏生产,如脱硫石膏等。或在保证石膏砌块各种技术性能的同时,掺加膨胀珍珠岩、陶粒等轻骨料;或在采用高强石膏的同时掺入大量的粉煤灰、炉渣等废料,以降低制造成本、保护和改善生态环境。若在石膏砌块内部掺入水泥或玻璃纤维等增强增韧组分,可极大地改善砌块的物理力学性能。

石膏砌块的外形一般为平面长方体,通常在纵横四边设有企口。按照其生产原材料,可分为天然石膏砌块和工业副产石膏砌块;按照其结构特征,可分为实心石膏砌块和空心石膏砌块;按照其防水性能,可分为普通石膏砌块和防潮石膏砌块;按照其规格形状,可分为标准规格、非标准规格和异型砌块。石膏砌块的导热系数一般小于 0.15W/(m·K);是良好的节能墙体材料,而且具有良好的隔声性能。主要用于框架结构或其他构筑物的非承重墙体。《石膏砌块》(JC/T 698—2010)规定石膏砌块的物理力学性能应符合表7-18。

表 7-18 物理力学性能

项　目		要求
表观密度(kg/m³)	实心石膏砌块	≤1100
	空心石膏砌块	≤800
断裂荷载(N)		≥2000
软化系数		≥0.6

(六)泡沫混凝土砌块

泡沫混凝土砌块可分为两种,一种是在水泥和填料中加入泡沫剂和水等经机械搅拌、成型、养护而成的多孔、轻质、保温隔热材料,又称为水泥泡沫混凝土;另一种是以粉煤灰为主要材料,加入适量的石灰、石膏、泡沫剂和水经机械搅拌、成型、蒸压或蒸养而成的多孔、轻质、保温隔热材料,又称为硅酸盐泡沫混凝土。

泡沫混凝土砌块的外形、物理力学性质均类似于加气混凝土砌块;其密度等级分为B03、B04、B05、B06、B07、B08、B09、B10 八个等级,干表观密度(kg/m³)分别为 330、430、530、630、730、830、930、1030,其强度等级分为 A0.5、A1.0、A1.5、A2.5、A3.5、A5.0、A7.5 七个强度等级,抗压强度(MPa)为分别为 0.5、1.0、1.5、2.5、3.5、5.0、7.5;导热系数约为 0.08~0.27W/(m·K)、吸音性和隔音性均较好,干缩收缩值为(快速法)小于等于 0.90mm/m 之间,碳化系数应不小于0.80。

(七)烧结多孔砌块

烧结多孔砌块是以黏土、页岩、煤矸石、粉煤灰、淤泥、固体废弃物等为原料,经焙烧而成的,其外型一般为直角六面体,在与砂浆的接合面上设有增加结合力的粉刷槽和砌筑砂浆槽,孔洞率要求大于等于 33%,主要用于承重砌体。

烧结多孔砌块的规格尺寸(mm)为:490、440、390、340、290、240、190、180、140、115、90;密度等级分 900、1000、1100、1200 四个级别。

烧结多孔砌块的性能指标应满足国家规范《烧结多孔砖和多孔砌块》(GB 13544—2011)的要求。与烧结多孔砖相比,烧结多孔砌块尺寸、孔洞率都较大,密度相对较小,其余性能指标,如强度等级、尺寸允许偏差、外观质量、孔洞尺寸与排列、抗风化性等耐久性指标等均与烧结多孔砖一致,此处不再赘述。

(八)烧结空心砌块

烧结空心砌块是以黏土、页岩、煤矸石、粉煤灰为主要原料,经焙烧而成的用于建筑物非承重部位的空心砌块。其外型为直角六面体,在与砂浆的接合面应设有增加结合力的凹线槽,孔洞率要求大于等于 40%,规格尺寸(mm)为:390、290、240、190、180(175)、140、115、90;密度等级分 800、900、1000、1100 四个级别。其性能指标均与前述烧结空心砖一致,此处不再赘述。

(九)烧结保温砌块

烧结保温砌块外型为直角六面体,也有各种异形的,经焙烧而成用于建筑物围护结构保温隔热的砌块,其原材料与生产工艺与烧结保温砖一致。其规格尺寸,长、宽、高有一项或一项以上分别与365mm、240mm、115mm,但高度不大于长度或宽度的六倍,长度不超过宽度的三倍。烧结保温砌块的强度等级、密度等级、传热系数等级、尺寸允许偏差、外观质量、抗风化性等耐久性指标等均与烧结保温砖一致,此处不再赘述。

（十）自保温混凝土复合砌块

通过在骨料中加入轻质骨料和(或)在实心混凝土块孔洞中填插保温材料等工艺生产的,其所砌筑墙体具有自保温功能的混凝土小型空心砌块。这类砌块的复合类型可分为三类;Ⅰ类为骨料中复合轻质骨料,Ⅱ类为孔洞中填插保温材料,Ⅲ类是在骨料中复合轻质骨料同时在孔洞中填插保温材料。自保温混凝土复合砌块主规格长度为390mm、290mm,宽度为190mm、240mm、280mm,高度为190mm。

自保温混凝土复合砌块的密度等级分为500、600、700、800、900、1000、1100、1200、1300九级;强度等级分为MU3.5、MU5.0、MU7.5、MU10.0、MU15.0五级;当量导热系数等级分为EC10、EC15、EC20、EC25、EC30、EC35、EC40七级;当量蓄热系数等级分为ES1、ES2、ES3、ES4、ES5、ES6、ES7七级。

自保温混凝土复合砌块的性能指标应符合《自保温混凝土复合砌块》JG/T 407—2013的要求。

（十一）陶粒加气混凝土砌块

陶粒加气混凝土砌块是轻质陶粒等轻集料为骨料,以水泥、粉煤灰浆体为胶凝材料,以铝粉或发泡液为发泡剂,混合浇注成型,经蒸汽养护、机械切割而成的,用于建筑物围护结构保温隔热的砌块。

陶粒加气混凝土砌块的主要规格尺寸为600mm×240mm×200mm;密度等级一般分为B05、B06、B07、B08四个级别;强度等级一般分为A2.5、A3.5、A5.0、A7.5、A10.0五个级别。其主要性能指标与蒸压加气混凝土砌块基本一样。

三、建筑墙板

建筑墙板主要有用于内墙或隔墙的轻质墙板以及用于外墙的挂板和承重墙板,有纸面石膏板、石膏纤维板、石膏空心条板、石膏刨花板、GRC轻质多孔条板、GRC平板、纤维水泥平板、水泥刨花板、轻质陶粒混凝土条板、固定式挤压成型混凝土多孔条板、轻集料混凝土配筋墙板、移动式挤压成型混凝土多孔条板、SP墙板等。

（一）石膏墙板

石膏墙板是以石膏为主要原料制成的墙板的统称,包括纸面石膏板、石膏纤维板、石膏空心条板、石膏刨花板等,主要用作建筑物的隔墙、吊顶等。

纸面石膏板是以熟石膏为胶凝材料,掺入适量添加剂和纤维作为板芯,以特制的护面纸作为面层的一种轻质板材。按照其用途可分为普通纸面石膏板(P)、耐水纸面石膏板(S)和耐火纸面石膏板(H)三种。

石膏纤维板由熟石膏、纤维(废纸纤维、木纤维或有机纤维)和多种添加剂加水组合而成,按照其结构主要有三种:一种是单层均质板,一种是三层板(上下面层为均质板,芯层为膨胀珍珠岩、纤维和胶料组成),还有一种为轻质石膏纤维板(由熟石膏、纤维、膨胀珍珠岩和胶料组成,主要做天花板)。石膏纤维板不以纸覆面并采用半干法生产,可减少生产和干燥时的能耗,且具有较好的尺寸稳定性和防火、防潮、隔音性能以及良好的可加工性和二次装饰性。

石膏空心条板是以熟石膏为胶凝材料,掺入适量的水、粉煤灰或水泥和少量的纤维,同时掺入膨胀珍珠岩为轻质骨料,经搅拌、成型、抽芯、干燥等工序制成的空心条板,包括石膏、石膏珍珠岩、石膏粉煤灰硅酸盐空心条板等。

石膏刨花板以熟石膏为胶凝材料,木质刨花碎料为增强材料,外加适量的水和化学缓凝助剂,经搅拌形成半干性混合料,在 $2.0 \sim 3.5 MPa$ 的压力下成型并维持在该受压状态下完成石膏和刨花的胶结所形成的板材。

以上几种板材均是以熟石膏作为其胶凝材料和主要成分,其性质接近,主要有:

1. 防火性好。石膏板中的二水石膏含 20% 左右的结晶水,在高温下能释放出水蒸汽,降低表面温度、阻止热的传导或窒息火焰达到防火效果,且不产生有毒气体。

2. 绝热、隔声性能好。石膏板的导热系数一般小于 $0.20W/(m \cdot K)$,故具有良好的保温绝热性能。石膏板的孔隙率高,表观密度小($<900kg/m^3$),特别是空心条板和峰窝板,表观密度更小,吸声系数可达 $0.25 \sim 0.30$。故具有较好的隔声效果。

3. 抗震性能好。石膏板表观密度小,结构整体性强,能有效地减弱地震荷载和承受较大的层间变位,特别是蜂窝板,抗震性能更佳,特别适用于地震区的中高层建筑。

4. 强度低。石膏板的强度均较低。一般只能作为非承重的隔墙板。

5. 耐干湿循环性能差,耐水性差。石膏板具有很强的吸湿性,吸湿后体积膨胀,严重时可导致晶型转变、结构松散、强度下降。故石膏板不宜在潮湿环境及常经受干湿循环的环境中使用。若经防水处理或粘贴防水纸后,也可以在潮湿环境中使用。

(二)纤维复合板

纤维复合板的基本型式有三:第一类是在黏结料中掺加各种纤维质材料经"松散"搅拌复制在长纤维网上制成的纤维复合板;第二类是在两层刚性胶结材之间填充一层柔性或半硬质纤维复合材料,通过钢筋网片、连接件和胶结作用构成复合板材;第三类是以短纤维复合板作为面板,再用轻钢龙骨等复制岩棉保温层和纸面石膏板构成复合墙板。复合纤维板材集轻质、高强、高韧性和耐水性于一体,可以按要求制成任意规格的形状和尺寸,适用于外墙及内墙面承重或非承重结构。

根据所用纤维材料的品种和胶结材的种类,目前主要品种有:纤维增强水泥平板(TK板)、玻璃纤维增强水泥复合内隔墙平板和复合板(GRC 外墙板)、混凝土岩棉复合外墙板(包括薄壁混凝土岩棉复合外墙板)、石棉水泥复合外墙板(包括平板)、钢丝网岩棉夹芯板(GY 板)等十几种。

1. GRC 板材(玻璃纤维增强水泥复合墙板)

按照其形状可分为 GRC 平板和 GRC 轻质多孔条板。

GRC 平板由耐碱玻璃纤维、低碱度水泥、轻集料和水为主要原料所制成。它具有密度低、韧性好、耐水、不燃烧、可加工性好等特点。其生产工艺主要有两种,即喷射—抽吸法和布浆—脱水—辊压法,前种方法生产的板材又称为 S—GRC 板,后者称为雷诺平板。以上两种板材的主要技术性质有:密度不大于 $1200kg/m^3$,抗弯强度不小于 $8MPa$,抗冲击强度不小于 $3kJ/m^2$,干湿变形不大于 0.15%,含水率不大于 10%,吸水率不大于 35%,导热系数不大于 $0.22W/(m \cdot K)$,隔音系数不小于 22dB 等。GRC 平板可以作为建筑物的内隔墙和

吊顶板,经过表面压花、覆涂之后也可作为建筑物的外墙

GRC 轻质多孔条板是以耐碱玻璃纤维为增强材料,以硫铝酸盐水泥轻质砂浆为基材制成的具有若干圆孔的条形板。GRC 轻质多孔条板的生产方式很多,有挤压成型、立模成型、喷射成型、预拌泵注成型、铺网抹浆成型等。根据其板的厚度可分为 60 型、90 型和 120 型(单位为 mm)。参照建材行业标准《玻璃纤维增强水泥轻质多孔隔墙条板》(JC 666—1997),其主要技术性质有:抗折破坏荷重不小于板重的 0.75 倍,抗冲击次数不小于 3 次,干燥收缩不大于 0.8mm/m,隔声量不小于 30dB,吊挂力不小于 800N 等。该条板主要用于建筑物的内外非承重墙体,抗压强度超过 10MPa 的板材也可用于建筑物的加层和两层以下建筑的内外承重墙体。

2. 纤维增强水泥平板(TK 板)

纤维增强水泥平板是以低碱水泥、中碱玻璃纤维或短石棉纤维为原料,在圆网抄取机上制成的薄型建筑平板。主要技术性能见表 7-19。耐火极限为 9.3～9.8min;导热系数为 0.58W/(m·K)。常用规格为:长 1220mm、1550mm、1800mm;宽 820mm;厚 40mm、50mm、60mm、80mm。适用于框架结构的复合外墙板和内墙板。

表 7-19 TK 板主要技术性能

指　标	优等品	一等品	合格品
抗折强度(MPa) ≥	18	13	7.0
抗冲击(kJ/m²) ≥	2.8	2.4	1.9
吸水率(%) ≤	25	28	32
密度(g/cm³) <	1.8	1.8	1.6

3. 石棉水泥复合外墙板

这种复合板是以石棉水泥平板(或半波板)为覆面板,填充保温芯材,石膏板或石棉水泥板为内墙板,用龙骨为骨架,经复合而成的一种轻质、保温非承重外墙板。其主要特性由石棉水泥平板决定,它是以石棉纤维和水泥为主要原料,经抄坯、压制、养护而成的薄型建筑平板。表观密度 1500～1800kg/m³,抗折强度 17～20MPa。

4. GY 板

这是一种采用钢丝网片和半硬质岩棉复合而成的墙板。面密度约 110kg/m²,热阻 0.8m²·K/W(板厚 100mm,其中岩棉 50mm,两面水泥砂浆各 25mm),隔声系数大于 40dB。适用于建筑物的承重或非承重墙体,也可预制门窗及各种异形构件。

5. 纤维增强硅酸钙板

通常称为"硅钙板",是由钙质材料、硅质材料和纤维作为主要原料,经制浆、成坯、蒸压养护而成的轻质板材,其中建筑用板材厚度一般为 5～12mm。制造纤维增强硅酸钙板的钙质原料为消石灰或普通硅酸盐水泥,硅质原料为磨细石英砂、硅藻土或粉煤灰,纤维可用石棉或纤维素纤维。同时为进一步减低板的密度并提高其绝热性,可掺入膨胀珍珠岩;为进一步提高板的耐火极限温度并降低其在高温下的收缩率,有时也加入云母片等材料。

硅钙板按其密度可分为 D0.6、D0.8、D1.0 三种,按其抗折强度、外观质量和尺寸偏差可分为优等品、一等品和合格品三个等级。导热系数为 0.15～0.29W/(m·K)。

该板材具有密度低、比强度高、湿胀率小、防火、防潮、防霉蛀、加工性良好等优点,主要用作高层、多层建筑或工业厂房的内隔墙和吊顶,经表面防水处理后可用作建筑物的外墙板。由于该板材具有很好的防火性,特别使用于高层、超高层建筑。

(三)混凝土墙板

混凝土墙板由各种混凝土为主要原料加工制作而成。主要有蒸压加气混凝土板、挤压成型混凝土多孔条板、轻骨料混凝土配筋墙板等。

蒸压加气混凝土板是由钙质材料(水泥＋石灰或水泥＋矿渣)、硅质材料(石英砂或粉煤灰)、石膏、铝粉、水和钢筋组成的轻质板材。其内部含有大量微小、封闭的气孔,孔隙率达70％～80％,因而具有自重小、保温隔热性好、吸音性强等特点,同时具有一定的承载能力和耐火性,主要用作内、外墙板、屋面板或楼板。

轻骨料混凝土配筋墙板是以水泥为胶凝材料,陶粒或天然浮石为粗骨料,陶砂、膨胀珍珠岩砂、浮石砂为细骨料,经搅拌、成型、养护而制成的一种轻质墙板。为增强其抗弯能力,常常在内部轻骨料混凝土浇筑完后铺设钢筋网片。在每块墙板内部均设置六块预埋铁件,施工时与柱或楼板的预埋钢板焊接相连,墙板接缝处需采取防水措施(主要为构造防水和材料防水两种)。

混凝土多孔条板是以混凝土为主要原料的轻质空心条板。按其生产方式有固定式挤压成型、移动式挤压成型两种;按其混凝土的种类有普通混凝土多孔条板、轻骨料混凝土多孔条板、VRC轻质多孔条板等。其中VRC轻质多孔条板是以快硬型硫铝酸盐水泥掺入35％～40％的粉煤灰为胶凝材料,以高强纤维为增强材料,掺入膨胀珍珠岩等轻骨料而制成的一种板材。以上混凝土多孔条板主要用作建筑物的内隔墙。

(四)复合墙板和墙体

单独一种墙板很难同时满足墙体的物理、力学和装饰性能要求,因此常常采用复合的方式满足建筑物内、外隔墙的综合功能要求,由于复合墙板和墙体品种繁多,这里仅介绍常用的几种复合墙板或墙体。

GRC复合外墙板是以低碱水泥砂浆做基材,耐碱玻璃纤维做增强材料制成面层,内设钢筋混凝土肋,并填充绝热材料内芯,一次制成的一种轻质复合墙板。

GRC复合外墙板的GRC面层具有高强度、高韧性、高抗渗性、高耐久性,内芯具有良好的隔热性和隔声性,适合于框架结构建筑的非承重外墙挂板。

随着轻钢结构的广泛应用,金属面夹芯板也得到了较大发展。目前,主要有金属面硬质聚氨酯夹芯板(JC/T 868—2000)、金属面聚苯乙烯夹芯板(JC 689—1998)、金属面岩棉、矿渣棉夹芯板(JC/T 869—2000)等。

金属面夹芯板通常采用的金属面材料见表7-20。

表7-20 金属面夹芯板常用面材种类

面材种类	厚度(mm)	外表面	内表面	备注
彩色喷涂钢板	0.5～0.8	热固化型聚酯树脂涂层	热固化型环氧树脂涂层	金属基材热镀锌钢板,外表面两涂两烘,内表面一涂一烘
彩色喷涂镀铝锌板	0.5～0.8	热固化型丙烯树脂涂层	热固化型环氧树脂涂层	金属基材铝板,外表面两涂两烘,内表面一涂一烘

面材种类	厚度(mm)	外表面	内表面	备注
镀锌钢板	0.5～0.8			
不锈钢板	0.5～0.8			
铝板	0.5～0.8			可用压花铝板
钢板	0.5～0.8			

钢筋混凝土岩棉复合外墙板包括承重混凝土岩棉复合外墙板和非承重薄壁混凝土岩棉复合外墙板。承重混凝土岩棉复合外墙板主要用于大模和大板高层建筑,非承重薄壁混凝土岩棉复合外墙板可用于框架轻板体系和高层大模体系的外墙工程。

承重混凝土岩棉复合外墙板一般由150mm厚钢筋混凝土结构承重层、50mm厚岩棉绝热层和50mm混凝土外装饰保护面层构成;非承重薄壁混凝土岩棉复合外墙板由50mm(或70mm)厚钢筋混凝土结构承重层、80mm厚岩棉绝热层和30mm混凝土外装饰保护面层组成。绝热层的厚度可根据各地气候条件和热工要求予以调整。

石膏板复合墙板,指用纸面石膏板为面层、绝热材料为芯材的预制复合板。石膏板复合墙体,指用纸面石膏板为面层、绝热材料为绝热层,并设有空气层与主体外墙进行现场复合,用做外墙内保温复合墙体。

预制石膏板复合墙板按照构造可分为纸面石膏复合板、纸面石膏聚苯龙骨复合板和无纸石膏聚苯龙骨复合板,所用绝热材料主要为聚苯板、岩棉板或玻璃棉板。

现场拼装石膏板内保温复合外墙采用石膏板和聚苯板复合龙骨,在龙骨间用塑料钉挂装绝热板保温层、外贴纸面石膏板,在主体外墙和绝热板之间留有空气层。

纤维水泥(硅酸钙)板预制复合墙板是以薄型纤维水泥或纤维增强硅酸钙板作为面板,中间填充轻质芯材一次复合形成的一种轻质复合板材,可作为建筑物的内隔墙、分户墙和外墙。主要材料为纤维水泥薄板或纤维增强硅酸钙薄板(厚度为4、5mm),芯材采用普通硅酸盐水泥、粉煤灰、泡沫聚苯乙烯粒料、外加剂和水等拌制而成的混合料。

复合墙板两面层采用纤维水泥薄板或纤维增强硅酸钙薄板,中间为轻混凝土夹芯层。长度可为2450、2750、2980mm;宽度为600mm;厚度为60、90mm。

聚苯模块混凝土复合绝热墙体是将聚苯乙烯泡沫塑料板组成模块,并在现场连接成模板,在模板内部放置钢筋和浇筑混凝土,此模板不仅是永久性模板,而且也是墙体的高效保温隔热材料。聚苯板组成聚苯模块时往往设置一定数量的高密度树脂腹筋,并安装连接件和饰面板。此种方式不仅可以不使用木模或钢模,加快施工进度;而且由于聚苯模板的保温保湿作用,便于夏冬两季施工中混凝土强度的增长;在聚苯板上可以十分方便地进行开槽、挖孔以及铺设管道、电线等操作。

第2节　屋面材料

屋面材料主要为各类瓦制品,按成分分为黏土瓦、水泥瓦、石棉水泥瓦、钢丝网水泥大波瓦、塑料大波瓦、沥清瓦、烧结瓦等;按生产工艺分为压制瓦、挤制瓦和手工光彩脊瓦;按形状分有平瓦、波形瓦、脊瓦。新型屋面材料主要有轻钢彩色屋面板、铝塑复合板等。黏土瓦现已淘汰使用,故不再赘述。

一、石棉水泥瓦

石棉水泥瓦是以温石棉纤维与水泥为原料,经加水搅拌、压滤成型、蒸养、烘干而成的轻型屋面材料。该瓦的型状尺寸分为大波瓦、小波瓦及脊瓦三种。石棉水泥瓦具有防火、防腐、耐热、耐寒、绝缘等性能,大量应用于工业建筑,如厂房、库房、堆货棚等。农村中的住房也常有应用。

石棉水泥瓦受潮和遇水后,强度会有所下降。石棉纤维对人体健康有害,很多国家已禁止使用。石棉水泥瓦根据抗折力、吸水率、外观质量等分为优等品、一等品和合格品 3 个等级。其规格和物理力学性能如表 7-21 所示。

表 7-21 石棉水泥瓦的规格和物理力学性能

规格(mm) 性　能		大波瓦 280×994×7.5			中波瓦 2400×745×6.5 1800×745×6.0			小波瓦 1800×720×6.0 1800×720×5.0		
级　别		优等品	一等品	合格品	优等品	一等品	合格品	优等品	一等品	合格品
抗折力	横向(N/m)	3800	3300	2900	4200	3600	3100	3200	2800	2400
	纵向(N/m)	470	450	430	350	330	320	420	360	300
吸水率(%)		26	28	29	26	28	28	25	26	26
抗冻性		25 次冻融循环后不得有起层等破坏现象								
不透水性		浸水后瓦体背面允许出现滴斑,但不允许出现水滴								
抗冲击性		在相距 60cm 处进行观察,冲击一次后被击处不得出现龟裂、剥落、贯通孔及裂纹								

二、钢丝网水泥波瓦

钢丝网水泥波瓦是在普通水泥瓦中间设置一层低碳冷拔钢丝网,成型后再经养护而成的大波波形瓦。规格有两种,一种长 1700mm,宽 830mm,厚 14mm,重约 50kg;另一种长 1700mm,宽 830mm,厚 12mm,重约 39～49kg。脊瓦每块约 15～16kg。脊瓦要求瓦的初裂荷载每块不小于 2200N。在 100mm 的静水压力下,24 小后瓦背无严重印水现象。

钢丝网水泥大波瓦,适用于工厂散热车间、仓库及临时性建筑的屋面,有时也可用作这些建筑的围护结构。

三、玻璃钢波形瓦

玻璃钢波形瓦是以不饱和树脂和无捻玻璃纤维布为原料制成的。其尺寸为长 1800mm,宽 740mm,厚 0.8～2mm。这种瓦质轻、强度大、耐冲击、耐高温、透光、有色泽,适用于建筑遮阳板及车站月台,集贸市场等简易建筑的屋面。但不能用于与明火接触的场合。当用于有防火要求的建筑物时,应采用难燃树脂。

四、聚氯乙烯波纹瓦

聚氯乙烯波纹瓦,又称塑料瓦楞板,它以聚氯乙烯树脂为主体,加入其他助剂,经塑化、压延、压波而制成的波形瓦。它具有轻质、高强、防水、耐腐、透光、色彩鲜艳等优点,适用于凉棚、果棚、遮阳板和简易建筑的屋面。常用规格为 $1000mm \times 750mm \times (1.5 \sim 2)mm$。抗拉强度 45MPa,静弯强度 80MPa,热变形特征为 60℃时 2h 不变形。

五、彩色混凝土平瓦

彩色混凝土平瓦以细石混凝土为基层,面层覆制各种颜料的水泥砂浆,经压制而成。具有良好的防水和装饰效果,且强度高、耐久性良好,近年来发展较快。彩色混凝土平瓦的规格与黏土瓦相似。

此外,建筑上常用的屋面材料还有沥青瓦、铝合金波纹瓦、陶瓷波形瓦、玻璃曲面瓦等。

六、油毡(沥青)瓦

彩色沥青瓦是以玻璃纤维毡为胎基,经浸涂石油沥青后,一面覆盖彩色矿物粒料,另一面撒以隔离材料所制成的瓦状屋面防水材料。主要用于各类民用住宅,特别是多层住宅、别墅的坡屋面防水工程。由于彩色沥青瓦具有色彩鲜艳丰富,形状灵活多样,施工简便无污染,产品质轻性柔,使用寿命长等特点,在坡屋面防水工程中得到了广泛的应用。

彩色沥青瓦在国外已有 80 多年的历史。在一些工业发达国家,特别是美国,彩色沥青瓦的使用已占整个住宅屋面市场的 80% 以上。在国内,近几年来,随着坡屋面的重新崛起,作为坡屋面的主选瓦材之一,彩色沥青瓦的发展越来越快。

沥青瓦的胎体材料对强度、耐水性、抗裂性和耐久性起主导作用,胎体材料主要有聚酯毡和破纤毡两种。破纤毡具有优良的物理化学性能,抗拉强度大,裁切加工性能良好,与聚酯毡相比,被纤毡在浸涂高温熔融沥青时表现出更好的尺寸稳定性。

石油沥青是生产沥青瓦的传统黏结材料,具有黏结性、不透水性、塑性、大气稳定性均较好以及来源广泛和价格相对低廉等优点。宜采用低含蜡量的 100 号石油沥青和 90 号高等级道路沥青,并经氧化处理。此外,涂盖料、增黏剂、矿物粉料填充、覆面材料对沥青瓦的质量也有直接影响。

七、琉璃瓦

琉璃瓦是素烧的瓦坯表面涂以琉璃釉料后再经烧制而成的制品。这种瓦表面光滑、质地坚密、色彩美丽、耐久性好,但成本较高,一般多用于古建筑修复,以及仿古建筑及园林建筑中的亭、台、楼、阁使用。

八、烧结瓦

烧结瓦是由黏土或其他无机非金属原料,经成型、烧结等工艺处理,用于建筑屋面覆盖及装饰用的板状或块状烧结制品。通常根据形状、表面状态及吸水率不同来进行分类和具体产品命名,参照标准为《烧结瓦》(GB/T 21149—2007)。

烧结瓦根据形状分为平瓦、脊瓦、三曲瓦、双筒瓦、鱼鳞瓦、牛舌瓦、板瓦、筒瓦、滴水瓦、沟头瓦、J形瓦、S形瓦、波形瓦和其他异形瓦及其配件、饰件。根据表面状态可分为有釉瓦及无釉瓦,根据吸水率不同分为Ⅰ类瓦、Ⅱ类瓦、Ⅲ类瓦、青瓦。

烧结瓦的常用规格为:平瓦:400×240mm、360×220mm,厚度10~20mm;脊瓦:总长≥300mm、宽≥180mm,厚度10~20mm;三曲瓦、双筒瓦、鱼鳞瓦、牛舌瓦:300×200mm、150×150mm,厚度8~12mm;板瓦、筒瓦、滴水瓦、沟头瓦:430×350mm、110×50mm,厚度8~16mm;J形瓦、S形瓦:320×320mm、250×250mm,厚度12~20mm。

烧结瓦主要用于多层和低层建筑。适用于防水等级为Ⅱ级(一至两道防水设防,并设防水垫层)、Ⅲ级(一道防水设防,并设防水垫层)、Ⅳ级(一道防水设防,不设防水垫层)的屋面防水。防水垫层铺设于防水层下,也可作为一道防水层,用于保护屋面,延长屋面使用寿命。不宜使用防水涂料作为防水层或防水垫层。

第3节　门窗材料

目前我国建筑能耗约占全国总能耗的27.6%,而由门窗损失的采暖能耗和制冷能耗要占到建筑维护结构损失能耗的50%以上。因此,门窗的保温性和气密性是影响建筑能耗的重要因素。

建筑门窗的设置显著地影响着建筑物外观特征,门窗产品的材料、规格、色彩与质感构成了建筑外立面的整体视觉效果。室内环境温度、湿度、气流、热辐射、节能、隔声和采光均与门窗材料紧密相关。我国对建筑外窗的抗风压性能、雨水渗漏性能、气密性、保温性能、空气隔声性能等均制订了严格的标准。

从建筑门窗的窗框材料发展来看,最早使用的以实木材料为主,但随着森林资源的保护和木材资源的短缺,现已限制使用。20世纪70年代发展使用的实腹钢窗可以说是第二代产品,主要作为代木产品,曾经发挥过一定作用。但由于钢窗材料的变形和锈蚀问题,以及水密性、气密性和保温、隔声性能较差,目前也已被限制使用。铝合金门窗材料被称为第三代产品,至今仍广泛使用。与钢窗材料相比,无论是抗变形能力、防锈能力、气密性、水密性和装饰效果,均有了极大的提高。但保温性能和空气隔声性能仍不尽理想,因此,进一步发展了热阻断铝合金门窗材料,保温性能和隔声性能得以改善。塑料(钢)门窗是近十年来大力推广应用的新材料,主要得益于我国化学工业的技术进步和科研技术人员的不懈努力。塑料材料的耐久性大大提高。塑钢门窗具有良好的水密性、气密性和保温、隔声性能,且通过钢塑复合,抗变形能力大大提高。

一、木门窗

木门窗的气密性、水密性、抗风压以及抗潮湿、防水性能相对较差,室外工程已很少使用。但由于良好的保温性能,特别是木制品的材质、造型特点与艺术效果,是金属和塑料类产品无法取代的,因此室内工程中使用仍很普遍。

木门窗的主要技术要求在《建筑装饰装修工程质量验收规范》(GB 50210—2001)及《建筑木门、木窗》(JG/T—122)中有详细规定,主要包括木材的品种、材质等级、规格、尺寸、框扇的线型及人造木板中的甲醛含量等。

除实木门窗外,胶合板门、纤维板门和模压门的应用也十分普遍。特别是模压门,与实木门窗相比,原材料来源更广,整体性强,造型丰富,防水、防火、防盗、防腐性能更好,同时具有良好的气密性、水密性和保温、隔声性能。在一定程度上有取代实木门窗的趋势。

木门的主要类型按开启方式分有平开门、推拉门、连窗门、折叠门、旋转门和弹簧门等。按所用材料和造型特点分为镶板门、包板门、木框玻璃门、拼板门、花格门等。

木窗的主要类型有平开窗、推拉窗、中悬窗、立转窗、提拉窗、上悬窗、下悬窗及百叶窗等。

二、铝合金门窗

铝外观呈银白色,密度为 $2.7g/cm^3$,熔点为 660℃,由于其表面常常被氧化铝薄膜覆盖,因此具有良好的耐蚀性。铝的可塑性良好(伸长率为 50%),但铝的硬度和强度较低。

铝合金主要有 Al-Mn 合金、Al-Mg 合金、Al-Mg-Si 合金等。合金元素的引入,不仅保持铝质量轻的特点,同时机械力学性能大幅度提高,例如屈服强度可达 210～500MPa,抗拉强度可达 380～550MPa 等,因此铝合金不仅可用于建筑装饰领域,而且可用于结构领域。铝合金的主要缺点是弹性模量小、热膨胀系数大、耐热性差等。

为进一步提高铝合金的耐磨性、耐蚀性、耐光性和耐候性能,可以对铝合金进行表面处理。表面处理包括表面预处理、阳极氧化处理和表面着色处理三个步骤。

铝合金门窗的维修费用低、色彩造型丰富、耐久性较好,因此得到了广泛的应用。其主要缺点是导热系数大,不利于建筑节能。

三、断桥铝合金门窗

断桥式铝合金门窗,也叫断桥式铝合金(塑型)复合门窗,其原理是利用塑料型材(隔热性高于铝型材 1250 倍)将室内外两层铝合金既隔开又紧密连接成一个整体,构成一种新的隔热型的铝型材,用这种型材做门窗,其隔热性与塑(钢)窗在同一个等级——国标级,彻底解决了铝合金传导散热快、不符合节能要求的致命问题。同时采取一些新的结构配合形式,彻底解决了“铝合金推拉窗密封不严”的老大难问题。该产品两面为铝材,中间用塑料型材腔体做断热材料。这种创新结构设计,兼顾了塑料和铝合金两种材料的优势,同时满足装饰效果和门窗强度及耐老性能的多种要求。超级断桥铝塑型材可实现门窗的三道密封结构,合理分离水汽腔,成功实现气水等压平衡,显著提高门窗的水密性和气密性。这种窗的气密性比任何铝、塑窗都好,能保证风沙大的地区室内窗台和地板无灰尘;能保证在高速公路两侧 50 米内的居民不受噪音干扰,其性能接近平开窗。

四、塑料门窗

塑料门窗是继木、钢、铝合金门窗之后兴起的新型节能门窗,是当前世界上所知的最佳的节能、保温、隔音且水密性、气密性和耐久性都很好的门窗。塑料门窗是以改性聚氯乙烯树脂为原料,经挤出成型为各种断面的中空异型材,再经定长切割并在其内腔加钢质型材加强筋,通过热熔焊接机焊接组装成门窗框、扇,最后装配玻璃、五金配件、密封条等构成的门窗成品。型材内腔以型钢增强而形成塑钢结合的整体,故这种门窗也称塑钢门窗。

近 10 年来,我国塑料门窗的生产与应用取得快速发展,但与国外发达国家相比,仍然存在一定差距。据统计,目前欧洲塑料门窗的市场平均占有率为 40%,德国塑料门窗市场占有率已达 54%，美国已达 45%。我国在新建建筑中的使用比例尚不足 35%。

评价门窗整体性能的质量主要有 6 项指标，即抗风压性能、空气渗透性能、雨水渗透性能、保温性能、隔声性能和装饰性能。从这 6 项指标看，塑料门窗可谓是一个全能型的产品。随着塑料门窗表面装饰技术，如表面覆膜、彩色喷涂、双色共挤等技术的推广与应用，塑料门窗将越来越受到青睐。

塑料门窗的主要技术性能有：

1. 强度高、耐冲击。塑料型材采用特殊的耐冲击配方和精心设计的耐冲击断面，在 −10℃、1m 高、自由落地冲击试验下不破裂，所制成的门窗能耐风压 1500Pa～3500Pa，适用于各种建筑物。

2. 抗老化性能好。由于配方中添加了改性剂，光热稳定剂和紫外线吸收剂等各种助剂，使塑料门窗具有很好的耐候性、抗老化性能。可以在 −10℃～70℃ 之间各种条件下长期使用，经受烈日、暴雨、风雪、干燥、潮湿之侵袭而不脆、不变质。

3. 隔热保温性好，节约能源。硬质 PVC 材质的导热系数较低，仅为铝材的 1/250，钢材的 1/360，又因塑料门窗的型材为中空多腔结构，内部被分成若干紧闭的小空间，使导热系数进一步降低，因此具有良好的隔热和保温性。

4. 气密性、水密性好。塑料窗框、窗扇间采用搭接装配，各缝隙间都装有耐久性弹性密封条或阻见板，防止空气渗透、雨水渗透性极佳，并在框、扇适当位置开设有排水槽孔，能将雨水和冷凝水排出室外。

5. 隔音性好。塑料门窗用型材为中空结构，内部若干充满空气的密闭小腔室，具有良好的隔音效果。再经过精心设计，框扇搭接严密，防噪音性能好，其隔音效果在 30dB 以上，这种性能使塑料门窗更适用于交通频繁、噪音侵袭严重或特别需要安静的环境，如医院、学校及办公大厦等。

6. 耐腐蚀性好。硬质 PVC 材料不受任何酸、碱、盐、废气等物质的侵蚀，耐腐蚀、耐潮湿，不朽、不锈、不霉变，无需油漆。

7. 防火性能好。塑料门窗为优良的防火材料，不自燃、不助燃、遇火自熄。

8. 电绝缘性高。塑料 PVC 型材为优良的绝缘体，使用安全性高。

9. 热膨胀系数低，热膨胀系数低能保证了塑料门窗的正常使用。

五、中空玻璃门窗

近年来，随着对建筑节能的重视，门窗节能也越来越受到重视。门窗面积占建筑面积的 20% 以上，其保温隔热性能的好坏成为建筑节能的关键因素之一。因此，具有较好保温隔热性能的中空玻璃门窗也得到了普遍应用。

所谓中空玻璃是由两片玻璃用灌满分子筛的铝间隔框将其周边分开并用密封胶条密封，在玻璃层间形成干燥气体空间或灌入惰性气体的产品。在门窗中替代单层玻璃，不仅可以起到更好的节能效果，同时隔音性能也大为改善。

在节能方面，单层玻璃的门窗是建筑物冷（热）量最大的耗损点，而中空玻璃的传热系数仅为 1.63～3.1m/(W·K)，是单层玻璃的 29%～56%，因而热损失可减少约 70% 左右，大大减轻采冷（暖）空调的负载。显然，窗户面积越大，中空玻璃的节能节约效果越明显。

在隔音方面，中空玻璃能大幅度减低噪音的分贝数，一般的中空玻璃可减低噪音 30～

45dB。其隔音原理是:中空玻璃的密封空间内的空气,由于铝框内灌充的高效分子筛的吸附作用,成为导声系数很低的干燥气体,从而构成一道隔音屏障。中空玻璃密封空间内若是惰性气体,还可以进一步提高其隔音效果。

习题与复习思考题

1. 烧结普通砖的种类主要有哪些?

2. 烧结普通砖的技术性质有哪些?

3. 烧结普通砖分为几个强度等级? 如何确定砖的强度等级?

4. 工地上运进一批烧结普通砖,抽样测定其强度结果如下:

试件编号	1	2	3	4	5	6	7	8	9	10
破坏荷载(kN)	215	226	235	244	208	256	222	238	264	212
受压面积(mm²)	13800	13650	13288	13810	13340	13450	13780	13780	13340	13800

试确定该砖的强度等级。

5. 烧结多孔砖与烧结普通砖相比的主要优点有哪些?

6. 常用的建筑砌块有哪些?

7. 混凝土小型空心砌块的主要技术性质有哪些?

8. 简述我国墙体材料改革的重要意义及发展方向。

9. 屋面材料的主要品种有哪些?

10. 常用的门窗材料主要有哪些?

11. 分析比较木门窗、塑料门窗和铝合金门窗的主要优缺点。

第8章 合成高分子材料

合成高分子材料是指由人工合成的高分子化合物为基础所组成的材料,它有许多优良的性能,如密度小,比强度大,弹性高,电绝缘性能好,耐腐蚀,装饰性能好等。作为建筑工程材料,由于它能减轻构筑物自重,改善性能,提高工效,减少施工安装费用,获得良好的装饰及艺术效果,因而在建筑工程中得到了越来越广泛的应用。高分子材料作为建材中主要成分使用的包括塑料、涂料、胶粘剂、高分子防水材料等,作为辅助添加剂的包括各种减水剂、增稠剂及聚合物改性砂浆中添加的高分子乳液或可分散聚合物胶粉等。

第1节 高分子化合物的基本概念

一、高分子化合物

高分子化合物又称高分子聚合物(简称高聚物),是组成单元相互多次重复连接而构成的物质,因此其分子量虽然很大,但化学组成都比较简单,都是由许多低分子化合物聚合而形成的。例如,聚乙烯分子结构为:

$$\cdots CH_2-CH_2\cdots CH_2-CH_2\cdots \left[CH_2-CH_2\right]_n$$

这种结构称为分子链,可简写为 $\left[CH_2-CH_2\right]_n$ 。可见聚乙烯是由低分子化合物乙烯($CH_2=CH_2$)聚合而成的,这种可以聚合成高聚物的低分子化合物,称为"单体",而组成高聚物最小重复结构单元称为"链节",如 $-CH_2-CH_2-$,高聚物中所含链节的数目 n 称为"聚合度",高聚物的聚合度一般为 $1\times10^3\sim1\times10^5$,因此其分子量必然很大。

几种高聚物的单体、链节示例如表 8-1 所示。

二、高聚物的分类与命名

(一)高聚物的分类

高聚物的分类方法很多,经常采用的方法有下列几种:

(1)按高聚物材料的性能与用途可分为塑料、合成橡胶和合成纤维,此外还有胶粘剂、涂料等。

(2)按高聚物的分子结构分为线型、支链型和体型三种。

(3)按高聚物的合成反应类别分加聚反应和缩聚反应,其反应产物分别为加聚物和缩聚物。

（二）高聚物的命名

高聚物有多种命名方法，在建筑工程材料工业领域常以习惯命名。对简单的一种单体的加聚反应产物，在单体名称前冠以"聚"字，如聚乙烯、聚丙烯等，大多数烯类单体聚合物都可按此命名；部分缩聚反应产物则在原料后附以"树脂"二字命名，如酚醛树脂等，树脂又泛指作为塑料基材的高聚物；对一些二种以上单体的共聚物，则从共聚物单体中各取一字，后附"橡胶"二字来命名，如丁二烯与苯乙烯共聚物称为丁苯橡胶，乙烯、丙烯、乙烯炔共聚物称为三元乙丙橡胶。

表 8-1 高聚物单体和链节结构示例

单 体	链节结构	高聚物
乙烯 $\begin{array}{c}H\ H\\ \|\ \|\\ C=C\\ \|\ \|\\ H\ H\end{array}$	$\begin{array}{c}H\ H\\ \|\ \|\\ -C-C-\\ \|\ \|\\ H\ H\end{array}$	聚乙烯（PE） $\begin{array}{c}H\ H\\ \|\ \|\\ +C-C+_n\\ \|\ \|\\ H\ H\end{array}$
丙烯 $\begin{array}{c}H\ \ \ \ H\\ \|\ \ \ \ \|\\ C=C\\ \|\ \ \ \ \|\\ H\ \ H-C-H\\ \ \ \ \ \ \ \ \|\\ \ \ \ \ \ \ \ H\end{array}$	$\begin{array}{c}H\ \ \ \ H\\ \|\ \ \ \ \|\\ -C\ \ \ \ \ C-\\ \|\ \ \ \ \|\\ H\ \ H-C-H\\ \ \ \ \ \ \ \ \|\\ \ \ \ \ \ \ \ H\end{array}$	聚丙烯（PP） $\begin{array}{c}H\ \ \ \ H\\ \|\ \ \ \ \|\\ +C\ \ \ \ \ C+\\ \|\ \ \ \ \|\\ H\ \ H-C-H\\ \ \ \ \ \ \ \ \|\\ \ \ \ \ \ \ \ H\end{array}$
氯乙烯 $\begin{array}{c}H\ \ H\\ \|\ \ \|\\ C=C\\ \|\ \ \|\\ H\ \ Cl\end{array}$	$\begin{array}{c}H\ \ H\\ \|\ \ \|\\ -C-C-\\ \|\ \ \|\\ H\ \ Cl\end{array}$	聚氯乙烯（PVC） $\begin{array}{c}H\ \ H\\ \|\ \ \|\\ +C-C+_n\\ \|\ \ \|\\ H\ \ Cl\end{array}$
苯乙烯 $\begin{array}{c}H\ \ \ \ H\\ \|\ \ \ \ \|\\ C=C\\ \|\ \ \ \ \|\\ H\ \ C_6H_5\end{array}$	$\begin{array}{c}H\ \ \ \ H\\ \|\ \ \ \ \|\\ -C-C-\\ \|\ \ \ \ \|\\ H\ \ C_6H_5\end{array}$	聚苯乙烯（PS） $\begin{array}{c}H\ \ \ \ H\\ \|\ \ \ \ \|\\ +C-C+_n\\ \|\ \ \ \ \|\\ H\ \ C_6H_5\end{array}$

三、高聚物的结构与性质

（一）高聚物分子链的形状与性质

高聚物按分子几何结构形态来分，可分为线型、支链型和体型三种。

1. 线型

线型高聚物的大小分链节排列成线状主链，如图 8-1(a)。大多数呈卷曲状，线状大分子间以分子间力结合在一起。因分子间作用力微弱，使分子容易相互滑动，因此线型结构的合成树脂加热时可熔融，并能溶于适当溶剂中。这类树脂称为热塑性树脂，受热时可塑化，冷却时则固化成型，如此可反复进行。

线型高聚物具有良好的弹性、塑性、柔顺性，但强度较低、硬度小、耐热性、耐腐蚀性较差。

2. 支链型

支链型高聚物的分子在主链上带有比主链短的支链,如图 8-1(b)。与线型高聚物相似,可以加热熔融或溶于溶剂。但因分子排列较松,分子间作用力较弱,因而密度、熔点及强度低于线型高聚物。

3. 体型

体型高聚物的分子,是由线型或支链型高聚物分子以化学键交联形成,呈空间网状结构,见图 8-1(c)。交联程度小的网状结构,受热可软化,但不熔融,适当溶剂也可使其溶胀,但不可以溶解,故具有良好的弹性。交联度高的体型结构,加热不软化,也不易被溶剂溶胀,因此具有优异的耐热性、化学稳定性、机械强度大、硬度高,表现为刚性材料。

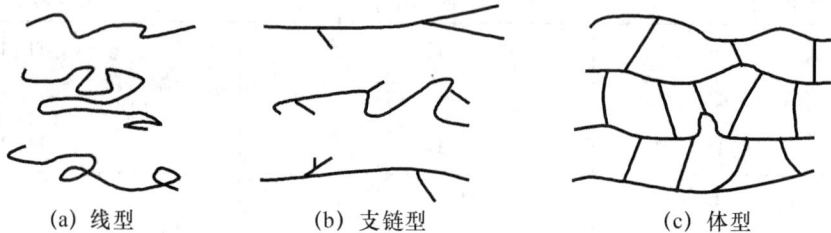

| (a) 线型 | (b) 支链型 | (c) 体型 |

图 8-1　聚合物大分子链的形状

有不少高聚物或预聚体,如酚醛树脂、脲醛树脂、醇酸树脂等,在树脂合成阶段,控制原料配合比和反应,使停留在线型或少量支链的低分子阶段。在成型阶段,经加热再使其中潜在的活性官能团继续反应成交联结构而固化,这类树脂则称热固性树脂。热固性高聚物具有较高的强度与弹性模量,但塑性小、较硬脆,耐热性、耐腐蚀性较好,不溶不熔。

(二)高聚物的聚集态结构与物理状态

聚集态结构是指高聚物内部大分子之间的几何排列与堆砌方式。按其分子在空间排列规则与否,固态高聚物中并存着晶态与非晶态两种聚集状态,但与低分子量晶体不同,由于长链高分子难免弯曲,故在晶态高聚物中也总有非晶区存在,且大分子链可以同时跨越几个晶区和非晶区。晶区所占的百分比称为结晶度。一般来说,结晶度越高,则高聚物的密度、弹性模量、强度、硬度、耐热性、折光系数等越高,而冲击韧性、粘附力、塑性、溶解度等越小。晶态高聚物一般为不透明或半透明的,非晶态高聚物则一般为透明的,体型高聚物只有非晶态一种。

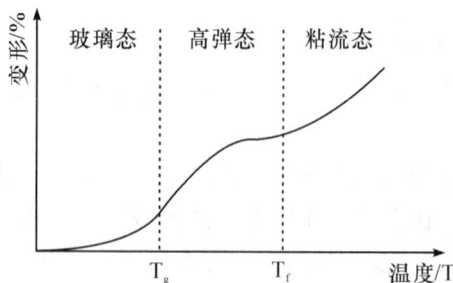

图 8-2　非晶态线型高聚物的变形与温度的关系

高聚物在不同温度条件下的形态是有差别的,如图 8-2,表现为下列三种物理状态。

1. 玻璃态

当低于某一温度时,分子链作用力很大,分子链与链段都不能运动,高聚物呈非晶态的固体称为"玻璃态"。高聚物转变为玻璃态的温度称为玻璃化温度 T_g。温度继续下降,当高聚物表现为不能拉伸或弯曲的脆性时的温度,称为"脆化温度",简称"脆点"。

2. 高弹态

当温度超过玻璃化温度 T_g 时,由于分子链段可以发生旋转,使高聚物在外力作用下能产生大的变形,外力卸除后又会缓慢地恢复原状,高聚物的运动状态称为"高弹态"。

3. 黏流态

随温度继续升高,当温度达到"流动温度"T_f 后,高聚物呈极粘的液体,这种状态称为"粘流态"。此时,分子链和链段都可以发生运动,当受到外力作用时,分子间相互滑动产生形变,外力卸去后,形变不能恢复。

高聚物使用目的不同,对各个转变温度的要求也不同。通常,玻璃化温度 T_g 低于室温的称为橡胶,高于室温的称为塑料。玻璃化温度是塑料的最高使用温度,但却是橡胶的最低使用温度。

第 2 节　塑　料

塑料是以天然或合成高分子化合物为基体材料,加入适量的填料和添加剂,在高温、高压下塑化成型,且在常温、常压下保持制品形状不变的材料。常用的合成高分子化合物是各种合成树脂。

目前,已生产出各种用途的塑料,而新的高聚物在不断出现,塑料的性能也在逐步改善。塑料作为建筑工程材料有着广阔的前途。如常用塑料制品有塑料壁纸、壁布、饰面板、塑料地板、塑料门窗、管线护套等;绝热材料有泡沫塑料与蜂窝塑料等;防水和密封材料有塑料薄膜、密封膏、管道、卫生设施等;土工材料有塑料排水板、土工织物等;市政工程材料有塑料给水管、塑料排水管、煤气管等。

一、塑料的组成

(一)合成树脂

习惯上或广义地讲,凡作为塑料基材的高分子化合物(高聚物)都称为树脂。合成树脂是塑料的基本组成材料,在塑料中起黏结作用。塑料的性质主要决定于合成树脂的种类、性质和数量。合成树脂在塑料中的含量约为 $30\%\sim60\%$,仅有少数的塑料完全由合成树脂所组成,如有机玻璃。

用于塑料的热塑性树脂主要有聚乙烯、聚氯乙烯、聚甲基丙烯酸甲酯、聚苯乙烯、聚四氟乙烯等加聚高聚物;用于塑料的热固性树脂主要有酚醛树脂、脲醛树脂、不饱和树脂、不饱和聚酯树脂、环氧树脂、有机硅树脂等缩聚高聚物。

(二)填充料

在合成树脂中加入填充料可以降低分子链间的流淌性,可提高塑料的强度、硬度及耐热性,减少塑料制品的收缩,并能有效地降低塑料的成本。

常用的填充料有:木粉、滑石粉、硅藻土、石灰石粉、石棉、铝粉、碳黑和玻璃纤维等,塑料中填充料的掺率约为 $40\%\sim70\%$。

(三)增塑剂

增塑剂可降低树脂的流动温度 T_f,使树脂具有较大的可塑性以利于塑料加工成型,由于增塑剂的加入降低了大分子链间的作用力,因此能降低塑料的硬度和脆性,使塑料具有较好的塑性、韧性和柔顺性等机械性质。

增塑剂必须能与树脂均匀地混合在一起,并且具有良好的稳定性。常用的增塑剂有邻苯二甲酸二辛酯、磷酸三甲酚酯、樟脑、二苯甲酮等。

(四)固化剂

固化剂也称硬化剂或熟化剂。它的主要作用是使线性高聚物交联成体型高聚物,使树脂具有热固性,形成稳定而坚硬的塑料制品。

酚醛树脂中常用的固化剂为乌洛托品(六亚甲基四胺),环氧树脂中常用的则为胺类(乙二胺、间苯二胺)酸酐类(邻苯二甲酸酐、顺丁烯二酸酐)及高分子类(聚酰胺树脂)。

(五)着色剂

着色剂的加入使塑料具有鲜艳的色彩和光泽,改善塑料制品的装饰性。常用的着色剂是一些有机染料和无机颜料。有时也采用能产生荧光或磷光的颜料。

(六)稳定剂

为防止塑料在热、光及其他条件下过早老化而加入的少量物质称为稳定剂。常用的稳定剂有抗氧化剂和紫外线吸收剂。

除上述组成材料以外,在塑料生产中还常常加入一定量的其他添加剂,使塑料制品的性能更好、用途更广泛。如加入发泡剂可以制得泡沫塑料,加入阻燃剂可以制得阻燃塑料。

二、塑料的性质

塑料具有质量轻、比强度高、保温绝热性能好、加工性能好及富有装饰性等优点,但也存在易老化、易燃、耐热性差及刚性差等缺点。

(一)物理力学性质

1. 密度。塑料的密度一般为 $0.9\sim2.2\text{g/cm}^3$,较混凝土和钢材小。

2. 孔隙率。塑料的孔隙率在生产时可在很大范围内加以控制。例如,塑料薄膜和有机玻璃的孔隙率几乎为零,而泡沫塑料的孔隙率可高达 $95\%\sim98\%$。

3. 吸水率。大部分塑料是耐水材料,吸水率很小,一般不超过 1%。

4. 耐热性。大多数塑料的耐热性都不高,使用温度一般为 $100\sim200℃$,仅个别塑料(氟塑料、有机硅聚合物等)的使用温度可达 $300\sim500℃$。

5. 导热性。塑料的导热性较低,密实塑料的导热系数为 $0.23\sim0.70\text{W/(m·K)}$,泡沫塑料的导热系数则接近于空气。

6. 强度。塑料的强度较高。如玻璃纤维增强塑料(玻璃钢)的抗拉强度高达 $200\sim300\text{MPa}$,许多塑料的抗拉强度与抗弯强度相近。

7. 弹性模量。塑料的弹性模量较小,约为混凝土的 1/10,同时具有徐变特性,所以塑料在受力时有较大的变形。

（二）化学性质

1. 耐腐蚀性。大多数塑料对酸、碱、盐等腐蚀性物质的作用都具有较高的化学稳定性,但有些塑料在有机溶剂中会溶解或溶胀,使用时应注意。

2. 老化。在使用条件下,塑料受光、热、大气等作用,内部高聚物的组成与结构发生变化,致使塑料失去弹性、变硬、变脆出现龟裂（分子交联作用引起）或变软、发粘、出现蠕变（分子裂解引起）等现象,这种性质劣化的现象称为老化。

3. 可燃性。塑料属于可燃性材料,在使用时应注意,建筑工程用塑料应为阻燃塑料。

4. 毒性。一般来说,液体状态的树脂几乎都有毒性,但完全固化后的树脂则基本上无毒。

三、常用工程塑料及其制品

（一）工程塑料的常用品种

1. 聚乙烯塑料（PE）

聚乙烯塑料由乙烯单体聚合而成。按密度不同,聚乙烯可分为高密度聚乙烯（HDPE）、中密度聚乙烯、低密度聚乙烯（LDPE）。低密度聚乙烯比较柔软,溶点和抗拉强度较低,伸长率和抗冲击性较高,适于制造防潮防水工程中用的薄膜。高密度聚乙烯较硬,耐热性、抗裂性、耐腐蚀性较好,可制成给排水管、绝缘材料、卫生洁具、燃气管、中空制品、衬套、钙塑泡沫装饰板、油灌或作为耐腐蚀涂层等。

2. 聚氯乙烯塑料（PVC）

聚氯乙烯塑料由氯乙烯单体聚合而成,是工程上常用的一种塑料。聚氯乙烯的化学稳定性高,抗老化性好,但耐热性差,在 100℃ 以上时会引起分解、变质而破坏,通常使用温度应在 60~80℃ 以下。根据增塑剂掺量的不同,可制得硬质或软质聚氯乙烯塑料。软质聚氯乙烯可挤压或注射成板材、型材、薄膜、管道、地板砖、壁纸等,还可制成低黏度的增塑溶胶,或制成密封带。硬质聚氯乙烯使用于制作排水管道、外墙覆面板、天窗和建筑配件等。

3. 聚苯乙烯塑料（PS）

聚苯乙烯塑料由苯乙烯单体聚合而成。聚苯乙烯塑料的透光性好,易于着色,化学稳定性高,耐水、耐光,成型加工方便,价格较低。但聚苯乙烯性脆,抗冲击韧性差,耐热性差,易燃,使其应用受到一定限制。

4. 聚丙烯塑料（PP）

聚丙烯塑料由丙烯聚合而成。聚丙烯塑料的特点是质轻（密度 $0.90g/cm^3$）,耐热性较高（100~120℃）,刚性、延性和抗水性均好。它的不足之处是低温脆性显著,抗大气性差,故适用于室内。近年来,聚丙烯的生产发展较迅速,聚丙烯已与聚乙烯、聚氯乙烯等共同成为工程塑料的主要品种。聚丙烯塑料主要用作管道、容器、建筑零件、耐腐蚀板、薄膜、纤维等。

5. 聚甲基丙烯酸甲酯（PMMA）

由甲基丙烯酸甲酯加聚而成的热塑性树脂,俗称有机玻璃。它的透光性好,低温强度高,吸水性低,耐热性和抗老化性好,成型加工方便。缺点是耐磨性差,价格较贵。可制作采光天窗、护墙板和广告牌。将聚甲基丙烯酸甲酯的乳液涂刷在木材、水泥制品等多孔材料上，可以形成耐水的保护膜。

6. 聚酯树脂(PR)

聚酯树脂由二元或多元醇和二元或多元酸缩聚而成。聚酯树脂具有优良的胶结性能，弹性和着色性好，柔韧、耐热、耐水。在建筑工程中，聚酯主要用来制作玻璃纤维增强塑料、装饰板、涂料、管道等。

7. ABS塑料

ABS是丙烯腈/丁二烯/苯乙烯的共聚物。它是不透明的塑料，呈浅象牙色，密度为1.05。ABS综合了丙烯腈的耐化学腐蚀性、耐油性、刚度和硬度，丁二烯的韧性、抗冲击性和耐寒性，苯乙烯的电性能。ABS树脂拉伸强度和模量一般，但是具有优异的耐冲击强度，特别是低温下有优异的冲击强度，而且热变形温度高。除此之外，电性能、耐化学品性、耐油性好，还有加工适应性广，可以注射成型、挤出成型、真空成型、吹塑成型、压光加工等。尺寸稳定性好、耐蠕变、耐应力开裂、制品表面光泽性也好。可用作结构材料，是通用工程塑料中应用最广泛的一种。在建材工业可用作管道、管件、百叶窗、门窗框架、高级卫生洁具等。

8. 酚醛塑料(PF)

酚醛树脂通常是以苯酚与甲醛缩聚而成的。由于所用苯酚与甲醛的配合比不同，所得酚醛树脂的性质也不同。酚醛树脂的产品为黏性液体或易熔的固体，对其加热将不可逆地固化。其制品具有耐热、耐湿、耐化学侵蚀和电绝缘性，但本身呈脆性，不能单独作为塑料使用。酚醛塑料在建筑上主要用途是用来制造各种层压板和玻璃纤维增强塑料、矿棉及其电器制品、防水涂料以及木结构用胶等。

9. 脲醛塑料(UF)

脲醛树脂是由尿素和甲醛缩合而成，加入填料等成分可制成塑料，商品名为"电玉"，色彩鲜艳，有自熄性，可制成装饰品以及电绝缘材料。固化后相当坚固，但不耐水、易老化。为克服上述缺点，通常在合成时对其加以改性。经发泡处理后可制得一种闭孔的硬质氨基泡沫塑料，表观密度仅为 $15kg/m^3$。其强度低，可做填充用保温绝热材料。脲醛树脂可用来生成木丝板、胶合木结构、层压板以及泡沫塑料。改性的脲醛树脂可用来制造涂料。

10. 有机硅塑料(SI)

有机硅树脂又称为硅树脂，分子主链结构为硅氧链。线型的有机硅由二甲基二氯硅烷水解得到，分子量低，常用做清漆、润滑剂和脱模剂中的外加剂或单独作为憎水剂。由于硅的存在使高聚物获得一系列特征，例如，耐热性可达 $400\sim500℃$。化学稳定性高，耐水、抗化学侵蚀，有良好的电绝缘性。

(二)常用塑料制品

1. 塑料门窗

塑料门窗主要采用改性硬质聚氯乙稀(PVC—U)经挤出机形成各种型材。型材经过加工，组装成建筑物的门窗。

塑料门窗可分为全塑门窗、复合门窗和聚氨酯门窗，但以全塑门窗为主。它由PVC—U中空型材拼装而成，有白色、深棕色、双色、仿木纹等品种。

塑料门窗与其他门窗相比，具有耐水、耐腐蚀、气密性、水密性、绝热性、隔声性、耐燃性、尺寸稳定性、装饰好等特点，而且不需粉刷油漆，维护保养方便，同时还能显著节能，在国外已广泛应用。鉴于国外经验和我国实情,以塑料门窗逐步取代木门窗、金属门窗是节约木材、钢材、铝材、节约能源的重要途径。

2. 塑料管材

塑料管材与金属管材相比,具有质轻、不生锈、不生苔、不易积垢、管壁光滑、对流体阻力小,安装加工方便、节能等特点。近年来,塑料管材的生产与应用已得到了较大的发展,它在工程塑料制品中所占的比例较大。

塑料管材分为硬管与软管。按主要原料可分为聚氯乙烯管、聚乙烯管、聚丙烯管、ABS管、聚丁烯管、玻璃钢管等。在众多的塑料管材中,主要是由聚氯乙烯树脂为主要原料的PVC－U塑料管或简称塑料管。塑料管材的品种有给水管、排水管、雨水管、波纹管、电线穿线管、燃气管等。

3. 塑料壁纸

壁纸是当前使用较广泛的墙面装饰材料,尤其是塑料壁纸,其图案变化多样,色彩丰富多彩。通过印花、发泡等工艺,可仿制木纹、石纹、锦缎、织物,也有仿制瓷砖、普通砖等,如果处理得当,甚至能达到以假乱真的程度,为室内装饰提供了极大的便利。

塑料壁纸可分为三大类:普通壁纸、发泡壁纸和特种壁纸。

(1)普通壁纸:也称塑料面纸底壁纸,即在纸面上涂刷塑料而成。为了增加质感和装饰效果,常在纸面上印有图案或压出花纹,再涂上塑料层。这种壁纸耐水,可擦洗,比较耐用,价格也较便宜。

(2)发泡壁纸:发泡壁纸是在纸面上涂上发泡的塑料面。其立体感强,能吸声,有较好的音响效果。

为了增加黏结力,提高其强度,可用面布、麻布、化纤布等作底来代替纸底,这类壁纸叫塑料壁布,将它粘贴在墙上,不易脱落,受到冲击、碰撞等也不会破裂,因加工方便,价格不高,所以较受欢迎。

(3)特种壁纸:由于功能上的需要而生产的壁纸为特种壁纸,也称功能壁纸。如耐水壁纸、防火壁纸、防霉壁纸、塑料颗粒壁纸、金属基壁纸等。

塑料颗粒壁纸易粘贴,有一定的绝热、吸声效果,而且便于清洗。

金属基壁纸是一种节能壁纸。

近年来生产的静电植绒壁纸,带图案,仿锦缎,装饰性、手感性均好,但价格较高。

4. 塑料地板

塑料地板与传统的地面材料相比,具有质轻、美观、耐磨、耐腐蚀、防潮、防火、吸声、绝热、有弹性、施工简便、易于清洗与保养等特点,使用较为广泛。

塑料地板种类繁多,按所用树脂,可分为聚氯乙烯塑料地板、氯乙烯—醋酸乙烯塑料地板、聚乙烯塑料地板、聚丙烯塑料地板;目前绝大部分的塑料地板为聚氯乙烯塑料地板。按形状可分为块状与卷状,其中块状占的比例大。块状塑料地板可以拼成不同色彩和图案,装饰效果好,也便于局部修补;卷状塑料地板铺设速度快,施工效率高。按质地可分为半硬质与软质。由于半硬质塑料地板具有成本低,尺寸稳定,耐热性、耐磨性、装饰性好,容易粘贴等特点,目前应用最广泛;软质塑料地板的弹性好,行走舒适,有一定的绝热、吸声、隔潮等优点。按产品结构可分为单层与多层复合。单层塑料地板多属于低发泡地板,厚度一般为3～4mm,表面可压成凹凸花纹,耐磨、耐冲击、防滑,但此地板弹性、绝热性、吸声性较差;多层复合塑料地板一般分上、中、下三层,上层为耐磨、耐久的面层,中层为弹性发泡层,下层为填料较多的基层,上、中、下三层一般用热压黏结而成,此地板的主要特点是具有弹性,脚感舒适,绝热,吸声。

此外,还有无缝塑料地面(也叫塑料涂布地面),它的特点是无缝,易于清洗、耐腐蚀、防漏、抗渗性优良、施工简便等,适用于现浇地面、旧地面翻修、实验室、医院等有侵蚀作用的地面。

石棉塑料地板,由于原料中掺入适量石棉,使地板具有耐磨、耐腐蚀、难燃、自熄、弹性好等特点,适用于宾馆、饭店、民用或公共建筑的地面。

橡胶地板是以天然橡胶、合成橡胶或再生橡胶为主要原料,使地板具有耐磨、吸声、富有弹性、抗冲击性、电绝缘性等特点,但绝热性差,适合于绝热性要求不高的公共建筑或工业厂房地面。

抗静电塑料地板具有质轻、耐磨、耐腐蚀、防火、抗静电等特性,适合于计算机房、邮电部门、空调要求较高及有抗静电要求的建筑物地面。

木塑复合地板把热塑性塑料与木纤维或植物纤维(包括锯末、树木树叉,糠壳、稻壳、花生壳、农作物秸杆等),按一定比例添加特殊的加工助剂、偶联剂等,经高温高压处理后采用挤压牵引成型等工艺制备的地板。也可以用同样方法制备其他各类型材或装饰线条制品等。该产品兼具木材和塑料的双重特性,不怕虫蛀,不生真菌、不易燃,热伸缩性和吸水性均比木材小,尺寸稳定性好,耐磨性和抗冲击性能高,而且使用、维修简便,可锯、刨、钉,产品可以再回收利用。

塑料地板在施工时,要求基层干燥平整,铺设地板时必须清除地面上的残留物。塑料地板要求平整,尺寸准确,若有卷曲、翘角等情况,应先处理压平,对缺角要另作处理。

塑料地板的黏结剂,我国使用的有溶剂型与水乳型两类。一般地板与黏结剂配套供应,必须按使用说明严格施工,以免影响质量。

5. 其他塑料制品

(1)塑料饰面板:可分为硬质、半硬质与软质。表面可印木纹、石纹和各种图案,可以粘贴装饰纸、塑料薄膜、玻璃纤维布和铝箔,也可制成花点、凹凸图案和不同立体造型;当原料中掺入萤光颜料,能制成萤光塑料板。此类板材具有质轻、绝热、吸声、耐水、装饰好等特点,适用于作内墙或吊顶的装饰材料。

(2)玻璃纤维增强塑料:俗称"玻璃钢",是由合成树脂胶结玻璃纤维或玻璃布而成的一种轻质、高强的塑料。玻璃钢所用胶结材料有酚醛、聚酯或环氧树脂,其中使用最多的是不饱和聚酯树脂,这种高聚物在固化状态下具有很高的化学稳定性且价格较低。玻璃钢具有质轻、耐水、强度高、耐化学腐蚀、装饰好等特点,适于作采光或装饰性板材。

(3)塑料薄膜:耐水、耐腐蚀、伸长率大,可以印花,并能与胶合板、纤维板、石膏板、纸张、玻璃纤维布等黏结、复合。塑料薄膜除用作室内装饰材料外,尚可作防水材料、混凝土施工养护等作用。

用合成纤维织物加强的薄膜,是充气房屋的主要材料,它具有质轻、不透气、绝热、运输安装方便等特点。适用于展览厅、体育馆、农用温室、临时粮仓及各种临时建筑。

第3节　胶粘剂

能直接将两种材料牢固地黏结在一起的物质通称为胶粘剂。随着合成化学工业的发展,胶粘剂的品种和性能获得了很大发展,越来越广泛地应用于建筑构件、材料等的连接,这种连接方法有工艺简单、省工省料、接缝处应力分布均匀、密封和耐腐蚀等优点。

一、胶粘剂的基本要求

为将材料牢固地黏结在一起,胶粘剂必须具备下列基本要求:

(1)具有足够的流动性,且能保证被黏结表面能充分浸润;

(2)易于调节黏结性和硬化速度;

(3)不易老化;

(4)膨胀或收缩变形小;

(5)具有足够的黏结强度。

二、胶粘剂的组成材料

(一)粘料

粘料是胶粘剂的基本成分,又称基料。对胶粘剂的胶接性能起决定作用。合成胶粘剂的胶料,既可用合成树脂、合成橡胶,也可采用二者的共聚体和机械混合物。用于胶接结构受力部位的胶粘剂以热固性树脂为主;用于非受力部位和变形较大部位的胶粘剂以热塑性树脂和橡胶为主。

(二)固化剂

固化剂能使基本粘合物质形成网状或体型结构,增加胶层的内聚强度。常用的固化剂有胺类、酸酐类、高分子类和硫磺类等。

(三)填料

加入填料可改善胶粘剂的性能(如提高强度、降低收缩性,提高耐热性等),常用填料有金属及其氧化物粉末、水泥及木棉、玻璃等。

(四)稀释剂

为了改善工艺性(降低黏度)和延长使用期,常加入稀释剂。稀释剂分活性和非活性,前者参加固化反应,后者不参加固化反应,只起稀释作用。常用稀释剂有环氧丙烷、丙酮等。

此外还有防老剂、催化剂等。

几种环氧树脂胶粘剂的配合比实例见表8-2。

表 8-2　几种环氧树脂胶粘剂的配合比

	环氧树脂(g)	稀释剂(cm³)	增塑剂(cm³)	硬化剂(cm³)	填充料(g)	用　途
1	E-44 环氧树脂100		苯二甲酸二丁酯10~20	乙二胺(95%)6~8	硅酸盐水泥200	黏结
2	E-44 环氧树脂100		苯二甲酸二丁酯40~50	乙二胺(95%)6~8	硅酸盐水泥200	修补
3	E-44 环氧树脂100	二甲苯5~10		乙二胺(95%)7		修补裂缝0.1~1.0mm
4	E-44 环氧树脂100	二甲苯5~10		乙二胺(95%)7乙二胺(95%)7	硅酸盐水泥30~60	修补裂缝1.0~2.0mm
5	E-20 环氧树脂100	二甲苯15		乙二胺(95%)6~8	滑石粉150	混凝土构件黏结补强
6	E-20 环氧树脂100	二甲苯40			硅酸盐水泥300	修补屋面裂缝

三、常用胶粘剂

(一)热固性树脂胶粘剂

1. 环氧树脂胶粘剂(EP)

环氧树脂胶粘剂的组成材料为合成树脂、固化剂、填料、稀释剂、增韧剂等。随着配方的改进,可以得到不同品种和用途的胶粘剂。环氧树脂未固化前是线型热塑性树脂,由于分子结构中含有极活泼的环氧基(—CH—CH₂)和多种极性基(特别是 OH),它可与多种类型

$$—CH—CH_2$$
$$\diagdown \diagup$$
$$O$$

的固化剂反应生成网状体型结构高聚物,对金属、木材、玻璃、硬塑料和混凝土都有很高的粘附力,故有"万能胶"之称。

2. 不饱和聚酯树脂(UP)胶粘剂

不饱和聚酯树脂是由不饱和二元酸、饱和二元酸组成的混合酸与二元醇起反应制成线型聚酯,再用不饱和单体交联固化后,即成体型结构的热固性树脂,主要用于制造玻璃钢,也可粘接陶瓷、玻璃钢、金属、木材、人造大理石和混凝土。

不饱和聚酯树脂胶粘剂的接缝耐久性和环境适应性较好,并有一定的强度。

(二)热塑性合成树脂胶粘剂

1. 聚醋酸乙烯胶粘剂(PVAC)

聚醋酸乙烯乳液(常称白胶)由醋酸乙烯单体、水、分散剂、引发剂以及其他辅助材料经乳液聚合而得。是一种使用方便、价格便宜,应用普遍的非结构胶粘剂。它对于各种极性材料有较好的粘附力,以粘接各种非金属材料为主,如玻璃、陶瓷、混凝土、纤维织物和木材。它的耐热性在40℃以下,对溶剂作用的稳定性及耐水性均较差,且有较大的徐变,多作为室温下工作的非结构胶,如粘贴塑料墙纸、聚苯乙烯或软质聚氯乙烯塑料板以及塑料地板等。

2. 聚乙烯醇胶粘剂(PVA)

聚乙烯醇由醋酸乙烯酯水解而得,是一种水溶液聚合物。这种胶粘剂适合胶接木材、纸

张、织物等。其耐热性、耐水性和耐老化性很差,所以一般与热固性胶结剂一同使用。

3. 聚乙烯缩醛(PVFO)胶粘剂

聚乙烯醇在催化剂存在下同醛类反应,生成聚乙烯醇缩醛,低聚醛度的聚乙烯醇缩甲醛即是目前工程上广泛应用的107胶的主要成分。107胶在水中的溶解度很高,成本低,现已成为建筑装修工程上常用的胶粘剂。如用来粘贴塑料壁纸、墙布、瓷砖等,在水泥砂浆中掺入少量107胶,能提高砂浆的黏结性、抗冻性、抗渗性、耐磨性和减少砂浆的收缩。也可以配制成地面涂料。

(三)合成橡胶胶粘剂

1. 氯丁橡胶胶粘剂(CR)

氯丁橡胶胶粘剂是目前橡胶胶粘剂中广泛应用的溶液型胶。它是由氯丁橡胶、氧化镁、防老剂、抗氧剂及填料等混炼后溶于溶剂而成。这种胶粘剂对水、油、弱酸、弱碱、脂肪烃和醇类都有良好的抵抗性,可在$-50\sim+80℃$下工作,具有较高的初粘力和内聚强度。但有徐变性,易老化。多用于结构粘接或不同材料的粘接。为改善性能可掺入油溶性酚醛树脂,配成氯丁酚醛胶。它可在室温下固化,适于粘接包括钢、铝、铜、陶瓷、水泥制品、塑料和硬质纤维板等多种金属和非金属材料。工程上常用在水泥砂浆墙面或地面上粘贴塑料或橡胶制品。

2. 丁腈橡胶(NBR)

丁腈橡胶是丁二烯和丙烯腈的共聚产物。丁腈橡胶胶粘剂主要用于橡胶制品,以及橡胶与金属、织物、木材的粘接。它的最大特点是耐油性能好,抗剥离强度高,接头对脂肪烃和非氧化性酸有良好的抵抗性,加上橡胶的高弹性,所以更适于柔软的或热膨胀系数相差悬殊的材料之间的粘接,如粘合聚氯乙烯板材、聚氯乙烯泡沫塑料等。为获得更大的强度和弹性,可将丁腈橡胶与其他树脂混合。

习题与复习思考题

1. 与传统的建筑工程材料相比,合成高分子材料有什么优缺点?

2. 何谓高聚物?其分子结构有哪几种类型?它们各具有什么性质?

3. 何谓热塑性树脂和热固性树脂?它们有什么不同?

4. 试述塑料的组成成分和它们所起的作用。

5. 试述塑料的优缺点。

6. 何谓塑料的老化?

7. 塑料的主要性能决定于什么?

8. 简述胶粘剂的组成材料及其作用。

第9章 防水材料

第1节 概 述

防水材料是指能够防止雨水、地下水与其他水渗透的重要组成材料。防水是建筑物的一项主要功能,防水材料是实现这一功能的物质基础。防水材料的主要作用是防潮、防漏、防渗,避免水和盐分对建筑物的侵蚀,保护建筑构件。由于基础的不均匀沉降、结构的变形、建筑材料的热胀冷缩和施工质量等原因,建筑物的外壳总要产生许多裂缝,防水材料能否适应这些缝隙的位移、变形是衡量其性能优劣的重要标志。防水材料质量的好坏直接影响到人们的居住环境、生活条件及建筑物的寿命。

近年来,我国的建筑防水材料发展很快,由传统的沥青基防水材料向高聚物改性防水材料和合成高分子防水材料发展,克服了传统防水材料温度适应性差、耐老化时间短、抗拉强度和延伸率低、使用寿命短等缺陷,使防水材料由低档向中、高档,品种化、系列化方向迈进了一大步;在防水设计方面,由过去的单一材料向不同性能的材料复合应用发展,在施工方法上也由热熔法向冷贴法方向发展。

建筑防水材料品种繁多,按其原材料组成可划分为无机类、有机类和复合类防水材料。按防水工程或部位可分为屋面防水材料、地下防水材料、室内防水材料、外墙防水材料及防水构筑物防水材料等。按其生产工艺和使用功能特性,防水材料可分为以下五类:防水卷材、防水涂料、密封材料、堵漏材料、防水混凝土和防水砂浆。本章主要介绍防水卷材、防水涂料、密封材料等材料的组成、性能特点及应用。

第2节 防水卷材

防水卷材是工程防水材料的重要品种之一,在防水材料的应用中处于主导地位,在建筑防水工程的实践中起着重要作用,是一种面广量大的防水材料。防水卷材质量的优劣与建筑物的使用寿命是紧密相连的,目前使用的常用沥青基防水卷材是传统的防水卷材,也是目前应用最多的防水卷材,但是其使用寿命较短。随着合成高分子材料的发展,为研制和生产优良的防水卷材提供了更多的原料来源,目前防水卷材已由沥青基向高聚物改性沥青基和橡胶、树脂等合成高分子防水卷材发展,油毡的胎体也从纸胎向玻璃纤维胎或聚酯胎方向发展,防水层的构造由多层向单层方向发展,施工方法由热熔法向冷贴法方向发展。

防水卷材按照材料的组成一般可分为沥青防水卷材、高聚物改性沥青防水卷材和合成高分子防水卷材等三大类。

一、沥青基防水卷材

沥青基防水卷材分为有胎卷材和无胎卷材。有胎卷材是指用玻璃布、石棉布、棉麻织品、厚纸等作为胎体,浸渍石油沥青,表面撒一层防粘材料而制成的卷材,又称作浸渍卷材;无胎卷材是将橡胶粉、石棉粉等与沥青混炼再压延而成的防水材料,也成辊压卷材。沥青类防水卷材价格低廉、结构致密、防水性能良好、耐腐蚀、粘附性好,是目前建筑工程中最常用的柔性防水材料。广泛用于工业、民用建筑、地下工程、桥梁道路、隧道涵洞及水工建筑等很多领域。但由于沥青材料的低温柔性差、温度敏感性强、耐大气化性差,故属于低档防水卷材。

二、改性沥青防水卷材

沥青防水卷材由于其温度稳定性差、延伸率小等,很难适应基层开裂及伸缩变形的要求。采用高聚物材料对传统的沥青方式卷材进行改性,则可以改善传统沥青防水卷材温度稳定性差、延伸率低的不足,从而使改性沥青防水卷材具有高温不流淌、低温不脆裂、拉伸强度高和延伸率较大等优异性能。主要改性沥青防水卷材有:

(一)SBS 改性沥青防水卷材

SBS(苯乙烯—丁二烯—苯乙烯)改性沥青防水卷材是以聚酯毡、玻纤毡等增强材料为胎体,以 SBS 改性石油沥青为浸渍涂盖层,以塑料薄膜为防粘隔离层,经过选材、配料、共熔、浸渍、复合成型、收卷曲等工序加工而成的一种柔性防水卷材。

SBS 改性沥青防水卷材具有优良的耐高低温性能,可形成高强度防水层,耐穿刺、耐硌伤、耐撕裂、耐疲劳,具有优良的延伸性和较强的抗基层变形能力,低温性能优异。

SBS 改性沥青防水卷材除用于一般工业与民用建筑防水外,尤其适应于高级和高层建筑物的屋面、地下室、卫生间等的防水防潮,以及桥梁、停车场、屋顶花园、游泳池、蓄水池、隧道等建筑的防水。又由于该卷材具有良好的低温柔韧性和极高的弹性延伸性,更适合于北方寒冷地区和结构易变形的建筑物的防水。

(二)APP 改性沥青防水卷材

石油沥青中加入 25%~35% 的 APP(无规聚丙烯)可以大幅度提高沥青的软化点,并能明显改善其低温柔韧性。

APP 改性沥青防水卷材是以聚酯毡或玻纤毡为胎体,以 APP 改性沥青为预浸涂盖层,然后上层撒上隔离材料,下层覆盖聚乙烯薄膜或撒布细砂而成的沥青防水卷材。APP 改性沥青防水卷材的特点是不仅具有良好防水性能,还具有优良耐高温性能和较好柔韧性,可形成高强度、耐撕裂、耐穿刺的防水层,耐紫外线照射、耐久寿命长、热熔法黏结可靠性强等特点。

与 SBS 改性沥青防水卷材相比,除在一般工程中使用外,APP 改性沥青防水卷材由于耐热度更好而且有着良好的耐紫外老化性能,故更加适应于高温或有太阳辐照地区的建筑物的防水。

（三）其他改性沥青卷材

氧化沥青防水卷材是以氧化沥青或优质氧化沥青（催化氧化沥青或改性氧化沥青）作为浸涂材料，以无纺玻纤毡、加纺玻纤毡、黄麻布、铝箔或玻纤铝箔复合为胎体加工制造而成。该卷材造价低，属于中低档产品。优质氧化沥青油毡具有很好的低温柔韧性，适合于北方寒冷地区建筑物的防水。

丁苯橡胶改性沥青防水卷材是采用低软化点氧化石油沥青浸渍原纸，然后以催化剂和丁苯橡胶改性沥青加填料涂盖两面，再撒以撒布料所制成的防水卷材。该类卷材适应于一般建筑物的防水、防潮，具有施工温度范围广的特点，在－15℃以上均可施工。

再生胶改性沥青防水卷材是由再生橡胶粉掺入适量的石油沥青和化学助剂进行高温高压处理后，再掺入一定量的填料经混炼、压延而制成的无胎体防水卷材。该卷材具有延伸率大、低温柔韧性好、耐腐蚀性强、耐水性好及热稳定性等特点，使用于一般建筑物的防水层，尤其适应于有保护层的屋面或基层沉降较大的建筑物变形缝处的防水。

自粘性改性沥青防水卷材是以自粘性改性沥青为涂盖材料，以无纺玻纤毡、加纺玻纤毡、无纺聚酯布为胎体，在浸涂胎体后，下表面用隔离纸覆盖，上表面用具有自支保护功能的隔离材料覆面，使用时只需揭开隔离纸便可铺贴，稍加压力就能粘贴牢固。它具有良好的低温柔韧性和施工方便等特点，除一般工程外更适合于北方寒冷地区建筑物的防水。

三、合成高分子防水卷材

合成高分子防水卷材是以合成橡胶、合成树脂或两者的共混体为基础，加入适量的助剂和填充料等，经过混炼、塑炼、压延或挤出成型、硫化、定型等加工工艺制成的片状可卷曲的防水材料。

合成高分子防水卷材具有强度高、断裂伸长率大、抗撕裂强度高、耐热性能好、低温柔性好、耐腐蚀、耐老化及可以冷施工等一系列优异性能，而且彻底改变了沥青基防水卷材施工条件差、污染环境等缺点，是值得大力推广的新型高档防水卷材。目前多用于高级宾馆、大厦、游泳池，厂房等要求有良好防水性的屋面、地下等防水工程。

根据组成材料的不同，合成高分子防水卷材一般可分为橡胶型、树脂型和橡塑共混型防水材料三大类，各类又分别有若干品种。下面介绍一些常用的合成高分子防水卷材。

（一）三元乙丙橡胶防水卷材

三元乙丙橡胶防水卷材是以三元乙丙橡胶为主要原料，掺入适量的丁基橡胶、硫化剂、促进剂、补强剂、稳定剂、填充剂和软化剂等，经过密炼、塑炼、过滤、拉片、挤出（或压延）成型、硫化等工序制成的高强高弹性防水材料。

目前国内三元乙丙橡胶防水卷材的类型按工艺分为硫化型、非硫化型两种，其中硫化型占主导。

三元乙丙橡胶卷材是目前耐老化性能最好的一种卷材，使用寿命可达 30 年以上。它具有防水性好、重量轻、耐候性好、耐臭氧性好，弹性和抗拉强度大，抗裂性强，耐酸碱腐蚀等特点，而且耐高低温性能好，并可以冷施工，目前在国内属高档防水材料。三元乙丙橡胶卷材最适用于工业与民用建筑的屋面工程的外露防水层，并适用于受振动、易变形建筑工程防水，也适用于刚性保护层或倒置式屋面以及地下室、水渠、贮水池、隧道、地铁等建筑工程防水。

（二）聚氯乙烯防水卷材

聚氯乙烯防水卷材是以聚氯乙烯树脂为主要原料，掺加填充料和适量的改性剂、增塑剂、抗氧剂、紫外线吸收剂、其他加工助剂等，经过混合、造粒、挤出或压延、定型、压花、冷却卷曲等工序加工而成的防水卷材。

聚氯乙烯防水卷材的特点是价格便宜、抗拉强度和断裂伸长率较高，对基层伸缩、开裂、变形的适应性强；低温度柔韧性好，可在较低的温度下施工和应用；卷材的搭接除了可用粘接剂外，还可以用热空气焊接的方法，使接缝处严密。

与三元乙丙橡胶防水卷材相比，除在一般工程中使用外，聚氯乙烯防水卷材更适应于刚性层下的防水层及旧建筑混凝土构件屋面的修缮工程，以及有一定耐腐蚀要求的室内地面工程的防水、防渗工程等。

（三）氯化聚乙烯防水卷材

氯化聚乙烯防水卷材主要原料是以氯化聚乙烯树脂，掺入适量的化学助剂和填充料，采用塑料或橡胶的加工工艺，经过捏和、塑炼、压延、卷曲、分卷、包装等工序，加工制成的弹塑性防水材料。

氯化聚乙烯防水卷材具有热塑性弹性体的优良性能，具有耐热、耐老化、耐腐蚀等性能，且原材料来源丰富，价格较低，生产工艺较简单，可冷施工操作，施工方便，故发展迅速，目前，在国内属中高档防水卷材。

氯化聚乙烯防水卷材使用于各种工业和民用建筑物屋面，各种地下室，其他地下工程以及浴室、卫生间和蓄水池、排水沟、堤坝等的防水工程。由于氯化聚乙烯呈塑料性能，耐磨性能很强，故还可以作为室内装饰底面的施工材料，兼有防水和装饰作用。

（四）氯化聚乙烯—橡胶共混防水卷材

氯化聚乙烯—橡胶共混防水卷材是以氯化聚乙烯树脂和合成橡胶为主体，掺入适量硫化剂等添加剂及填充料，经混炼、压延或挤出等工艺制成的高弹性防水卷材。

氯化聚乙烯—橡胶共混防水卷材兼有塑料和橡胶的特点。具有高强度、高延伸率和耐臭氧性能、耐低温性能，良好的耐老化性能和耐水、耐腐蚀性能。尤其该卷材是一种硫化型橡胶防水卷材，不但强度高，延伸率大，且具有高弹性，受外力时可产生拉伸变形，且变形范围大。同时当外力消失后卷材可逐渐回弹到受力前状态，这样当卷材应用于建筑防水工程时，对基层变形有一定的适应能力。

氯化聚乙烯—橡胶共混防水卷材适用于屋面外露、非外露防水工程；地下室外防外贴法或外防内贴法施工的防水工程，以及水池、土木建筑等防水工程。

（五）其他合成高分子防水卷材

合成高分子防水卷材除以上四种典型品种外，还有再生胶、三元丁橡胶、氯磺化聚乙烯、三元乙丙橡胶—聚乙烯共混等防水卷材，这些卷材原则上都是塑料经过改性，或橡胶经过改性，或两者复合以及多种复合，制成的能满足建筑防水要求的制品。它们因所用的基材不同而性能差异较大，使用时应根据其性能的特点合理选择。

按国家标准《屋面工程质量验收规范》(GB 50207—2002)的规定，合成高分子防水卷材适用于防水等级为Ⅰ级、Ⅱ级和Ⅲ级的屋面防水工程。在Ⅰ级屋面防水工程中，必须至少有一道厚度不小于 1.5mm 的合成高分子防水卷材；在Ⅱ级屋面防水工程中，可采用一道或两道厚度不小于 1.2mm 的合成高分子防水卷材；在Ⅲ级屋面防水工程中，可采用一道厚度不小于 1.2mm 的合成高分子防水卷材。常见合成高分子防水卷材的特点和使用范围见表 9-1。

表 9-1 常见合成高分子防水卷材的特点和使用范围

卷材名称	特点	使用范围	施工工艺
再生胶防水卷材	有良好的延伸性、耐热性、耐寒性和耐腐蚀性，价格低廉	单层非外露部位及地下防水工程，或加盖保护层的外露防水工程	冷粘法施工
氯化聚乙烯防水卷材	具有良好的耐候、耐臭氧、耐热老化、耐油、耐化学腐蚀及抗撕裂的性能	单层或复合作用宜用于紫外线强的炎热地区	冷粘法或自粘法施工
聚氯乙烯防水卷材	具有较高的抗拉和撕裂强度，伸长率较大，耐老化性能好，原材料丰富，价格便宜，容易黏结	单层或复合使用于外露或有保护层的防水工程	冷粘法或热风焊接法施工
三元乙丙橡胶防水卷材	防水性能优异，耐候性好，耐臭氧性、耐化学腐蚀性、弹性和抗拉强度大，对基体变形开裂的适用性强，重量轻，使用温度范围宽，寿命长，但价格高，黏结材料尚需配套完善	防水要求较高，防水层耐用年限长的工业与民用建筑，单层或复合使用	冷粘法或自粘法施工
三元丁橡胶防水卷材	有较好的耐候性、耐油性、抗拉强度和伸长率，耐低温性能稍低于三元乙丙防水卷材	单层或复合使用于要求较高的防水工程	冷粘法施工
氯化聚乙烯-橡胶共混防水卷材	不但具有氯化聚乙烯特有的高强度和优异的耐臭氧、耐老化性能，而且具有橡胶所特有的高弹性、高延伸性以及良好的低温柔性	单层或复合使用，尤宜用于寒冷地区或变形较大的防水工程	冷粘法施工

第 3 节　防水涂料

防水涂料是一种流态或半流态物质，可用刷、喷等工艺涂布在基体表面，经溶剂挥发，或各组分间的化学反应，形成具有一定弹性和一定厚度的连续薄膜，使基层表面与水隔绝，并能抵抗一定的水压力，从而起到防水和防潮作用。

一、防水涂料的组成、分类和特点

防水涂料实质上是一种特殊涂料，它的特殊性在于当涂料涂布在防水结构表面后，能形成柔软、耐水、抗裂和富有弹性的防水涂膜，隔绝外部的水分子向基层渗透。因此，在原材料的选择上不同于普通建筑涂料，主要采用憎水性强、耐水性好的有机高分子材料，常用的主体材料采用聚氨酯、氯丁胶、再生胶、SBS 橡胶和沥青以及它们的混合物，辅助材料主要包括固化剂、增韧剂、增粘剂、防霉剂、填充料、乳化剂、着色剂等，其生产工艺和成膜机理与普通建筑涂料基本相同。

防水涂料根据组分的不同可分为单组分防水涂料和双组分防水涂料两类。根据成膜物质的不同可分为沥青基防水材料、高聚物改性沥青防水材料、合成高分子材料防水材料、聚合物水泥基防水材料、水泥基渗透结晶型防水材料五类。如按涂料的分散介质和成膜机理不同,又可分为溶剂型、水乳型和反应型三类,不同介质的防水涂料的性能特点见表9-2。

表 9-2　溶剂型、水乳型和反应型防水涂料的性能特点

项目	溶剂型防水涂料	水乳型防水涂料	反应型防水涂料
成膜机理	通过溶剂的挥发、高分子材料的分子链接触、缠结等过程成膜	通过水分子的蒸发,乳胶颗粒靠近、接触、变形等过程成膜	通过预聚体与固化剂发生化学反应成膜
干燥速度	干燥快,涂膜薄而致密	干燥较慢,一次成膜的致密性较低	可一次形成致密较厚的涂膜,几乎无收缩
贮存稳定性	贮存稳定性较好,应密封贮存	贮存期一般不宜超过半年	各组分应分开密封存放
安全性	易燃、易爆、有毒,生产、运输和使用过程中应注意安全使用,注意防火	无毒,不燃,生产使用比较安全	有异味,生产、运输使用过程中应注意防火
施工情况	施工时应通风良好,保证人身安全	施工较安全,操作简单,可在较为潮湿的找平层上施工,施工温度不宜低于5℃	施工时需现场按照规定配方进行配料,搅拌均匀,以保证施工质量

一般来说,防水涂料具有以下五个特点:

(1)防水涂料在常温下呈液态,特别适宜在立面、阴阳角、穿结构层管道、不规则屋面、节点等细部构造处进行防水施工,固化后能在这些复杂表面处形成完整的防水膜。

(2)涂膜防水层自重轻,特别适宜于轻型薄壳屋面的防水。

(3)防水涂料施工属于冷施工,可刷涂,也可喷涂,操作简便,施工速度快,环境污染小,同时也减小了劳动强度。

(4)温度适应性强,防水涂层在－30℃～80℃条件下均可使用。

(5)涂膜防水层可通过加贴增强材料来提高抗拉强度。

(6)容易修补,发生渗漏可在原防水涂层的基础上修补。

防水涂料的主要优点是易于维修和施工,特别适用于管道较多的卫生间、特殊结构的屋面以及旧结构的堵漏防渗工程。

二、常用的防水涂料

(一)沥青基防水涂料

沥青基防水涂料的成膜物质是石油沥青,一般分为溶剂型和水乳型两种。溶剂型沥青涂料是将石油沥青直接溶解于汽油等有机溶剂后制得的溶液。沥青溶液施工后所形成的涂膜很薄,一般不单独作防水涂料使用,只用作沥青类油毡施工时的基层处理剂。水乳型沥青防水涂料是将石油沥青分散于水中所形成的稳定的水分散体。目前常用的沥青类防水涂料有水乳无机矿物厚质沥青涂料、水性石棉沥青防水涂料、石灰乳化沥青、水性铝粉屋面反光涂料、溶剂型屋面反光隔热涂料,膨润土—石棉乳化沥青防水涂料、阳离子乳化高蜡石油沥青防水涂料等等。这类涂料属于中低档防水涂料,具有沥青类防水卷材的基本性质,价格低廉,施工简单。

(二)高聚物改性防水涂料

沥青防水涂料通过适当的高聚物改性可以显著提高其柔韧性、弹性、流动性、气密性、耐

化学腐蚀性和耐疲劳等性能,高聚物改性沥青防水涂料一般是用再生橡胶、合成橡胶或 SBS 等对沥青进行改性而制成的水乳型或溶剂型防水涂料。

1. 氯丁橡胶沥青防水涂料

氯丁橡胶沥青防水涂料的基料是氯丁橡胶和石油沥青。按其溶剂为有机溶剂和水的不同可分为溶剂型和水乳型两种氯丁橡胶沥青防水涂料。其中水乳型氯丁橡胶沥青防水涂料的特点是涂膜强度大、延伸性好,能充分适应基层的变化,耐热性和低温柔韧性优良,耐臭氧老化、抗腐蚀,阻燃性好,不透水,是一种安全无毒的防水涂料,已经成为我国防水涂料的主要品种之一。适用于工业和民用建筑物的屋面防水、墙身防水和楼面防水、地下室和设备管道的防水、旧屋面的维修和补漏,还可用于沼气池、油库等密闭工程混凝土以提高其抗渗性和气密性。

2. 水乳型再生橡胶改性沥青防水涂料

水乳型再生橡胶改性沥青防水涂料是由阴离子型再生乳胶和阴离子型沥青乳胶混合均匀构成,再生橡胶和石油沥青的微粒借助于阴离子表面活性剂的作用,稳定分散在水中而形成的乳状液。

该涂料以水为分散剂,具有无毒、无味、不燃的优点,可在常温下冷施工作业,并可在稍潮湿无积水的表面施工,涂膜有一定的柔韧性和耐久性,材料来源广,价格低。它属于薄型涂料,一次涂刷涂膜较薄,需多次涂刷才能达到规定厚度。该涂料一般要加衬玻璃纤维布或合成纤维加筋毡构成防水层,施工时再配以嵌缝密封膏,以达到较好的防水效果。该涂料适用于工业与民用建筑混凝土基层屋面防水;以沥青珍珠岩为保温层的保温屋面防水;地下混凝土建筑防潮以及旧油毡屋面翻修和刚性自防水屋面的维修等。

3. SBS 改性沥青防水涂料

SBS 改性沥青防水涂料是以沥青、橡胶、合成树脂、SBS 及表面活性剂等高分子材料组成的一种水乳型弹性沥青防水涂料。该涂料的优点是低温柔韧性好、抗裂性强、黏结性能优良、耐老化性能好,与玻纤布等增强胎体复合,能用于任何复杂的基层,防水性能好,可冷施工作业,是较为理想的中档防水涂料。SBS 改性沥青防水涂料适用于复杂基层的防水防潮施工,如厕浴间、地下室、厨房、水池等,特别适合于寒冷地区的防水施工。

(三)合成高分子防水涂料

合成高分子防水涂料是以合成橡胶或合成树脂为主要成膜物质,加入其他辅料而配制成的单组分或多组分防水涂料。合成高分子防水涂料的品种很多,常见的有硅酮、氯丁橡胶、聚氯乙稀、聚氨酯、丙烯酸酯、丁基橡胶、氯磺化聚乙烯、偏二氯乙烯等防水涂料。防水涂料向着高性能、多功能化的方向迅速发展,比如粉末态、反应型、纳米型、快干型等各种功能性涂料逐渐被开发并应用。这里主要介绍以下几种。

1. 聚氨酯防水涂料

聚氨酯防水涂料以异氰酸酯基与多元醇、多元胺及其他含活泼氢的化合物进行加成聚合,生成的产物含氨基甲酸酯基为氨酯键,故称为聚氨酯。聚氨酯防水涂料是防水涂料中最重要的一类涂料,无论是双组分还是单组分都属于以聚氨酯为成膜物质的反应型防水涂料。

聚氨酯涂膜防水涂料涂膜固化时无体积收缩,具有较大的弹性和延伸率、较好的抗裂性、耐候性、耐酸碱性、耐老化性、适当的强度和硬度,几乎满足作为防水材料的全部特性。当涂膜厚度为 1.5～2.0mm 时,使用年限可在 10 年以上。而且对各种基材如混凝土、石、砖、木材、金属等均有良好的附着力。属于高档的合成高分子防水涂料。

双组分聚氨酯防水涂料广泛应用于屋面、外墙、地下工程、卫生间、游泳池等的防水，也可用于室内隔水层及接缝密封，还可用作金属管道、防腐地坪、防腐池的防腐处理等。单组分聚氨酯防水涂料则多数用于建筑的砖石结构、金属结构部分及聚氨酯屋面防水层的修补。

2. 水性丙烯酸酯防水涂料

丙稀酸系防水涂料是以纯丙稀酸共聚物、改性丙稀酸或纯丙稀酸酯乳液为主要成分，加入适量填料和助剂配制而成的水性单组分防水涂料。这类防水涂料由于其介质为水，不含任何有机溶剂，因此属于良好的环保型涂料。

这类涂料的最大优点是具有优良的防水性、耐候性、耐热性和耐紫外线性。涂膜延伸性好，弹性好，伸长率可达250％，能适应基层一定幅度的变形开裂；温度适应性强，在−30～80℃范围内性能无大的变化；可以调制成各种色彩，兼有装饰和隔热效果。这类涂料适用于各类建筑防水工程，如钢筋混凝土、轻质混凝土、沥青和油毡、金属表面、外墙、卫生间、地下室、冷库等。也可用作防水层的维修和作保护层等。

3. 硅橡胶防水涂料

硅橡胶防水涂料是以硅橡胶胶乳以及其他乳液的复合物为主要基料，掺入无机填料及各种助剂配制而成的乳液型防水涂料。通常由1号和2号组成，1号涂布于底层和面层，2号涂布于中间加强层。

该类涂料兼有涂膜防水和渗透防水材料两者的优良特性，具有良好的防水性、抗渗透性、成膜性、弹性、黏结性、延伸性和耐高低温特性，适应基层变形的能力强。可渗入基底，与基底牢固黏结，成膜速度快，可在潮湿底基层上施工，可刷涂、喷涂或滚涂。特别是它可以做到无毒级产品，是其他高分子防水材料所不能比拟的，因此，硅橡胶防水涂料使用于各类工程尤其是地下工程的防水、防渗和维修工程，对水质不造成污染。

4. 聚氯乙稀防水涂料

聚氯乙稀防水涂料是以聚氯乙稀和煤焦油为基料，加入适量的防老剂、增塑剂、稳定剂、及乳化剂，以水为分散介质所制成的水乳型防水涂料。施工时，一般要铺设玻纤布、聚酯无纺布等胎体进行增强处理。

该类防水涂料弹塑性好，耐寒、耐化学腐蚀、耐老化和成品稳定性好，可在潮湿的基层上冷施工，防水层的总造价低。聚氯乙稀防水涂料可用于各种一般工程的防水、防渗及金属管道的防腐工程。

（四）聚合物水泥防水涂料

聚合物防水涂料以丙烯酸酯、乙烯－乙酸乙烯酯等聚合物乳液和水泥为主要原料，加入填料及其他助剂配制而成，经水分挥发和水泥水化固化成膜的双组分水性防水涂料。聚合物水泥防水涂料系水性涂料，无毒、无害、无污染，属于环保型产品，使用安全，对四周环境和人员无任何危害。聚合物防水涂料的涂层坚韧高强，耐水性、耐候性、耐久性优异，能耐140℃高温，尤其使用于道路、桥梁防水，并可加颜料以形成彩色涂层。该类涂料与基面及水泥砂浆等各种基层材料牢固黏结，是理想的修补黏结材料，对各种各样的建筑材料具有很好的附着性，能形成整体无缝致密稳定的弹性防水层。聚合物防水涂料能在潮湿（无明水）或干燥的多种材质基面上直接进行施工；能在立面、斜面和顶面上直接施工，不流淌，施工简便，便于操作，工期短，在常温条件下涂料可自行干燥，涂膜防水层便于维修。

（五）水泥基渗透结晶型防水涂料

水泥基渗透结晶型防水涂料是由硅酸盐水泥、石英砂、特殊活性物质及添加剂组成的无机粉末状防水涂料。与水作用后,硅酸盐活性离子通过载体向混凝土内部扩散渗透,与混凝土孔隙中的钙离子进行化学反应,生成不溶于水的硅酸盐结晶体填充混凝土毛细孔道,从而使混凝土结构致密,实现防水功能。

与高分子类有机防水涂料相比,这类防水材料具有一些独特的性能:可以与混凝土组成完整、耐久的整体;可以在新鲜或初凝混凝土表面施工;固化快,48h后可以进行后续施工;可以抵抗海水和其他盐分的化学侵蚀,起到保护混凝土和钢筋作用;无毒,可用于饮用水工程。

第4节　建筑密封材料

建筑密封材料又称嵌缝材料,主要应用在板缝、接头、裂隙、屋面等部位。通常要求建筑密封材料具有良好的黏结性、抗下垂性、不渗水透气,易于施工;还要求具有良好的弹塑性,能长期经受被粘构件的伸缩和振动,在接缝发生变化时不断裂、剥落,并要有良好的耐老化性能,不受热和紫外线的影响,长期保持密封所需要的黏结性和内聚力等。

一、建筑密封材料的组成和分类

建筑密封材料的基材主要有油基、橡胶、树脂等有机化合物和无机类化合物,与防水涂料类似。其生产工艺也相对比较简单,主要包括溶解、混炼、密炼等过程,这里也不一一详述。

建筑密封材料的防水效果主要取决于两个方面,一是油膏本身的密封性、憎水性和耐久性等;二是油膏和基材的粘附力。粘附力的大小与密封材料对基材的浸润性、基材的表面性状(粗糙度、清洁度、温度和物理化学性质等)以及施工工艺密切相关。

建筑密封材料按形态的不同一般可分为不定型密封材料和定型密封材料两大类(表9-3)。不定型密封材料常温下呈膏体状态;定型密封材料是将密封材料按密封工程特殊部位的不同要求制成带、条、方、圆、垫片等形状,定型密封材料按密封机理的不同可分为遇水膨胀型和非遇水膨胀型两类。

表 9-3　建筑密封材料的分类及主要品种

分类	类型		主要品种
不定型密封材料	非弹性密封材料	油性密封材料	普通油膏
		沥青基密封材料	橡胶改性沥青油膏、桐油橡胶改性沥青油膏、桐油改性沥青油膏、石棉沥青腻子、沥青鱼油油膏、苯乙烯焦油油膏
		热塑性密封材料	聚氯乙稀胶泥、改性聚氯乙稀胶泥、塑料油膏、改性塑料油膏
	弹性密封材料	溶剂型弹性密封材料	丁基橡胶密封膏、氯丁橡胶橡胶密封膏、氯磺化聚乙烯橡胶密封膏、丁基氯丁再生胶密封膏、橡胶改性聚酯密封膏
		水乳型弹性密封材料	水乳丙烯酸密封膏、水乳氯丁橡胶密封膏、改性 EVA 密封膏、丁苯胶密封膏
		反应型弹性密封材料	聚氨酯密封膏、聚硫密封膏、硅酮密封膏

分类	类型	主要品种
定型密封材料	密封条带	铝合金门窗橡胶密封条、丁腈胶—PVC门窗密封条、自粘性橡胶、水膨胀橡胶、PVC胶泥墙板防水带
	止水带	橡胶止水带、嵌缝止水密封胶、无机材料基止水带、塑料止水带

二、常用建筑密封材料

1. 橡胶沥青油膏

它具有良好的防水防潮性能,黏结性好,延伸率高,耐高低温性能好,老化缓慢,适用于各种混凝土屋面、墙板及地下工程的接缝密封等,是一种较好的密封材料。

2. 聚氯乙稀胶泥

其主要特点是生产工艺简单,原材料来源广,施工方便,具有良好的耐热性、黏结性、弹塑性、防水性以及较好的耐寒性、耐腐蚀性、和耐老化性能。适用于各种工业厂房和民用建筑的屋面防水嵌缝,以及受酸碱腐蚀的屋面防水,也可用于地下管道的密封和卫生间等。

3. 有机硅建筑密封膏

有机硅建筑密封膏具有优良的耐热、耐寒、耐老化及耐紫外线等耐候性能,与各种基材如混凝土、铝合金、不锈钢、塑料等有良好的黏结力,并且具有良好的伸缩耐疲劳性能,防水、防潮、抗震、气密、水密性能好。适用于各类建筑物和地下结构的防水、防潮和接缝处理。

4. 聚硫橡胶密封材料

这类密封材料的特点是弹性特别高,能适应各种变形和振动,黏结强度好(0.63MPa)、抗拉强度高(1～2MPa)、延伸率大(500%以上)、直角撕裂强度大(8kN/m),并且它还具有优异的耐候性,极佳的气密性和水密性,良好的耐油、耐溶剂、耐氧化、耐湿热和耐低温性能,使用温度范围广,对各种基材如混凝土、陶瓷、木材、玻璃、金属等均有良好的黏结性能。

聚硫密封材料适用于混凝土墙板、屋面板、楼板、地下室等部位的接缝密封以及金属幕墙、金属门窗框四周、中空玻璃的防水、防尘密封等。

5. 聚氨酯弹性密封膏

聚氨酯弹性密封膏对金属、混凝土、玻璃、木材等均有良好的黏结性能,具有弹性大、延伸率大、黏结性好、耐低温、耐水、耐油、耐酸碱、抗疲劳及使用年限长等优点。与聚硫、有机硅等反应型建筑密封膏相比,价格较低。

聚氨酯弹性密封膏广泛应用于墙板、屋面、伸缩缝等沟缝部位的防水密封工程,以及给排水管道、蓄水池、游泳池、道路桥梁、机场跑道等工程的接缝密封与渗漏修补,也可用于玻璃、金属材料的嵌缝。

6. 水乳型丙烯酸密封膏

该类密封材料具有良好的黏结性能、弹性和低温柔韧性能,无溶剂污染、无毒、不燃,可在潮湿的基层上施工,操作方便,特别是具有优异的耐候性和耐紫外线老化性能,属于中档建筑密封材料,其使用范围广、价格便宜、施工方便,综合性能明显优于非弹性密封膏和热塑性密封膏,但要比聚氨酯、聚硫、有机硅等密封膏差一些。该密封材料中含有约15%的水,故在温度低于0℃时不能使用,而且要考虑其中水份的散发所产生的体积收缩,对吸水性较大的材料如混凝土、石料、石板、木材等多孔材料构成的接缝的密封比较适宜。

水乳型丙烯酸密封膏主要用于外墙伸缩缝、屋面板缝、石膏板缝、给排水管道与楼屋面接缝等处的密封。

7. 止水带

止水带也称为封缝带,是处理建筑物或地下构筑物接缝(伸缩缝、施工缝、变形缝)用的一类定型防水密封材料。常用品种有橡胶止水带、嵌缝止水密封胶、无机材料基止水条(BW 复合止水带)及塑料止水带等。

(1)橡胶止水带。它具有良好的弹塑性、耐磨性和抗撕裂性能,适应变形能力强,防水性能好。但使用温度和使用环境对物理性能有较大的影响,当作用于止水带上的温度超过50℃,以及受强烈的氧化作用或受油类等有机溶剂的侵蚀时不宜采用。橡胶止水带一般用于地下工程、小型大坝、贮水池、地下通道、河底隧道、游泳池等工程的变形缝部位的隔离防水以及水库、输水洞等处闸门的密封止水。

(2)嵌缝止水密封胶。它能和混凝土、塑料、玻璃、钢材等材料牢固粘合,具有优良的耐气候老化性能及密封止水性能,同时还具有一定的机械强度和较大的伸长率,可在较宽的温度范围内适应基材的热胀冷缩变化,并且施工方便,质量可靠,可大大减少维修费用。它主要用于建筑和水利工程等混凝土建筑物的接缝、电缆接头、汽车挡风玻璃、建筑用中空玻璃及其他用途的止水密封。

(3)无机材料基止水带。它具有优良的黏结力和延伸率,可以利用自身的粘性直接粘在混凝土施工缝表面。它是静水膨胀材料,遇水可快速膨胀,封闭结构内部的细小裂缝和孔隙,止水效果好。其主体材料为无机类,又包于混凝土中间,故不存在老化问题。这种止水带适用于各种地下工程防水混凝土水平缝和垂直缝,主要代替橡胶止水带和钢板止水带使用,以及地面各种存水设施、给排水管道的接缝防水密封等。

(4)塑料止水带。塑料止水带的优点是原料来源丰富,价格低廉,耐久性好,物理力学性能能满足使用要求。可用于地下室、隧道、涵洞、溢洪道、沟渠等的隔离防水。

8. 密封条带

根据弹性性能,密封带可分为非回弹、半回弹和回弹型三种。非回弹型以聚丁烯为基,并用少量低分子量聚异丁烯或丁基橡胶增强,或以低分子量聚异丁烯为基,可用于二次密封,装配玻璃、隔热玻璃等。半回弹型往往以丁基橡胶或较高分子量的聚异丁烯为基。高回弹型密封带以固化丁基橡胶或氯丁橡胶为基,两者可用于幕墙和预制构成,也可用于隔热玻璃等。

作为衬垫使用的定型密封材料,由于其必须在压缩作用下工作,故要由高恢复性的材料制成。预制密封垫常用的材料有氯丁橡胶、三元乙丙橡胶、海帕伦、丁基橡胶等。氯丁橡胶由于恢复率优良,故在建筑物及公路上的应用处于领先地位。以三元乙丙为基的产品性能更好,但价格更贵。

在我国,目前该类材料的品种和使用量还相对较少,主要品种有丁基密封腻子、铝合金门窗橡胶密封条、丁腈胶-PVC 门窗密封条、彩色自粘性密封条、自粘性橡胶、遇水膨胀橡胶以及 PVC 胶泥墙板防水带等。

(1)丁基密封腻子。它是以丁基橡胶为基料,并添加增塑剂、增粘剂、防老化剂等辅助材料配成的一种非硫型建筑密封材料(不干性腻子)。它具有寿命长,价格较低,无毒、无味、安全等特点,具有良好的耐水黏结性和耐候性,带水堵漏效果好,使用温度范围宽,能在 $-40℃$ ~ $100℃$ 范围内长期使用,且与混凝土、金属、熟料等多种材料具有良好的黏结力,可冷施工,使用方便。它适用于建筑防水密封,涵洞、隧道、水坝、地下工程的带水堵漏密封,环保工程管道密封等。在建筑密封方面,它可用于外墙板接缝、卫生间防水密封、大型屋面伸缩缝嵌缝、活动房屋嵌缝等。

(2)丁腈胶—PVC 门窗密封条。它具有较高的强度和弹性,适当的硬度和优良的耐老化性能。该产品广泛应用于建筑物门窗、商店橱窗、地柜和铝型材的密封配件,镶嵌在铝合金和玻璃之间,能其固定、密封和轻度避震作用,防止外界灰尘、水分等进入系统内部,广泛用于铝合金门窗的装配。

(3)彩色自粘性密封条。它具有优良的耐久性、气密性、黏结力和伸长率。它使用于混凝土、塑料、金属构建、玻璃、陶瓷等各种接缝的密封,也广泛用于铝合金屋面接缝、金属门窗框的密封等。

(4)自粘性橡胶。该类产品具有良好的柔顺性,在一定压力下能填充到各种裂缝及空洞中去,延伸性能良好,能适应较大范围的沉降错位,具有良好的耐化学性和极优良的耐老化性能,能与一般橡胶制成复合体。可单独作腻子用于接缝的嵌缝防水,或与橡胶复合制成嵌条用于接缝防水,也可用作橡胶密封条的辅助黏结嵌缝材料。该类产品广泛用于工农业给、排水工程,公路、铁路工程以及水利和地下工程。

(5)遇水膨胀橡胶。它是一种既具有一般橡胶制品的性能,又能遇水膨胀的新型密封材料。该材料具有优良的弹性和延伸性,在较宽的温度范围内均可发挥优良的防水密封作用。遇水膨胀倍率可在 $100\% \sim 500\%$ 之间调节,耐水性、耐化学性和耐老化性良好,可根据需要加工成不同形状的密封嵌条、密封圈、止水带等,也能与其他橡胶复合制成复合防水材料。遇水膨胀橡胶主要用与各种基础工程和地下设施如隧道、地铁、水电给排水工程中的变形缝、施工缝的防水,混凝土、陶瓷、塑料管、金属等各种管道的接缝防水等。

(6)PVC 胶泥墙板防水带。其特点是胶泥条经加热后与混凝土、砂浆、钢材等有良好的黏结性能,防水性能好,弹性较大,高温不流淌,低温不脆裂,因而能适应大型墙板因荷载、温度变化等原因引起的构件变形。它主要用于混凝土墙板的垂直和水平接缝的防水。胶泥条一般采用热粘操作。

习题与复习思考题

1. 高聚物改性沥青油毡和合成高分子防水卷材有哪些优点?

2. 防水涂料是什么?有哪些特点?

3. 防水涂料可分为哪几类?各类防水涂料的成膜机理有何不同?。

4. 对建筑密封材料的要求有哪些?

第10章 装饰材料

第1节 概　述

一、建筑装饰与材料

装饰材料一般指建筑物内外墙面、地面、顶棚装饰所需要的材料,它不仅装饰美化建筑、满足人的美感需要,还可以改善和保护主体结构,延长建筑物寿命。因此,常称之为建筑装修材料。

装饰材料是建筑材料中的精品,它集材性、工艺、造型、色彩于一体,反映时代的特征,体现科学技术发展的水平。

建筑物的外观效果不仅取决于建筑造型、比例、虚实对比、线条以及平面立面的设计手法,同时还需要装饰材料的质感、色彩和线形加以衬托。

材料的质感很难精确定义,一般指材料的质地感觉。同一种材料,可把它加工成不同的性状,比如粗细、纹理和光泽的变化从而达到不同的质感。如粗犷的花岗石给人以庄重、雄伟的感觉;若制成磨光的石板材,又给人高雅整洁的感觉;具有弹性松软的材料,给人以柔和、温暖、舒适之感。

选择质感,还需要考虑其附加的作用和影响。例如表面粗糙的材料,可遮挡其瑕疵缺陷,但易挂灰。光亮的地面易清洗,但人易滑倒,不安全。

线型是指材料制成不同的形状或施工时拼成线型。采用直线、曲线或圆弧线,构成一定的格缝、凹凸线。从而提高建筑饰面的美化效果。有的直接采用块状材料砌清水墙,既简捷又美观。

色彩对装饰表观效果具有十分重要的作用。材料的彩色实际上材料对光谱的反射,它涉及到物理学、生理学和心理学。对物理学来说,颜色是光线;对生理学来说,颜色是感受;对心理学来说,颜色易使人产生幻想。颜色的选择应与环境协调,既要体现个性,又要易于让多数人接受。装饰材料的色彩应耐光耐晒,具有较好的化学稳定性,不褪色。

二、建筑装饰材料的分类

建筑装饰材料的品种繁多,通常有三种分类:

(1)按化学成分分类:无机材料(包括金属和非金属)、有机材料、复合材料。

(2)按建筑物装饰部位分类:外墙装饰材料、内墙装饰材料、地面装饰材料、顶棚装饰材料。

（3）按装饰材料的名称分类：石材、玻璃、陶瓷、涂料、塑料、金属、装饰水泥、装饰混凝土等。

三、装饰材料的基本要求和选用

选用装饰材料，外观固然重要，但还需具有一定的物理化学性质，以满足其使用部位的性能要求。装饰材料还应对相应的建筑物部位起保护作用。例如：

外墙装饰材料，不仅色彩与周围环境协调美观，具有耐水抗冻、抗浸蚀等物理学性质，还保护墙体结构、提高墙体材料抗风吹、日晒、雨淋以及辐射、大气及微生物的作用。若兼有隔热保温则更为完美。

内部装饰材料除了保护墙体和增加美观，还应方便清洁、耐擦洗，并具有一定的吸声、保温、吸湿功能，不含对人体有害的成分，以改善室内生活和工作环境。

地面装饰材料应具有较好的抗折、抗冲击、耐磨、保温、吸声、防火、抗腐蚀、抗污染、脚感好等性能。但很多性能是难以同时兼备的。如花岗石板材和地毯则是两类性质相反的材料，只能根据建筑物的使用性质和使用者的爱好进行选择。

顶棚材料则需吸声、隔热、防火、轻质、有一定的耐水性。

装饰材料类别品种繁多，同一种材料也有不同的档次。选用装饰材料，首先要根据建筑物的装修等级和经济状况"定调"。其次根据建筑装饰部位的功能要求选择材料的品种，不同品种具有不同的性能。还要考虑施工因素和材料来源的方便性。有的装饰材料装饰效果好，又经济，但施工难度大、施工周期长。有的材料难以采购和运输。

总之，装饰材料的选用，应在一定的建筑环境和空间，以适当的经济物质条件去改善和创造美好的生活和工作环境。

第2节　天然石材及其制品

天然石材是最古老的建筑材料之一，意大利的比萨斜塔，古埃及的金字塔，我国河北的赵州桥等，均为著名的古代石结构建筑。由于脆性大、抗拉强度低、自重大、开采加工较困难等原因，石材作为结构材料，近代已逐步被混凝土材料所代替，但由于石材具有特有的色泽和纹理美，使得其在室内外装饰中得到了更为广泛的应用。石材用于建筑装饰已有悠久的历史，早在两千多年前的古罗马时代，就开始使用白色及彩色大理石等作为建筑饰面材料。在近代，随着石材加工水平的提高，石材独特的装饰效果得到充分展示，作为高级饰面材料，颇受人们欢迎，许多商场、宾馆等公共建筑均使用石材作为墙面、地面等装饰材料。

一、岩石的形成和分类

天然岩石根据其形成的地质条件不同，可分为岩浆岩、沉积岩、变质岩三大类。

（一）岩浆岩

1. 岩浆岩的形成及种类

岩浆岩又称火成岩，它是地壳深处的熔融岩浆上升到地表附近或喷出地表经冷凝而形成的岩石。根据岩浆冷凝情况不同,岩浆岩又可分为深成岩、喷出岩和火山岩三种。

深成岩是地壳深处的岩浆,在受上部覆盖层压力的作用下经缓慢且较均匀地冷凝而形成的岩石。其特点是矿物结晶完整,晶粒粗大,结构致密,呈块状构造;具有抗压强度高,吸水率小,表观密度大,抗冻性、耐磨性、耐水性良好等性质。常见的深成岩有花岗岩、正长岩、闪长岩、橄榄岩。

喷出岩是岩浆喷出地表后,在压力骤减、迅速冷却的条件下形成的岩石。其特点是大部分结晶不完全,多呈细小结晶(隐晶质)或玻璃质(解晶质)。当喷出的岩浆形成较厚的喷出岩岩层时,其结构与性质与深成岩相似;当形成较薄的岩层时,由于冷却速度快,且岩浆中气压降低而膨胀,形成多孔结构的岩石,其性质近于火山岩。常见的喷出岩有玄武岩、辉绿岩、安山岩等。

火山岩是火山爆发时,岩浆被喷到空中急速冷却后形成的岩石。其特点是呈多孔玻璃质结构,表观密度小。常见的火山岩有火山灰、浮石、火山渣、火山凝灰岩等。

2. 建筑装饰工程常用的岩浆岩

(1)花岗岩

花岗岩是岩浆岩中分布较广的一种岩石,主要由长石、石英和少量云母(或角闪石等)组成,有时也称为麻石。花岗岩具有致密的结晶结构和块状构造,其颜色一般为灰白、微黄、淡红等。由于结构致密,其孔隙率和吸水率很小,表观密度大($2500 \sim 2800 kg/m^3$);抗压强度高($120 \sim 250 MPa$);吸水率低($0.1\% \sim 0.2\%$);抗冻性好($D100 \sim D200$);耐风化性和耐久性好,使用年限为 $75 \sim 200$ 年,高质量的可达 1000 年以上。对硫酸和硝酸的腐蚀具有较强的抵抗性,故可用作设备的耐酸衬里。表面经琢磨加工后光泽美观,是优良的装饰材料。但在高温作用下,由于花岗岩内部石英晶型转变膨胀而引起破坏,因此其耐火性差。在建筑工程中花岗岩常用于基础、闸坝、桥墩、台阶、路面、墙石和勒脚及纪念性建筑物等。

(2)玄武岩、辉绿岩

玄武岩是喷出岩中最普通的一种,颜色较深,常呈玻璃质或隐晶质结构,有时也呈多孔状或斑形构造。硬度高,脆性大,抗风化能力强,表观密度为 $2900 \sim 3500 kg/m^3$,抗压强度为 $100 \sim 500 MPa$。常用作高强混凝土的骨料,也用其铺筑道路路面等。

辉绿岩主要由铁、铝硅酸盐组成。具有较高的耐酸性,可用作耐酸混凝土的骨料。其熔点为 $1400 \sim 1500℃$,可作为铸石的原料,所制得的铸石结构均匀致密且耐酸性好。因此,是化工设备耐酸衬里的良好材料。

(二)沉积岩

1. 沉积岩的形成及种类

沉积岩又称水成岩。它是地表的各种岩石经自然风化、风力搬迁、流水冲移等作用后,再沉积而形成的岩石。主要存在于地表及离地表不太深处。其特征是层状构造,外观多层理(各层的成分、结构、颜色、层厚等均不相同),表观密度小,孔隙率和吸水率较大,强度较低,耐久性较差。

根据沉积岩的生成条件又可分为机械沉积岩(如砂岩、页岩)、生物沉积岩(如石灰岩、硅藻土)、化学沉积岩(石膏、白云岩)等三种。

2. 建筑工程常用的沉积岩

(1)石灰岩

俗称灰石或青石。主要化学成分为 $CaCO_3$。主要矿物成分为方解石,但常含有白云石、菱镁矿、石英、蛋白石、铁矿物及黏土等。因此,石灰岩的化学成分、矿物组成、致密程度以及物理性质等差异甚大。

石灰岩通常为灰白色、浅灰色,常因含有杂质而呈现深灰、灰黑、浅红等颜色,表观密度为 $2600 \sim 2800 kg/m^3$,抗压强度为 $20 \sim 160 MPa$,吸水率为 $2\% \sim 10\%$。如果岩石中黏土含量不超过 $3\% \sim 4\%$,其耐水性和抗冻性较好。

石灰岩来源广,硬度低,易劈裂,便于开采,具有一定的强度和耐久性,因而广泛用于建筑工程中。其块石可作基础、墙身、阶石及路面等,其碎石是常用的混凝土骨料。此外,它也是生产水泥和石灰的主要原料。

(2)砂岩

砂岩主要是由石英砂或石灰岩等细小碎屑经沉积并重新胶结而成的岩石。它的性质决定于胶结物的种类及胶结的致密程度。以氧化硅胶结而成的称硅质砂岩;以碳酸钙胶结而成的称钙质砂岩;还有铁质砂岩和黏土质砂岩。致密的硅质砂岩其性能接近于花岗岩,可用于纪念性建筑及耐酸工程等;钙质砂岩的性质类似于石灰岩,抗压强度为 $60 \sim 80 MPa$,较易加工,应用较广,可作基础、踏步、人行道等,但耐酸性差;铁质砂岩的性能比钙质砂岩差,其密实者可用于一般建筑工程;黏土质砂岩浸水易软化,建筑工程中一般不用。

(三)变质岩

1. 变质岩的形成及种类

变质岩是由地壳中原有的岩浆岩或沉积岩,由于地壳变动和岩浆活动产生的温度和压力,使原岩石在固态状态下发生再结晶,使其矿物成分、结构构造以至化学成分部分或全部改变而形成的岩石。通常岩浆岩变质后,结构不如原岩石坚实,性能变差;而沉积岩变质后,结构较原岩石致密,性能变好。

2. 建筑工程常用的变质岩

(1)大理岩

大理岩又称大理石、云石,是由石灰岩或白云岩经高温高压作用,重新结晶变质而成,主要矿物成分为方解石、白云石,化学成分主要为 CaO、MgO、CO_2 和少量的 SiO_2 等。天然大理岩具有黑、白、灰、绿、米黄等多种色彩,并且斑纹多样,千姿百态。大理岩的颜色由其所含成分决定,见表 10-1。大理岩的光泽与其成分有关,见表 10-2。

表 10-1 大理岩的颜色与所含成分的关系

颜色	白色	紫色	黑色	绿色	黄色	红褐色、紫红色、棕黄色	无色透明
所含成分	碳酸钙、碳酸镁	锰	碳或沥青物	钴化物	铬化物	锰及氧化铁的水化物	石英

表 10-2 大理岩的光泽与所含成分的关系

光泽	金黄色	暗红	蜡状	石棉	玻璃	丝绢	珍珠	脂肪
所含成分	黄铁矿	赤铁矿	蛇纹岩等混合物	石棉	石英、长石、白云石	纤维状矿物质、石膏	云母	滑石

大理岩石质细腻、光泽柔润、绚丽多彩,磨光后具有优良的装饰性。大理岩的表观密度

为 2500～2700kg/m³,抗压强度为 50～140MPa,莫氏硬度为 3～4,使用年限约 30～100 年。大理石构造致密,表观密度大,但硬度不大,易于切割、雕琢和磨光,可用于高级建筑物的装饰和饰面工程。我国的汉白玉、丹东绿、雪花白、红奶油、墨玉等大理石均为世界著名的高级建筑装饰材料。

（2）石英岩

石英岩是由硅质砂岩变质而成,晶体结构。结构均匀致密,抗压强度高（250～400MPa）,耐久性好。但硬度大、加工困难。常用作重要建筑物的贴面,耐磨耐酸的贴面材料,其碎块可用作混凝土的骨料。

（3）片麻岩

片麻岩是由花岗岩变质而成,其矿物成分与花岗岩相似,呈片状构造,因而各个方向的物理、力学性质不同。在垂直于解理（片层）方向有较高的抗压强度（120～200MPa）。沿解理方向易于开采加工,但在冻融循环过程中易剥落分离成片状,故抗冻性差,易于风化。常用作碎石、块石及人行道石板等。

二、天然石材的技术性质

天然石材的技术性质包括物理性质、力学性质和工艺性质。天然石材的技术性质决定于其组成的矿物的种类、特征以及结合状态。天然石材因生成条件各异,常含有不同种类的杂质,矿物组成有所变化,所以,即使是同一类岩石,其性质也可能有很大差别。因此,使用前都必须进行检验和鉴定。

（一）物理性质

1. 表观密度

表观密度大于 1800kg/m³ 的称为重质石材,否则称为轻质石材。石材表观密度与其矿物组成和孔隙率有关,它能间接反映石材的致密程度和孔隙多少,在通常情况下,同种石材的表观密度愈大,其抗压强度愈高,吸水率愈小,耐久性愈好。

2. 吸水性

吸水率低于 1.5% 的岩石称为低吸水性岩石;吸水率介于 1.5%～3.0% 的称为中吸水性岩石;吸水率高于 3.0% 的称为高吸水性岩石。花岗岩的吸水率通常小于 0.5%,致密的石灰岩,吸水率可小于 1%,而多孔贝壳石灰岩,吸水率可高达 15%。

3. 耐水性

石材的耐水性用软化系数表示。软化系数大于 0.90 为高耐水性石材,软化系数在 0.7～9.0 之间为中耐水性石材,软化系数在 0.6～0.7 之间为低耐水性石材。一般软化系数低于 0.6 的石材,不允许用于重要建筑。

4. 抗冻性

石材的抗冻性是用冻融循环次数来表示。也就是石材在水饱和状态下能经受规定条件下数次冻融循环,而强度降低值不超过 25%,重量损失不超过 5% 时,则认为抗冻性合格。石材的抗冻标号分为 D5、D10、D15、D25、D50、D100、D200 等。石材的抗冻性与其矿物组成、晶粒大小及分布均匀性、胶结物的胶结性质等有关。

5. 耐热性

石材的耐热性与其化学成分及矿物组成有关。含有石膏的石材,在 100℃ 以上时开始破坏;含有碳酸镁的石材,当温度高于 725℃ 时会发生破坏;含有碳酸钙的石材,当温度达到 827℃ 时开始破坏。由石英与其他矿物所组成的结晶石材,如花岗岩等,温度高于 700℃ 以上时,由于石英受热晶型转变发生膨胀,强度迅速下降。

6. 导热性

石材的导热性主要与其表观密度和结构状态有关。重质石材的导热系数可达 2.91～3.49W/(m·K);轻质石材的导热系数则在 0.23～0.70W/(m·K)。相同成分的石材,玻璃态比结晶态的导热系数小,封闭孔隙的导热性差。

7. 光泽度

高级天然石材大都经研磨抛光后进行装修,加工后的平整光滑程度越好,光泽度高。材料的光泽度是利用光电的原理进行测定的。要采用光电光泽计或性能类似的仪器测定。见图 10-1,光泽是物体表面的一种物理现象,物体表面受到光线照射时,会产生反光,物体的表面越平滑光亮,反射的光量越大;反之,若表面粗糙不平,入射光则产生漫射,反射的光量就小。

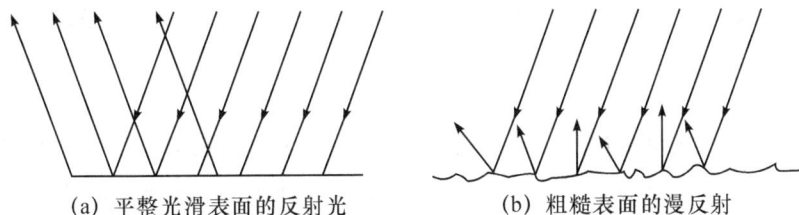

(a) 平整光滑表面的反射光　　　(b) 粗糙表面的漫反射

图 10-1　光的反射

8. 放射性元素含量

建筑石材同其他装饰材料一样,也可能存在影响人体健康的成分,主要是放射性核元素镭－226、钍－232 等,其标准可依据《建筑材料放射性核素限量》(GB 6566—2010)中的放射性核素比活度确定,使用范围可分为 A、B、C 三类。A 类材料使用范围不受限制,可用于任何场所;B 类材料不可用于 I 类民用建筑的内饰面,但可用于 II 类民用建筑物、工业建筑内饰面及其他一切建筑的外饰面;C 类只可用于建筑物外饰面及室外其他场所。

(二)力学性质

1. 抗压强度

根据《天然饰面石材试验方法》(GB 9966.1～9966.7—2001,GB 9966.8—2008),饰面石材干燥、水饱和条件下的抗压强度是以边长为 50mm 的立方体或 Φ50mm×50mm 的圆柱体抗压强度值来表示,可分为 MU100、MU80、MU60、MU50、MU40、MU30、MU20、MU15、MU10 等 9 个强度等级,不同尺寸的石材尺寸换算系数见表 10-3。

表 10-3　石材的尺寸换算系数

立方体边长(mm)	200	150	100	70	50
换算系数	1.43	1.28	1.14	1	0.86

2. 抗折强度

抗折强度是饰面石材重要的力学性能指标,根据 GB/T 9966.2—2001 规定,抗折强度试件尺寸根据石板材的厚度 H 确定,试件长度则为 $10 \times H + 50$mm。当 $H \leqslant 68$mm 时,试件宽度为 100mm;$H > 68$mm 时,宽度为 $1.5H$。抗折强度试验示意图见图 10-2。抗折强度按公式 $f_w = 3PL/4BH^2$ 进行计算。

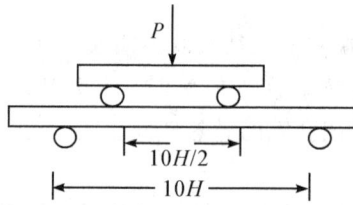

图 10-2　天然石材抗折强度试验示意图

3. 冲击韧性

石材的抗拉强度比抗压强度小得多,约为抗压强度的 $1/20 \sim 1/10$,是典型的脆性材料。

石材的冲击韧性取决于矿物组成与构造。石英岩和硅质砂岩脆性很大,含暗色矿物较多的辉长岩、辉绿岩等具有相对较大的韧性。通常,晶体结构的岩石较非晶体结构的岩石具有较高的韧性。

4. 硬度

石材的硬度指抵抗刻划的能力,以莫氏或肖氏硬度表示。它取决于矿物的硬度与构造。石材的硬度与抗压强度具有良好的相关性,一般抗压强度越高,其硬度也越高。硬度越高,其耐磨性和抗刻划性越好,但表面加工越困难。

莫氏硬度:它采用常见矿物来刻划石材表面,从而判断出相应的莫氏硬度。莫氏硬度从 1 到 10 的矿物分别是滑石、石膏、方解石、萤石、磷灰石、长石、石英、黄玉、刚玉和金刚石。装修石材的莫氏硬度一般在 $5 \sim 7$ 之间。莫氏硬度的测定在某种条件下虽然简便,但各等级不成比例,相差悬殊。

肖氏硬度:由英国肖尔提出,它用一定重量的金刚石冲头,从一定的高度落到磨光石材试件的表面,根据回跳的高度来确定其硬度。

5. 耐磨性

耐磨性是指石材在使用条件下抵抗摩擦、边缘剪切以及冲击等复杂作用的性质。石材的耐磨性以单位面积磨耗量表示。石材的耐磨性与其矿物的硬度、结构、构造特征以及石材的抗压强度和冲击韧性等有关。

(三)工艺性质

石材的工艺性质指开采及加工的适应性,包括加工性、磨光性和抗钻性。

加工性指对岩石进行劈解、破碎与凿琢等加工时的难易程度。强度、硬度较高的石材,不易加工;质脆而粗糙,颗粒交错结构,含层状或片状构造以及业已风化的岩石,都难以满足加工要求。

磨光性指岩石能否磨成光滑表面的性质。致密、均匀、细粒的岩石,一般都有良好的磨光性,可以磨成光滑亮洁的表面。疏松多孔、鳞片状结构的岩石,磨光性均较差。

抗钻性指岩石钻孔的难易程度。影响抗钻性的因素很复杂,一般与岩石的强度、硬度等性质有关。

三、常用天然装饰石材

(一)天然大理石板材

岩石学中所指的大理岩是由石灰岩或白云岩变质而成的变质岩,主要矿物成分是方解石或白云石,主要化学成分为碳酸盐类(碳酸钙或碳酸镁)。但建筑工程上通常所说的大理石是广义的,是指具有装饰功能,可锯切、研磨、抛光的各种沉积岩和变质岩,属沉积岩的大致有:致密石灰岩、砂岩、白云岩等;属变质岩的大致有:大理岩、石英岩、蛇纹岩等。

1. 大理石板材的产品分类及等级

按《天然大理石建筑板材》(GB/T 19766—2005)规定,其板材根据形状可分为普型板(PX)和圆弧板(HM)。普型板为正方形或长方形,圆弧板为装饰面轮廓线的曲率半径处处相同的石棉板材,其他形状的板材为异型板。普通板和圆弧板按质量又分为优等品 A、一等品 B 和合格品 C 共 3 个等级。

2. 大理石板材的技术要求

按 GB/T 19766—2005,除规格尺寸允许偏差、外观质量外,对大理石板材还有下列技术要求:

(1)镜面光泽度:物体表面反射光线能力的强弱程度称为镜面光泽度。大理石板材的抛光面应具有镜面光泽,能清晰反映出景物,其镜面光泽度应不低于 70 光泽单位或由供需双方确定。

(2)表观密度:不小于 $2300kg/m^3$。

(3)吸水率:不大于 0.50%。

(4)干燥压缩强度:不小于 50.0MPa。

(5)弯曲强度:不小于 7.0MPa。

大理石板材用于装饰等级要求较高的建筑物饰面,主要用于室内饰面,如墙面、地面、柱面、台面、栏杆、踏步等。当用于室外时,因大理石抗风化能力差,易受空气中二氧化硫的腐蚀而使表层失去光泽、变色并逐渐破损,通常只有白色大理石(汉白玉)等少数致密、质纯的品种可用于室外。

(二)天然花岗石板材

岩石学中花岗岩是指石英、长石及少量云母和暗色矿物(橄榄石类、辉石类、角闪石类及黑云母等)组成全晶质的岩石。但建筑工程上通常所说的花岗石是广义的,是指具有装饰功能,可锯切、研磨、抛光的各种岩浆岩及少数其他类岩石,主要是岩浆岩中的深成岩和部分喷出岩及变质岩。属深成岩的有:花岗岩、闪长岩、正长岩、辉长岩;属喷出岩的有:辉绿岩、玄武岩、安山岩;属变质岩的有片麻岩。这类岩石的构造非常致密,矿物全部结晶且晶粒粗大,块状构造或粗晶嵌入玻璃质结构中呈斑状构造。

1. 花岗石板材的产品分类及等级

根据《天然花岗石建筑板材》(GB/T 18601—2009)规定,花岗石板材按形状可分为毛光板(MG)、普型板(PX)、圆弧板(HM)和异型板(YX)四种。按表面加工程度又分为亚光板(YG)、镜面板(JM)、粗面板(CM)。普通板和圆弧板又可按质量分为优等品(A)、一等品(B)及合格品(C)3 个等级。

2. 花岗石板材的技术要求

按标准 GB/T 18601—2009,除规格尺寸允许偏差、平面度允许公差和外观质量外,对花岗石建筑板材还有下列主要技术要求:

(1)镜面光泽度:镜面板材的正面应具有镜面光泽度,能清晰反映出景物,其镜面光泽度值应不低于 80 光泽单位或按供需双方协调确定。

(2)表观密度:不小于 2560kg/m³。

(3)吸水率:不大于 0.60%。

(4)干燥抗压强度:不小于 100.0MPa。

(5)抗弯强度:不小于 8.0MPa。

由于花岗石板材质感丰富,具有华丽高贵的装饰效果,且质地坚硬、耐久性好,所以是室内外高级装饰材料。主要用于建筑物的墙、柱、地、楼梯、台阶、栏杆等表面装饰及服务台、展示台等。

(三)天然石材的选用原则

建筑工程选用天然石料时,应根据建筑物的类型、使用要求和环境条件等,综合考虑适用、经济和美观等方面的要求。

1. 适用性

在选用石材时,根据其在建筑物中的用途和部位,选定其主要技术性质能满足要求的石材。如承重用石材,主要应考虑强度、耐水性、抗冻性等技术性能;饰面用石材,主要考虑表面平坦度、光泽度、色彩与环境的协调、尺寸公差、外观缺陷及加工性等技术要求;围护结构用石材,主要考虑其导热性;用作地面、台阶等的石材应坚韧耐磨;用在高温、高湿、严寒等特殊环境中的石材,还应分别考虑其耐久性、耐水性、抗冻性及耐化学侵蚀性等。

2. 经济性

由于天然石材表观密度大,不宜长途运输,应综合考虑地方资源,尽可能做到就地取材,降低成本。天然岩石一般质地坚硬,雕琢加工困难,加工费工耗时,成本高。一些名贵石材,价格昂贵。因此,选择石材时必须予以慎重考虑。

3. 色彩

石材装饰必须要与建筑环境相协调,其中色彩相融尤其重要,因此,选用天然石材时,必须认真考虑所选石材的颜色与纹理。

第 3 节　石膏装饰材料

石膏装饰制品具有轻质、隔热、保温、吸声、防火、洁白,表面光滑细腻,对人体健采无危害等优点。在建筑工程中被广泛应用。其主要品种有:

一、纸面石膏板

纸面石膏板以半水石膏为主要胶凝材料,掺入玻璃纤维,发泡剂、调凝剂制成芯材,并与特制纸面在生产流水线上经成型、切断、烘干、修边等工序制成。宽幅一般为 1000mm 和 1200mm 生产效率高。

纸面石膏板的技术性能可根据《纸面石膏板》(GB/T 9775—2008)的要求,它具有质轻、抗弯、保湿、隔热、防火、易于现场二次加工等特点。与轻钢龙骨配合,可简便用于普通隔墙、吊顶装饰。在隔墙中,填充岩棉等隔声保温材料,隔声保温效果大为提高。

普通纸面石膏板适用于办公楼、宾馆、住宅等室内墙面和顶棚装饰。不宜用于厨房、卫生间及空气湿度较大的环境。

为提高其耐水性,可掺入适量外加剂进行改性,经改性后的纸面石膏板可用于厨房、卫生间等潮湿场合的装饰。

二、装饰石膏板

装饰石膏板的原材料与纸面石膏板的芯材基本一样,发泡剂的掺入会影响制品表面的效果,一般不掺。

装饰石膏板质轻,强度较高,吸声、保湿、防火,可调节室内湿度,表面光滑洁白,易于制成美观的图案花纹,装饰性强,安装简便。装饰石膏板的物理力学性能应满足《装饰石膏板》(JC/T799—2007)的要求。

装饰石膏板按板材耐湿性能分为普通板和防潮板两类,每类按其板面特征又分为平板、孔板及浮雕板三种,其装饰图案有印花、压花、浮雕、穿孔等。装饰石膏板按安装形式可分为嵌装式和粘贴式,嵌装式装饰石膏板带有嵌装企口,配有专用的轻钢龙骨条进行装配式安装,其施工方便,可随意拆卸和交换。其物理力学性能应满足《嵌装式装饰石膏板》(JC/T800—2007)的要求。粘贴式装饰石膏板的黏结材料一般为石膏基,加入一定的聚合物。施工时可在石膏板的四角钻孔,用防锈螺钉固定,既可作为粘贴施工的临时固定,又可作为粘贴安全的二道保护。螺钉应比石膏面底,再用石膏腻子补平。

根据声学原理,吸声装饰石膏板背面可贴吸声材料,既可提高吸声效果,又可防止顶棚粉尘落入室内。吸声穿孔石膏板应满足《吸声用穿孔石膏板》(JC/T803—2007)的要求。装饰穿孔石膏板的抗弯,抗冲击性能较基板低。使用时应予以注意,吸声用穿孔石膏板主要用于播音室、音乐厅、影剧院、会议室或噪声较大的场所。

三、石膏浮雕装饰

石膏浮雕装饰制品主要包括:装饰石膏线条,线板、花角、灯坐、罗马柱、花饰以及艺术石膏工艺品。这些制品均采用优质建筑石膏($CaSO_4 \cdot 1/2H_2O$)和水搅拌成石膏浆,经注模成型、硬化、干燥而成,模具采用橡胶,既方便制模又便于脱模。装饰线条和装饰浮雕板需加入玻璃纤维,提高其抗折抗冲击性能。

浮雕石膏线条、线板表面光滑细腻、洁白,花型和线条清晰,尺寸稳定,强度高,无毒、防火,拼装方便,可二次加工。一般采用直接粘贴或螺钉固定,施工效率高,造价仅为同类木质制品的 1/4~1/3,且不易变形腐朽。现已越来越多代替木质线条和线板。广泛应用于顶棚角线,其装饰效果简捷,明快。

浮雕石膏艺术装饰件集雕刻艺术和石膏制品于一体,在建筑装饰中既有实用价值又有很好的装饰艺术效果。

第4节 纤维装饰织物和制品

纤维装饰织物是目前国内外广泛使用的墙面装饰材料之一,主要品种有地毯、挂毯、墙布、窗帘等纤维织物。装饰织物所用纤维有天然纤维和人造纤维。天然纤维主要采用羊毛棉、麻丝等。人造纤维主要是化学纤维,其主要品种有人造棉、人造丝、人造毛、醋酯纤维等。较常用的有聚酯纤维(涤纶)聚丙烯腈纤维(腈纶)聚丙烯纤维(丙纶)、聚氨基甲酸酯纤维(氨纶)。纤维装饰织物质地柔软、保温、吸声、色彩丰富。采用不同的纤维和不同的编织工艺可达到独特的装饰效果。

一、地毯

(一)地毯的分类及特点

地毯可按所用原材料、编制工艺、使用场所和规格尺寸分为四类。

1. 按原材料分类

(1)羊毛地毯:又称纯毛地毯。它有手工编织和机织两种,前者是我国传统高档地毯,后者是近代发展起来的较高级纯毛地毯。弹性大,不易变形,拉力强,耐磨损,易清洗,易上色,色彩鲜艳,有光泽,但易受虫蛀。属高档铺地装饰织物。

(2)混纺地毯:混纺地毯是以羊毛纤维与合成纤维混纺后编织而成的地毯。合成纤维的掺入可降低原材料的成本,提高地毯的耐磨性。

(3)化纤地毯:化纤地毯采用合成纤维制作的面料而制成,现常用的合成纤维材料有丙纶、腈纶、涤纶等,其外观和触感酷似羊毛,它耐磨而较富有弹性,为目前用量最大的中、低档地毯品种。

(4)剑麻地毯:这种地毯是采用植物剑麻为原料,经纺纱、编织、涂胶、硫化等工序而制成,剑麻地毯具有耐酸碱、耐磨、无静电现象等特点,但弹性较差,且手感十分粗糙。可用于公共建筑地面及家庭地面。

2. 按编制工艺分类

(1)手工编织地毯:手工编织地毯一般指纯毛地毯。它是人工打结裁绒。将绒毛层与基底一起织做而成。做工精细,图案千变万化,是地毯中的高档品。但手工编织地毯工效低、产量少,因而成本高、价格昂贵。

(2)簇绒地毯:簇绒地毯又称裁绒地毯。簇绒法是目前各国生产化纤地毯的主要方式,它是通过带有一排往复式穿针的纺机,把毛纺纱穿入第一层基底(初级背衬织布),并在其面上将毛纺纱穿插成毛圈而背面拉紧,然后在初级背衬的背面刷一层胶粘剂使之固定,这样就生产出了厚实的圈绒地毯。若再用锋利的刀片横向切割毛圈顶部,并经过修剪,则就成为平绒地毯。也称割绒地毯或切绒地毯。

簇绒地毯生产时绒毛高度可以调整,圈绒的高度一般为5~10mm,平绒绒毛高度多在7~10mm。同时,毯面纤维密度大,因而弹性好,脚感舒适,且可在毯面上印染各种图案花纹。簇绒地毯已成为各国产量最大的化纤地毯品种,很受欢迎的中档产品。

(3)无纺地毯:无纺地毯是指无经纬编织的短毛地毯。它是将绒毛用特殊的钩针扎刺在用合成纤维构成的网布底衬上,然后在其背面涂上胶层,使之牢固,故其又有针刺地毯、针扎地毯或粘合地毯之称。这种地毯因生产工艺简单,故成本低、价廉,但其弹性和耐久性较差。为提高其强度和弹性,可在毯底加缝或加贴一层麻布底衬,或可再加贴一层海绵底衬。

3. 按规格尺寸分类

(1)块状地毯

纯毛地毯多制成方形及长方形块状地毯,铺设时可用以组合成各种不同的图案。

块状地毯铺设方便灵活,位置可有随意变动变动,对已被破磨损的部位,可随时调换,从而可延长地毯的使用寿命,达到既经济又美观的目的。

门口毯、床前毯、茶几毯等小块地毯在室内的铺设,不仅使室内不同的功能有所划分,还装饰、保温、吸声,起到画龙点睛的效果。还可铺放在浴室或卫生间,可装饰防滑。

(2)卷装地毯

卷装地毯一般为化纤地毯,其幅宽有 1～4m,每卷长度一般为 20～25m,也可按要求加工。铺设成卷的整幅地毯,可提高地毯的整体性,平整性和观感效果,便于清洁整理,但损坏后不易更换。

4. 按使用场所不同分

(1)轻度家用级:铺设在不常使用的房间或部位;

(2)中度家用级或轻度专业使用级:用于主卧室或家庭餐室等;

(3)一般家用或中度专业使用级:用于起居室及楼梯、走廊等交通频繁的部位;

(4)重度家用或一般专业使用级:用于中重度磨损的场所;

(5)重度专业使用级:价格甚贵,家庭不用,用于特殊要求的场合;

(6)豪华级:地毯品质好,绒毛纤维长,具有豪华气派,用于高级装饰的卧室。

二、墙面装饰织物

室内墙面的装饰由传统的石灰沙浆抹面到建筑涂料,墙纸等多种材料装饰。而墙面装饰织物主要是指以纺织物和编织物为原料制成的壁纸(或墙布),其原料可以是丝、羊毛、棉、麻、化纤等纤维,也可以是草、树叶等天然材料。这种材料具有其独特装饰效果,可吸声保温、美化环境,常用于咖啡厅、宾馆等公共室内场所。常用的品种有织物壁纸和墙布。

纸基织物壁纸是由天然纤维和化学纤维制成的各种色泽、花色的粗细纱或织物再与纸的基层粘合而成。具有色彩丰富、立体感强、吸声性强等特点,适用于宾馆、饭店、办公大楼、家庭卧室等室内墙面装饰。另外还有麻草壁纸,它具有古朴、自然和粗犷的装饰效果,且其变形小、吸声性强,适用于酒吧、舞厅、会议室、商店、饭店等室内墙面装饰。

墙布的纤维常用合成纤维或棉、麻纤维,高级墙面装饰织物纤维主要用锦缎、丝绒、呢料、合成纤维,装饰墙布的特点是防潮、耐磨。棉麻纤维装饰墙布抗静电、无毒无味。由锦缎、丝绒等材料织成的高级装饰墙面织物绚丽多彩,质感丰富,典雅华贵,用于高级宾馆或别墅室内高档豪华装饰。

第5节 玻璃装饰制品

一、玻璃的基本知识

(一)玻璃的生产

玻璃是用石英沙、纯碱、长石和石灰石为主要原料,并加入一定辅助原料,在 $1550\sim$ 1660℃高温下熔融,成型后急速冷却而成的制品。其主要化学成分是 SiO_2、Na_2O、CaO 和少量的 MgO、Al_2O_3、K_2O 等。

目前常见的成型方法有垂直引上法、水平拉引法、延压法、浮法等。垂直引上法是引上机将熔融的玻璃液垂直向上拉引。水平拉引法是将玻璃溶液向上拉引 70cm 后绕经转向辊再沿水平方向拉引,该方法便于控制拉引速度,可生产特厚和特薄的玻璃。压延法是利用一对水平水冷金属压延辊将玻璃展延成玻璃带,由于玻璃是处于可塑状态下压延成型,因此会留下压延辊的痕迹,常用于生产压花玻璃和夹丝玻璃。浮法是将熔融的玻璃液引入熔融的锡槽,在干净的锡液面上自由摊平,逐渐降温退火加工而成的方法,是目前最先进的玻璃生产方法。具有玻璃的平整度高、质量好,玻璃的宽度和厚度调节范围大等特点,而且玻璃自身的缺陷如气泡、结石、玻纹、疙瘩等较少,浮法生产的玻璃经过深加工后可制成各种特种玻璃。

平板玻璃的产量是采用标准箱来计量的。2mm 厚的玻璃 $10m^2$ 作为一个标准箱。不同厚度的玻璃换算标准箱按表 10-4。玻璃还可用重量箱表示,50kg 折合一重量箱。

表 10-4 不同厚度玻璃标准箱换算系数

玻璃厚度(mm)	2	3	5	6	8	10	12
标准箱(个)	1	1.65	3.5	4.5	6.5	8.5	10.5

(二)普通平板玻璃的技术性质

玻璃的密度在 $2.40\sim3.80g/cm^3$,玻璃内部十分致密,几乎无空隙,吸水率极低。

普通玻璃的抗压强度为 $600\sim1200MPa$,抗拉强度为 $40\sim120MPa$,抗弯强度为 $50\sim130MPa$,弹性模量为 $(6\sim7.5)\times10^4MPa$。普通玻璃的莫氏硬度为 $5.5\sim6.5$。玻璃的抗刻划能力较高,但抗冲击能力较差。

普通玻璃的导热系数为 $0.73\sim0.82W/(m\cdot K)$,比热为 $0.33\sim1.05kJ/(kg\cdot K)$,热膨胀系数为 $8\times10^{-6}\sim10\times10^{-6}/℃$,石英玻璃的热膨胀系数为 $5.5\times10^{-6}/℃$。玻璃的热稳定性较差,主要是由于玻璃的导热系数较小,因而会在局部产生温度内应力,使玻璃因内应力出现裂纹或破裂。

普通玻璃的软化温度为 $530\sim550℃$。

玻璃的光学性质包括反射系数、吸收系数、透射系数和遮蔽系数四个指标。反射的光能、吸收的光能和透射的光能与投射的光能之比分别为反射系数、吸收系数和透射系数。不同厚度不同品种的玻璃反射系数、吸收系数、透射系数均有所不同。将透过 3mm 厚标准透明玻璃的太阳辐射能量作为1,其他玻璃在同样条件下透过太阳辐射能量的相对值为遮蔽系数,遮蔽系数越小,说明透过玻璃进入室内的太阳辐射能越少,光线越柔和。

玻璃的化学稳定性的较高,可抵挡氢氟酸外的所有酸的腐蚀,但耐碱性较差,长期与碱液接触,会使得玻璃中的 SiO_2 溶解,受到浸蚀。

普通平板玻璃的技术性能应符合《平板玻璃》(GB 11614—2009)的技术要求。选用应参照《建筑玻璃应用技术规程》(JGJ 113—2009)。

二、常用建筑装饰玻璃

(一)镀膜玻璃

热反射玻璃是在玻璃表面涂敷金属或金属氧化物薄膜,其薄膜的加工方法有热分解法(喷涂法、浸涂法)、金属离子迁移法、化学浸渍法和真空法(真空镀膜法、溅射法)。镀膜玻璃反射光线能力很强,有镜面效果,因此有人称之为镜面玻璃,建筑上用它作玻璃幕墙,能映射街景和空中云彩,形成动态画面,装饰效果突出,但易产生光污染。

由于它具有较强反射太阳光辐射热的能力,有人称之为热反射玻璃。这种玻璃可见光透光率仅 60%~80%,紫外线透射率较低。镀膜玻璃难以透视,因此具有一定的私密性。

(二)吸热玻璃

在生产普通玻璃时,加入少量有吸热性能的金属氧化物,如氧化亚铁、氧化镍等,可制成吸热玻璃,它既能吸收大量红外线辐射热,又能保持良好的光线透过率。由于太阳光中红外光占约 49%,可见光占 48%,紫外线占 3%,所以吸热玻璃可以使得光线的透射能降低约 20%~35%,同时吸热玻璃还能吸收少量的可见光和紫外线,所以有着良好的防眩作用,可以减轻紫外线对人体和室内物品的损害。

吸热玻璃与同厚度普通玻璃相比具有一定的隔热作用。其原因是透射的热量较少,且吸收的辐射热大部分辐射到室外。

(三)钢化玻璃

玻璃经过物理或化学钢化处理后,抗折抗冲击强度提高 3~5 倍,并具有耐急冷急热的性能。当玻璃破碎时,即裂成无棱角的小碎块,不致伤人。所需要的钢化玻璃规格尺寸应在钢化前加工,玻璃钢化后不能再二次加工。

由于钢化玻璃具有较好的物理力学性能和安全性,是装饰玻璃中较常用的安全玻璃。

(四)夹层玻璃

夹层玻璃是二片或多片玻璃之间嵌夹透明塑料片,经加热、加压、粘合而成的复合玻璃制品。它受到冲击破坏后产生辐射状或同心圆形裂纹,碎片不脱落,因此夹层玻璃属安全玻璃。

所用玻璃有普通玻璃、钢化玻璃、镀膜玻璃,采用钢化玻璃夹层,其力学性能和安全性更高,用于安全性要求较高的场所。

(五)夹丝玻璃

它是将普通平板玻璃加热到红热软化状态,再将钢丝网和铜丝网压入玻璃中间而制成。表面可以压花的或磨光,颜色可以是透明的或彩色的。在玻璃遭受冲击或温度剧变时,仍能保持固定,起到隔绝火势的作用,故又称防火玻璃。常用于天窗、天棚顶盖,以及易受震动的门窗上。彩色夹丝玻璃可用于阳台、楼梯、电梯井。夹丝玻璃的厚度常在 3~19mm 之间。

夹丝玻璃具有平板玻璃的基本物理力学性能,但夹丝玻璃的强度较普通平板玻璃略低,抗风压强度系数仅为同厚度平板玻璃的 0.7,选用时应注意。

（六）中空玻璃

中空玻璃由两片或多片玻璃构成,用边框隔开,四周用密封胶密封,中间充干燥气体,组成中空玻璃。

玻璃片除普通玻璃外,还可用钢化玻璃,镀膜玻璃和吸热玻璃等。

中空玻璃保温隔热、隔声性能优良,节能效果突出。并能有效防结露,是现代建筑常用的玻璃装饰材料。

（七）玻璃空心砖

玻璃空心砖由两块预先铸成的凹型玻璃,经熔接或胶接成整块的玻璃空心砖。为提高其装饰效果。一般在其内侧压铸花纹图案。玻璃空心砖光线柔和,图案精美,具有隔热、隔声、装饰等多重作用,常用于外墙和室内隔断装饰。不易挂灰,易清洗。

（八）玻璃马赛克

玻璃马赛克也称玻璃锦砖,由石英砂、碱和一定辅助原料经熔融后压成,也可用回收玻璃制成,原材料成本较低廉。

玻璃马赛克可制成各种颜色,色彩稳定,具有玻璃光泽,吸水小,不积灰,天雨自涤,贴牢固度高,是高层建筑外墙较好的装饰材料。

第 6 节　建筑装饰陶瓷

一、建筑陶瓷的基本知识

建筑陶瓷在我国有悠久的历史。自古以来就作为优良的装饰材料之一。陶瓷以黏土和其他天然矿物为主要原料,经破碎、粉磨、计量、制坯上釉培烧等工艺过程制成。

按用途陶瓷可分为日用陶瓷、工业陶瓷、建筑陶瓷和工艺陶瓷,按材质结构和烧结程度又可分为瓷、炻和陶三大类。

陶质制品烧结程度相对较低,为多孔结构,通常吸水率较大（10%~22%）、强度较低、抗冻性较差、断面粗糙无光、不透明、敲击时声音粗哑,分无釉和施釉两种制品,适用于室内使用。瓷质制品烧结程度高,结构致密、断面细致有光泽、强度高、坚硬耐磨、吸水率低（<1%）、有一定的半透明性,通常施有釉层。炻质制品介于两者之间,其结构比陶质致密,强度比陶质高,吸水率较小（1%~10%）,坯体一般带有颜色,由于其对原材料的要求不高,成本较低廉。因此建筑陶瓷大都采用炻质制品。

建筑陶瓷表面一般施一层釉面,可提高制品的装饰性,改善产品的物理力学性能,还可遮盖坯体的不良颜色。

二、常用建筑陶瓷

(一)内墙釉面砖

又称陶质釉面砖,砖体为陶质结构,面层施有釉。釉面可分为单色、花色、图案。陶质釉面砖平整度和尺寸精度要求较高,表观质量较好,表面光滑、易清洗,一般用于厨房、卫生间等经常与水接触的内墙面,也可用于实验室、医院等墙面需经常清洁、卫生条件要求较高的场所。其力学性能可满足室内环境的要求。陶质釉面砖不能用于外墙面装饰。室外的气候条件及使用环境对外墙面砖的抗折抗冲击性能及吸水率等性能要求较高。陶质釉面砖用于外墙装饰易出现龟裂,其抗渗、抗冻及贴牢固度易存在质量隐患。

陶质釉面砖的技术性能应符合《釉面内墙砖》(GB/T 4100.5—2006)的有关要求。

(二)墙地砖

墙地砖指用于外墙面和室内外地面装饰的面砖。其材料质均属于炻质,有施釉和不施釉之分。

墙地砖应具有较高的抗折抗冲击强度,质地致密、吸水率低、抗冻、抗渗、耐急冷急热,对地面砖,还应具有较高的耐磨性。其性能应符合《陶瓷砖》(GB/T 4100—2006)的规定。

(三)卫生陶瓷

卫生陶瓷指用于浴室、盥洗室、厕所等处的卫生洗具,如洗面盆、坐便器、水槽等,卫生陶器多用耐火黏土经配料制浆、灌浆成型、上釉焙烧而成。卫生陶瓷结构形式多样,其造型美观,线条流畅,并节水。颜色为白色和彩色,表面光洁,易于清洗,耐化学腐蚀。其性能应符合《卫生陶瓷》(GB 6952—2005)的规定。

(四)建筑琉璃制品

建筑琉璃制品在我国建筑上的使用有悠久的历史。它是用难熔黏土制坯,经干燥、上釉后熔烧而成。釉面颜色有黄、蓝、绿、青等。品种有瓦类(瓦筒、滴水瓦沟头)、脊类和饰件(博古、兽)。

琉璃制品色彩绚丽,造型古朴,质坚耐久。主要用于具有民族特色的宫殿式房屋和园林中的亭、台,楼阁等。其性能应符合《建筑琉璃制品》(GB 9197—1998)的要求。

第7节 建筑涂料

一、涂料的概念及其分类

涂料是指涂敷于物体表面,并能与物体表面材料很好黏结形成连续性膜,从而对物体起到装饰、保护或某些特殊功能材料。涂料在物体表面干结形成的薄膜称之为涂膜,又称涂层。涂料包括油漆,但油漆不代表涂料,其原因是早期涂料的主要原材料是天然树脂和油料,如松香、生漆、虫胶和亚麻子油、桐油等,所以称油漆。自20世纪50年代以来,随着石油化工的发展,各种合成树脂和溶剂、助剂的出现,油漆这一词已失去其确切的定义,故称涂料。但人们仍习惯把溶剂涂料称油漆,乳液型涂料称乳胶漆。

涂料的品种很多,各国分类方法也不尽相同,我国对于一般涂料的分类命名方法按《涂料产品分类、命名和型号》(GB 2705—81)。常见的分类方法有以下几种:

(1) 按建筑物的使用部位分:外墙涂料、内墙涂料、地面涂料、顶棚涂料、屋面涂料等。

(2) 按主要成膜物质的属性分:有机涂料、无机涂料、复合涂料。

(3) 按分散介质分:溶剂型涂料、水溶性涂料、乳液型涂料。

(4) 按涂膜状态分:薄质涂料、厚质涂料、彩色复层凹凸花纹涂料、砂壁状涂料等。

(5) 按涂料的功能分:建筑涂料、防水涂料、防毒涂料等。

二、建筑涂料的组成物质

(一)主要成膜物质

主要成膜物质在涂料中主要起成膜及黏结作用,使涂料在干燥或固化后能形成连续的涂层,主要成膜物质的性能对涂料质量起决定性作用。

主要成膜物质分有机和无机两大类。有机涂料中的主要成膜物质为各种树脂。常用的合成树脂包括乳液型树脂和溶剂型树脂两类。乳液型树脂的成膜过程主要是乳液中的水分蒸发浓缩;溶剂型树脂的成膜过程主要是溶剂挥发,有时还伴随着化学反应。乳液型树脂对环境的污染较小,但在低温贮存和成膜均较困难,这类合成树脂主要有:醋酸乙烯树脂系、氯乙烯树脂系和丁基树脂系。

溶剂型合成树脂有单组分和多组分反应固化型两大类。溶液型树脂涂料是将树脂溶解于各类有机溶剂中。这类涂料干燥迅速,可在低温条件下涂饰施工,其涂膜光泽好,硬度较高,耐候性能优良。主要缺点是易燃、易污染环境,成本较高,含固量较低。反应固化型一般由主剂和固化剂双组份组成,施工时按一定的比例混合经反应固化成膜。涂膜机械性能和耐久性能优异,但施工操作较繁杂,并且必须计量准确,即配即用。

(二)次要成膜物质

次要成膜物质本身不能胶结成膜,分散在涂料中能改善涂料的某些性能。如调配涂料的色彩,提高涂料的遮盖力,增加涂料厚度,提高涂料的耐磨性,降低涂料的成本等。常用的次要成膜物质为着色颜料和体积颜料。着色颜料常用无机颜料,因建筑涂料通常应用在混凝土及砂浆等碱性基面上,因而必须具有耐碱性能,并且当外墙涂料用于建筑室外装饰时,由于长期暴露在阳光及风雨中,因此要求颜料具有较好的耐光耐晒性和耐候性。其主要品种有:

红色颜料:铁红(Fe_2O_3)

黄色颜料:铁黄($FeO(OH) \cdot nH_2O$)

绿色颜料:铬绿(Cr_2O_3)

棕色颜料:铁棕(Fe_2O_3)

白色颜料:钛白(TiO_2)、锌白(ZnO)、锌钡白(也称立德粉,$ZnS \cdot BaSO_4$)、硅灰石粉($CaO \cdot SiO_2$)、氧化锆(ZrO_2)

蓝色颜料:群青蓝($Na_6A_4Si_6S_4O_{20}$)、钴蓝(CO_2O_3)

黑色颜料:碳黑(C)、石墨(C)、铁黑(Fe_3O_4)

金属颜料:银色颜料铝粉(又称银粉)、金色颜料铜粉(又称金粉)

有机质颜料的遮盖力及颜色的耐光性、耐溶剂性等均不及无机颜料,但由于其色彩丰富、鲜艳明快,也常用于涂料中。有机质颜料按化学结构分三类:偶氮系(红、黄、蓝);缩合多环式系(青、蓝、绿);着色沉淀系(红、黄、紫)。

体积颜料又称填料,能提高涂料的密度和机械性能。常用的体积颜料有:轻质碳酸钙、滑石粉等。

（三）辅助成膜物质

辅助成膜物质包括溶剂和助剂。

溶剂主要有机溶剂和水。溶剂起到溶解或分散主要成膜物质的作用,改善涂料的施工性能,增加涂料的渗透能力,改善涂料和基层的黏结,保证涂料的施工质量等。涂料施工后,溶剂逐渐挥发或蒸发,最终形成连续和均匀的涂膜。常用的有机溶剂有二甲苯、乙醇、正丁醇、丙酮、乙酸乙酯和溶剂油等。水也可作为溶剂,用于水溶性涂料或乳液性涂料。溶剂虽不是构成涂料的材料,但它对涂膜质量和涂料成本有很大的关系。选用溶剂一般要考虑其溶解力、挥发率、易燃性和毒性等问题。

为了提高涂料的综合性质,并赋予涂膜某些特殊功能,在配制涂料时常加入相关助剂。其中提高固化前涂料性质的有分散剂、乳化剂、消泡剂、增稠剂、防流挂剂、防沉降剂和防冻剂等。提高固化后涂膜性能的助剂有增塑剂、稳定剂、抗氧剂、紫外光吸收剂等。此外尚有催化剂、固化剂、催干剂、中和剂、防霉剂、难燃剂等等。

三、建筑涂料的技术性质

建筑涂料的技术性质包括涂料施工前和施工后两个方面的性能。

（一）施工前涂料的性能

施工前涂料的性能包括涂料在容器中的状态、施工操作性能、干燥时间、最低成膜温度和含固量等。容器中的状态主要指储存稳定性及均匀性。储存稳定性指涂料在运输和存放过程不产生分层离析、沉淀、结块、发霉、变性、及改性等。均匀性是指每桶溶液上、中、下三层的颜色、稠度及性能的均匀性,桶与桶、批与批和不同存放时间的均匀性。这些性能的测试主要采用肉眼观察。包括低温（-5℃）、高温（50℃）和常温（23℃）储存稳定性。

施工操作性能主要包括涂料的开封、搅匀、提取方便与否,是否有挂流、油缩、拉丝、涂刷困难等现象,还包括便于重涂和补涂的性能。由于施工操作或其他原因,建筑物的某些部位（如阴阳角）往往需要重涂或补涂。因此要求硬化涂膜与涂料具有很好的相溶性,形成良好的整体。这些性能主要与涂料的黏度有关。

干燥时间分为表干时间与实干时间。表干是指以手指轻触标准试样涂膜,如有些发粘,但无涂料粘在手指上,即认为表面干燥。表干时间一般不得超过 2h。实干时间一般要求不超过 24h。

涂料的最低成膜温度规定了涂料施工作业最低温度,水性及乳液型涂料的最低温度一般大于 0℃,否则水可能结冰而难以施工。溶剂型涂料最低成膜温度主要与溶剂的沸点及固化反应特性有关。

含固量指在一定温度下加热挥发后余留物质的含量。它的大小对涂膜的厚度有直接影响,同时影响涂膜的致密性和其他性能。

此外,涂料的细度对涂抹的表面光泽度及耐污染性等有较大的影响。有时还需要测定建筑涂料的 pH 值、保水性、吸水率以及易稀释性和施工安全性等。

(二)施工后涂膜的性能

1. 遮盖率。遮盖率反映涂料对基层颜色的遮盖能力。即把涂料均地涂刷在黑白格玻璃板上,使其底色不再呈现的最小用量。以 g/m^2 表示。

2. 涂膜外观质量。涂膜与标准样板相比较,观察其是否符合色差范围,表面是否平整光洁,有无结皮、皱纹、气泡及裂痕等现象。

3. 附着力与黏结程度。附着力即为涂膜与基层材料的粘附能力,能与基层共同变形不致脱落。影响附着力和黏结强度的主要因素有涂料对基层的渗透能力,涂料本身的分子结构以及基层的表面性状。涂料对基层的渗透主要与涂料的分子量、浸润性等有关,施工时的环境条件会影响成膜固化及涂膜质量。一般来说,气温过低、过高,相对湿度过大、过小都是不利的。

4. 耐磨损性。建筑涂料在使用过程中要受到风沙雨雪及人为的磨损,尤其是地面涂料,磨损作用更加强烈。一般采用漆膜耐磨仪在一定荷载下转磨一定次数后,以涂料重量的损失克数表示耐磨损性。

5. 耐老化性。指涂料中的成膜物质受大气中热、臭氧等因素的综合作用发生降解老化,使涂膜光泽降低、粉化、变色、龟裂、磨损露底等。

四、常用建筑涂料

(一)常用外墙涂料

1. 丙烯酸酯外墙涂料

丙烯酸酯外墙涂料是以热塑性丙烯酸酯合成树脂为主要成膜物质,加入溶剂、填料、助剂等,经研磨而成的一种外墙涂料,具有较好的耐久性,使用寿命可达 10 年以上,是目前外墙涂料中较为优良的品种之一,也是我国目前高层建筑外墙及与装饰混凝土饰面应用较多的涂料品种之一。

丙烯酸外墙涂料的特点是耐候性好,在长期光照、日晒、雨淋的条件下,不易变色、粉化或脱落。对墙面有较好的渗透作用,结合牢固性好。使用时不受温度限制,即使在零度以下的严寒季节施工,也可很好地干燥成膜。施工方便,可采用刷涂、滚涂、喷涂等施工工艺,可以按用户要求配置成各种颜色。

2. 聚氨酯系外墙涂料

聚氨酯系外墙涂料是以聚氨酯与其他合成树脂复合体为主要成膜物质,添加颜料、填料、助剂组成的优质外墙涂料。主要品种有聚氨酯—丙烯酸酯外墙涂料和聚氨酯高弹性外墙涂料。

聚氨酯涂料由双组分按比例混合固化成膜,其含固量高,与混凝土、金属、木材等粘结牢固,涂膜柔软,弹性变形能力大,可以随基层的变形而伸缩,即使基层裂缝宽度达 0.3mm 以上也不至于将涂膜撕裂。经 1000h 的加速耐候试验,其伸长率、硬度、抗拉强度等性能几乎没有降低,经 5000 次以上伸缩疲劳试验不断裂。丙烯酸系厚质涂料在 500 次时就断裂。

聚氨酯涂料有极好的耐水、耐酸碱、耐污染性,涂膜光泽度好,呈瓷状质感,价格较贵。

聚氨酯系外墙涂料可做成各种颜色,一般为双组分或多组分涂料,施工时现场按比例配合,要求基层含水量不大于 8%。

常用的聚氨酯—丙烯酸酯外墙涂料为三组分涂料,施工前将甲、乙、丙三组分按比例充分搅拌后即可施工,涂料应在规定的时间内用完。

3. 丙烯酸酯有机硅涂料

丙烯酸酯有机硅涂料是由有机硅改性丙树脂为主要成膜物质,添加颜料、填料、助剂组成的优质溶剂型涂料。因有机硅的改性,使丙烯酸酯的耐候性和耐沾污性等性能大大提高。

丙烯酸酯有机涂料渗透性好,能渗入基层,增加基层的抗水性能,涂料的流平性好,涂膜光洁、耐磨、耐污染、易清洁。涂料施工方便,可刷涂、滚涂和喷涂。一般涂刷两道,间隔 4h 左右。涂刷前基层含水量应小于 8%,故在涂刷时和涂层干燥前应注意防止雨淋和尘土污染。

4. 氯化橡胶外墙涂料

氯化橡胶外墙涂料又称氯化橡胶水泥漆,是由氯化橡胶、溶剂、增塑剂、颜料、填料和助剂等配制而成的溶剂型外墙涂料。

氯化橡胶干燥快,数小时后可复涂第二道,比一般油漆快干数倍。能在 $-20\sim50℃$ 环境中施工,施工基本不受季节影响。但施工中应注意防火和劳动保护。涂料具有优良的耐碱性、耐酸、耐候性、耐水性、耐久性和维修重涂性,并其有一定的防霉功能。涂料对水泥、混凝土钢铁表面均有良好的附着能力,上下涂层因溶剂的溶解浸渗作用而紧密地粘在一起。是一种较为理想的溶剂型外墙涂料。

5. 苯—丙乳胶漆

由苯乙烯和丙烯类单体、乳化剂、引发剂等,通过乳液聚合反应,得到苯—丙共聚乳液,以此液为主要成膜物质,加入颜料填料和助剂组成是涂料称为苯—丙乳胶漆,是目前应用较普遍的外墙乳液型涂料之一。

苯—丙乳胶漆具有丙烯酸类涂料的高耐光性、耐候性、不泛黄等特点,并具有优良的耐碱、耐水、耐湿擦洗等性能,外观细腻色彩艳丽,质感好。苯—丙乳胶漆与水泥基材的附着力好,适用于外墙面的装饰。但其施工温度不宜低于 8℃。施工时如涂料太稠,可加入少量水稀释,两道涂料施工间隔时间不小于 4h。1kg 涂料可涂刷 $2\sim4m^2$。使用寿命为 $5\sim10$ 年。

6. 丙烯酸酯乳液涂料

丙烯酸乳液涂料是由甲基丙烯酸甲酯、丙烯酸乙酯等丙烯系单体经乳液共聚而制得的纯丙烯酸酯系乳液为主要成膜物质,加入填料、颜料及其他助剂而制得的一种优质乳液型外墙涂料。

这种涂料的特点,是较其他乳液型涂料的涂膜光泽柔和,耐候性与保光性、保色性优异,耐久性可达 10 年以上,但价格较贵。

7. 硅溶胶外墙涂料

硅溶胶外墙涂料以胶体二氧化硅为主要成膜物质,加入颜料、填料及各种助剂,经混合、研磨而成。这类涂料的成膜机理是胶体二氧化硅单体在空气中失去水分逐渐聚合,随水分进一步蒸发而形成 $Si-O-Si$ 涂膜。

JH80—2 无机外墙涂料为常用的硅胶涂料。涂料以硅溶胶(胶体二氧化硅)为主要成膜物质,加入成膜助剂、填料、颜料等均匀混合、研磨而制成的一种新型外墙涂料。该涂料特点是以水为溶剂、对基层的干燥程度要求不高。涂料的耐候性、耐热性好、遇火不燃、无烟；耐污染性好，不易挂灰。施工中无挥发性有机溶剂产生，不污染环境，原料丰富。

8. 复层建筑涂料

它是由两种以上涂层组成的复合涂料。复层建筑涂料一般由基层封闭涂料（底层涂料）、主层涂料、复层涂料所组成。复层建筑涂料按主要成膜物质的不同，分为聚合物水泥系、硅酸盐系、合成树脂乳液系和反应固化型合成树脂乳液系四大类。

（二）内墙墙涂料

1. 丙烯酸内墙乳胶涂料

丙烯酸酯内墙乳胶涂料又称丙烯酸酯内墙乳胶漆。它是以热塑性丙烯酸酯合成树脂为主要成膜物质，具有很好的耐酸碱性，涂膜光泽性好，不易变色粉化，耐碱性强，对墙面有较好的渗透性。它黏结牢固，是较好的内墙涂料，但价格较高。

2. 聚醋酸乙烯乳液内墙涂料

该涂料以聚醋酸为主要成膜物质，加入适量的颜料、填料及助剂加工而成。

该涂料无毒、无味、不燃，易于加工、干燥快、透气性好、附着力强，其涂膜细腻、色彩鲜艳、装饰效果好、价格适中，但耐碱性、耐水性、耐候性等较差。

3. 聚乙烯醇类水溶性涂料。

这类涂料是以聚乙烯醇树脂及其衍生物为主要成膜物质，涂料资源丰富，生产工艺简单，具有一定装饰效果，加工便宜。但涂膜的耐水性、耐洗刷性和耐久性较差。它是目前生产和应用较多是内墙顶棚涂料，主要用于装饰档次较低的内墙。

（三）地面涂料

1. 聚氨酯地面涂料

聚氨酯地面涂料分薄质罩面和厚质弹性地面涂料两类。薄质涂料主要用于木质地板或其他地面的罩面上光，厚质涂料用于涂刷水泥混凝土地面，形成无缝并具有弹性的耐磨涂层，故称之为弹性地面涂料，在这里仅介绍用于水泥混凝土地面的涂料。

聚氨酯弹性地面涂料是双组分常温固化型橡胶涂料。甲组分是聚氨酯预聚体，乙组分是由固化剂、颜料、填料及助剂按一定比例混合，研磨均匀制成。施工时按一定比例将两组分混合搅拌均匀后涂刷，两组分固化后形成具有一定弹性的彩色涂层。

该涂料的特点是涂料固化后，具有一定的弹性，且可加入少量的发泡剂形成含有适量泡沫的涂层，脚感舒适，用于高级的地面。涂料与水泥、木材、金属、陶瓷等地面的粘接力强，整体性好。涂层的弹性变形能力大，不会因基底裂纹而导致涂层开裂。耐磨性好，并且耐油、耐水、耐酸、耐碱，是化工车间较为理想的地面材料。色彩丰富，可涂成各种颜色，也可做成各种图案。重涂性好、便于维修。施工较复杂，施工中应注意通风、防火及劳动保护。价格较贵。

2. 聚氨酯—丙烯酸酯地面涂料

聚氨酯—丙烯酸地面涂料是以聚氨酯—丙烯酸树脂溶液为主要成膜物质，加入适量颜料、填料、助剂等配制而成的一种双组分固化型地面涂料。该涂料的特点是：涂膜光亮平滑，有瓷质感，又称仿瓷地面涂料，具有很好的装饰性、耐磨性、耐水性、耐碱及耐化学药品性能。因涂料由双组分组成，施工时需要按规定比例现场调配，施工比较麻烦，要求严格。

3. 环氧树脂地面厚质涂料

该涂料以环氧树脂 E44(6101)E42(634)为主要成膜物质的双组分固化型涂料。甲组分为环氧树脂,乙组分为固化剂和助剂。为了改善涂膜的柔韧性,常掺入增塑剂。这种涂料固化后,涂膜坚硬、耐磨,具有一定的冲击韧性。耐化学腐蚀、耐油、耐水性好,与基层黏结力强,耐久性好,但施工操作较复杂。

(四)特种涂料

特种建筑涂料不仅具有保护和装饰功能,而且可赋予建筑物某些特殊功能,如防火、防腐、防霉、防辐射、隔热、隔声等。这里仅介绍其中的三种。

1. 建筑防火涂料

建筑防火涂料指涂刷在基层材料表面,其涂层能使基层与火隔离,从而延长热侵入基层材料所需的时间,达到延迟和抑制火焰蔓延的作用,为消防灭火提供宝贵的时间。热侵入被涂物所需时间越长,涂料的防火性能越好,故防火涂料的主要作用是阻燃。如遇大火,防火涂料几乎不起作用。

防火涂料阻燃的基本原理为:①隔离火源与可燃物接触。如某些防火涂料的涂层在高温或火焰作用下能形成熔融的无机覆盖膜(如聚磷酸氨、硼酸等),把底材覆盖住,有效地隔绝底材与空气的接触。②降低环境及可燃物表面温度。某些涂料形成的涂层具有高热反射性能,及时辐射外部传来的热量。有些涂料的涂层在高温或火焰作用下能发生相变,吸收大量的热,从而达到降温的目的。③降低周围空气中氧气的浓度。某些涂料的涂层受热分解出 CO_2、NH_3、HCl、HBr 及水气等不燃气体,达到延缓燃烧速度或窒息燃烧。

按照防火涂料的组成材料不同,可分为非膨胀型和膨胀型防火涂料两类。前者用含卤素、磷、氮等难燃性物质的高分子合成树脂为主要成膜物质,如卤化醇酸树脂、卤化聚酯、卤化酚醛、卤化环氧、卤化橡胶乳液、卤化聚丙烯酸酯乳液等。也可采用水玻璃、硅溶胶、磷酸盐等无机材料作为成膜物质。膨胀型防火涂料由难燃树脂、难燃剂、成碳剂、发泡剂(三聚氰胺)等组成。这类涂料的涂层在火焰或高温作用下会发生膨胀,形成比原来涂层厚几十倍的泡沫碳质层,有效地阻挡外部热源对底材的作用,从而阻止燃烧的发生。阻燃效果比非膨胀型防火涂料好。

2. 防腐蚀涂料

用于建筑物表面,能够保护建筑物免受酸、碱、盐及各种有机物浸蚀的涂料称为建筑防腐蚀涂料。

防腐蚀涂料的主要作用原理是把腐蚀介质与被涂基层隔离开来,使腐蚀介质无法渗入到被涂覆基层中去,从而达到防腐蚀的目的。

防腐蚀涂料应具备如下基本性能:

(1)长期与腐蚀介质接触具有良好的稳定性;

(2)涂层具有良好的抗渗性,能阻挡有害介质的侵入;

(3)具有一定的装饰效果;

(4)与建筑物表面黏结性好,便于涂层维修、重涂;

(5)涂层的机械强度高,不会开裂和脱落;

(6)涂层的耐候性好,能长期保持其防腐蚀能力。

防腐蚀涂料的生产方法与普通涂料一样,但在选择原料时应根据环境的具体要求,选用防腐蚀和耐候性好的原料。如成膜物质应选用环氧树脂、聚氨酯等;颜料、填料应选用化学稳定性好的瓷土、石英粉、刚玉粉、硫酸钡、石墨粉等。常用的防腐蚀涂料有聚氨酯防腐蚀涂料、环氧树脂防腐蚀涂料、乙烯树脂类防腐蚀涂料、橡胶树脂防腐蚀涂料、改性呋喃树脂防腐蚀涂料等。

3. 防霉涂料

霉菌在一定的自然条件下大量存在,如黑曲霉、黄曲霉、变色曲霉、木霉、球毛壳霉、毛霉等等,它们能在23～38℃,相对RH＝85％～100％的适宜条件下大量繁殖,从而腐蚀建筑物的表面,即使普通的装饰涂料也会受到霉菌不同程度的侵蚀。防霉涂料是在某些普通涂料中掺加适量相溶性防霉剂制成,因而防霉涂料的类型与品种和普通涂料相同。常用的防霉剂有五氯酚钠、醋酸苯汞、多菌灵等,其中前两种毒性较大,使用时要多加注意。对防霉剂的基本要求是成膜后能保持抑制霉菌生长的效能,不改变涂料的装饰和使用效果。

第8节　金属装饰制品

金属装饰材料强度较高,耐久性好,色彩鲜艳,光泽度高,装饰性强,因此在装饰工程中被广泛采用。

一、铝合金

在生产过程实践中,人们发现向熔融的铝中加入适量的某些合金元素制成铝合金,再经加工或热处理,可以大幅度提高其强度,极限抗拉强度甚至可达400～500MPa,相当于低合金钢的强度。铝中常加的合金元素有铜(Cu)、镁(Mg)、硅(Si)、锰(Mn)、锌(Zn)等,这些元素有时单独加入,有时配合加入,从而制得各种各样的铝合金。铝合金克服了纯铝强度低、硬度不足的缺点,并能保持铝的质轻、耐腐蚀、易加工等优良性能,故在建筑工程尤其在装饰领域中的应用越来越广泛。

（一）铝合金的分类

根据铝合金的成分及生产工艺特点,通常将其分为变形铝合金和铸造铝合金两类。

变形铝合金是指这类铝合金可以进行热态或冷态的压力加工,即经过轧制、挤压等工序,可制成板材、管材、棒材及各种异型材使用。这类铝合金要求其具有相当高的塑性。铸造铝合金则是将液态铝合金直接浇注在砂型或金属模型内,铸成各种形状复杂的制件。对这类铝合金则要求其具有良好的流动性、小的收缩性及高的抗热裂性等。

变形铝合金又可分为不能热处理强化和可热处理强化两种。前者用淬火的方法提高强度,后者可以通过热处理的方法来提高其强度。不能热处理强化的铝合金一般是通过冷加工(碾压、拉拨等)过程而达到强化。它们具有适中的强度和优良的塑性,易于焊接,并有很好的抗腐蚀性,我国统称之为防锈铝合金。可热处理的铝合金其机械性能主要靠热处理来提高,而不是靠冷加工强化来提高。热处理能大幅提高强度而不降低塑性。用冷加工强化虽然能提高强度,但使塑性迅速降低。

（二）铝合金的表面处理

由于铝材表面的自然氧化膜很薄因而耐腐蚀性有限,为了提高铝材的抗蚀性,可用人工方法增加其氧化膜层厚度。常用方法是阳极氧化处理。在氧化处理的同时,还可进行表面着色处理,以增加铝合金制品的外观。

铝合金型材经阳极氧化着色后的膜层为多孔状,具有很强的吸附能力,很容易吸附有害物质而被污染或腐蚀,从而影响外观和使用性能。因此,在表面处理后应采取一定的方法,将膜层的孔加以封闭,使之丧失吸附能力,从而提高氧化膜的抗污染和耐蚀性,这种处理过程称为闭孔处理。建筑铝材的常用封孔方法有水合封孔、无机盐溶液封孔和透明有机涂层封孔等。

(三)铝合金材料施工要点

铝合金材料选用应符合《铝合金建筑型材》(GB 5237.1~5237.5—2008,GB 5237.6—2012)标准的要求。铝合金型材在加工制作和施工过程中不能破坏其表面的氧化铝膜层;不能与水泥、石灰等碱性材料直接接触,避免受到腐蚀;不能与电位高的金属(如钢、铁)接触,否则在有水汽条件下易产生电化腐蚀。

(四)常用铝合金制品

建筑装饰工程中常用铝合金制品包括门窗、铝合金幕墙、铝合金装饰板、铝合金龙骨和各种室内装饰配件等。

铝合金门窗色彩造型丰富,气密性、水密性较好,开闭力小,耐久性较好,维修费用低,因此得到了广泛的应用。虽然近年来铝合金门窗受到了塑料门窗、塑钢门窗、不锈钢门窗的挑战,不过铝合金门窗在造价、色泽、可加工性等方面仍有优势,因此在各种装饰领域仍被广泛应用。

铝合金装饰板主要有铝合金花纹板、浅花纹板、波纹板、压型板和穿孔板等。它们具有质量轻、易加工、强度高、刚度好、耐久性长等优点,而且具有色彩造型丰富的特点,其不仅可与玻璃幕墙配合使用,而且可对墙、柱、招牌等进行装饰,同样具有独特的装饰效果。

用纯铝或铝合金可加工成 $6.3\sim200\mu m$ 的薄片制品,成为铝箔。按照铝箔的形状可分为卷状铝箔和片状铝箔;按照铝箔的材质可分为硬质铝箔、半硬质铝箔和软质铝箔;按照铝箔的加工状态可分为素箔、压花箔、复合箔、涂层箔、上色箔、印刷箔等。铝箔主要作为多功能保温隔热材料、防潮材料和装饰材料的表面,广泛用于建筑装饰工程中,如铝箔牛皮纸和铝箔泡沫塑料板、铝箔石棉夹心板等复合板材或卷材。

二、不锈钢

不锈钢是以铬(Cr)为主添加元素的合金钢,铬含量越高,钢的抗腐蚀性越好。除铬外,不锈钢中还含有镍(Ni)、锰(Mn)、钛(Ti)、硅(Si)等元素,这些元素将影响不锈钢的强度、塑性、韧性和耐蚀性等技术性能。

不锈钢按其化学成分可分为铬不锈钢、铬镍不锈钢和高锰低铬不锈钢等几类。按不同的耐腐蚀特点,又可分为普通不锈钢(简称不锈钢)和耐酸钢两类。

建筑装饰用不锈钢制品主要是薄钢板,其中厚度小于 1mm 的薄钢板用得最多,冷轧不锈钢板厚度为 0.2~2.0mm,宽度 500~1000mm,长度为 100~200mm,成品卷装供应。不锈钢薄板主要用作包柱装饰。目前,不锈钢包柱被广泛用于商场、宾馆、餐馆等公共建筑入口、门厅、中厅等处。

不锈钢除制成薄钢板外,还可加工成型材、管材及各种异型材,在建筑上可用做屋面、幕墙、隔墙、门、窗、内外墙饰面、栏杆、扶手等。

不锈钢的主要特征是耐腐蚀,而光泽度是另一重要的装饰特性。其独特的金属光泽,经不同的表面加工可形成不同的光泽度,并按此划分成不同等级。高级抛光不锈钢,具有镜面玻璃般的反射能力。建筑工程可根据建筑功能要求和具体环境条件进行选用。

彩色不锈钢是由普通不锈钢经过艺术加工后,使其成为各种色彩绚丽的不锈钢装饰板,其颜色有蓝、灰、紫、红、青、绿、橙、金黄等多种。采用不锈钢装饰墙面,坚固耐用、美观新颖,具有强烈的时代感。

彩色不锈钢板抗腐蚀性强,耐盐雾腐蚀性能超过一般的不锈钢;机械性能好,其耐磨和耐刻划性能相当于镀金箔的性能。彩色不锈钢板的彩色面层能能耐 200℃ 高温,其色泽随着光照角度的不同而产生变换效果。即使弯曲 90°,此时面层也不会损坏,面层色彩经久不褪色。彩色不锈钢板可作电梯厢板、车厢板墙板、顶棚板、建筑装潢、招牌等装饰之用,也可用作高级建筑的其他局部装饰。

三、彩色涂层钢板

彩色涂层钢板又称有机涂层钢板。它是以冷轧钢板或镀锌钢板卷板为基板,经过刷磨、上油、磷化等表面处理后,在基板的表面形成一层极薄的磷化钝化膜。该膜层对增强基材耐腐蚀性和提高漆膜对基材的附着力具有重要的作用。经过表面处理的基板通过辊涂或层压,基板的两面被覆以一定厚度的涂层,再通过烘烤炉加热使涂层固化。一般经涂覆并烘干两次,即获得彩色涂层钢板。其涂层色彩和表面纹理丰富多彩。涂层除必须具有良好的防腐蚀能力,以及与基板良好的黏结力外,还必须具有较好的防水蒸气渗透性,避免产生腐蚀斑点。常用的涂层材料有聚氯乙烯(PVC)、环氧树脂、聚酯树脂、聚丙烯酸酯、酚醛树脂等。常见产品有 PVC 涂层钢板,彩色涂层压型钢板等。

聚氯乙烯(PVC)涂层钢板是在经过表面处理的基板上先涂以黏结剂,再涂覆 PVC 增塑溶胶而制成。与之相类似的聚氯乙烯复层钢板是将软质或半软质的聚氯乙烯薄膜层粘压到钢板上而制成。这种 PVC 涂层或复层钢板,兼有钢板与塑料二者之特长,具有良好的加工成型性、耐腐蚀性和装饰性。可用作建筑外墙板、屋面板、护壁板等,还可加工成各种管道(排气、通风等)、电器设备罩等。

彩色涂层压型钢板是将彩色涂层钢板辊压加工成 V 形、梯形、水波纹等形状的轻型维护结构材料,可用作工业与民用建筑的屋盖、墙板及墙壁贴面等。

用彩色涂层压型钢板、H 型钢、冷弯型材等各种断面型材配合建造的钢结构房屋,已发展成为一种完整而成熟的建筑体系。它使结构的重量大大减轻。某些以彩色涂层钢板围护结构的用钢量,已接近或低于钢筋混凝土的用钢量。

四、建筑装饰用铜合金制品

在铜中掺入锌、锡等元素形成铜合金制成各种小型配件或型材板材,常用于装饰工程中。由于铜和铜合金制品有着金色的光泽,尤其是用于地面作为花纹图案的装饰线条,在地面使用过程中不断摩擦接触,可保持其艳丽的金色光泽,常用于宾馆、展览馆等公共建筑点缀。也常用于楼梯台阶,既作防滑条,又作装饰,效果突出。但由于价格较昂贵和强度不高,难以大量推广使用。

第9节 塑料装饰制品

由于塑料易于加工,着色力强。色彩鲜艳,比强度高,因此装饰塑料广泛应用于建筑装饰工程中的地面、顶棚、家具等方面。材料的类型有板材、块材、卷材、薄膜和装饰部件等。由于品种繁多,本节只介绍常用的几种建筑装饰塑料。

一、塑料装饰板

塑料装饰板是以树脂材料为浸渍材料或以树脂为基材,经一定工艺制成的具有装饰功能的板材。这类装饰材料有:塑料贴面装饰板、覆塑装饰板、聚氯乙烯塑料装饰板、硬质PVC透明板及有机玻璃等装饰板材。

（一）塑料贴面装饰板

塑料贴面装饰板是以酚醛树脂的纸质层为胎基,表面用三聚氰氨树脂浸渍过的印花纸为面层,经热压制成,并可覆盖于各种基材上的一种装饰贴面材料。按表面质感不同,有镜面（有光）、柔光、木纹、浮雕贴面板等品种;按表面花色不同,有木纹、碎石纹、大理石纹、织物等图案。

塑料贴面板的物理、化学及力学性能较好:密度一般为 $1.0 \sim 1.4 \mathrm{g/cm^3}$,大约铝的 $1/2$,钢铁的 $1/5$,在装饰工程中可代替某些贵重金属板材,获得良好的装饰效果。其特点是:吸水率小,防水性能好,具有较好的耐磨性、韧性和较高的力学特性,耐腐蚀强。家庭常用的果汁、汽油、药水等溶液,滴在表面 $4 \sim 6 \mathrm{h}$,擦拭后不留痕迹。

塑料贴面的花色品种仍在日益更新,给建筑室内及家具表面装饰带来极大的方便。

（二）PVC塑料装饰板

以PVC为基材,添加填料、稳定剂、色料等经捏合、混炼、拉片、切粒、挤压或压延而成的一种装饰板材。

特点是表面光滑、色泽鲜艳、防水、耐腐蚀、不变形、易清洗,可钉、可锯、可刨。可用于各种建筑物的室内装修,家具台面的铺设等。

PVC塑料可制成透明塑料板,除了具备PVC塑料装饰板的性能外,它具有透明性,可部分代替有机玻璃制作广告牌、灯箱、展览台、橱窗、透明屋顶、防震玻璃、室内装饰及浴室隔断等,其价格低于有机玻璃。

（三）有机玻璃板材

有机玻璃板材,简称有机玻璃。它是一种透光率极好的热塑料性塑料,是以甲基丙烯酸甲酯为主要基料,加入引发剂、增塑剂等聚合而成。

有机玻璃的透光性极好,可透光线的 99%,并能透过紫外线的 73.5%;机械强度较高,耐热性及抗寒性都较好;耐腐蚀性及绝缘性良好;在一定的条件下,尺寸稳定、容易加工。

有机玻璃的缺点是质地较脆,易溶于有机溶剂,表面硬度不大,易擦毛等。

有机玻璃在建筑上,主要用作室内高级装饰材料及特殊的吸顶灯具,或室内隔断以及透明防护等。

（四）玻璃纤维增强塑料装饰板

俗称玻璃钢板。该材料质轻而强度高，又可制成透明装饰板，因此得名。玻璃钢由玻璃纤维和树脂以及适当的助剂经调配制作而成。玻璃纤维具有很高的抗拉性能，强度可＞1000MPa，玻纤很细，可编成玻纤布使用。玻璃钢装饰板质轻强度高，可制成板材、管材或工艺品，也可制成各种卫生洁具。

（五）塑料复合装饰板

以塑料贴面或以塑料薄膜为面层，以胶合板、纤维板、刨花板等板材为基层，

采用胶合剂热压而成的一种装饰板材。用胶合板作基层叫覆塑胶合板，用中密度纤维作基层的叫覆塑中密度纤维板，用刨花板为基层的叫覆塑刨花板。

覆塑装饰板既有基层板的厚度、钢度，又具有塑料粘贴板和薄膜的光洁，质感强、美观、装饰效果好，并具有耐磨、耐烫、不变形、不开裂、易于清洗等特点。可用于汽车、火车、船舶、高级建筑室内装修及家具、仪表、电器设备的外壳装修。

二、墙面装饰材料

（一）塑料墙纸

塑料壁纸是以一定材料为基材，表面进行涂塑后，再经过印花、压花或发泡处理等多种工艺而制成的一种墙面装饰材料。

塑料壁纸表面可以进行印花、压花及发泡处理，能仿天然石材，木纹及锦缎，达到以假乱真的地步。可通过精心设计，印制适合各种环境的花纹图案，几乎不受限制。其色彩可任意调配，做到自然流畅，清淡高雅，装饰效果好。可根据需要加工成具有难燃、隔热，吸音、不易结露、可擦洗的塑料墙纸。

常用的塑料墙纸又称普通墙纸，是以 $80g/m^2$ 的纸作基材，涂以 $100g/m^2$ 左右的聚氯乙烯糊状树脂，经印花、压花等工序制成。其品种可分为单色印花、印花压花、平光、有光印花等，花色品种多，经济便宜，生产量大，是使用最为广泛的一种墙纸，可用于住宅、饭店等公用、民用建筑的内墙装饰。

发泡墙纸是以 $100g/m^2$ 纸作基材，上涂 $300\sim400g/m^2$ 的 PVC 糊状树脂，经印花、发泡处理制得。这种发泡墙纸富有弹性并且具有凹凸状花纹或图案，色彩多样、立体感强，还具有吸音作用，但是易脏易积灰，不适于烟尘较大的场所。

特种墙纸但是指具有特种功能的墙纸，包括耐水墙纸、防水墙纸、自粘型墙纸、特种面层墙纸和风景壁画型墙纸等。耐水墙纸采用玻璃纤维毡作为基材，使用于浴室、卫生间的墙面装饰，但是粘贴时接缝处应贴牢，否则水渗入可使胶粘剂溶解，从而导致耐水墙纸脱落。防火墙纸采用 $100\sim200g/m^2$ 石棉作为基材，同时面层的 PVC 中掺有阻燃剂，使该种墙纸具有很好的阻燃性，此外即使这种墙纸燃烧也不会放出浓烟和毒气。自粘型墙纸的后面有不干胶层，使用时撕掉保护纸便可直接贴于墙面。特种面层墙纸采用金属、彩砂、丝绸、麻毛绵纤维等制成，可在墙面产生金属光泽、散射、珠光等艺术效果。风景壁画墙纸的面层印刷成风景名胜或艺术壁画，常由几幅拼贴而成，适用于厅堂墙面。

（二）铝塑装饰板

铝塑装饰板是一种复合材料,采用高强度铝材及优质聚乙烯复合而成,它是融合现代高科技成果的新型装饰材料。

铝塑装饰板有两种结构,一种是表面一层很薄铝板。结构层为 PVC 塑料;另一种是上下两层铝板中层热塑性芯板组成。铝板表面涂装耐候性极佳的聚偏二氟烯或聚酯涂层。铝塑装饰板具有质轻、比强度高、耐候性和耐腐蚀性优良、施工方便、易于清洁和保养等特点。由于芯板采用优质聚乙烯塑料制成,故同时具备良好的隔热、防震功能。塑铝装饰板外形平整美观,可用作建筑物的幕墙饰面材料,可用于立柱、电梯、内墙等处,亦可用作顶棚、拱肩板、挑口板和广告牌等处的装饰。

三、地面装饰材料

塑料地板的主要品种有两种,一种是块状塑料地板,另一种是塑料卷材地板。

块状塑料地板又称塑料地砖,主要有聚氯乙烯和碳酸钙等,经密炼、压延、压花或印花、发泡等工序制成。按照材质可分为硬质和半硬质,按外观可分为单色、复色、印花、压花,按结构分为单层和复层。规格主要为 $300mm \times 300mm \times 1.5mm$。块状塑料地板的表面虽然较硬,但仍有一定的柔性,行走时脚感较石材类好,噪音较小、耐热性、耐磨性、耐污染性较好;但抗折强度和硬度低,易被折断和划伤。

塑料块状地板属于较低档装饰材料,适用于餐厅、饭店、商店、住宅和办公室等。

塑料卷材地板俗称地板革,属于软质塑料。其生产工艺为压延法。产品可进行压花、印花、发泡等。生产时常以 PVC 打底层或采用玻璃纤维毡等其他材料作为基层材料。

与块状塑料地板相比,塑料卷材地板较柔软、脚感好,尤其是发泡塑料地板,施工方便,装饰性较好,易清洗、耐磨性好,但耐热性和耐燃性较差。

塑料卷材地板主要应用于住宅、办公室、实验室、饭店等地面装饰,也可用于台面装饰。另外还有针对一些特殊场合特制的塑料地板,如防静电塑料地板、防尘塑料地板等。

四、屋面和顶棚装饰塑料

（一）聚碳酸酯塑料装饰板

聚碳酸酯塑料装饰板一般制成蜂窝状结构,以提高其钢度和隔热保温性能。该材料具有轻质、光透射比高（36%～82%）、隔热、隔声、抗冲击、强度高、阻燃、耐候性好和柔性好等特点。同时可以着色,使之具有各种色彩以调节变换光线的颜色,改变室内环境气氛。除用于制作屋面的透光顶棚、顶罩外,还可以加工成平板、曲面板、折板等,替代玻璃用于室内外的各种装饰。这种材料可制成尺寸很大的顶棚且不需支撑,适用于大面积采光屋面。

（二）钙塑泡沫天花板

在聚乙烯等树脂中,大量加入碳酸钙、亚硫酸钙等填充料及其他添加剂等可制成钙塑泡沫天花板。它体积密度小,吸音隔热、立体感强,但容易老化变色、阻燃性差。

第10节 木材装饰制品

自古以来,木材是人类重要建筑之一,近年来,由于出现了许多新型建筑材料,以及为了保护森林资源,木材已由过去在建筑工程中作结构材料转为装饰材料。木材装饰具有许多其他材料难以替代的性能和效果,因此在室内装饰中仍占有很重要地位。

一、木材的分类

木材可按其树的外型分为针叶树和阔叶树。针叶树干笔直高大,纹理较直顺,材质均匀,较轻,易于加工,木质较软,又称软木。常用树种有杉木、松木、柏木等。

阔叶树通常树干较短,材质较硬,较重,纹理交织,易翘曲,开裂。常用树种有榆木、柞木、水曲柳等。

按木材的用途和加工的不同,可分为原条、原木、普通锯材和枕木等四类。原条指已去皮、根及树梢,但尚未加工成规定尺寸的木料;原木是由原条按一定尺寸加工成规定直径和长度的木材;普通锯材是指已加工锯解成材的木料;枕木是指按枕木端面和长度加工而成的木材。

二、木材的技术性质

木材质轻,表观密度约 $300 \sim 800 kg/m^3$,密度约为 $1.55 g/cm^3$,孔隙率约 $50\% \sim 80\%$。

木材是非匀质各向异性材料,其各个方向的强度是不一样的,顺纹抗拉强度和抗弯强度较高,横纹强度较低。木材的比强度较大,属质轻强度高的材料。木材弹性和韧性好,能承受较大的冲击荷载和震动作用。木材的导热系数小,导热系数一般为 $0.3 W/(m \cdot K)$ 左右,具有良好的保温隔热性能。木材装饰性好,具有美丽的天然纹理和色彩。用作室内装饰或制作家具,给人以自然而高雅的美感,还能使室内空间产生温暖、亲切感。

当然,木材也有其缺点,如各向异性、膨胀变形大、易腐、易受白蚁等虫害破坏,天然疵病多等,但这些缺点,经采取适当措施,还是可以克服的。

三、常用木材装饰制品

(一)木地板

分为条木地板和拼花地板两种,其中条木地板有一定弹性,脚感舒适、木质感强,能调节室内空气温湿度,给人以温馨、舒适感,是目前中、高级地面装饰材料。木地板应选用木纹美观,不易开裂变形,有适当硬度,耐朽、较耐磨的优质木材。木地板应经干燥、变形稳定后再加工制作。木地板原材料常用柚木、水曲柳、核桃木、檀木、橡木和柞木等制作。条状木地板宽度一般不超过 120mm,板厚 15~30mm。条木地板拼缝处可平头、企口或错口。铺装缝一般为工字缝。

(二)胶合板

胶合板按质量和使用胶料不同分为Ⅰ、Ⅱ、Ⅲ、Ⅳ四类。Ⅰ类为耐气候、耐沸煮,能在室内使用；Ⅱ类胶合板即耐水胶合板，能在冷水中浸泡或短时间热水浸泡，但不耐沸煮；Ⅲ类胶合板即耐潮胶合板，能耐短时间冷水浸泡；Ⅳ类胶合板即不耐潮胶合板，后三种胶合板主要在室内使用。按照表面加工分为砂光胶合板（板面经砂光机砂光）、刮光胶合板（表面经刮光机砂光）、预饰面胶合板（板面经过处理，使用时无需再修饰）和贴面胶合板（表面复贴装饰单板，如木纹纸、树脂胶膜或金属片材料）。

胶合板最大的特点是改变了木材的各向异性，材质均匀，吸湿变形小、幅面大，不易翘曲，而且有着美丽的花纹，是使用非常广泛的装饰板材之一。

（三）薄木贴面装饰板

薄木贴面装饰板是将具有美丽木纹和天然色调的珍贵树种加工成非常薄的装饰面。

薄木贴面装饰板按厚度分，可分为：厚薄木（厚度为 0.7～0.8mm）；微薄木（厚度为 0.2～0.3mm）。按制造方法分有旋切薄木、刨切薄木。

薄木贴面花纹美丽，材色悦目，具有自然的特点，可作高级建筑的室内墙、门、橱柜等饰面。

（四）木装饰线条

木装饰线条主要用于接合处、分界面、层次面、衔接口等收边封口材料。线条在室内装饰材料中起着平面构成和线形构成的重要角色，可起固定、连接和加强装饰饰面大作用。

木线条主要选用质硬、木质细、耐磨、粘接性好、可加工性好的木材，经干燥处理后用机械加工或手工加工而成。

木装饰线条的品种规格繁多，从材质上可分为杂木木线、水曲柳线、胡桃木线、柏木木线、榉木木线等；从功能上可分为压边线、压角线、墙腰线、柱角线、天花角线等；从款式上可分外凸式、内凸式、凸凹结合式、嵌槽式等。

木装饰线条可作为墙腰饰线、护壁板和勒脚的压条线，门窗的镶边线等，增添室内古朴、高雅和亲切的美感。

（五）纤维板

纤维板是将树皮、刨花、树枝等废材经破碎浸泡、研磨成木浆、加入胶料，经热压成型、干燥处理而成的人造板材，纤维板将木材的利用率由 60% 提高到 90%。纤维板按密度不同分为硬质纤维板（表观密度 $>800\text{kg/m}^3$）、中密度纤维板（表观密度 $>500\text{kg/m}^3$）、软质纤维板（表观密度 $<500\text{kg/m}^3$）。硬质纤维板表观密度大，强度高，是木材的优良代用材料，主要用作室内壁板、门板、地板、家具等；中密度纤维板主要用于隔断、隔墙和家具等；软质纤维板结构松软、强度低，但保温隔热和吸声好，主要用于吊顶和墙面吸声材料。

习题与复习思考题

1. 如何根据装饰部位要求选择装饰材料？

2. 建筑装饰石材的主要品种有哪些？各自的成分和性能如何？

3. 大理岩一般不宜用于室外装饰，但汉白玉、艾叶青等有时却可用于室外装饰，为什么？

4. 建筑石膏制品一般加入什么纤维作为增强材料？这种纤维有何特性？

5. 地毯有哪些种类？各自有何性能特点？

6. 常用安全玻璃有哪些品种？各有何特性？

7. 陶、炻、瓷各有何特性？为什么外墙饰面砖用炻质而不能选用陶质釉面砖？

8. 溶剂型、乳胶型和水性建筑涂料有何区别？性能如何？

9. 建筑装饰塑料具有哪些共性？使用应注意什么问题？

10. 木材胶合板是为何生产的？有什么特性？

11. 铝合金型材加工制作和施工中应注意什么问题？

第11章　保温隔热材料和吸声材料

随着我国现代化建设的发展和人民生活水平的提高,舒适的建筑环境越来越成为人们生活的基本需要。保温隔热材料和吸声材料都是能够满足舒适的建筑环境要求的功能性建筑材料。建筑功能材料是赋予建筑物特殊功能的材料,因为特殊功能要求,如保温隔热、吸声、隔声、装饰、防火、防水等,难以用建筑结构材料来满足要求,需要采用特殊功能材料来实现人们对建筑物诸多使用功能的需求,故本章就主要的建筑功能材料进行介绍。

保温隔热材料和吸声材料的共同特点是:质轻、疏松,呈多孔状或纤维状。建筑物采用适当的保温隔热材料,不仅能保温隔热,满足人们舒适的居住办公条件,而且有着显著的节能效果;采用良好的吸声或隔声材料,可以减轻噪声污染的危害,保持室内良好的音响效果。在我国,这种需要正日益迫切。因此,高层建筑、城市高架桥、高速公路等建筑工程中均非常重视这类材料的开发与应用。

第1节　保温隔热材料

冬季气候寒冷,室内热量通过围护结构不断向室外散失,使室内气温降低;夏季气候炎热,室外热量通过围护结构不断向室内传入,使室内气温升高。为了能常年保持室内适宜的生活、工作气温,一方面必须设置采暖设备和空调设备,另一方面要求提高围护结构的保温能力。这就要求建筑物的外围结构必须具有一定的保温隔热性能。

在建筑工程中,用于控制室内热量向外散失的材料称为保温材料;防止室外热量传入室内的材料称为隔热材料。因为它们的本质是一样的,故统称为保温隔热材料,即对热流具有显著阻抗性的材料或材料复合体。

在建筑工程中,保温隔热材料主要用于住宅、生产车间、公共建筑的墙体和屋顶保温隔热,以及各种热工设备、采暖和空调管道的隔热与保温,在冷藏设备中则大量用作隔热。在建筑物中合理采用保温隔热材料,能提高建筑物的保温隔热效能,更好地满足人们对建筑物的舒适性与健康性要求,保证正常的生产、工作和生活,能减少热损失,节能降耗,降低建筑造价及使用成本。据统计,具有良好的保温隔热功能的建筑,其能源可节省 $25\% \sim 65\%$。因此,在建筑工程中,合理地使用保温隔热材料具有重要意义。

一、保温隔热材料的作用原理及影响因素

(一)保温隔热材料的作用原理

从本质上热量是由组成物质的分子、原子和电子等,在物质内部的移动、转动和振动所产生的能量,即热能。在任何介质中,当两点之间存在温度差时,就会产生热能传递现象,热能将由温度较高点传递至温度较低点。传热的基本形式有热传导、热对流和热辐射三种。通常情况下,传热过程中同时存在两种或三种传热方式,但因保温隔热性能良好的材料是多孔且封闭的,虽然在材料的孔隙内有着空气,起着对流和辐射作用,但与热传导相比,热对流和热辐射所占的比例很小,故在热工计算时通常不予考虑,而主要考虑热传导。

1. 导热性

材料传导热量(热传导)的能力称为导热性。材料的导热性可用导热系数表示。导热系数(或称热导率)是指材料在稳定传热条件下,1m 厚的材料,两侧表面的温差为 1 度(K或℃),在 1 小时内,通过 $1m^2$ 面积传递的热量,单位为瓦/(米·度)[$W/(m·K)$,此处的K 可用℃代替]。导热系数计算公式表示为:

$$\lambda = \frac{Qa}{(T_1 - T_2)A \cdot t} \tag{11-1}$$

式中:λ——材料的导热系数($W/(m·K)$);

Q——传热量(J);

a——材料厚度(m);

A——传热面积(m^2);

T——传热时间(s);

$(T_1 - T_2)$——材料两侧表面温差(K)。

不同的建筑材料具有不同的热物理性能,保温隔热材料的优劣主要由材料的热传导性能高低所决定。反映材料的热传导难易程度,衡量保温隔热性能优劣的主要指标是导热系数 λ($W/(m·K)$)。材料的导热系数越小,材料的热传导越难,通过材料传递的热量越少,材料的保温隔热性能越好。各种材料的导热系数差别很大,一般介于 $0.025 \sim 3.50W/(m·K)$ 之间,如泡沫塑料导热系数为 $0.035W/(m·K)$,而大理石导热系数为 $3.5W/(m·K)$。

工程中习惯上把导热系数小于 $0.25W/(m·K)$ 的材料称为保温隔热材料。

导热系数与材料的物质组成、结构等有关,尤其与其孔隙率、孔隙特征、湿度、温度和热流方向等有着密切关系。由于密闭空气的导热系数很小(约为 $0.023W/(m·K)$),所以,材料的孔隙率较大者其导热系数较小,但是如果孔隙粗大或贯通,由于对流作用,材料的导热系数反而增高。材料受潮或受冻后,其导热系数大大提高,这是由于水和冰的导热系数比空气的导热系数大很多(水的导热系数约为 $0.581W/(m·K)$),冰的导热系数约为 $2.326W/(m·K)$)。因此,材料应经常处于干燥状态,以利于发挥材料的保温隔热效果。

2. 热容量

材料受热时吸收热量或冷却时放出热量的性质称为热容量,材料的热容量可用比热容表示。材料的比热容表示 1kg 材料,温度升高或降低 1℃时所吸收或放出的热量。比热容计算公式表示为:

$$c = \frac{Q}{m(T_1 - T_2)} \tag{11-2}$$

式中:c——材料的比热容($kJ/(kg·K)$);

Q——材料吸收或放出的热量(kJ);

m——材料的质量(kg);

$(T_1 - T_2)$——材料受热或冷却前后的温度差(K)。

比热容是衡量材料吸热或放热能力大小的物理量。材料的比热容主要取决于矿物成分和有机成分含量,一般无机材料比热容小于有机材料的比热容。不同的材料比热容不同,即使是同一种材料,由于所处的物态不同,比热容也不同,例如,水的比热容为4.19kJ/(kg·K),而水结冰后比热容则是2.05kJ/(kg·K)。

材料的比热容,对保持建筑物内部温度稳定有很大意义,比热容大的材料,能在热流变动或采暖设备供热不均匀时,缓和室内的温度波动。

反映材料热工性能的热物理指标还有热阻、蓄热系数、导温系数、传热系数等(第1章中介绍)。导热系数和比热容是设计建筑物围护结构(墙体、屋盖)时进行热工计算的重要参数,设计时应选用导热系数较小,而比热容较大的建筑材料,有利于保持建筑物室内温度的稳定性。同时,导热系数也是工业窑炉热工计算和确定冷藏保温隔热层厚度的重要数据。

(二)影响材料保温隔热性能的主要因素

1. 材料的化学成分及分子结构

材料的化学成分及分子结构不同,其导热系数也不同。一般来说,导热系数以金属最大,非金属次之,液体再之,气体最小。对于同一种材料,其分子结构不同,导热系数也有很大的差异,一般地,结晶体结构的最大,微晶体结构的次之,玻璃体结构的最小,如在0℃时晶体二氧化硅的导热系数是8.97W/(m·K),而玻璃体的二氧化硅的导热系数是1.38W/(m·K)。因此,可以采用改变分子结构的方式得到具有较低导热系数的材料。但是对于保温隔热材料来说,由于孔隙率很大,颗粒或纤维之间充满气体(空气),对导热系数起主要作用,而固体部分的结构无论是晶体还是玻璃体,对导热系数的影响均减小。

2. 孔隙率与孔隙特征

材料中固体物质的热传导能力比空气大得多,对于含有孔隙的材料,其导热系数取决于材料的孔隙率与孔隙特征。由于封闭孔隙的导热系数[约为0.023W/(m·K)]比连通孔隙的要小,因此,材料的孔隙率越大(表观密度越小)、封闭孔隙越多,一般来说,材料的导热系数越小,保温隔热性能越好;材料的孔隙率相同时,封闭孔隙的孔径越细小、分布越均匀,其导热系数越小,保温隔热性能越好。对于纤维状材料,当纤维之间压实至某一表观密度时,其导热系数最小,该表观密度称为最佳表观密度。当纤维材料的表观密度小于最佳表观密度时,其导热系数反而增大,这是由于孔隙增大且相互连通,引起空气对流的结果。

3. 材料的湿度

材料吸湿受潮后,其导热系数增大,这在多孔材料中最为明显。这是由于水的导热系数[约为0.581W/(m·K)]远大于封闭空气的导热系数(近25倍)。当保温隔热材料吸收的水分结冰时,其导热系数更加增大,因为冰的导热系数[约为2.326W/(m·K)]远大于水的导热系数。因此,保温隔热材料应特别注意防水防潮。

对于高吸湿性材料来说,除了吸湿降低保温隔热性能以外,蒸汽渗透是值得注意的问题。水蒸汽能从温度较高的一侧渗入材料,当水蒸汽在材料孔隙中积聚较多达到最大饱和度时就凝结成水,从而使温度较低的一侧表面出现冷凝水滴,这不仅大大提高了材料的导热性,而且还会降低材料的强度和耐久性。防止冷凝水的常用方法是在可能出现冷凝水的界面上,用沥青卷材、铝箔或塑料薄膜等憎水性材料加做隔蒸汽层。

4. 材料的温度

材料的导热系数随温度的升高而增大,因为温度升高时,材料固体物质的热运动增强,同时材料孔隙中空气的导热和孔壁间的辐射作用也有所增加。但是,这种影响在 0～50℃ 温度范围内并不显著,只有对处于高温或零度以下的材料,才需要考虑温度的影响。

5. 热流方向

对于各向异性的材料,如木材等纤维质的材料,当热流与纤维方向平行时,热流受到的阻力小,故导热系数大,而热流垂直于纤维方向时,热流受到的阻力大,故导热系数小。以松木为例,当热流垂直于木纹时,导热系数为 0.17W/(m·K);而当热流平行于木纹时,则导热系数为 0.35W/(m·K)。

在上述各种因素中,对材料的保温隔热性能影响最大的是材料的表观密度和湿度。因而在测定材料的导热系数时,也必须测定材料的表观密度。至于湿度,通常对多数保温隔热材料可取空气相对湿度为 80%～85% 时,材料的平衡湿度(平衡相对湿度)作为参考值,应尽可能在这种相对湿度条件下测定材料的导热系数。

二、常用保温隔热材料

保温隔热材料的分类方法很多,按材质可分为有机类、无机类和复合类等三大类;按结构状态可分为纤维状、散粒状、多孔状和层状保温隔热材料四大类;按结构构造可分为固体基质连续气孔不连续、固体基质不连续气孔连续、固体基质气孔均连续保温隔热材料三大类;按使用温度可分为低温、中温、高温保温隔热材料三大类。通常保温隔热材料可制成板材、片材、卷材或管壳等多种型式的制品。一般来说,无机保温隔热材料的表观密度较大,但是不易腐朽,不会燃烧,有的耐高温。有机保温隔热材料则质量轻,保温隔热性能好,但是耐热、耐火性较差。

保温隔热材料的品种很多,现将建筑工程中常用的保温隔热材料简介如下。

(一)纤维状保温隔热材料

纤维状保温隔热材料是以矿棉、石棉、玻璃棉及植物纤维等为主要原料,制成板、筒、毡等形状的制品,广泛用于住宅建筑和热工设备、管道等的保温隔热。这类保温隔热材料通常也是良好的吸声材料。

1. 石棉制品

石棉是一种天然矿物纤维,主要化学成分是含水硅酸镁,具有耐火、耐热、耐酸碱、防腐及绝缘等特性。通常制成石棉粉、石棉纸板、石棉毡等制品。由于石棉中的粉尘对人体有害,因此民用建筑中已很少使用,目前主要用于工业建筑的隔热、保温及防火覆盖等。

2. 矿棉制品

矿棉一般包括矿渣棉和岩石棉。矿渣棉所用原料有高炉硬矿渣、铜矿渣等,并加一些调节原料(钙质和硅质原料);岩石棉的主要原料为天然岩石(白云石、花岗岩或玄武岩等)。上述原料经熔融后,用喷吹法或离心法制成细纤维。矿棉具有轻质、不燃和绝缘等性能,且原料来源广,成本较低。可制成矿棉板、矿棉毡及管壳等。可用作建筑物的墙壁、屋顶、天花板等处的保温隔热材料和吸声材料,以及热力管道的保温材料。

3. 玻璃棉制品

玻璃棉是用玻璃原料或碎玻璃经熔融后制成的纤维材料,包括短棉和超细棉两种。短

棉的表观密度为 $40\sim150kg/m^3$,导热系数为 $0.035\sim0.058W/(m\cdot K)$,价格与矿棉相近。可制成沥青玻璃棉毡、板及酚醛玻璃棉毡、板等制品,广泛用于温度较低的热力设备和房屋建筑中的保温隔热,同时它还是良好的吸声材料。超细棉纤维直径在 $4\mu m$ 左右,表观密度可小至 $18kg/m^3$,导热系数为 $0.028\sim0.037W/(m\cdot K)$,具有优良的保温隔热性能。

4. 植物纤维复合板

植物纤维复合板是以植物纤维为主要材料加入胶结料和填加料而制成。其表观密度为 $200\sim1200kg/m^3$,导热系数为 $0.058W/(m\cdot K)$,可用于墙体、地板、顶棚等,也可用于冷藏库、包装箱等。

木质纤维板是以木材下脚料经机械制成木丝,加入硅酸钠溶液及普通硅酸盐水泥,经搅拌、成型、冷压、养护、干燥而制成。甘蔗板是以甘蔗渣为原料,经过蒸制、加压、干燥等工序制成的一种轻质、吸声、保温隔热的材料。

5. 陶瓷纤维制品

陶瓷纤维是以氧化硅、氧化铝为主要原料,经高温熔融、蒸汽(或压缩空气)喷吹或离心喷吹(或溶液纺丝再经烧结)而制成,表观密度为 $140\sim150kg/m^3$,导热系数为 $0.116\sim0.186W/(m\cdot K)$,最高使用温度为 $1100\sim1350℃$,耐火度 $\geqslant1770℃$,可加工成纸、绳、带、毯、毡等制品,供高温保温隔热或吸声之用。

(二)散粒状保温隔热材料

1. 膨胀蛭石制品

蛭石是一种天然矿物,经 $850\sim1000℃$ 煅烧,体积急剧膨胀,单颗粒体积膨胀约 20 倍。

膨胀蛭石的主要特性是:表观密度为 $80\sim900kg/m^3$,导热系数为 $0.046\sim0.070W/(m\cdot K)$,可在 $1000\sim1100℃$ 温度下使用,不蛀、不腐,但是吸水性较大。膨胀蛭石可以松散状铺设于墙壁、楼板、屋面等夹层中,作为保温隔热、吸声之用。使用时应注意防潮,以免吸水后影响保温隔热效果。

膨胀蛭石也可以与水泥、水玻璃等胶凝材料配合制成板材,用于墙、楼板和屋面板等的保温隔热。其水泥制品通常用 $10\%\sim15\%$ 体积的水泥,$85\%\sim90\%$ 体积的膨胀蛭石,适量的水经拌合、成型、养护而成,其制品的表观密度为 $300\sim550kg/m^3$,相应的导热系数为 $0.08\sim0.10W/(m\cdot K)$,抗压强度为 $0.2\sim1.0MPa$,耐热温度为 $600℃$。水玻璃膨胀蛭石制品是以膨胀蛭石、水玻璃和适量氟硅酸钠(Na_2SiF_6)配制而成,其表观密度为 $300\sim550kg/m^3$,相应的导热系数为 $0.079\sim0.084W/(m\cdot K)$,抗压强度为 $0.35\sim0.65MPa$,最高耐热温度为 $900℃$。

2. 膨胀珍珠岩制品

膨胀珍珠岩是由天然珍珠岩煅烧而成,呈蜂窝泡沫状的白色或灰白色颗粒,是一种高效能的保温隔热材料。其堆积密度为 $40\sim500kg/m^3$,导热系数为 $0.047\sim0.070W/(m\cdot K)$,最高使用温度可达 $800℃$,最低使用温度为 $-200℃$。具有吸湿小、无毒、不燃、抗菌、耐腐等特点。

膨胀珍珠岩制品是以膨胀珍珠岩为主,配合适量胶结材料(水泥、水玻璃、磷酸盐、沥青等),经拌合、成型、养护(或干燥,或固化)后制成板、块、管壳等制品。广泛用作围护结构、低温及超低温保冷设备、热工设备等的保温隔热材料,也可用于制作吸声材料。

(三)无机多孔保温隔热材料

1. 微孔硅酸钙制品

微孔硅酸钙制品是用粉状二氧化硅(硅藻土)、石灰、纤维增强材料及水等经搅拌、成型、蒸压处理和干燥等工序制成。微孔硅酸钙制品的主要成分是水化硅酸钙,经水热合成的水化硅酸钙具有两种不同的结晶:雪硅钙石型的表观密度约为 $200kg/m^3$,导热系数为 $0.047W/(m \cdot K)$,最高使用温度约为 $650℃$;硬硅钙石型的表观密度约为 $230kg/m^3$,导热系数为 $0.056W/(m \cdot K)$,最高使用温度可达 $1000℃$。用于围护结构及管道保温,其效果比水泥膨胀珍珠岩和水泥膨胀蛭石更好。

2. 泡沫玻璃制品

泡沫玻璃又称多孔玻璃。泡沫玻璃制品是由玻璃粉和发泡剂等经配料烧制而成,其主要成分为二氧化硅。气孔率为 $80\%\sim95\%$,气孔直径为 $0.1\sim5.0mm$,且有大量的封闭小气泡,其表观密度为 $150\sim600kg/m^3$,导热系数为 $0.058\sim0.128W/(m \cdot K)$,抗压强度为 $0.8\sim15.0MPa$。采用普通玻璃粉制成的泡沫玻璃最高使用温度为 $300\sim400℃$,采用无碱玻璃粉生产时,最高使用温度可达 $800\sim1000℃$,耐久性好,易加工,可用于多种保温隔热需要。

3. 泡沫混凝土制品

泡沫混凝土是由水泥、水、松香泡沫剂混合后,经搅拌、成型、养护而制成的多孔、轻质的材料。也可用粉煤灰、矿粉、石灰、石膏和泡沫剂制成泡沫混凝土。泡沫混凝土的表观密度为 $300\sim500kg/m^3$,导热系数为 $0.082\sim0.186W/(m \cdot K)$。

4. 加气混凝土制品

加气混凝土是由水泥、石灰、粉煤灰和发泡剂(铝粉)配制而成的多孔、轻质材料。由于加气混凝土的表观密度小($300\sim800kg/m^3$),导热系数($0.10\sim0.20W/(m \cdot K)$)比烧结普通砖小几倍,因而 24cm 厚的加气混凝土墙体,其保温隔热效果优于 37cm 厚的烧结普通砖砖墙。此外,加气混凝土的耐火性能良好。

5. 硅藻土制品

硅藻土是由水生硅藻类生物的残骸堆积而成。其孔隙率为 $50\%\sim80\%$,导热系数为 $0.060W/(m \cdot K)$,具有很好的保温隔热性能。最高使用温度可达 $900℃$。可用作填充料或做成制品。

(四)泡沫塑料保温隔热材料

泡沫塑料是以各种树脂为基料,加入一定剂量的发泡剂、催化剂、稳定剂等辅助材料,经加热发泡制成的多孔、轻质材料,具有良好的保温隔热、吸声、抗震等性能。

1. 聚氨酯泡沫塑料(PUR)制品

聚氨酯泡沫塑料是把含有羟基的聚醚或聚酯树脂与异氰酸酯反应构成聚氨酯主体,并由异氰酸酯与水反应生成的二氧化碳或用发泡剂发泡,内部含有无数小气孔的材料。可分为软质、半硬质和硬质三类。其中硬质聚氨酯泡沫塑料表观密度 $24\sim80kg/m^3$,导热系数为 $0.017\sim0.027W/(m \cdot K)$,常用于建筑工程。

2. 聚苯乙烯泡沫塑料制品

聚苯乙烯泡沫塑料是以聚苯乙烯树脂为基料,加入发泡剂等辅助材料,经热发泡而制成的轻质材料。按成型工艺不同,可分为模塑型(EPS)和挤塑型(XPS)。模塑型自重轻,表观密度在 $15\sim60\ kg/m^3$,导热系数一般小于 $0.041W/(m\cdot K)$,且价格适中,已成为目前使用最广泛的保温隔热材料。但是其体积吸水率较大,受潮后导热系数明显增加,而且耐热性能较差,长期使用温度应低于 $75℃$。挤塑型的孔隙呈微小封闭结构,因此具有强度较高、压缩性好、导热系数更小(常温下导热系数一般小于 $0.027W/(m\cdot K)$),吸水率低、水蒸气渗透系数小等特点。长期在高湿度或浸水环境中使用,仍能保持优良的保温性能。

此外,还有聚乙烯泡沫塑料(PE)、聚氯乙烯泡沫塑料、酚醛泡沫塑料(PF)、脲醛泡沫塑料等保温隔热材料。这类材料可用于各种复合墙板及屋面板的夹芯层、冷藏及包装的保温隔热需要。由于这类材料造价较高,且可燃,因此目前在应用上受到一定限制,今后随着这类材料性能的改善,将向着高效、多功能方向发展。

（五）其他保温隔热材料

1. 软木板制品

软木也称栓木。软木板是用栓皮、栎树皮或黄菠萝树皮为原料,经破碎后与皮胶溶液拌合,再加压成型,在温度为 $80℃$ 的干燥室中干燥一昼夜而制成。软木板具有表观密度小,导热性低,抗渗和防腐性能好等特点。常用热沥青错缝粘贴,用于冷藏库的隔热。

2. 蜂窝板制品

蜂窝板是用两块较薄的面板,牢固地黏结在一层较厚的蜂窝状芯材两面制成的板材,亦称蜂窝夹层结构。蜂窝状芯材是用浸渍过合成树脂(酚醛、聚酯等)的牛皮纸、玻璃布和铝片等,经过加工粘合成六角形空腹(蜂窝状)的整块芯材。芯材厚度在 $15\sim450mm$;空腔尺寸在 $10mm$ 以上。常用的面板为浸渍过树脂的牛皮纸、玻璃布或不经树脂浸渍的胶合板、纤维板、石膏板等。面板必须采用合适的胶粘剂与芯材牢固地黏结在一起,才能显示出蜂窝板的优异特性,即具有比强度高,导热性低和抗震性好等多种功能。

3. 窗用薄膜制品

薄膜是以聚酯薄膜经紫外线吸收剂处理后,在真空中进行蒸镀金属粒子沉积层,然后与一层有色透明的塑料薄膜压粘而成。厚度约为 $12\sim50\mu m$,用于建筑物窗玻璃的保温隔热,其效果与热反射玻璃相同。作用原理是将透过玻璃的大部分太阳光反射出去,反射率最高可达 80%,从而起到了遮蔽阳光、防止室内陈设物褪色、减少冬季热量损失、增加美感等作用,同时可以避免玻璃片伤人。

三、选用保温隔热材料的基本要求及原则

1. 选用保温隔热材料的基本要求

选用保温隔热材料时,应满足的基本要求是:导热系数不宜大于 $0.17W/(m\cdot K)$,表观密度应小于 $1000kg/m^3$,抗压强度应大于 $0.3MPa$。

2. 选用保温隔热材料的原则

(1)满足温度条件。应根据当地历年的最高气温、最低气温条件决定。

(2)导热系数小。在满足保温隔热效果的条件下,优先选用导热系数较小的保温隔热材料。

(3)表观密度小。在满足保温隔热效果的条件下,表观密度小的保温隔热材料可显著减轻自重,方便施工,性价比较高。

（4）强度足够。经常把保温隔热材料层与承重结构材料层复合使用，所以应具有足够的强度，能承受一定的荷载并能抵抗外力撞击。

（5）吸水率小。避免增大保温隔热材料的导热系数，防止降低节能指标。

（6）阻燃性高。防火要求高的区域，优先选用满足规定要求的阻燃型保温隔热材料。

（7）化学稳定性好。保温隔热材料不应被化工气体等腐蚀，也不应腐蚀被保温隔热的材料。

（8）施工维修方便。保温隔热材料应施工、维修方便，易保证质量及使用效果。

（9）使用寿命长。保温隔热材料在复杂而长期的环境作用下，应具有良好的抗老化性能，以保证节能效果和使用寿命。

四、常用保温隔热材料的技术性能

常用保温隔热材料的技术性能及用途，如表 11-1。

表 11-1　常用保温隔热材料的技术性能及用途

材料名称	干表观密度（kg/m³）	强度（MPa）	导热系数［W/(m·K)］	最高使用温度（℃）	用途
超细玻璃棉毡	20～40	$f_t=0.1\sim0.3$	0.024～0.050	300～400	墙体、屋面、冷藏库等
沥青玻璃纤维制品	100～150		0.030～0.041	250～300	墙体、屋面、冷藏库等
矿棉纤维	70～130		0.030～0.060	≤600	填充材料
岩棉纤维	80～150		0.035～0.070	250～700	填充墙、屋面、管道等
矿棉、岩棉、玻璃棉板	80～200	$f_t>0.15$	0.045～0.048	≤600	墙体、屋面保温隔热等
膨胀珍珠岩	40～300		常温 0.021～0.076 低温 0.026～0.033	≤800（−200）	高效保温保冷填充材料
膨胀珍珠岩板	250～350	$f_c=0.4\sim0.9$	0.078～0.085		墙体、屋面保温隔热等
憎水性珍珠岩板	250～400	$f_c=0.4\sim0.9$	0.078～0.120		屋面保温层等
水泥膨胀珍珠岩制品	300～800	$f_c=0.5\sim6.0$	常温 0.050～0.150 低温 0.070～0.120	≤600（−150）	保温隔热用
水玻璃膨胀岩制品	200～300	$f_c=0.6\sim1.2$	0.048～0.093	≤650	保温隔热用
沥青膨胀珍珠岩制品	300～500	$f_c=0.2\sim1.2$	0.080～0.120		用于常温及负温
膨胀蛭石	80～300		0.047～0.140	1000	填充材料
水泥膨胀蛭石制品	300～500	$f_c=0.2\sim1.2$	0.065～0.140	≤600	保温隔热用
石棉水泥隔热板	500	$f_c>0.3$	0.160	≤650	围护结构及管道保温
轻质钙塑板	100～150	$f_c=0.1\sim0.3$ $f_t=0.7\sim1.1$	0.040～0.049	≤80	保温隔热兼防水性能，并具有装饰性能
泡沫玻璃	140～600	$f_c=0.8\sim1.5$	0.050～0.110	300～500	墙体、屋面保温隔热
泡沫混凝土	300～500	$f_c\geqslant0.4$	0.070～0.190	≤600	围护结构
加气混凝土	300～700	$f_c\geqslant0.4$	0.080～0.220	≤600	墙体、屋面保温隔热
木丝板	300～600	$f_v=0.4\sim0.5$	0.072～0.130	≤75	顶棚、隔墙板、护墙板

材料名称	干表观密度（kg/m³）	强 度（MPa）	导热系数[W/(m·K)]	最高使用温度(℃)	用 途
软质纤维板	300～350	$f_v=0.1～0.2$	0.035～0.045	≤75	同上、表面较光洁
芦苇板	250～400		0.093～0.130		顶棚、隔墙板
软木板	105～300	$f_v=0.15～2.5$	0.050～0.093	≤120	用于保温隔热结构
模塑聚苯乙烯泡沫塑料	15～60	$f_v=0.06～0.4$	0.027～0.045	−80～75	墙体、屋面保温隔热等
挤塑聚苯乙烯泡沫塑料	15～50	$f_v=0.15～0.5$	0.027～0.035	−80～75	墙体、屋面保温隔热等
挤塑聚苯板	15～70	$f_c=0.06～0.5$	0.030～0.041	≤75	墙体、屋面保温隔热等
膨胀聚苯板	18～22	$f_c=0.06～0.5$	0.030～0.041	≤75	墙体、屋面保温隔热等
水泥聚苯板	250～300		0.070～0.090		墙体、屋面保温隔热层
聚苯颗粒保温浆料	230～250	≤0.060			墙体、屋面保温隔热等
海泡石保温砂浆	280～300	≤0.060			墙体保温隔热等
聚乙烯泡沫塑料	100		0.047		
聚合物保温砂浆	300～650	≤0.110			墙体保温隔热等
聚氨酯硬泡沫塑料	24～80	$f_v=0.1～0.15$	0.018～0.033	≤120(−60)	墙体、屋面保温层、冷藏库保温隔热
聚氯乙烯泡沫塑料	72～130	$f_c≥0.18$	0.031～0.048	≤80	墙体、屋面保温、冷藏库保温隔热
脲醛泡沫塑料	10～20	$f_c=0.015～0.025$	≤0.041	−150～500	墙体保温、冷藏库保温隔热填充材料
机械发泡酚醛泡沫塑料	12～66	$f_c≥0.1$	0.025～0.045	−150～150	工业与建筑保温隔热
化学发泡酚醛泡沫塑料	44～72	$f_c≥0.1$	0.029～0.042	−150～150	工业与建筑保温隔热
石膏板	900～1050		0.200～0.330		墙体覆盖

第2节　吸声材料

建筑声学材料通常分为吸声材料和隔声材料,其中吸声材料无疑是最主要的建筑声学材料,应用最为广泛。

吸声材料主要用在音乐厅、会议厅、礼堂、影剧院、体育馆的墙面、地面、顶棚等部位,一方面控制和降低噪声干扰,另一方面可以达到改善厅堂音质、消除回声和颤动回声等目的。吸声材料还用于纺织车间、球磨车间等噪声很大的工厂车间,吸收一部分噪声,降低噪声强度,有利于工人身心健康。

一、吸声材料的作用原理

从物理学的观点来讲,声音实际上是一种机械波,是机械振动在介质中的传播,所以也是声波。受作用的空气发生振动,当频率在 20Hz～20000Hz(人耳正常听觉频率范围)范围内时,作用于人耳鼓膜而产生的感觉成为声音。声源则是受到外力作用而产生振动的物体。声波传播的过程是振动能量在传媒介质中的传递,按传媒介质不同,声音可分为空气声、水声和固体声。声音沿发射的方向最响,称为声音的方向性。

吸声材料对声波的作用特性是物体在声波激发下进行振动而产生。任何材料都对入射声波产生反射、吸收和透射,但是三者比例不同。

声音在传播过程中,一部分声能随着距离的增大而扩散,另一部分声能则因空气分子的吸收而减弱。声能的这种减弱现象,在室外空旷处颇为明显,但是在室内如果房间的空间并不大时,上述的这种声能减弱就不起主要作用,而重要的是室内墙壁、天花板、地板等材料表面对声能的吸收。

当声波遇到材料时,一部分声能被反射,一部分声能穿透材料,其余的声能转化为热能而被材料吸收。吸声机理是声波进入材料内部互相贯通的孔隙,受到空气分子及孔壁的摩擦和粘滞阻力,以及使细小纤维作机械振动,从而使声能转化为热能。吸声材料大多为疏松多孔的材料,如矿渣棉、毯子等。多孔性吸声材料的吸声系数,一般从低频到高频逐渐增大,故对高频和中频的吸声效果较好。

被材料吸收的声能 E(包括部分穿透材料的声能在内)与入射声能 E_0 之比,是评定材料吸声性能好坏的主要指标,称为吸声系数 a,用公式表示如下:

$$a = \frac{E}{E_0} \tag{11-3}$$

假如入射声能的 60% 被吸收,40% 被反射,则该材料的吸声系数 a 等于 0.6。当入射声能 100% 被吸收而无反射时,吸声系数等于 1。当门窗开启时,吸声系数相当于 1。一般材料的吸声系数在 0~1 之间。

材料的吸声性能除了与材料本身性质、厚度及材料表面状况(有无空气层及空气层的厚度)有关外,还与入射声波的入射角度及频率有关。因此,吸声系数用声音从各个方向入射的平均值表示,并应指出是对哪一频率的吸收。同一材料,对于高、中、低不同频率的吸声系数不同,有些材料对高频声波的吸收效果好,而对低频声波的吸收则很弱,或者正好相反。一般认为,500Hz 以下为低频,500Hz~2000Hz 为中频,2000Hz 以上为高频,人类语言的频率范围主要集中在中频。为了全面反映材料的吸声性能,规定取 125Hz、250Hz、500Hz、1000Hz、2000Hz、4000Hz 等 6 个频率的吸声系数来表示材料的吸声特性。例如,材料对某一频率的吸声系数为 a,材料的面积为 A,则其吸声总量等于 aA(吸声单位)。任何材料对声音都能吸收,只是吸收程度有很大的不同。通常对上述 6 个频率的平均吸声系数 $\bar{a}$ 大于0.2 的材料,认为是吸声材料。

二、吸声材料的结构形式

一般来讲,坚硬、光滑、结构紧密和表观密度大的材料吸声能力弱,反射性能强;粗糙松软、具有内外相互贯穿微孔的多孔材料吸声能力强,反射性能弱。

按照材料的结构特征和吸声机理,吸声材料通常分为如下几大类。

$$吸声材料 \begin{cases} 多孔吸声材料 \begin{cases} 纤维类 \\ 泡沫类 \\ 颗粒类 \end{cases} \\ 共振吸声材料 \begin{cases} 单孔共振器类 \\ 穿孔板共振吸声结构类 \\ 微穿孔板共振吸声结构类 \\ 薄板共振吸声结构类 \\ 薄膜共振吸声结构类 \end{cases} \\ 复合吸声材料 \end{cases}$$

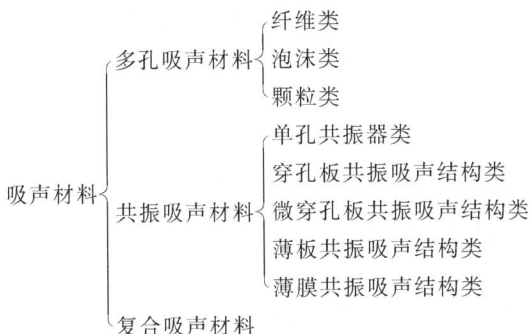

常用的吸声材料结构形式有如下几种。

1. 多孔吸声结构

多孔性结构吸声材料是常用的一种吸声材料,它具有良好的中高频吸声性能。多孔性吸声材料具有大量的内外连通微孔,通气性良好。当声波入射到材料表面时,声波很快地顺着微孔进入材料内部,引起孔隙内的空气振动,由于摩擦,空气粘滞阻力和材料内部的热传导作用,使相当一部分声能转化为热能而被吸收。

影响多孔材料吸声性能的主要因素:

(1)材料的孔隙率与孔隙特征。材料的孔隙率越大(表观密度越小)、连通孔隙越多,吸声性能越好;材料的孔隙率相同时,连通孔隙的孔径越细小、分布越均匀,吸声性能越好。当材料吸湿或表面喷涂油漆、空隙充水或堵塞,会大大降低吸声材料的吸声效果。

(2)材料表观密度的影响。多孔材料表观密度增加,意味着微孔减小,能使低频吸声效果有所提高,但高频吸声性能却下降。

(3)材料厚度。多孔材料的低频吸声系数,一般随着厚度的增加而提高,但厚度对高频影响不显著。材料的厚度增加到一定程度后,吸声效果的变化就不明显。所以为提高材料吸声效果而无限制地增加厚度是不适宜的。

(4)背后空气层。大部分吸声材料都是固定在龙骨上,材料背后空气层的作用相当于增加了材料的厚度,吸声效果一般随着空气层厚度增加而提高。当材料背后空气层厚度等于1/4波长的奇数倍时,可获得最大的吸声系数,根据这个原理,调整材料背后空气层厚度,可以提高其吸声效果。

2. 薄板共振吸声结构

由于低频声波比高频声波更容易激起薄板共振,所以薄板共振吸声结构具有低频声波吸声特性,同时还有助于声波的扩散。建筑中常用胶合板、薄木板、硬质纤维板、石膏板、石棉水泥板或金属板等,把它们固定在墙壁或顶棚的龙骨上,并在背后留有空气层,即成薄板共振吸声结构。

薄板共振结构是在声波作用下发生振动,薄板共振时由于板内部和龙骨之间出现摩擦损耗,使声能转变为机械振动,而起到吸声作用。建筑工程中常用的薄板共振吸声结构的共振频率约在 $80 \sim 300\,Hz$ 之间,在此共振频率附近的吸声系数最大,约为 $0.2 \sim 0.5$,而在其他共振频率附近的吸声系数较低。

3. 微穿孔板共振吸声结构

微穿孔板共振吸声结构具有密闭的空腔和较小的开口孔隙,很像个瓶子。当瓶腔内空气受到外力激荡,会按一定的频率振动,这就是共振吸声器。每个独立的共振吸声器都有一个共振频率,在其共振频率附近,由于颈部空气分子在声波的作用下像活塞一样进行往复运动,因摩擦而消耗声能。若在腔口蒙一层细布或疏松的棉絮,可以加宽共振频率范围和提高吸声量。

4. 穿孔板共振吸声结构

穿孔板共振吸声结构具有适合中频的吸声特性。这种吸声结构与单独的共振吸声器相似,可看作是多个单独共振吸声器并联而成。穿孔板的厚度、穿孔率、孔径、孔距、背后空气层厚度以及是否填充多孔吸声材料等,都直接影响吸声结构的吸声性能。这种吸声结构由穿孔的胶合板、硬质纤维板、石膏板、石棉水泥板、铝合板、薄钢板等,固定在龙骨上,并在背后设置空气层而构成,这种吸声材料在建筑中使用比较普遍。

5. 泡沫吸声结构

具有密闭气孔和一定弹性的材料,如聚氯乙稀泡沫塑料,表面仍为多孔材料,但因其有密闭气孔,声波引起的空气振动不是直接传递至材料内部,只能相应的产生振动,在振动过程中由于克服材料内部的摩擦而消耗声能,造成声波衰减。这种材料的吸声特性是在一定的频率范围内出现一个或多个吸收频率。

6. 悬挂空间吸声结构

悬挂于空间的吸声体,由于声波与吸声材料的两个或两个以上的表面接触,增加了有效的吸声面积,产生边缘效应,加上声波的衍射作用,大大提高吸声效果。实际应用时,可根据不同的使用部位和要求,设计成各种结构形式的悬挂空间吸声结构。空间吸声体有平板形、球形、椭圆形和棱锥形等多种结构形式。

7. 帘幕吸声结构

帘幕吸声结构是用具有透气性能的纺织品,安装在离开墙面或窗洞一段距离处,背后设置空气层。这种吸声体对中、高频都有一定的吸声效果。帘幕的吸声效果还与所用材料种类有关。帘幕吸声体安装拆卸方便,兼有装饰作用,应用性价比高。

三、选用和安装吸声材料的注意事项

在室内采用吸声材料可以抑止噪声,保持良好的音质(声音清晰且不失真),故在教室、礼堂和剧院等室内应当采用吸声材料。根据建筑使用功能的不同,声学设计的要求不同,对吸声材料(结构)的要求也不同,对不同频率的噪声选用不同的吸声材料。

对大多数室内环境来说,吸声材料(结构)不但要具备吸声、隔声或声反射的功能,一般还要兼有内装修的功能,同时,要考虑吸声材料(结构)的耐久性、成本以及与建筑结构的相容性等。

选用和安装吸声材料时,应注意以下几点:

(1)在音频范围内尽可能选用吸声系数较高的材料,以便节约材料用量,降低成本。

(2)选用的吸声材料应不易虫蛀、腐朽,且不易燃烧。

(3)为使吸声材料充分发挥作用,应将其安装在最容易接触声波和最多反射次数的表面上,不应把它集中在天花板或某一面的墙壁上,并应比较均匀地分布在室内各个表面上,以保证吸声及室内装修的完整性。

(4)吸声材料的强度一般较低,应设置在护壁线以上,避免撞击、机械损失、耐磨损失,以保证其耐久性。

（5）多孔吸声材料往往易吸湿，安装时应考虑湿胀干缩的影响。

（6）安装吸声材料时应勿使材料的表面细孔被油漆漆膜堵塞，从而降低其吸声效果。

虽然有些吸声材料的名称与保温隔热材料相同，都属多孔性材料，但在材料的孔隙特征上有着完全不同的要求。保温隔热材料要求具有封闭的互不连通的气孔，这种气孔越多其保温隔热性能越好；而吸声材料则要求具有开放的互相连通的气孔，这种气孔越多其吸声性能越好。至于如何使名称相同的材料具有不同的孔隙特征，这主要取决于原料组分中的某些差别和生产工艺中的热工制度、加压大小等。例如泡沫玻璃采用焦炭、磷化硅、石墨为发泡剂时，就能制得封闭的互不连通的气孔。又如泡沫塑料在生产过程中采取不同的加热、加压制度，可获得孔隙特征不同的制品。

通常选用多孔吸声材料可提高高频的吸声量；选用薄板共振吸声结构可改善低频的吸声特性；选用穿孔板吸声结构可增加中频的吸声量。对于中高频噪声，一般可采用 $20\sim50\text{mm}$ 厚多孔吸声板，当吸声要求高时，可采用 $50\sim80\text{mm}$ 厚超细玻璃棉、化纤下脚料等多孔吸声材料；对于中低频噪声，采用穿孔板共振吸声结构时，其孔径通常为 $3\sim6\text{mm}$，穿孔率宜小于 5%。

薄板共振吸声结构是采用薄板钉在靠墙的木龙骨上，薄板与板后的空气层构成了薄板共振吸声结构。在声波的交变压力作用下，迫使薄板振动。当声频正好为振动系统的共振频率时，其振动最强烈，吸声效果最显著。如表 12-2 中，序号 11、13、14 的胶合板结构。

穿孔板吸声结构是用穿孔的胶合板、纤维板、金属板或石膏板等为结构主体，与板后的墙面之间的空气层（空气层中有时可填充多孔材料）构成吸声结构。如表 12-2 中序号 12、15、16、17 的穿孔胶合板结构。

四、常用吸声材料及吸声系数

建筑工程中常用吸声材料及吸声系数，如表 11-2 所示。

表 11-2　建筑工程常用吸声材料及吸声系数

序号	名称	厚度（cm）	表观密度（kg/m³）	各频率下的吸声系数						装置情况
				125Hz	250Hz	500Hz	1000Hz	2000Hz	4000Hz	
1	石膏砂浆（掺有水泥、玻璃纤维）	2.2		0.24	0.12	0.09	0.30	0.32	0.83	粉刷在墙上
2*	石膏砂浆（掺有水泥、石棉纤维）	1.3		0.25	0.78	0.97	0.81	0.82	0.85	喷射在钢丝板上，表面滚平，后有15cm空气层
3	水泥膨胀珍珠岩板	2.0	350	0.16	0.46	0.64	0.48	0.56	0.56	贴实
4	矿渣棉	3.13 / 8.0	210 / 240	0.10 / 0.35	0.21 / 0.65	0.60 / 0.65	0.95 / 0.75	0.85 / 0.88	0.72 / 0.92	贴实
5	沥青矿渣棉毡	6.0	200	0.19	0.51	0.67	0.70	0.85	0.86	贴实

续表

序号	名称	厚度(cm)	表观密度(kg/m³)	各频率下的吸声系数						装置情况
				125Hz	250Hz	500Hz	1000Hz	2000Hz	4000Hz	
6	玻璃棉	5.0	80	0.06	0.08	0.18	0.44	0.72	0.82	贴实
		5.0	130	0.10	0.12	0.31	0.76	0.85	0.99	
	超细玻璃棉	5.0	20	0.10	0.35	0.85	0.85	0.86	0.86	
		15.0	20	0.50	0.85	0.85	0.85	0.86	0.80	
7	酚醛玻璃纤维板(去除表面硬皮层)	8.0	100	0.25	0.55	0.80	0.92	0.98	0.95	贴实
8	泡沫玻璃	4.0	1260	0.11	0.32	0.52	0.44	0.52	0.33	贴实
9	脲醛泡沫塑料	5.0	20	0.22	0.29	0.40	0.68	0.95	0.94	贴实
10	软木板	2.5	260	0.05	0.11	0.25	0.63	0.70	0.70	贴实
11	丝板*	3.0	400	0.10	0.36	0.62	0.53	0.71	0.90	钉在木龙骨上，后留10cm空气层
12*	穿孔纤维板(穿孔率为5%,孔径5mm)	1.6		0.13	0.38	0.72	0.89	0.82	0.66	钉在木龙骨上,后留5cm空气层
13*	胶合板(三夹板)*	0.3		0.21	0.73	0.21	0.19	0.08	0.12	钉在木龙骨上,后留5cm空气层
14*	胶合板(三夹板)*	0.3		0.60	0.38	0.18	0.05	0.05	0.08	钉在木龙骨上，后留10cm空气层
15*	穿孔胶合板(五夹板)*(孔径5mm,孔心距25mm)	0.5		0.01	0.25	0.55	0.30	0.16	0.19	钉在木龙骨上,后留5cm空气层
16*	穿孔胶合板(五夹板)*(孔径5mm,孔心距25mm)	0.5		0.23	0.69	0.86	0.47	0.26	0.27	钉在木龙骨上,后留5cm空气层,但在空气层内填充矿物棉
17*	穿孔胶合板(五夹板)*(孔径5mm,孔心距25mm)	0.5		0.20	0.95	0.61	0.32	0.23	0.55	钉在木龙骨上,后留5cm空气层,填充矿物棉
18	工业毛毡	3.0	370	0.10	0.28	0.55	0.60	0.60	0.59	张贴在墙上
19	地毯	厚		0.20		0.30		0.50		铺于木搁栅楼板上
20	帘幕	厚		0.10		0.50		0.60		有折叠,靠墙装置

注:①表中名称后有＊者表示系用混响室法测得的结果;无＊者系用驻波管法测得的结果,混响室法测得的数据比驻波管法约大 0.20 左右。

②序号后有＊者为吸声结构。

③穿孔板吸声结构在穿孔率为 0.5%~5%,板厚为 1.5~10mm,孔径 2~15mm,后面留腔深度为 100~250mm 时,可获得较好效果。

五、关于隔声材料的概念

隔声与吸声是完全不同的两个声学概念。材料的隔声原理与吸声原理不同,隔声材料与吸声材料的结构特征不同。隔声材料是将入射声波的振动通过材料自身的阻尼作用隔挡,能减弱或隔断声波传递的材料称为隔声材料。隔声性能与材料单位面积的质量有关,质量越大,传声损失越大,吸声性能越好。必须指出:吸声性能好的材料,不能简单地把它们作为隔声材料来使用。

人们要隔绝的声音,按传播途径有:空气声(通过空气传播的声音)和固体声(通过固体的撞击或振动传播的声音)两种,这两者的隔声原理及隔声技术措施不同。

对空气声的隔绝,主要是依据声学中的"质量定律",即材料的表观密度越大,越不易受声波作用而产生振动,其声波通过材料传递的速度迅速减弱,其隔声效果越好。所以,应选用表观密度大且无孔隙的材料(如钢筋混凝土、实心砖、钢板等)作为隔绝空气声的材料。

对固体声隔绝的最有效的结构措施是隔断其声波的连续传递。即在产生和传递固体声的结构(如梁、框架、楼板与隔墙以及它们的交接处等)层中加入具有一定弹性的衬垫材料,如软木、橡胶、石棉毡、地毯或设置空气隔离层等,以阻止或减弱固体声的连续传播。

习题与复习思考题

1. 何谓保温隔热材料?影响保温隔热材料导热系数的主要因素有哪些?工程上对保温隔热材料有哪些要求?

2. 试述保温隔热材料的保温隔热机理。

3. 试述选用保温隔热材料的基本要求及原则。

4. 保温隔热材料的基本特征如何?按材料的结构特征保温隔热材料可分为哪几类?

5. 材料的吸声性能及其表示方法?什么是吸声材料?

6. 吸声材料的基本特征如何?

7. 试述吸声材料的吸声原理。

8. 按照材料的结构特征和吸声机理,吸声材料通常可分为几大类。

9. 试述选用吸声材料时的注意事项。

10. 吸声材料与保温隔热材料性质、结构上有何异同?使用保温隔热材料和吸声材料时各应注意哪些问题?

11. 何谓隔声材料?隔绝空气声与隔绝固体声的作用原理有何不同?哪些材料适宜用做隔绝空气声或隔绝固体声的材料?

12. 哪些措施可以解决轻质材料保温隔热性能、吸声性能好,而隔声能力差的问题?

第 12 章 沥 青

沥青是一种有机胶凝材料,它是由一些极其复杂的高分子碳氢化合物及其非金属(氧、氮、硫等)衍生物所组成的混合物。在常温下,沥青呈褐色或黑褐色的固体、半固体或黏稠液体状态。它具有把砂、石等矿物质材料胶结成为一个整体的能力,形成具有一定强度的沥青混凝土,因此,被广泛地应用于铺筑路面、防渗墙等道路和水利工程中。

沥青是憎水性材料,几乎不溶于水,而且本身构造致密,具有良好的防水性、耐腐蚀性;它能与混凝土、砂浆、砖、石料、木材、金属等材料牢固地黏结在一起,且具有一定的塑性,能适应基材的变形。因此,沥青材料及其制品又被广泛地应用于地下防潮、防水和屋面防水等建筑工程中。

沥青的种类较多,按产源可分为地沥青(包括天然沥青、石油沥青)和焦油沥青(包括煤沥青、页岩沥青等)。在工程中,常用的主要是石油沥青,另外还使用少量的煤沥青。

第 1 节 石油沥青

一、石油沥青的组成和结构

石油沥青是石油原油经蒸馏等提炼出各种轻质油(如汽油、柴油等)及润滑油以后的残留物,或再经加工而得的产品。

(一)组成

石油沥青是由多种碳氢化合物及其非金属(氧、硫、氮)的衍生物组成的混合物。所以它的元素组成主要是碳(80%~87%)、氢(10%~15%),其次是非烃元素,如氧、硫、氮等(<3%)。此外,还含有一些微量的金属元素(如镍、钒、铁、锰、钙、镁、钠等)。

由于石油沥青是由多种化合物所组成的混合物,将其分离为纯粹的化合物单体,目前分析技术还有一定困难,实际上,在生产应用中,并没有这样的必要。因此,许多研究者就致力于沥青"化学组分"分析的研究。化学组分分析就是将沥青分离为化学性质相近,而且与其路用性质有一定联系的几个组,这些组就称为"组分"。

石油沥青的化学组分,许多研究者曾提出不同的分析方法,而且还在不断修正和发展中。我国现行《公路工程沥青及沥青混合料试验规程》(JTG E20—2011)中规定有三组分和四组分两种分析法。

1. 三组分分析法

石油沥青的三组分分析法是将石油沥青分离为:油分、胶质和沥青质 3 个组分。因我国富产石蜡基沥青,在油分中往往含有蜡,故在分析时还应将油蜡分离。由于这一组分分析方法是兼用了选择性溶解和选择性吸附的方法,所以又称为溶解—吸附法。

按三组分分析法所得各组分的性状如表12-1。

表 12-1　石油沥青三组分分析法的各组分性状

性状\组分	外观特征	平均分子量 $\overline{M}_w$	碳氢比(原子比) C/H	物化特征
油　分	淡黄透明液体	$200\sim700$	$0.5\sim0.7$	几乎可溶于大部分有机溶剂,具有光学活性,常发现有荧光,相对密度约 $0.910\sim0.925$
胶　质*	红褐色黏稠半固体	$800\sim3000$	$0.7\sim0.8$	温度敏感性高,溶点低于 $100℃$,相对密度大于 1.000
沥青质	深褐色固体末状微粒	$1000\sim5000$	$0.8\sim1.0$	加热不熔化,分解为硬焦碳,使沥青呈黑色

* 在教材中常称为"树脂"。

2. 四组分分析法

四组分分析法是将沥青试样先用正庚烷沉淀"沥青质",再将可溶分(即软沥青质)吸附于氧化铝谱柱上,先用正庚烷冲洗,所得的组分称为"饱和分";继用甲苯冲洗,所得的组分称为"芳香分";最后用甲苯—乙醇、甲苯、乙醇冲洗,所得组分称为"胶质"。对于含蜡沥青,可将所分离得的饱和分与芳香分,以丁酮—苯为脱蜡溶剂,在 $-20℃$ 下冷冻分离固态烷烃,确定含蜡量。

在石油沥青四组分分析中,各组分对沥青性质的影响为:饱和分含量增加,可使沥青稠度降低(针入度增大);胶质含量增大,可使沥青的延性增加;在有饱和分存在的条件下,沥青质含量增加,可使沥青获得低的感温性;胶质和沥青质的含量增加,可使沥青的黏度提高。

3. 沥青的含蜡量

我国富产石蜡基原油,蜡对沥青工程性能具有重大影响,主要表现为在高温时会使沥青容易发软,导致沥青高温稳定性降低,出现车辙或流淌;相反,在低温时会使沥青变得硬脆,导致低温抗裂性降低,容易出现裂缝;此外,蜡会使沥青与石料黏附性降低,在有水的条件下,会使路面石子产生剥落现象,造成路面破坏;更严重的是,含蜡沥青会使沥青路面的抗滑性降低,影响路面的行车安全。对于沥青含蜡量的限制,由于世界各国测定方法不同,所以限制值也不一致,其范围为 $2\%\sim4\%$。我国标准规定,道路石油沥青的含蜡量(蒸馏法)为 $2.2\%\sim4.5\%$。

(三)胶体结构

沥青的技术性质,不仅取决于它的化学组分及其化学结构,而且取决于它的胶体结构。

1. 胶体结构的形式

沥青的胶体结构,是以固态超细微粒的沥青质为分散相,通常是若干个沥青质麇集在一起,它们吸附了极性半固态的胶质,而形成"胶团"。由于胶质的胶溶作用,而使胶团胶溶、分散于液态的芳香分和饱和分组成的分散介质中,形成稳定的胶体。

2. 胶体结构分类

根据沥青中各组分的化学组成和相对含量的不同,可以形成不同的胶体结构。沥青的胶体结构,可分下列 3 个类型。

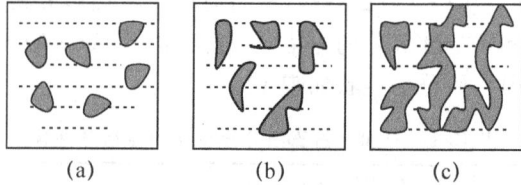

图 12-1　沥青的胶体结构示意图
a. 溶胶型结构　b. 溶—凝胶型结构　c. 凝胶型结构

(1)溶胶型结构:当沥青中沥青质分子量较小,并且含量很少(例如在 10% 以下),同时有一定数量的芳香度较高的胶质,这样使胶团能够完全胶溶而分散在芳香分和饱和分的介质中。在此情况下,胶团相距较远,它们之间吸引力很小(甚至没有吸引力),胶团可以在分散介质黏度许可范围之内自由运动,这种胶体结构的沥青,称为溶胶型沥青(如图 12-1a 所示)。

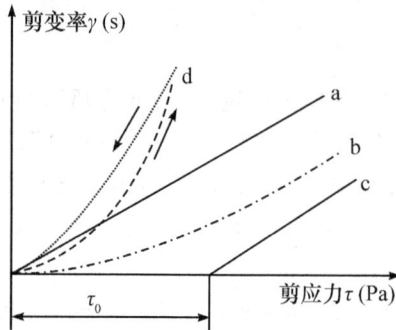

图 12-2　沥青的剪应力与剪应变关系图
a. 牛顿流体　b. 伪塑性体　c. 似宾汉姆体　d. 触变性

这类沥青的特点是,当对其施加荷载时,几乎没有弹性效应,剪应力与剪变率成直线关系(如图 12-2a 所示),呈牛顿流型流动,所以这类沥青也称为"牛顿流沥青"。通常,大部分直馏沥青都属于溶胶型沥青。这类沥青在性能上,具有较好的自愈性和低温时变形能力,但温度感应性较大。

(2)溶—凝胶型结构:沥青中沥青质含量适当(例如在 15%~25% 之间),并有较多数量芳香度较高的胶质,这样形成的胶团数量增多,胶体中胶团的浓度增加,胶团距离相对靠近(如图 12-1b 所示),它们之间有一定的吸引力。这是一种介乎溶胶与凝胶之间的结构,称为溶—凝胶结构。这种结构的沥青称为溶—凝胶型沥青。这类沥青的特点是,在变形的最初阶段,表现出一定程度的弹性效应,但变形增加至一定数值后,则又表现出一定程度的黏性流动,是一种具有黏—弹特性的伪塑性体。它的剪应力和剪变率关系,如图 12-2b 所示。这类具有黏—弹特性的沥青,称为黏—弹性沥青。这类沥青,有时还有触变性。修筑现代高等级沥青路面用的沥青,都应属于这类胶体结构类型。通常,环烷基稠油的直馏沥青或半氧化沥青,以及按要求组分重(新)组(配)的溶剂沥青等,往往能符合这类胶体结构。这类沥青的性能,在高温时具有较小的温度感应性,低温时又具有较好的形变能力。

(3)凝胶型结构:沥青中沥青质含量很高(例如>30%),并有相当数量芳香度高的胶质来形成胶团。这样,沥青中胶团浓度很大程度的增加,它们之间相互的吸引力增加,使胶团靠得很近,形成空间网络结构。此时,液态的芳香分和饱和分在胶团的网络中成为"分散相",连续的胶团成为"分散介质"(如图 12-1c 所示)。这种胶体结构的沥青,称为凝胶型沥青。这类沥青的特点是,当施加荷载很小时,或在荷载时间很短时,具有明显的弹性变形。当应力超过屈服值之后,则表现为黏—弹性变形(如图 12-2c 所示),为一种似宾汉姆体。有时还具有明显的触变性。这类沥青称为弹性沥青。通常深度氧化的沥青多属于凝胶型沥青。这类沥青在性能上,虽具有较小的温度感应性,但低温变形能力较差。

3. 蜡对沥青胶体结构的影响

蜡组分在沥青胶体结构中,可溶于分散介质芳香分和饱和分中,在高温时,它的黏度很低,会降低分散介质的黏度,使沥青胶体结构向溶胶方向发展;在低温时,它能结晶析出,形成网络结构,使沥青胶体结构向凝胶方向发展。

4. 结构类型的判定

沥青的胶体结构与其性能有密切的关系。胶体结构类型的确定,可以根据流变学的方法(如流变曲线测定法)和物理化学的方法(如容积度法、絮凝比—稀释度法)等;为工程使用方便,通常采用针入度指数法。该法是根据沥青的针入度指数值,按表 12-2 来划分其胶体结构类型。

表 12-2　沥青的针入度指数和胶体结构类型

沥青的针入度指数(PI)	沥青的胶体结构类型	沥青的针入度指数(PI)	沥青的胶体结构类型	沥青的针入度指数(PI)	沥青的胶体结构类型
<-2	溶　胶	$-2\sim+2$	溶—凝胶	$>+2$	凝　胶

二、石油沥青的技术性质

用于现代沥青路面等的沥青材料,应具备下列主要技术性质。

(一)物理特征常数

现代沥青路面的研究,对沥青材料的下列物理特征常数极为重视。

1. 密度

沥青的密度是沥青在规定温度(15℃或 25℃)条件下、单位体积的质量。相对密度是指在规定温度(15℃或 25℃)下,沥青质量与同体积水质量之比。

沥青的密度与其化学组成有密切的关系,通过沥青的密度测定,可以概略地了解沥青的化学组成。通常黏稠沥青的密度波动在 $0.96\sim1.04\text{g/m}^3$ 范围。我国富产石蜡基沥青,其特征为含硫量低、含蜡量高、沥青质含量少,所以密度常在 1.00g/m^3 以下。

2. 热胀系数

沥青在温度上升 1℃时的长度或体积的变化,分别称为线胀系数或体胀系数,统称热胀系数。

沥青路面的开裂,与沥青混合料的热胀系数有关。沥青混合料的热胀系数,主要取决于沥青热学性质。特别是含蜡沥青,当温度降低时,蜡由液态转变为固态,沥青的热胀系数发生突变,因而易导致路面产生开裂。

(二)黏滞性

沥青的黏滞性(简称黏性)是反映沥青材料内部阻碍其相对流动的一种特性,是技术性质中与沥青路面力学行为联系最密切的一种性质。在现代交通条件下,为防止路面出现车辙,沥青黏度的选择是首要考虑的参数。沥青的黏滞性通常用黏度表示,所以黏度是现代沥青等级(标号)划分的主要依据。

黏滞性应以绝对黏度表示,但因其测定方法较复杂,故工程中常用相对黏度(条件黏度)来表示黏滞性,对使用黏稠(半固体或固体)的石油沥青用针入度表示,对液体石油沥青则用黏滞度表示。针入度(或黏滞度)是石油沥青的重要技术指标之一。

针入度反映了石油沥青抵抗剪切变形的能力。针入度越小,表明黏度越大。黏稠石油沥青的针入度是在规定温度(25℃)条件下,以规定质量(100g)的标准针,在规定时间(5s)内贯入试样中的深度表示,单位以 0.1mm 计。

对于液体沥青的标准黏度是在某温度下经一定直径的小孔流出 50mL 所需的时间,以 s 表示,常用符号 $C_{T,d}$ 表示黏滞度,其中 d 为流孔直径(mm),T 为试样温度,d 有 3mm、4mm、5mm 和 10mm 四种,T 通常为 25℃或 60℃。

(三)塑性

塑性指石油沥青在外力作用下产生变形而不破坏,除去外力后,仍能保持变形后的形状的性质。石油沥青的塑性与其组分相关,当其中胶质含量较多,且其他组分含量又当适时,则塑性较好。温度及沥青膜层厚度也影响塑性。温度升高,则塑性增大,当膜层增厚,塑性也增大,反之则塑性越差。当膜层薄至 $1\mu m$ 时,塑性近于消失,即接近于弹性。在常温下,塑性较好的沥青在产生裂缝时,也可能由于特有的黏塑性而自行愈合,故塑性也反映了沥青开裂后的自愈能力。沥青之所以能配制成性能良好的柔性防水材料,很大程度上取决于沥青的塑性。沥青的塑性对冲击振动荷载有一定吸收能力,并能够减少摩擦时的噪声,故沥青是一种优良的道路路面材料。

石油沥青的塑性用延度表示。延度愈大,塑性愈好。延度测定是把沥青制成"8"字形标准试件,置于延度仪内特定温度(25℃、15℃、10℃或 5℃)的水中,以 5cm/min 的速度拉伸,用拉断时的伸长量来表示,单位用 cm 计。延度也是石油沥青的重要技术指标之一。

(四)感温性

沥青材料的温度感应性(简称感温性)与沥青路面的施工(如拌和、摊铺、碾压)和使用性能(如高温稳定性和低温抗裂性)都有密切关系,所以它是评价沥青技术性质的一个重要指标。由于沥青是一种高分子非晶态热塑性物质,故没有一定的熔点。沥青在外力作用下所发生的变形,实质上是由分子运动产生的,因此,其显著的受温度影响。当温度很低时,沥青分子不能自由运动,好像被冻结一样,在外力作用下所发生的变形很少,如同玻璃一样硬脆,称"玻璃态"。随着温度升高,沥青分子获得了一定的能量,活动能力增加了,这时在外力作用下,表现出很高的弹性,称"高弹态"。当温度继续升高时,沥青分子获得了更多的能量,分子运动更加自由,从而分子间发生相对滑动,此时沥青就像液体一样可黏性流动,称"黏流态"。由"玻璃态"到"高弹态"进而变为"黏流态",反映了沥青的黏滞性和塑性随温度变化而变化。

沥青的感温性以软化点指标表示。由于沥青材料从固态至液态有一定的变态间隔,故规定以其中某一状态作为从固态转变到黏流态的起点,相应的温度则称为沥青的软化点。软化点亦为石油沥青的重要技术指标。沥青软化点一般采用"环球法"测定。它是把沥青试样装入规定尺寸(直径 19.8mm,高 6mm)的铜环内,试样上放置一标准钢球(直径 9.53mm,质量 3.5g),浸入水或甘油中,以规定的速度升温(5℃/min),当沥青软化下垂至规定距离(25.4mm)时的温度即为软化点,以摄氏度(℃)计。

另外,沥青的脆点是反映低温性能的一个指标,它是指沥青从高弹态转到玻璃态过程中的某一规定状态的相应温度,该指标主要反映沥青的低温变形能力。寒冷地区应用的沥青应考虑沥青的脆点。沥青的软化点愈高,脆点愈低,则沥青的温度感应性越小。

(五)黏附性

沥青与集料的黏附性直接影响沥青路面的使用质量和耐久性,所以黏附性是评价沥青技术性能的一个重要指标。沥青裹覆集料后的抗水性(即抗剥性)不仅与沥青的性质有密切关系,而且亦与集料性质有关。在本书第一章中已阐述了集料的增水性和亲水性,本章着重研究沥青对黏附性的影响。

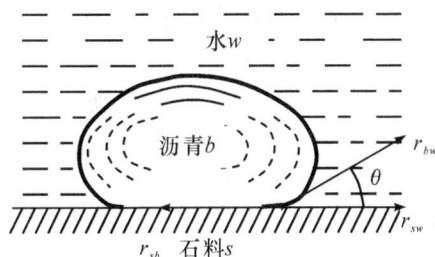

图 12-3 沥青—水—石料的三相系平衡水

沥青与集料的黏附作用,是一个复杂的物理—化学过程。目前,对黏附机理有多种解释。按润湿理论认为:在有水的条件下,沥青对石料的黏附性,可用沥青—水—石料三相体系(如图 12-3 所示)来讨论。设沥青与水的接触角为 θ,石料—沥青、石料—水和沥青—水的界面剩余自由能(简称界面能)分别为 γ_{sb}、γ_{bw}、γ_{sw},沥青从石料单位表面积上置换水,所做的功 W 为:

$$W = \gamma_{sb} + \gamma_{bw} - \gamma_{sw} \tag{12-1}$$

如沥青—水—石体系达到平衡时,必须满足杨格(Yound)和杜布尔(Dupre)方程得

$$\gamma_{sb} - \gamma_{sw} - \gamma_{bw}\cos\theta = 0$$

即

$$\gamma_{sb} = \gamma_{sw} + \gamma_{bw}\cos\theta \tag{12-2}$$

以式(12-2)代入式(12-1)得

$$W = \gamma_{bw}(1 + \cos\theta) \tag{12-3}$$

由式(12-3)可知,沥青欲置换水而黏附于石料的表面,主要取决于:①沥青与水的界面能 γ_{bw} 和②沥青与水的接触角 θ。在确定的石料条件下,γ_{bw} 和 θ 均取于沥青的性质。沥青的性质中主要为沥青的稠度和沥青中极性物质的含量(如沥青酸及其酸酐等)。随着沥青稠度和沥青酸含量的增加,沥青与石料的黏附性提高。

我国现行试验法(JTG E20 T0616—2011)规定,沥青与集料的黏附性试验,根据沥青混合料的最大粒径决定,大于 13.2mm 者采用水煮法;小于(或等于)13.2mm 者采用水浸法。水煮法是选取粒径为 13.2～19mm 形状接近正立方体的规则集料 5 个,经沥青裹覆后,在蒸馏水中沸煮 3min,按沥青膜剥落面积百分率分为 5 个等级来评价沥青与集料的黏附性。水

浸法是选取 9.5～13.2mm 的集料 100g 与 5.5g 的沥青在规定温度条件下拌和,配制成沥青—集料混合料,冷却后浸入 80℃ 的蒸馏水中保持 30min,然后按剥落面积百分率来评定沥青与集料的黏附性。黏附性等级共分 5 个等级,最好为 5 级,最差为 1 级。

（六）耐久性

采用现代技术修筑的高等级沥青路面,都要求具有很长的耐用周期,因此对沥青材料的耐久性,亦提出更高的要求。

1. 影响因素

沥青在路面施工时,需要在空气介质中进行加热。路面建成后,长期裸露在现代工业环境中,经受日照、降水、气温变化等自然因素的作用。因此,影响沥青耐久性的因素,主要有:大气（氧）、日照（光）、温度（热）、雨雪（水）、环境（氧化剂）以及交通（应力）等因素。

（1）热的影响:热能加速沥青分子的运动,除了引起沥青的蒸发外,并能促进沥青化学反应的加速,最终导致沥青技术性能降低。尤其是在施工加热（160～180℃）时,由于有空气中的氧参与共同作用,可使沥青性质产生严重的劣化。

（2）氧的影响:空气中的氧,在加热的条件下,能促使沥青组分对其吸收,并产生脱氢作用,使沥青的组分发生移行（如芳香分转变为胶质,胶质转变为沥青质）。

（3）光的影响:水在与光、氧和热共同作用时,能起催化剂的作用。

此外,还有工业环境中的臭氧以及交通因素等对沥青耐久性也有影响,这些都是近代工业与交通发展中,新近发现的一些影响因素。

综上所述,沥青在上述因素的综合作用下,产生"不可逆"的化学变化,导致路用性能的逐渐劣化,这种变化过程称为"老化"。

2. 评价方法

（1）热致老化:对于道路石油沥青,是将沥青试样 50g 盛于直径为 55mm、深为 35mm 的器皿中,在 163±1℃ 的烘箱中加热 5h,或是将 50g 沥青试样,盛于内径 139.7mm、深为 9.5mm 的铝皿中,使沥青成为厚约 3mm 的薄膜,沥青薄膜在 163±1℃ 的标准烘箱中加热 5h。然后分别测定其质量变化、残留针入度比（25℃）、残留延度（10℃、15℃）。

对于液体沥青,是进行蒸馏试验。液体沥青的黏度较低,以便在施工中可以冷态（或稍加热）使用。液体沥青中轻质馏分挥发后,沥青黏度将明显提高,从而使路面黏聚力得到提高。蒸馏试验是确定液体沥青含有此种轻质挥发性油的数量,以及挥发后沥青的性质。

蒸馏试验是在标准蒸馏器内进行加热,将沸点范围接近、同时具有相近特性和物理化学性质的油分划分为几个馏程。为使馏分范围标准化,道路液体沥青划分至 225℃、315℃ 和 360℃ 等 3 个馏程。为了确定 360℃ 挥发性油排出后沥青的性质,残留沥青应进行 25℃ 延度和浮漂度试验,用以说明残留沥青在道路路面中的性质。

（2）耐候性:评价沥青在气候因素（光、氧、热和水）的综合作用下,路用性能衰降的程度,可以采用"自然老化"和"人工加速老化"试验。人工加速老化试验,是在由计算机程序控制有氙灯光源和自动调温、鼓风、喷水设备的耐候仪中进行的,通常只有在科研时才进行耐候性试验。

（七）安全性

沥青材料在使用时必须加热,当加热至一定温度时,沥青材料中挥发的油分蒸汽与周围空气组成混合气体,此混合气体遇火焰则发生闪火。若继续加热,油分蒸汽的饱和度增加,由于此种蒸汽与空气组成的混合气体遇火焰极易燃烧,而引起熔油车间发生火灾或使沥青烧坏的损失。为此,必须测定沥青加热闪火和燃烧的温度,即所谓闪点和燃点。

闪点和燃点是保证沥青加热质量和施工安全的一项重要指标。我国现行行业标准规定,对黏稠石油沥青采用克利夫兰开口杯(Cleveland Open Cup)法,简称 COC 法测定闪、燃点。对液体石油沥青,采用泰格式开口杯(Tag Open Cup)法,简称 TOC 法测定闪、燃点。

闪燃点试验方法是,将沥青试样盛于标准杯中,按规定加热速度进行加热。当加热到某一温度时,点火器扫拂过沥青试样任何一部分表面,出现一瞬即灭的蓝色火焰状闪光时,此时温度即为闪点。按规定加热速度继续加热,至点火器扫拂过沥青试样表面发生燃烧火焰,并持续 5s 以上,此时的温度即为燃点。

三、石油沥青的分类与技术标准

(一)道路石油沥青的技术标准

1. 道路黏稠石油沥青的技术标准

道路石油沥青按交通量分为重交通道路石油沥青和中、轻交通道路石油沥青。中、轻交通道路石油沥青主要用于一般的道路路面、车间地面等工程。2004 年,交通行业标准《公路沥青路面施工技术规范》(JTG F40—2004)统一了道路石油沥青技术要求,见表 12-3。按其质量将各标号道路石油沥青分为 A、B、C 三级,A 级沥青适用于各个等级的公路,适用于任何场合和层次;B 级沥青适用于高速公路、一级公路沥青面层及以下层次、二级及二级以下公路的各个层次,还可用作改性沥青、乳化沥青、改性乳化沥青、稀释沥青的基质沥青;C 级沥青适用于三级及三级以下公路的各个层次。

道路石油沥青一般拌制成沥青混凝土、沥青拌合料或沥青砂浆等使用。沥青路面采用的沥青牌号,宜按公路等级、气候条件、交通条件、路面类型及在结构层中的层位及受力特点、施工方法,结合当地的使用经验,经技术论证后确定。

道路石油沥青还可作密封材料、黏结剂及沥青涂料等。此时宜选用黏性较大和软化点较高的道路石油沥青。

2. 道路液体石油沥青的技术标准

根据交通行业标准道路液体石油沥青按凝结速度分为快凝 AL(R)、中凝 AL(M)和慢凝 AL(S)3 个等级,快凝液体沥青按黏度分为 AL(R)−1 和 AL(R)−2 两个标号,中凝和慢凝液体沥青分为 AL(M)−1…AL(M)−6 和 AL(S)−1…AL(S)−6 等 6 个标号。除黏度的要求外,对不同温度的蒸馏馏分含量及残留物的性质、闪点和含水量等亦提出相应的要求。技术标准如表 12-4。

表12-3　道路石油沥青技术要求

指标	单位	等级	160号④ 140~200	130号 120~140	110号 100~120	90号 80~100	70号④ 60~80	50号④ 40~60	30号④ 20~40	试验方法①
针入度(20℃,100g,5s)⑥	1/10mm		140~200	120~140	100~120	80~100	60~80	40~60	20~40	T0604
适用的气候分区⑥			注④	注④	2-1 2-2 3-2	1-1 1-2 1-3 2-2 2-3	1-2 1-3 1-4 2-2 2-3 2-4	1-3 1-4 2-2 2-3 2-4	注④	附录A
针入度指数PI②		A	-1.5~+1.0	-1.5~+1.0	-1.5~+1.0	-1.5~+1.0	-1.5~+1.0	-1.5~+1.0	-1.5~+1.0	T0604
		B	-1.8~+1.0	-1.8~+1.0	-1.8~+1.0	-1.8~+1.0	-1.8~+1.0	-1.8~+1.0	-1.8~+1.0	
软化点(R&B),不小于	℃	A	38	40	43	45	46	49	55	T0606
		B	36	39	42	43	44	46	53	
		C	35	37	41	42	43	45	50	
60℃动力黏度②,不小于	Pa·s	A	—	60	120	160 140	180 160	200	260	T0620
10℃延度②,不小于	cm	A	50	50	40	45 30	30 20	20 15	15	T0605
		B	30	30	30	30 20	20 15	15 10	10	8
15℃延度②,不小于	cm	A,B	80	80	60	100	100	80	50	
		C	80	80	60	50	40	30	20	
蜡含量(蒸馏法),不大于	%	A	2.2	2.2	2.2	2.2	2.2	2.2	2.2	T0615
		B	3.0	3.0	3.0	3.0	3.0	3.0	3.0	
		C	4.5	4.5	4.5	4.5	4.5	4.5	4.5	
闪点,不小于	℃		230	230	245	245	260	260	260	T0611
溶解度,不小于	%		99.5	99.5	99.5	99.5	99.5	99.5	99.5	T0607
密度(15℃)	g/cm³		实测记录	实测记录	实测记录	实测记录	实测记录	实测记录	实测记录	T0603
TFOT(或RTFOT)后⑤残留物										T0610 或 T0609
质量变化,不大于	%		±0.8	±0.8	±0.8	±0.8	±0.8	±0.8	±0.8	
残留针入度比,不小于	%	A	48	54	55	57	61	63	65	T0604
		B	45	50	52	54	58	60	62	
		C	40	45	48	50	54	58	60	

续表

指标	单位	等级	160号[4]	130号	110号	90号[4]	70号[4]	50号[2][3]	30号[4]	试验方法[1]
残留延度(10℃),不小于	cm	A	12	12	10	8	6	4	—	T0605
		B	10	10	8	6	4	2	—	
残留延度(15℃),不小于	cm	C	40	35	30	20	15	10	—	T0605

注:①试验方法按照现行《公路工程沥青及沥青混合料试验规程》(JTG E20—2011)规定的方法执行。用于仲裁试验未选取 PI 时的 5 个温度的针入度关系的相关系数不得小于 0.997。

②经建设单位同意,表中 PI 值、60℃动力黏度、10℃延度可作为选择性指标,也可不作为施工质量检验指标。

③70 号沥青可根据需要要求供应商提供针入度范围为 60~70 或 70~80 的沥青,50 号沥青可要求供应针入度范围为 40~50 或 50~60 的沥青。

④30 号沥青仅适用于沥青稳定基层。130 号和 160 号沥青除寒冷地区可直接在中低级公路上直接应用外,通常用作乳化沥青、稀释沥青、改性沥青的基质沥青。

⑤老化试验以 TFOT 为准,也可以 RTFOT 代替。

⑥气候分区见《公路沥青路面施工技术规范》(JTG F40—2004)。

表 12-4　道路液体石油沥青技术要求

试验项目		单位	快凝		中凝						慢凝						试验方法[2]
			AL(R)-1	AL(R)-2	AL(M)-1	AL(M)-2	AL(M)-3	AL(M)-4	AL(M)-5	AL(M)-6	AL(S)-1	AL(S)-2	AL(S)-3	AL(S)-4	AL(S)-5	AL(S)-6	
黏度[1]	$C_{25,5}$	s	<20	—	<20	—	—	—	—	—	<20	—	—	—	—	—	T0621
	$C_{60,5}$	s	—	5~15	—	5~15	16~25	26~40	41~100	101~200	—	5~15	16~25	26~40	41~100	101~200	
蒸馏体积	225℃前	%	>20	>15	<10	<7	<3	<2	0	0	—	—	—	—	—	—	T0632
	315℃前	%	>35	>30	<35	<25	<17	<14	<8	<5	—	—	—	—	—	—	
	360℃前	%	>45	>35	<50	<35	<30	<25	<20	<15	—	—	—	—	—	—	
蒸馏后残留物	针入度(25℃)	1/10mm	60~200	60~200	100~300	100~300	100~300	100~300	100~300	100~300	—	—	—	—	—	—	T0604
	延度(25℃)	cm	>60	>60	>60	>60	>60	>60	>60	>60	—	—	—	—	—	—	T0605
	浮漂度(5℃)	s	—	—	—	—	—	—	—	—	>20	>30	>40	>45	>50	>70	T0631
闪点(TOC)		℃	>30	>30	>65	>65	>65	>65	>65	>65	>70	>70	>100	>100	>120	>120	T0633
含水量,不大于		%	0.2	0.2	0.2	0.2	0.2	0.2	0.2	0.2	2.0	2.0	2.0	2.0	2.0	2.0	T0612

注:①黏度使用道路沥青黏度计测定,$C_{T,d}$ 的脚标表示第一个数字代表温度 T(℃),第二个数字代表孔径 d(mm)。

②试验方法按照现行《公路工程沥青及沥青混合料试验规程》(JTG E20—2011)规定的方法执行。

（二）建筑石油沥青的技术标准

《建筑石油沥青》（GB/T 494—2010）按针入度不同分为 10 号、30 号、40 号三个牌号，见表 12-5。建筑石油沥青针入度较小（黏性较大），软化点较高（耐热性较好），但延度较小（塑性较差），主要用作制造油毡、油纸、防水材料和沥青胶。它们绝大部分用于屋面及地下防水、沟槽防水、防腐蚀及管道防腐等工程。对于屋面防水工程，应注意防止过分软化。为避免夏季流淌，屋面用沥青材料的软化点还应比当地气温下屋面可能达到的最高温度高 20℃以上。但软化点也不宜选择过高，否则冬季低温易发生硬脆甚至开裂。对一些不易受温度影响的部位（如地下防水工程），可选用牌号较大的沥青。

表 12-5　建筑石油沥青的技术标准

序号	项　目	单位	质量指标			试验方法③
			10 号	30 号	40 号	
1	针入度（25℃,100g,5s）	1/10mm	10～25	26～35	36～50	GB/T 4509
2	针入度（46℃,100g,5s）	1/10mm	报告①	报告①	报告①	
3	针入度（0℃,200g,5s）,不小于	1/10mm	3	6	6	
4	延度（25℃,5cm/min）,不小于	cm	1.5	2.5	3.5	GB/T 4508
5	软化点（环球法）,不低于	℃	95	75	60	GB/T 4507
6	溶解法（三氯乙烯）,不小于	%	99			GB/T 11148
7	蒸发后质量变化（163℃,5h）,不大于	%	1			GB/T 11964
8	蒸发后针入度比（25℃）②,不小于	%	65			GB/T 4509
9	闪点（开口杯法）,不低于	℃	260			GB/T 267

注：①报告应为实测值；
　　②测定蒸发损失后样品的 25℃针入度与原 25℃针入度之比乘以 100 后,所得的百分比称为蒸发后针入度比。
　　③试验方法按照现行《公路工程沥青及沥青混合料试验规程》（JTG E20－2011）规定的方法执行。

四、石油沥青的选用

选用石油沥青的原则是根据工程性质（房屋、道路、防腐）及当地气候条件、所处工程部位（屋面、地下）来选用。在满足上述要求的前提下，尽量选用牌号高的石油沥青，以保证有较长的使用年限。这是因为标号（牌号）高的沥青比牌号低的沥青含油分多，其挥发、变质所需时间较长，不易变硬，所以抗老化能力强，耐久性好。

当某一标号（牌号）的石油沥青不能满足工程技术要求时，可采用两种品牌的石油沥青进行掺配。在进行掺配时，为了不使掺配后的沥青胶体结构破坏，应选用表面张力相近和化学性质相似的沥青。试验证明同产源的沥青容易保证掺配后的沥青胶体结构的均匀性。所谓同产源是指同属石油沥青，或同属煤沥青（或煤焦油）。

两种沥青掺配的比例可用下式估算：

$$Q_1 = \frac{T_2 - T}{T_2 - T_1} \times 100 \qquad (12\text{-}4)$$

$$Q_2 = 100 - Q_1 \tag{12-5}$$

式中:Q_1——较软石油沥青用量(%);

Q_2——较硬石油沥青用量(%);

T——掺配后的石油沥青软化点(℃);

T_1——较软石油沥青软化点(℃);

T_2——较硬石油沥青软化点(℃)。

以估算的掺配比例和其邻近的比例(±5%~±10%)进行试配(混合熬制均匀),测定掺配后沥青的软化点,然后绘制掺配比—软化点关系曲线,即可从曲线上确定出所要求的掺配比例。同样,也可采用针入度指标按上法估算及试配。

当沥青过于黏稠影响使用时,可以加入溶剂进行稀释,但必需采用同一产源的油料作稀释剂,如石油沥青应采用汽油、柴油等轻质油料作稀释溶剂。

第2节　其他沥青

一、煤沥青

煤沥青是由煤干馏的产品—煤焦油再加工获得的。根据煤干馏的温度不同,分为高温煤焦油(700℃以上)和低温煤焦油(450~700℃)两类。路用煤沥青主要是由炼焦或制造煤气得到的高温焦油加工而得。以高温焦油为原料可获得数量较多且质量较佳的煤沥青。而低温焦油则相反,获得的煤沥青数量较少,且往往质量亦不稳定。

(一)化学组成和结构

1. 元素组成

煤沥青的组成主要是芳香族碳氢化合物及其氧、硫和碳的衍生物的混合物。其元素组成主要为 C、H、O、S 和 N。它的元素组成与石油沥青相比较,列如表 12-6。煤沥青元素组成的特点是"碳氢比"较石油沥青大得多,它的化学结构主要是由高度缩聚的芳核及其含氧、氮和硫的衍生物,在环结构上带有侧链,但侧链很短。

表 12-6　石油沥青和煤沥青元素组成比较

沥青名称	元素组成(%)					碳氢比(原子比)C/H	沥青名称	元素组成(%)					碳氢比(原子比)C/H
	C	H	O	S	N			C	H	O	S	N	
石油沥清	86.7	9.7	1.0	2.0	0.6	0.8	煤沥青	93.0	4.5	1.0	0.6	0.9	1.7

2. 化学组分

煤沥青化学组分的分析方法,与石油沥青的方法相似,是采用选择性溶解将煤沥青分离为几个化学性质相近,且与路用性能有一定联系的组。目前煤沥青化学组分分析的方法很多,最常采用的方法是,将煤沥青分离为:油分、树脂 A、树脂 B、游离碳 C_1 和游离碳 C_2 等 5 个组分。

煤沥青中各组分的性质简述如下:

(1)游离碳:又称自由碳,是高分子的有机化合物的固态碳质微粒,不溶于苯。加热不熔,但高温分解。煤沥青的游离碳含量增加,可提高其黏度和温度稳定性。但随着游离碳含量增加,低温脆性亦增加。

(2)树脂:树脂为环心含氧碳氢化合物。分为:①硬树脂:类似石油沥青中的沥青质;②软树脂:赤褐色黏—塑性物质,溶于氯仿,类似石油沥青中的胶质。

(3)油分:是液态碳氢化合物。与其他组分比较,为最简单结构的物质。

除了上述的基本组分外,煤沥青的油分中还含有萘、蒽和酚等。萘和蒽能溶解于油分中,在含量较高或低温时能呈固态晶态析出,影响煤沥青的低温变形能力。酚为苯环中含羟物质,能溶于水,且易被氧化。煤沥青中酚、萘和水均为有害物质,对其含量必须加以限制。

3. 胶体结构

煤沥青和石油沥青相类似,也是一种复杂胶体分散系,游离碳和硬树脂组成的胶体微粒为分散相,油分为分散介质,而软树脂为保护物质,它吸附于固态分散胶粒周围,逐渐向外扩散,并溶解于油分中,使分散系形成稳定的胶体物质。

(二)技术性质与技术标准

1. 技术性质

煤沥青与石油沥青相比,在技术性质上有下列差异:

(1)温度稳定性较低:煤沥青是一种较粗的分散系,同时树脂的可溶性较高,所以表现为热稳定性较低。当在一定温度下,随着煤沥青的黏度降低,减少了热稳定性不好的可溶性树脂,而增加了热稳定性好的油分含量。当煤沥青黏度升高时,粗分散相的游离碳含量增加,但不足以补偿由于同时发生的可溶树脂数量的变化带来的热稳定性损失。

(2)与矿质集料的黏附性较好:在煤沥青组成中含有较多数量的极性物质,它赋予煤沥青高的表面活性,所以它与矿质集料具有较好的黏附性。

(3)气候稳定性较差:煤沥青化学组成中含有较高含量的不饱和芳香烃,这些化合物有相当大的化学潜能,它在周围介质(空气中的氧、日光、温度和紫外线以及大气降水)的作用下,老化进程(黏度增加、塑性降低)较石油沥青快。

2. 煤沥青的技术指标

煤沥青的技术指标主要有下列各项:

(1)黏度:黏度是评价煤沥青质量最主要的指标,它表示煤沥青的黏结性。煤沥青的黏度取决于液相组分和固相组分在其组成中的数量比例,当煤沥青中油分含量减少、固态树脂及游离碳含量增加时,则煤沥青的黏度增高。由于煤沥青的温度稳定性和大气稳定性均较差,故当温度变化或"老化"后其黏度即显著地变化。煤沥青的黏度用标准黏度计测定。黏度是确定煤沥青标号的主要指标。根据标号不同,常用的温度和流孔有 $C_{30.5}$、$C_{30.10}$、$C_{50.10}$ 和 $C_{60.10}$ 等四种。

(2)蒸馏试验:煤沥青中含有各种沸点的油分,这些油分的蒸发将影响其性质,因而煤沥青的起始黏滞度并不能完全表达其在使用过程中黏结性的特征。为了预估煤沥青在路面使用过程中的性质变化,在测定其起始黏度的同时,还必须测定煤沥青在各馏程中所含馏分及其蒸馏后残留物的性质。

根据煤沥青化学组成特征,将其物理化学性质较接近的化合物分为:①170℃以前的轻油;②270℃以前的中油;③300℃以前的重油等3个馏程。其中300℃以前的馏分为煤沥青中最有价值的油质部分(主要为蒽油)。

煤沥青在分馏出 300℃前的油质组分后的残渣,需测软化点(环球法)以表示其性质。

煤沥青各馏分含量的规定,是为了控制其由于蒸发而老化。煤沥青残渣性质试验,是为了保证其残渣具有适宜的黏结性。

(3)含水量:煤沥青中含有水分,在施工加热时易产生泡沫或爆沸现象,不易控制。同时,煤沥青作为路面结合料,如含有水分会影响煤沥青与集料的黏附,降低路面强度,因此对其在煤沥青中的含量,必须加以限制。

(4)甲苯不溶物含量:甲苯不溶物含量是煤沥青中不溶于热甲苯的物质的含量。这些不溶物主要为游离碳,并含有氧、氮和硫等结构复杂的大分子有机物,以及少量的灰分。这些物质含量过多会降低煤沥青黏结性,因此必须加以限制。

(5)萘含量:萘在煤沥青中,低温时易结晶析出,使煤沥青失去塑性,导致路面冬季易产生裂缝。在常温条件下,萘易挥发、升华,加速煤沥青"老化",并且挥发出的气体,对人体有毒害,因此必须加以限制。

(6)焦油酸含量:焦油酸能溶解于水,易导致路面的强度降低;同时水溶物有毒,污染环境,对人类和牲畜有害,因此必须加以限制。

3. 技术标准

煤沥青按其在工程中的应用要求不同,首先是按其稠度分为:软煤沥青(液体、半固体的)和硬煤沥青(固体的)两大类。道路工程主要是应用软煤沥青。软煤沥青又按其黏度和有关技术性质分为 9 个标号如表 12-7。

表 12-7　道路用煤沥青技术要求

试验项目		T—1	T—2	T—3	T—4	T—5	T—6	T—7	T—8	T—9	试验方法*
黏度(s)	$C_{30.5}$	5~25	26~70	—	—	—	—	—	—	—	T0621
	$C_{30.10}$	—	—	5~25	26~50	51~120	121~200	—	—	—	
	$C_{50.10}$	—	—	—	—	—	—	10~75	76~200	—	
	$C_{60.10}$	—	—	—	—	—	—	—	—	35~65	
蒸馏试验,馏出量(%)	170℃前,不大于	3	3	3	2	1.5	1.5	1.0	1.0	1.0	T0641
	270℃前,不大于	20	20	20	15	15	15	10	10	10	
	300℃前,不大于	15~35	15~35	30	30	25	20	20	20	15	
300℃蒸馏残留物软化点(环球法)(℃)		30~45	30~45	35~65	35~65	35~65	35~65	40~70	40~70	40~70	T0606
水分,不大于(%)		1.0	1.0	1.0	1.0	1.0	0.5	0.5	0.5	0.5	T0612
甲苯不溶物,不大于(%)		20	20	20	20	20	20	20	20	20	T0646
萘含量,不大于(%)		5	5	5	4	4	3.5	2	2	2	T0645
焦油酸含量,不大于(%)		4	4	3	3	2.5	2.5	1.5	1.5	1.5	T0642

* 试验方法按照现行《公路工程沥青及沥青混合料试验规程》(JTG E20—2011)规定的方法执行。

二、乳化沥青

乳化沥青是将黏稠沥青加热至流动态,经机械力的作用,而形成微滴(粒径约为 2～

$5\mu m)$分散在有乳化剂—稳定剂的水中,由于乳化剂—稳定剂的作用而形成均匀稳定的乳状液。又称沥青乳液,简称乳液。

乳化沥青具有许多优越性,其主要优点为:

(1)冷态施工、节约能源。乳化沥青可以冷态施工,现场无需加热设备和能源消耗,扣除制备乳化沥青所消耗的能源后,仍然可以节约大量能源。

(2)方便施工、节约沥青。由于乳化沥青黏度低、和易性好,施工方便,可节约劳力。此外,由于乳化沥青在集料表面形成的沥青膜较薄,不仅提高沥青与集料的黏附性,而且可以节约沥青用量。

(3)保护环境,保障健康。乳化沥青施工不需加热,故不污染环境;同时,避免了劳动操作人员受沥青挥发物的毒害。

(一)乳化沥青组成材料

乳化沥青主要是由沥青、乳化剂、稳定剂和水等组分组成。

1. 沥青

沥青是乳化沥青组成的主要原料,沥青的质量直接关系到乳化沥青的性能。在选择作为乳化沥青用的沥青时,首先要考虑它的易乳化性。沥青的易乳化性与其化学结构有密切关系。以工程适用为目的,可认为易乳化性与沥青中的沥青酸含量有关。通常认为沥青酸总量大于1%的沥青,采用通用乳化剂和一般工艺即易于形成乳化沥青。一般说来,相同油源和工艺的沥青,针入度较大者易于形成乳液。但是针入度的选择,应根据乳化沥青在路面工程中的用途而决定。

2. 乳化剂

乳化剂是乳化沥青形成的关键材料。沥青乳化剂是一种表面活性剂,它是一种"两亲性"分子。分子的一部分具有亲水性质,而另一部分具有亲油性质。

沥青乳化剂按其亲水基在水中是否电离而分为离子型和非离子型两大类。离子型乳化剂按其离子电性,又衍生为阴(或负)离子型、阳(或正)离子型和两性离子型等三类。

3. 稳定剂

为使乳液具有良好的贮存稳定性,以及在施工中喷洒或拌和的机械作用下的稳定性,必要时可加入适量的稳定剂。稳定剂可分为两类:

(1)有机稳定剂:常用的有聚乙烯醇、聚丙烯酰胺、羧甲基纤维素纳、糊精、MF 废液等。这类稳定剂可提高乳液的贮存稳定性和施工稳定性。

(2)无机稳定剂:常用的氯化钙、氯化镁、氯化铵和氯化铬等。这类稳定剂可提高乳液的贮存稳定性。

4. 水

水是乳化沥青的主要组成部分,水常含有各种矿物质或其他影响乳化沥青形成的物质,因此,生产乳化沥青的水应不含其他杂质。

(二)乳化沥青分裂原因

乳化沥青在路面施工时,为发挥其黏结的功能,沥青液滴必须从乳化液中分裂出来,聚集在集料的表面而形成连续的沥青薄膜,这一过程称为"分裂"。乳化沥青的分裂主要取决于下列因素:

（1）水的蒸发作用：由于路面施工环境气温、相对湿度和风速等因素的影响，乳液中水的蒸发，破环乳化沥青的稳定性，而造成分裂。

（2）集料和吸收作用：由于集料的矿物构造孔隙对水分的吸收，能破环乳液的稳定性造成分裂。

（3）集料物理—化学作用：乳化沥青中带电荷的微滴与不同化学性质的集料接触后产生复杂的物理—化学作用，而使乳化沥青分裂并在集料表面形成薄膜。

（4）机械的激波作用：在施工过程中压路机的碾压和开放交通后汽车的行驶，各种机械力对路面的振颤而产生激波的作用，也能促进乳化沥青的稳定性的破环和沥青薄膜结构的形成。

（三）乳化沥青的技术性质和应用

乳化沥青用于修筑路面，不论是阳离子型乳化沥青（代号 C）或阴离子型乳化沥青（代号 A）有两种施工方法：① 洒布法（代号 P）：如透层、黏层、表面处泼或贯入式沥青碎石路面；② 拌和法（代号 B）：如沥青碎石或沥青混合料路面。乳化沥青按其分裂速度，可分为快裂、中裂和慢裂三种类型。各种牌号乳化沥青的用途列如表 12-8。

表 12-8　几种牌号乳化沥青的用途

类　型	阳离子乳化沥青（C）	阴离子乳化沥青（A）	用　途
洒布型（P）	PC—1 PC—2 PC—3	PA—1 PA—2 PA—3	表面处泼或贯入式路面及养护用 透层油用 黏结层用
拌和型（B）	BC—1 BC—2 BC—3	BA—1 BA—2 BA—3	拌制沥青混凝土或沥青碎石 拌制加固土

各种牌号的乳化石油沥青的技术性质，按现行交通行业标准要求列如表 12-9。

三、再生沥青

再生沥青是已经老化的沥青，经掺加再生剂后使其恢复到原来（甚至超过原来）性质的一种沥青。

（一）沥青材料的老化

沥青材料的老化是指沥青材料在路面中受各种自然因素（氧、光、热和水等）的作用下，随时间而产生"不可逆的"化学组成结构和物理—力学性能变化的过程。

1. 化学组分移行

沥青是多种化学结构极其复杂的混合物，研究其老化过程，存在许多困难。为此将其分离为几个组分来研究。美国 FS 罗斯特勒（Rostler）等提出一种对研究沥青老化非常有用的组分分析法，这种方法称为"化学沉淀法"。该法将沥青分离为：沥青质（缩写 At）、氮基（缩写 N）、第一酸性分（缩写 A1）、第二酸性分（缩写 A2）和链烷分（缩写 P）等 5 个组分。沥青在路面中受到自然因素作用后，就会导致沥青组分"移行"。亦即：沥青质显著增加，氮基和第一酸性分减少，第二酸性分稍有减少，链烷分变化很少，甚至几乎没有变化。现举国产沥青的一个例子如表 12-10。

303

表12-9　道路用乳化沥青技术要求

试验项目	单位	阳离子 喷洒用			阳离子 拌合用	阴离子 喷洒用			阴离子 拌合用	非离子 喷洒用	非离子 拌合用	试验方法①
		PC-1①	PC-2①	PC-3①或中裂	BC-1①或中裂	PA-1①	PA-2①	PA-3①或中裂	BA-1①或中裂	PN-2①	BN-1①	
破乳速度③		快裂	慢裂	快裂或中裂	慢裂或中裂	快裂	慢裂	快裂或中裂	慢裂或中裂	慢裂	慢裂	T0658
粒子电荷		阳离子(+)				阴离子(-)				非离子		T0653
筛上残留物(1.18mm),不大于	%	0.1										T0652
黏度②　恩格拉黏度计 E₂₅	s	2~10	1~6	1~6	2~30	2~10	1~6	1~6	2~30	1~6	2~30	T0622
黏度②　道路标准黏度计 C₂₅.₃	s	10~25	8~20	8~20	10~60	10~25	8~20	8~20	10~60	8~20	10~60	T0621
蒸发残留物⑥　残留分含量,不小于	%	50	50	50	55	50	50	50	55	50	55	T0651
蒸发残留物⑥　溶解度,不小于	%	97.5										T0607
蒸发残留物⑥　针入度(25℃)	1/10mm	50~200	50~300	45~150	45~150	50~200	50~300	45~150	45~150	50~300	60~300	T0604
蒸发残留物⑥　延度(15℃),不小于	cm	40										T0605
与粗集料的黏附性,裹附面积,不小于		2/3	2/3	—	—	2/3	2/3	—	—	2/3	—	T0654
与粗、细集料拌合试验					均匀				均匀			T0659
水泥拌合试验的筛上剩余,不大于	%										3	T0657
常温贮存稳定性③⑤　1d,不大于	%	1										T0655
常温贮存稳定性③⑤　5d,不大于	%	5										T0655

注:①P为喷洒型,B为拌合型,C、A、N分别表示阳离子、阴离子、非离子乳化沥青。
②黏度可选用恩格拉黏度计或道路标准黏度计之一测定。
③表中的破乳速度与集料的黏附性、拌合试验的要求,所使用的石料的要求,拌合试验的要求,所使用的石料品种有关,质量检验时应采用工程上实际采用的石料进行试验。仅进行乳化沥青产品质量评定时可不要求此三项指标。
④贮存稳定性根据施工实际情况选用试验,通常采用5d,乳液生产后能在当天使用也可用1d的稳定性。
⑤当乳化沥青需要在低温冰冻条件下贮存或使用时,尚需按T0656进行-5℃低温贮存稳定性试验,要求没有粗颗粒、不结块。
⑥如果乳化沥青是将高浓度乳化沥青产品运到现场经稀释后使用时,表中的蒸发残留物等各项指标为现场稀释前乳化沥青的要求。
⑦试验方法按照现行《公路工程沥青及沥青混合料试验规程》(JTG E20—2011)规定的方法执行。

表 12-10 老化沥青和再生沥青的化学组分示例

沥青名称	化学组分（%）				
	链烷分 P	第二酸性分 A_2	第一酸性分 A_1	氮基 N	沥青质 A_t
原始沥青	21.9	29.1	13.1	24.9	11.0
老化沥青	20.6	21.1	12.4	15.4	30.5
再生沥青	16.5	22.4	7.0	25.1	29.0

2. 物理—力学性质

由于沥青化学组分的移行,因而引起沥青物理—力学性质的变化。通常的规律是:针入度变小、延度降低、软化点和脆点升高。表现为沥青变硬、变脆、延伸性降低,导致路面产生裂缝、松散等破坏。同前例沥青老化后物理—力学性质变化如表 12-11。

表 12-11 老化沥青和再生沥青的技术性质示例

沥青名称	技术性质			
	针入度 $P_{25℃,100g,5s}$ （1/10mm）	延度 $D_{25℃,5cm/min}$ （cm）	软化点 $T_{R\&B}$ （℃）	脆点 Fraass （℃）
原始沥青	106	73	48	-6
老化沥青	39	23	55	-4
再生沥青	80	78	49	-10

(二)沥青的再生

1. 沥青再生机理

沥青再生的机理目前有两种理论,一种理论是"相容性理论",该理论从化学热力学出发,认为沥青产生老化的原因是沥青胶体体系中各组分相容性的降低,导致组分间溶度参数差增大。如能掺入一定的再生剂使其溶度参数差减小,则沥青即能恢复到(甚至超过)原来的性质。另一种理论是"组分调节理论"。该理论是从化学组分移行出发,认为由于组分的移行,沥青老化后,某些组分偏多,而某些组分偏少,各组分间比例不协调,所以导致沥青路用性能降低,如能通过掺加再生剂调节其组分,则沥青将恢复原来的性质。实际上,这两个理论是一致的,前者是从沥青内部结构的化学能来解释,后者是从宏观化学组成量来解释。

2. 沥青化学组分调节

从表 12-10 沥青老化后化学组分移行可以看出,由于第一酸性分转变为氮基的数量不足以补偿氮基转变为沥青质的数量,所以氮基数量的显著减少是沥青老化的主要特征。由此可知,为调节沥青的化学组分,再生剂必须是以氮基为主的物剂。前例的沥青经掺加再生剂和改性剂后,其化学组分和物理性质见表 12-10 和表 12-11。再生沥青的技术性质与原有沥青相近。

四、改性沥青

改性沥青是采用各种措施使沥青的性能得到改善的沥青。

现代高等级公路的变通特点是:交通密度大、车辆轴载重、荷载作用间歇时间短,以及高速和渠化。由于这些特点造成沥青路面高温出现车辙,低温产生裂缝,抗滑性很快衰降、使用年限不长。为使沥青路面高温不软、低温不裂、保证安全快速行车、延长使用年限,在沥青材料的技术方面,必须提高沥青的流变性能,改善沥青与集料的黏附性,延长沥青的耐久性,才能适应现代交通的要求。

同时,建筑上使用的沥青必须具有一定的物理性质和黏附性;在低温条件下应有良好的弹性和塑性;在高温条件下要有足够的强度和稳定性;在加工使用条件下具有抗"老化"能力;与各种矿料和结构表面有较强的黏附力;对构件变形的适应性和耐疲劳性等。通常,石油加工厂制备的沥青不一定能全面满足这些要求,致使目前沥青防水屋面渗漏现象严重,使用寿命短。

为此,常用橡胶、树脂和矿物填料等对沥青进行改性。橡胶、树脂和矿物填料等通称为石油沥青改性材料。

(一)提高沥青流变性的途径

提高沥青流变性的途径很多,目前认为改性效果好的有下列几类改性剂:

1. 橡胶类改性剂

橡胶是沥青的重要改性材料,它和沥青有较好的混溶性,并能使沥青具有橡胶的很多优点。如高温变形性小,低温柔性好。由于橡胶的品种不同,掺入的方法也有所不同,因而各种橡胶沥青的性能也有差异。现将常用的几种分述如下:

(1)氯丁橡胶改性沥青。石油沥青中掺入氯丁橡胶后,可使其气密性、低温柔性、耐化学腐蚀性、耐光、耐臭氧性、耐候性和耐燃性等得到大大改善。氯丁橡胶掺入的方法有溶剂法和水乳法。溶剂法是先将氯丁橡胶溶于一定的溶剂(如甲苯)中形成溶液,然后掺入液态沥青,混合均匀即可。水乳法是将橡胶和石油沥青分别制成乳液,然后混合均匀即可使用。

(2)丁基橡胶改性沥青。丁基橡胶沥青的配制方法与氯丁橡胶沥青类似,而且较简单一些。将丁基橡胶碾切成小片,于搅拌条件下把小片加到100℃的溶剂中,制成浓溶液,同时将沥青加热脱水熔化成液体状沥青。通常在100℃左右把两种液体按比例混合搅拌均匀进行浓缩15～20min。丁基橡胶在混合物中的含量一般为2%～4%。同样也可以分别将丁基橡胶和沥青制备成乳液,然后再按比例把两种乳液混合即可。

丁基橡胶沥青具有优异的耐分解性,并有较好的低温抗裂性能和耐热性能,多用于道路路面工程、制作密封材料和涂料。

(3)再生橡胶改性沥青。再生橡胶掺入沥青之中以后,同样可大大提高沥青的气密性、低温柔性、耐光性、耐热性、耐臭氧性、耐气候性。

再生橡胶沥青材料的制备,是先将废旧橡胶加工成1.5mm以下的颗粒,然后与沥青混合,经加热搅拌脱硫,就能得到具有一定弹性、塑性和黏结力良好的再生胶沥青材料。废旧橡胶的掺量视需要而定,一般为3%～15%。

再生橡胶沥青可以制成卷材、片材、密封材料、胶黏剂和涂料等。

(4)热塑性丁苯胶(SBS)改性沥青。SBS热塑性橡胶兼有橡胶和塑料的特性,常温下具有橡胶的弹性,在高温下又能像塑料那样熔融流动,成为可塑的材料。所以采用SBS橡胶改性沥青,其耐高、低温性能均有较明显提高,制成的卷材弹性和耐疲劳性也大大提高,是目前应用最成功和用量最大的一种改性沥青。SBS的掺入量一般为5%～10%。主要用于制作防水卷材,此外也可用于制作防水涂料等。

2. 树脂类改性剂

用树脂改性石油沥青,可以改进沥青的耐寒性、耐热性、黏结性和不透气性。由于石油沥青中含芳香性化合物很少,故树脂和石油沥青的相溶性较差,而且可用的树脂品种也较少,常用的树脂有:古马隆脂、聚乙烯、聚丙烯、酚醛树脂及天然松香等。

树脂加入沥青的方法常用热熔法。先将沥青加热熔化脱水,加入树脂,并不断搅拌、保温,即可得到均匀的树脂沥青。

3. 橡胶和树脂共混类改性剂

同时用橡胶和树脂来改善石油沥青的性质,可使沥青兼具橡胶和树脂的特性。由于树脂比橡胶便宜,橡胶和树脂又有较好的混溶性,故能取得满意的综合效果。

橡胶、树脂和石油沥青在加热熔融状态下,沥青与高分子聚合物之间发生相互侵入的扩散,沥青分子填充在聚合物大分子的间隙内,同时聚合物分子的某些链节扩散进入沥青分子中,从而形成凝聚网状混合结构,由此而获得较优良的性能。

聚合物改性沥青技术要求见表12-12。

4. 微填料类改性剂

随着"非水悬浮"研究的发展,许多研究者致力于研究微填料的颗粒级配(例如以0.080mm为最大粒径的级配曲线)、表面性质和孔隙状态(沥青组分在微填料表面和孔隙中的分布)等等。研究认为:沥青混合料的性状(例如高温流变特性和低温变形能力等)与微填料的颗粒级配、表面性质和孔隙状态等有密切关系。可以用作沥青微填料的物质,首先是炭黑,其次是高钙粉煤灰,其他还有火山灰和页岩粉等。采用的微填料应经预处理(例如活化、芳化等),方能达到改善沥青的性能的效果。否则反而会劣化沥青性能。

5. 纤维类改性剂

在沥青中掺加各种纤维类型物质作为改性剂,这是早年就积累了许多经验的技术。常用的纤维物质有:各种人工合成纤维(如聚乙烯纤维、聚酯纤维)和矿质石棉纤维等。这类纤维类物质加入沥青中,可显著地提高沥青的高温稳定性,同时可增加低温抗拉强度,但能否达到预期的效果,取决于纤维的性能和掺配工艺。此外,这类物质往往对人体健康有影响,必须在具备有符合规定的防护条件下,方能采用这项改性措施。

6. 硫磷类改性剂

硫在沥青中的硫桥作用,能提高沥青的高温抗变形能力,特别是某些组分不协调(例如沥青质含量极低的沥青),掺加低剂量(0.5%~1.0%)即有明显效果)。但应采用"预熔法",否则高温稳定性虽得到改善,但低温抗裂性则明显降低。此外,磷同样能使芳环侧链成为链桥存在,而改善沥青流变性质。

(二)改善沥青与集料黏附性的途径

现代高等级路面为保证高速行车的安全,对抗滑性提出更高要求。为保持抗滑层经行车后,摩擦系数不致很快衰降,必须采用高强耐磨的岩石轧制的集料,这类岩石中多为酸性或基性石料,因此提高石油沥青与酸性石料的黏附性,就成为当前一个更为突出的问题。

1. 改善沥青与集料黏附性的一般方法

(1)掺加无机类材料、活化集料表面:采用水泥、石灰或电石渣等预处理集料表面,以提高沥青与其黏附性。此外,亦有将这类无机材料直接加入沥青中,亦能取得一定效果。

表12-12　聚合物改性沥青技术要求

指　标	单位	SBS类（I类）				SBR类（II类）			EVA,PE类（III类）				试验方法②
		I-A	I-B	I-C	I-D	II-A	II-B	II-C	III-A	III-B	III-C	III-D	
针入度25℃,100g,5s	1/10mm	>100	80~100	60~80	40~60	>100	80~100	60~80	>80	60~80	40~60	30~40	T0604
针入度指数PI,不小于		-1.2	-0.8	-0.4	0	-1.0	-0.8	-0.6	-1.0	-0.8	-0.6	-0.4	T0604
延度5℃,5cm/min,不小于	cm	50	40	30	20	60	50	40	—	—	—	—	T0605
软化点 $T_{R\&B}$,不小于	℃	45	50	55	60	45	48	50	48	52	56	60	T0606
运动黏度①135℃,不大于	Pa·s						3						T0625 T0619
闪点,不小于	℃		230				230			230			T0611
溶解度,不小于	%		99				99						T0607
弹性恢复25℃,不小于	%	55	60	65	75	—	—	—					T0662
黏韧性,不小于	N·m						5		无改性剂明显析出,凝聚				T0624
韧性,不小于	N·m						2.5						T0624
贮存稳定性③离析,48h软化点差,不大于	℃		2.5				2.5						T0661
TFOT（或RTFOT）后残留物													
质量变化,不大于	%						±1.0						T0610 或 T0609
针入度比25℃,不小于	%	50	55	60	65	50	55	60	50	55	58	60	T0604
延度5℃,不小于	cm	30	25	20	15	30	20	10	—	—	—	—	T0605

注：① 表中135℃运动黏度可采用《公路工程沥青及沥青混合料试验规程》(JTG E20—2011)中的"沥青布氏旋转黏度试验方法（布洛克菲尔德黏度计法）"进行测定。若在不改变沥青物理力学性质并符合安全条件的温度下易于泵送和拌合，或经证明适当提高泵送和拌合温度时能保证改性沥青的质量，容易施工，可不要求测定。

② 贮存稳定性指标适用于工厂生产的成品改性沥青。现场制作的改性沥青对贮存稳定性指标可不作要求，但必须保证在制作后、保持不间断的搅拌或泵送循环，保证使用前没有明显的离析。

③ 试验方法按照现行《公路工程沥青及沥青混合料试验规程》(JTG E20—2011)规定的方法执行。

（2）掺加有机酸类、提高沥青活性：沥青中最具有活性的组分为沥青酸及其酸酐，各类合成高分子有机酸类掺入沥青，亦能起到相同的效果。此外，可掺加适量焦油沥青亦能起到相似的作用。

（3）掺加重金属皂类、降低沥青与集料的界面张力：最常用的有皂脚铁、环烷酸铝皂等，掺入沥青中均能起到改善黏附性的效果。此外，还有直接采用各种合成表面活性剂，但是需要油溶性和耐高温的表面活性剂才能使用。

以上这些方法，在正确使用下，都能获得一定的改性效果，但是只能应用于轻、中交通量路面。由于这些措施可以利用工业废料或地方材料，故可节约投资。

2. 改善沥青与集料黏附性的高效抗剥剂

对于高等级路面，在黏附性要求很高的情况下，应该采用高效能、低剂量的人工合成化学抗剥剂，即所谓"高效抗剥剂"。这类抗剥剂的专利商品不下千种，常见的有醚胺类、醇胺类、烷基类、酰胺类等，但是必须通过道路修筑的实践才能检验其实效果。

（三）延长沥青耐久性的途径

由前述老化机理可知，沥青在路面中，受到各种自然因素（氧、热、光和水）的作用，由于组分移行，而逐渐老化，最后导致路用性能随之衰降。产生老化的原因按已有研究认为主要是沥青受到空气中氧的氧化作用，同时在日光紫外线作用下，加之在一定温度条件下加速了反应的进行，并且水又起着催化的作用。在诸多作用因素中，似乎氧化为首要原因，因此许多研究者都曾试图掺加各种抗氧化剂来延缓老化的进程，但是都未得到预期效果。R. M. 杰纳茨克（Januszke）曾进行多种添加剂对沥青进行抗老化效果的考察，认为二乙基二硫代氨基甲酸锌（ZDC）及二乙基二硫代氨基甲酸铅（LDC）效果较好，并认为 ZDC（或 LDC）与炭黑同时掺加效果更佳。

目前国内外已公布的许多关于提高沥青耐久性的专利，主要是一些较为昂贵的化学添加剂，例如各种抗氧剂等。通过实践表明，它对于不同化学组成与结构的沥青，表现为不同的效果。有的沥青掺加抗氧剂后，不仅不能起到抗氧化的作用，反而促进沥青的氧化，因此对抗氧剂的作用必须通过薄膜烘箱试验或加速老化试验，以验证其在技术性能上的有效性，必要时还需通过对试验路的实际考验。

当前对提高沥青耐久性有实际效果的添加剂为专用炭黑。炭黑粒径细微、表面积大，它弥散于沥青中，易于被热—氧作用产生的游离基吸附，从而阻止沥青老化的链式反应，使老化进程受到抑制。同时，炭黑是一种屏蔽剂，它能阻止紫外线的进入，减少光对沥青的老化作用。由于炭黑与沥青溶度参数差较大，不能直接加入沥青中，必须先用助剂进行预处理，然后才能配制成"炭黑改性沥青"。

习题与复习思考题

1. 石油沥青为何宜作防水材料？

2. 为什么说沥青是一种胶凝材料？

3. 组分变化对沥青的性质将产生什么样的影响？

4. 蜡的存在将对石油沥青的胶体结构和性能产生什么样的影响？

5. 石油沥青的胶体结构常用何种方法确定？怎样判定？

6. 石油沥青的三大指标是什么？

7. 石油沥青软化点指标反映了沥青的什么性质？沥青的软化点偏低，用于屋面防水工程上会产生什么后果？

8. 何谓石油沥青的感温性？常用什么指标表征？其值大小与感温性高低间的关系如何？

9. 在确定的石料条件下，沥青与石料的黏附性好坏主要取决于什么因素？其关系如何？常用什么试验方法来测定？

10. 怎样划分石油沥青的标号？标号大小与沥青主要性质间的关系如何？在施工中选用沥青时，是不是标号越高的沥青质量越好？

11. 在建筑屋面防水施工中，选用沥青的原则是什么？在屋面防水和地下防潮、防水工程中，常选用哪几种牌号的石油沥青？

12. 为了评价由于路面施工加热而导致石油沥青性能的变化，常采用哪几种试验方法？

13. 影响石油沥青耐久性的因素主要有哪些？

14. 与石油沥青相比，煤沥青的性质特点有哪些？

15. 乳化沥青的组成是什么？按施工方法分为哪几种类型？

16. 沥青老化的本质是什么？会引起沥青物理—力学性质怎样的变化？

17. 改性沥青的作用包括哪些方面？常用改性剂有哪几类？

第13章　沥青混合料

　　沥青混合料主要应用于道路路面和水工结构物,用途不同其性能要求也不完全相同。用于道路路面的沥青混合料,应具有较好的抗弯拉强度、抗车辙性、抗裂性、抗滑性、抗冲击荷载性和耐磨性、耐疲劳性,也要有较好的高温稳定性、水稳定性和耐久性,以保证在长期车辆荷载和复杂环境作用下路面服役性能良好。在水工结构物中,沥青混合料主要用于防水、防渗及排水等,所以要求具有较高的防水性能,表面光滑,连续性好,不易开裂。

　　与水泥混凝土路面材料相比,沥青混合料是一种黏-弹性材料,具备良好的路用性能,用其铺筑的路面柔韧,可不设伸缩缝和工作缝,能减震吸声,行车舒适性好;路面平整且有一定的粗糙度,色黑无强烈反光,有利于行车安全;晴天不起尘,雨天不泥泞,可保证顺利通车;施工速度快,能及时开放交通;同时,沥青混合料中胶结材料用量比较少,且属于工业副产品加工利用,旧路面还可以再生利用,社会经济效益较高,所以沥青混合料在道路工程中得到广泛应用。沥青材料的主要缺点是温度敏感性高和易老化,它的性质随温度而变化明显。夏季高温时易发生泛油、软化并易形成车辙、拥抱等现象;冬季低温时沥青变脆变硬,在冲击荷载作用下易开裂。同时,沥青材料长期暴露于大气环境下易老化,使黏结强度下降,路面结构易遭受破坏。因此,提高沥青混合料的温度稳定性和大气稳定性,是延长沥青路面使用寿命的关键。

　　按照现代沥青路面的施工工艺,沥青与矿料等材料拌和制成沥青混合料,可以修建不同结构的沥青路面。常用的沥青路面包括沥青表面处治路面、沥青贯入式路面、热拌沥青混合料路面、乳化沥青碎石混合料路面等四种。本章主要讲述最常用的热拌沥青混合料。

第1节　沥青混合料的结构与性能

一、定义

按照《沥青路面施工及验收规范》(GB 50092—96),定义和分类释义如下:

(1)沥青混合料:由矿料与沥青结合料拌和而成的混合料的总称。

(2)沥青混凝土混合料:由适当比例的粗集料、细集料及填料(矿粉)组成的符合规定级配的矿料,与沥青结合料拌和而成的符合技术标准的沥青混合料(以 AC 表示,采用圆孔筛时用 LH 表示)。

(3)沥青碎石混合料:由适当比例的粗集料、细集料及少量填料(矿粉)(或不加填料)与沥青结合料拌和而成,压实后剩余空隙率在 10% 以上的沥青混合料,也称为半开级配沥青混合料(以 AM 表示,采用圆孔筛时用 LS 表示)。

二、沥青混合料的分类

1. 按结合料分类

(1)石油沥青混合料:以石油沥青为结合料的沥青混合料(包括:黏稠石油沥青、乳化石油沥青及液体石油沥青)。

(2)煤沥青混合料:以煤沥青为结合料的沥青混合料。

2. 按施工温度分类

(1)热拌热铺沥青混合料(简称热拌沥青混合料):沥青与矿料在热态下拌和、热态下铺筑的沥青混合料。

(2)常温沥青混合料:以乳化沥青与矿料在常温状态下拌和、铺筑而成,压实后剩余空隙率在 10% 以上的沥青混合料,也称为乳化沥青碎石混合料。

3. 按矿料级配类型分类

(1)连续级配沥青混合料:矿料级配按级配原则,从大到小各级粒径都有,按比例相互搭配组成的沥青混合料。

(2)间断级配沥青混合料:矿料级配中缺少 1 个或几个档次粒径而形成的级配间断的沥青混合料。

4. 按混合料密实度分类

(1)密级配沥青混凝土混合料:各种粒径颗粒级配连续、相互嵌挤密实的矿料,与沥青结合料拌和,压实后剩余空隙率小于 10% 的沥青混合料。

密级配沥青混凝土混合料按其剩余空隙率又可分为:

①Ⅰ型密实式沥青混凝土混合料:剩余空隙率 3%~6%(行人道路为 2%~6%);

②Ⅱ型半密实式沥青混凝土混合料:剩余空隙率 4%~10%。

(2)开级配沥青混合料:矿料级配主要由粗集料组成,细集料较少,矿料相互拨开,压实后空隙率大于 15% 的沥青混合料。

(3)半开级配沥青混合料:由适当比例的粗集料、细集料及少量填料(矿粉)(或不加填料)与沥青结合料拌和而成,压实后剩余空隙率在 10%~15% 之间的沥青混合料,也称为沥青碎石混合料。

5. 按最大集料粒径分类

(1)粗粒式沥青混合料:最大集料粒径为 26.5mm 或 31.5mm(圆孔筛 30~40mm)的沥青混合料。

(2)中粒式沥青混合料:最大集料粒径为 16mm 或 19mm(圆孔筛 20mm 或 25mm)的沥青混合料。

(3)细粒式沥青混合料:最大集料粒径为 9.5mm 或 13.2mm(圆孔筛 10mm 或 15mm)的沥青混合料。

(4)砂粒式沥青混合料:最大集料粒径等于或小于 4.75mm(圆孔筛 5mm)的沥青混合料,也称为沥青石屑或沥青砂。

(5)特粗式沥青碎石混合料:最大集料粒径等于或大于 37.5mm(圆孔筛 40mm)的沥青混合料。

根据《沥青路面施工及验收规范》(GB 50092—96),沥青路面各层的混合料类型是根据道路等级及所处的层次划分,如表 13-1。

表 13-1 沥青混合料类型(GB 50092—96)

筛孔系列	结构层次	高速公路、一级公路 城市快速路、主干路		其他等级公路		一般城市道路 及其他道路工程	
		三层式沥青混凝土路面	两层式沥青混凝土路面	沥青混凝土路面	沥青碎石路面	沥青混凝土路面	沥青碎石路面
方孔筛系列	上面层	AC—13 AC—16 AC—20	AC—13 AC—16	AC—13 AC—16	AM—13	AC—5 AC—10 AC—13	AM—5 AM—10
	中面层	AC—20 AC—25					
	下面层	AC—25 AC—30	AC—20 AC—25 AC—30	AC—20 AC—25 AC—30 AM—25 AM—30	AM—25 AM—30	AC—20 AC—25 AM—25 AM—30	AM—25 AM—30 AM—40
圆孔筛系列	上面层	LH—15 LH—20 LH—25	LH—15 LH—20	LH—15 LH—20	LS—15	LH—5 LH—10 LH—15	LS—5 LS—10
	中面层	LH—25 LH—30					
	下面层	LH—30 LH—35 LH—40	LH—30 LH—35 LH—40	LH—25 LH—30 LH—35 AM—30 AM—35	LS—30 LS—35 LS—40	LH—25 LH—30 LS—30 LS—35 LS—40	LS—30 LS—35 LS—40 LS—50

注:当铺筑抗滑表层时,可采用 AK—13 或 AK—16 型热拌沥青混合料,也可在 AC—10(LH—15)型细粒式沥青混合料上嵌压沥青预拌单粒径碎石 S—10。

根据《沥青路面施工及验收规范》(GB 50092—96),热拌沥青混合料的种类如表 13-2。

表 13-2 热拌沥青混合料种类(GB 50092—96)

混合料类型	方孔筛系列			对应的圆孔筛系列		
	沥青混凝土	沥青碎石	最大集料粒径(mm)	沥青混凝土	沥青碎石	最大集料粒径(mm)
特粗式		AM—40	37.5		LS—50	50
粗粒式	AC—30	AM—30	31.5	LH—40	LS—40	40
				LH—35	LS—35	35
	AC—25	AM—25	26.5	LH—30	LS—30	30
中粒式	AC—20	AM—20	19.0	LH—25	LS—25	25
	AC—16	AM—16	16.0	LH—20	LS—20	20

混合料类型	方孔筛系列			对应的圆孔筛系列		
	沥青混凝土	沥青碎石	最大集料粒径（mm）	沥青混凝土	沥青碎石	最大集料粒径（mm）
细粒式	AC—13	AM—13	13.2	LH—15	LS—15	15
	AC—10	AM—10	9.5	LH—10	LS—10	10
砂粒式	AC—5	AM—5	4.75	LH—5	LS—5	5
抗滑表层	AK—13		13.2	LK—15		15
	AK—16		16.0	LK—20		20

三、沥青混合料的组成结构

沥青混合料是一种复合材料，是由粗集料、细集料、填料（矿粉）等矿料与沥青结合料拌和而成的混合料。根据组成材料的质量差异和数量多少，可形成不同的组成结构，并表现为不同的性能。

（一）沥青混合料组成结构的现代理论

随着对沥青混合料组成结构的研究深入，目前对沥青混合料的组成结构有下列两种理论。

1. 表面理论

按传统的理解沥青混合料是由粗集料、细集料和填料（矿粉）经人工组合成密实级配的矿料骨架，在其表面分布着沥青结合料，将他们胶结成为一个具有强度的整体。这种理论可图解如下：

$$\text{沥青混合料} \begin{cases} \text{矿料} \begin{cases} \text{粗集料} \\ \text{细集料} \\ \text{填料} \end{cases} \\ \text{结合料——沥青} \end{cases}$$

2. 胶浆理论

近代某些研究认为沥青混合料是一种多级空间网状结构的分散系。它是以粗集料为分散相，分散在沥青砂浆介质中的一种粗分散系；同样，沥青砂浆是以细集料为分散相，分散在沥青胶浆介质中的一种细分散系；沥青胶浆是以填料（矿粉）为分散相，分散在沥青介质中的一种微分散系。这种理论可图解如下：

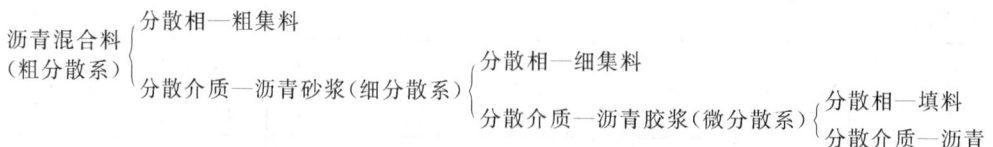

$$\text{沥青混合料（粗分散系）} \begin{cases} \text{分散相——粗集料} \\ \text{分散介质——沥青砂浆（细分散系）} \begin{cases} \text{分散相——细集料} \\ \text{分散介质——沥青胶浆（微分散系）} \begin{cases} \text{分散相——填料} \\ \text{分散介质——沥青} \end{cases} \end{cases} \end{cases}$$

以上三级分散系中沥青胶浆最为重要，它的组成结构决定沥青混合料的高温稳定性和低温变形能力。目前这一理论比较集中于研究填料（矿粉）的矿物成分、填料（矿粉）的级配（以 0.080mm 为最大粒径）以及沥青与填料（矿粉）的交互作用等因素对于沥青混合料性能的影响等。同时这一理论研究比较强调采用高稠度沥青和大沥青用量，以及采用间断级配的矿料。

(二)沥青混合料的结构类型

通常,沥青混合料结构可分为下列三类:

1. 悬浮—密实结构

由连续密级配矿料(如图 13-1 中曲线 a)与沥青组成的沥青混合料。按照粒子干涉理论,为避免次级集料对前级集料密排的干涉,在前级集料之间留出比次级集料粒径稍大的空隙供次级集料排布。按此组成的的沥青混合料,经过多级密埙可以获得很大的密实度,但是各级集料均被次级集料所隔开,不能直接靠拢形成骨架,有如悬浮于次级集料及沥青胶浆之间(如图 13-2 中 a)。悬浮—密实结构的沥青混合料具有较大的黏聚力 c,但是摩擦角 φ 较小,因此高温稳定性较差。

2. 骨架—空隙结构

由连续开级配矿料(如图 13-1 中曲线 b)与沥青组成的沥青混合料。由于矿料递减系数较大,粗集料所占的比例较高,细集料则很少,甚至没有。按此组成的沥青混合料,粗集料可以互相靠近形成骨架,但由于细集料数量过少,不足以填满粗集料之间的空隙,因此形成"骨架—空隙"结构(如图 10-2 中 b)。骨架—空隙结构的沥青混合料,具有较大的内摩擦角 φ,但是黏聚力 c 较小。

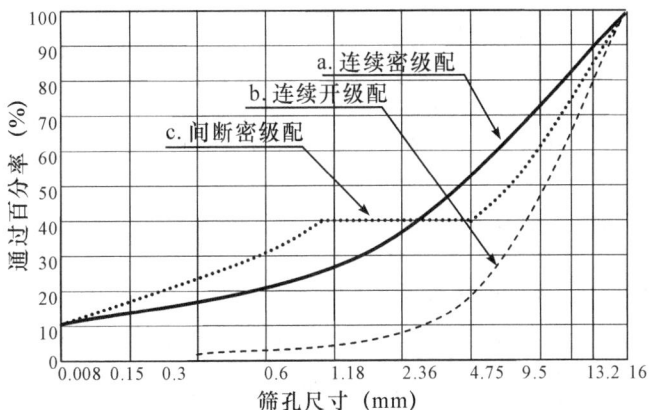

图 13-1 三种类型矿料级配曲线

a. 连续密级配   b. 连续开级配   c. 间断密级配

3. 密实—骨架结构

由间断密级配矿料(如图 13-1 中曲线 c)与沥青组成的沥青混合料。集料中没有中间尺寸的粒径,即较多数量的粗集料形成空间骨架,相当数量的细集料填充骨架的空隙,因此形成"密实—骨架"结构(如图 13-2 中 c)。密实—骨架结构的沥青混合料,不仅具有较大的黏聚力 c,而且具有较大的内摩擦角 φ。

上述三种结构的沥青混合料,由于结构常数不同,在稳定性上亦有差异(见表 13-3)。

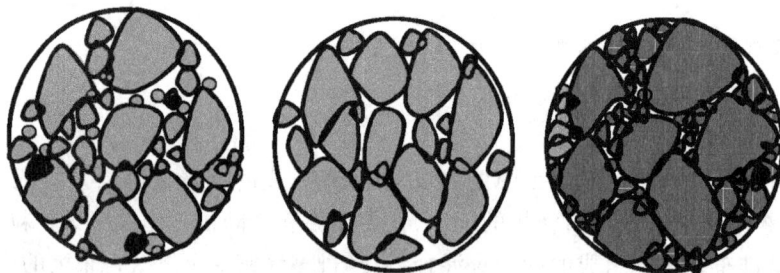

图 13-2 三种典型沥青混合料结构组成示意图
a. 悬浮—密实结构　b. 骨架—空隙结构　c. 密实—骨架结构

表 13-3 不同结构沥青混合料的结构常数和稳定性

混合料名称	组成结构类型	结构常数[①]			温度稳定性指标(155℃)[②]	
		密度 ρ (g/cm³)	空隙率 VV(%)	矿料间隙率 VMA(%)	黏聚力 c(kPa)	内摩擦角 φ(rad)
连续型密级配沥青混合料	密实—悬浮型结构	2.40	1.3	17.9	318	0.600
连续型开级配沥青混合料	骨架—空隙型结构	2.37	6.1	16.2	240	0.653
间断型密级配沥青混合料	密实—骨架型结构	2.43	2.7	14.8	338	0.658

注：①沥青混合料的结构常数参见本章沥青混合料的组成设计。
　　②沥青混合料的温度稳定性指标参见本章沥青混合料的强度形成原理。

四、沥青混合料的强度形成原理

(一)沥青混合料抗剪强度的材料参数

沥青混合料在路面结构中破坏，主要是高温时抗剪强度不足或塑性变形过大而产生推挤等，以及低温时抗拉强度不足或变形能力差而产生裂缝。目前沥青混合料的强度和稳定性理论，主要是要求沥青混合料高温时具有一定的抗剪强度，低温时具有抵抗变形能力。

为了防止沥青路面产生高温剪切破坏，在设计验算沥青混合料路面抗剪强度时，要求沥青混合料的许用剪应力 τ_R 应大于或等于沥青混合料破裂面上可能发生的剪应力 τ_a，即

$$\tau_R \geqslant \tau_a \tag{13-1}$$

沥青混合料的许用剪应力 τ_R 取决于沥青混合料的抗剪强度 τ，即

$$\tau_R = \frac{\tau}{K_2} \tag{13-2}$$

式中 K_2 为系数。

沥青混合料的抗剪强度 τ，可通过三轴试验莫尔—库仑包络线(如图 13-3 所示)，按式 (13-1)求得

$$\tau = c + \sigma \mathrm{tg}\varphi \tag{13-3}$$

式中：τ——沥青混合料的抗剪强度(MPa)；

　　　σ——正应力(MPa)；

c——沥青混合料的黏聚力(MPa);

φ——沥青混合料的内摩擦角。

由式(13-3)可知,沥青混合料的抗剪强度主要取决于黏聚力 c 和内摩擦角 φ,即:

$$\tau = f(c, \varphi) \tag{13-3'}$$

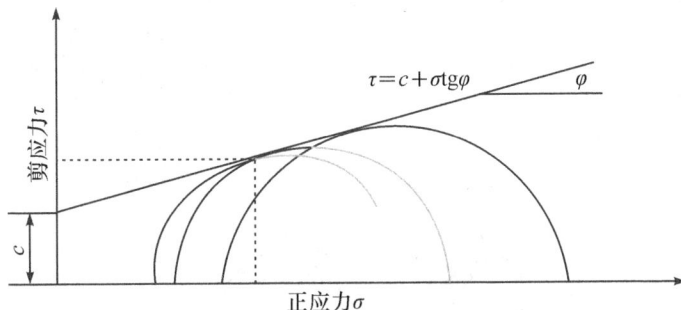

图 13-3　沥青混合料莫尔—库仑包络图

在三轴试验时,采用不同的垂直压应力 σ_v 和侧向压应力 σ_L,即可以求得 $\sigma_v - \sigma_L$ 关系的斜率 S 和截距 I。根据 S 和 I 即可计算得沥青混合料的黏聚力 c 和内摩擦角 φ。

(二)影响沥青混合料抗剪强度的主要因素

1. 影响沥青混合料抗剪强度的内因

(1)沥青黏度

沥青混合料作为一个具有多级空间网络结构的分散系,从最细一级网络结构来看,是各种矿料分散在沥青介质中的分散系,因此它的抗剪强度与分散介质黏度有着密切的关系。在其他因素固定的条件下,沥青混合料的黏聚力 c 是随着沥青黏度的提高而增加。由于沥青黏度的原因,沥青内部沥青胶团相互移位时,其分散介质具有抵抗剪切作用,所以沥青混合料受到剪切作用,特别是受到短暂的瞬时荷载时,具有高黏度的沥青能赋予沥青混合料较大的粘滞阻力,具有较高的抗剪强度。

(2)沥青与矿料交互作用

沥青混合料中,沥青与矿料交互作用的物理—化学过程,多年来许多学者曾做了大量的研究工作。Л. A. 列宾捷尔等研究认为:沥青与矿料交互作用后,沥青在矿料表面的化学组分重新排列,在矿料表面形成一层厚度为 δ_0 的吸附溶化膜(如图 13-4a),在此膜厚度范围内的沥青称为"结构沥青",在此膜厚度范围以外的沥青称为"自由沥青"。

如果矿料颗粒之间由结构沥青膜所联结(如图 13-4b),促成沥青具有更高的黏度和更大的扩散溶化膜接触面积,因而可以获得更大的黏聚力。反之,如果矿料颗粒之间是自由沥青所联结(如图 13-4c),则具有较小的黏聚力。

沥青与矿料的交互作用不仅与沥青的化学性质有关,而且与矿料的性质有关。H. M. 鲍尔雪曾采用紫外线分析法对两种最典型的矿料进行研究,在石灰石粉和石英石粉的表面上形成一层吸附溶化膜。研究认为,在不同性质的矿料表面形成不同组成结构和厚度的吸附溶化膜,在石灰石粉表面形成发育较好的吸附溶化膜,而在石英石粉表面则形成发育较差的吸附溶化膜。所以在沥青混合料中,采用石灰石矿料时,矿料之间更有可能通过结构沥青联结,因而具有较高的黏聚力。

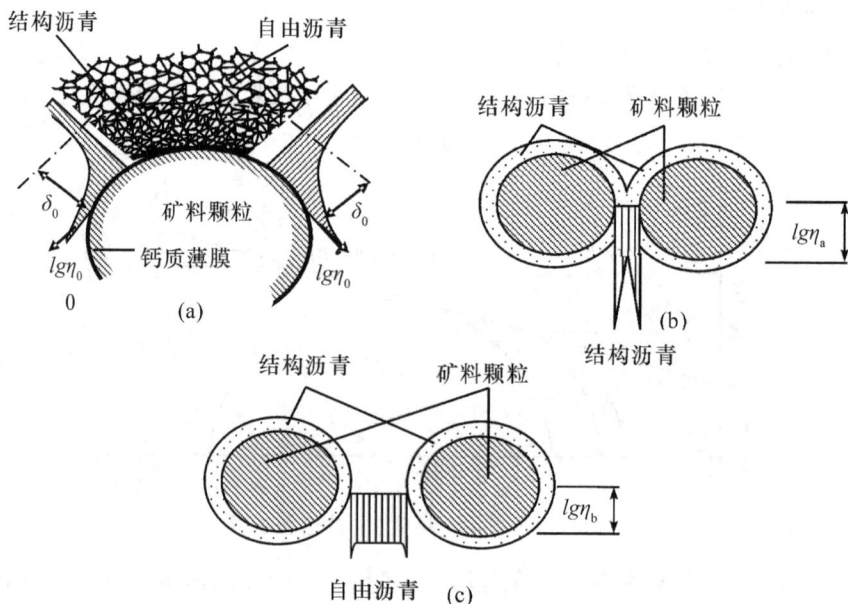

图 13-4　沥青与矿料交互作用的结构图式

a. 沥青与矿料交互作用形成结构；b. 矿料颗粒之间为结构沥青联结，其黏结力为 $\lg\eta_a$；

c. 矿料颗粒之间为自由沥青联结，其黏聚力为 $\lg\eta_b$（$\lg\eta_b < \lg\eta_a$）。

（3）填料（矿粉）比表面积

由前述的沥青与矿料交互作用原理可知，结构沥青的形成主要是由于矿料与沥青的交互作用，在矿料表面上沥青化学组分重新分布。所以在相同的沥青用量条件下，与沥青产生交互作用的填料（矿粉）表面积愈大，形成的沥青吸附溶化膜愈薄，在沥青中结构沥青所占的比率愈大，因而沥青混合料的黏聚力也愈高。在沥青混合料中填料（矿粉）用量只占 7% 左右，但其表面积占矿料总表面积的 80% 以上，所以填料（矿粉）的性质和用量对沥青混合料的抗剪强度影响很大。为了增加沥青与矿料物理—化学作用的表面积，在沥青混合料配料时，必须有适量的填料（矿粉）；提高填料（矿粉）的细度可增加填料（矿粉）的比表面积，所以对填料（矿粉）的细度也有一定的要求。希望粒径小于 0.075mm 的填料（矿粉）含量不宜过多，尤其是粒径小于 0.05mm 的填料（矿粉）含量不要过多，否则沥青混合料将结团，不易施工。

（4）沥青用量（或油石比）

在沥青和矿料选定的条件下，沥青与矿料的比例（油石比）是影响沥青混合料抗剪强度的重要因素，不同沥青用量的沥青混合料结构如图 13-5。

当沥青用量很少（油石比过小）时，沥青不足以形成结构沥青薄膜来黏结矿料颗粒。此时，随着沥青用量的增加，结构沥青逐渐增多，较好地包裹矿料表面，使沥青与矿料间的粘附力随着沥青用量的增加而增大。当沥青用量足以形成薄膜并充分粘附矿料颗粒表面，即油石比适中时，沥青胶浆具有最优的黏聚力。随后如果沥青用量继续增加，则由于沥青用量过多（油石比大）逐渐将矿料颗粒脱开，在矿料颗粒间形成不与矿料交互作用的"自由沥青"，所以沥青胶浆的黏聚力随着自由沥青的增加而降低。当沥青用量超过某一用量后（油石比过

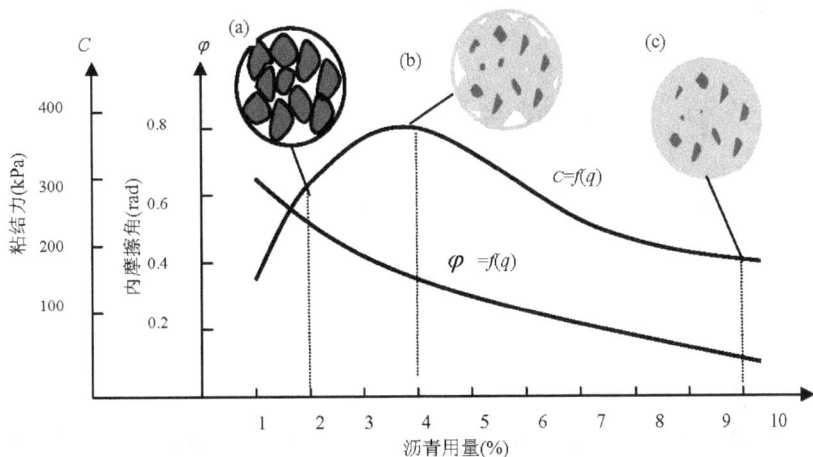

图 13-5　不同沥青用量时的沥青混合料结构和 C、φ 值变化示意图

a. 沥青用量不足；b. 沥青用量适中；c. 沥青用量过多

大)，沥青混合料的黏聚力主要取决于自由沥青，所以抗剪强度几乎不变。随着沥青用量的增加(油石比增大)，沥青不仅起着黏结剂作用，而且起着润滑剂作用，降低粗集料的相互密排作用，因而降低沥青混合料的内摩擦角。

总之，沥青用量(或油石比)不仅影响沥青混合料的黏聚力，同时也影响沥青混合料的内摩擦角。通常当沥青薄膜达到最佳厚度(亦即主要以结构沥青黏结)时，具有最大黏聚力；随着沥青用量的增加(油石比增大)，沥青混合料的内摩擦角逐渐降低。

(5)集料特性

沥青混合料的抗剪强度与集料在沥青混合料中的分布情况有着密切关系。沥青混合料有密级配、开级配和间断级配等不同组成结构类型，集料级配类型是影响沥青混合料抗剪强度的因素之一。

此外，沥青混合料中，集料的形状、表面粗糙度和粗细程度，对沥青混合料的抗剪强度都具有极为明显的影响。因为集料形状及其粗糙度，在很大程度上决定沥青混合料压实后颗粒间的相互位置特性和有效接触面积的大小。通常具有显著的棱角，各方向尺寸相差不大，近似正方体形，以及具有明显粗糙表面的集料，在碾压后能相互嵌挤锁结而具有很大的内摩擦角。在其他条件相同的情况下，由这种集料所组成的沥青混合料比形状圆且表面光滑的集料组成的沥青混合料具有更高的抗剪强度。

许多试验证明，为获得具有较大内摩擦角的沥青混合料，尽可能采用粗细程度较大的集料。在其他条件相同的情况下，集料愈粗，所配制的沥青混合料内摩擦角愈大。

2. 影响沥青混合料抗剪强度的外因

(1)温度：沥青混合料是一种热塑性材料，其抗剪强度(τ)随着温度(T)的升高而降低。

在材料参数中，黏聚力 c 值随温度升高而显著降低，但是内摩擦角受温度变化的影响较少。

(2)变形速率：沥青混合料是一种粘—弹性材料，其抗剪强度(τ)与变形速率($\mathrm{d}\gamma/\mathrm{d}t$)有着密切关系。在其他条件相同的情况下，变形速率对沥青混合料内摩擦角(φ)的影响较小，而对沥青混合料黏聚力(c)的影响则较为显著。试验资料表明，黏聚力 c 值随变形速率的增大而显著提高,而内摩擦角 φ 值随变形速率的变化很小。

第2节　沥青混合料的技术性质和技术标准

(一)沥青混合料破损现象

沥青混合料道路在使用过程中,由于车辆荷载、温度变化以及沥青材料自身的老化等原因会发生以下几种破损现象。

1. 温度开裂

沥青是一种温度敏感性较强的黏—弹性材料,在正常使用条件下,沥青的延性和黏滞流动性能够使路面的温度应力松弛。而在低温条件下,沥青将失去延性和黏滞流动性而变脆,劲度增大并具有纯弹性性能。当沥青在低温时变形引起的应力不能通过黏滞流动得到松弛,应力超过其抗拉强度时,沥青混合料开裂。对于同一等级(牌号)的沥青,温度敏感性越强,低温开裂的可能性越大。

2. 疲劳开裂

疲劳开裂是沥青混合料路面在重复荷载作用下产生的一种破坏形式。其原因有以下几方面。①施加的荷载超过结构设计标准(超载);②实际交通量超过设计交通量;③路面各结构层的承载能力降低;④环境因素引起的附加应力。可以通过沥青混合料疲劳寿命室内试验预估路面可能的寿命,但不准确。室内试验采用控制应力和控制应变两种加载方式,前者适用于厚层路面(≥8cm),后者适用于薄层路面(<8cm)。试验表明,对薄层路面,为获得较高的疲劳寿命需要选用劲度较高的材料。

3. 永久性变形

沥青混合料路面出现车辙、开裂、表面平整度降低等不可恢复的变形,称为永久性变形。永久性变形影响沥青混合料结构物的使用功能和服役寿命。引起沥青混合料路面永久性变形的客观因素主要是交通荷载和温度条件等,而沥青混合料自身因素主要是沥青质量和用量、矿料类型和级配、油石比和密实度等。

沥青混合料承受荷载时,集料颗粒和沥青均受力,但集料质地坚硬,产生的应变可以忽略,而沥青质软,产生的应变很大。因此沥青混合料的变形主要与沥青的性质有关,变形大小取决于沥青黏度,沥青黏度越高,沥青混合料的劲度越大,抵抗荷载作用的能力越强,越不易产生车辙等永久性变形。同时,沥青混合料主要依靠集料颗粒间的嵌锁作用抵抗变形,所以集料的级配、粒形及用量,尤其粗集料的含量是控制混合料变形的主要因素。增大粗集料的最大粒径和含量,可以提高沥青混合料的抗永久性变形能力。研究表明,细粒式沥青混合料的车辙深度为粗粒式和中粒式沥青混合料的2.29倍;单轴受压徐变试验结果表明,最大粒径相同,但粗集料含量为59%的沥青碎石混合料的压缩应变,明显小于粗集料含量为42%的沥青碎石混合料。为提高沥青混合料的高温稳定性,集料中细集料的含量不超过20%。就集料级配而言,密级配的沥青混合料抗永久变形能力明显大于开级配沥青混合料。

4. 丧失黏结力

沥青与矿料之间的黏结在潮湿条件下会被削弱或损坏,这种现象称为剥离。在车辆荷载及水分的共同作用下,剥离现象会明显加剧,所以剥离是交通荷载、环境侵蚀和水害交互作用的结果。沥青老化丧失其韧性,集料表面的沥青包裹层破坏,从而导致脆性断裂。水分的影响更为明显,水分通过许多方式使黏结力丧失。沥青混合料丧失黏结力的下述现象的原因主要与水分有关。

(1)移动。沥青与水分接触后原平衡位置的回缩。

(2)分离。尽管沥青膜没有明显的破坏,但它与集料被一层水膜和灰尘分隔开。虽然沥青膜仍包裹着集料,但不存在黏结力,沥青可能从表面完全剥离。

(3)破膜。沥青虽然还包裹着集料,但其棱角处由于膜层过薄易破裂。

(4)爆皮与起坑。当路面温度升高时,沥青的黏度降低,这时沥青会包裹落在其表面的水滴,形成起泡现象。当再次受到太阳暴晒时,水珠膨胀,表面沥青破裂,留下凹坑。

(5)自生乳化。沥青与水作用变成以水为连续相的沥青乳液,沥青乳液带有与集料表面相同的负电荷,因而产生电斥力。沥青乳液的形成取决于沥青的类型,并且要有细颗粒(如黏土等)存在以及交通荷载的作用。

(6)水力侵蚀。主要是车轮在潮湿路面上行驶作用的结果。水被压到轮胎前沥青层内的小坑里,当汽车通过时,轮胎又把水吸上来,反复的拉压循环造成沥青混合料黏结破坏。

(7)孔压力。孔压力破坏形式在开级配混合料或未压实的路面最为严重。过往车辆压实沥青混合料,水也被随之带进沥青混合料中,随后来往的车辆压迫带入的孔中水,产生很高的孔压力,从而在集料与沥青的界面形成通道,最后导致黏结力丧失。

(二)沥青混合料的主要技术性质

沥青混合料在路面中,直接承受车辆荷载的作用,首先应具有一定强度;除了交通荷载的作用外,还受到各种自然因素的影响,因此还必须具有抵抗自然因素作用的耐久性;为保证行车安全、舒适,需要具有特殊表面特性(即抗滑性);为便利施工还应具有良好的施工性能。

1. 高温稳定性

沥青混合料是一种典型的流变性材料,它的强度和劲度模量随着温度的升高而降低。所以沥青混合料路面在夏季高温时,在重交通的重复作用下,由于交通的渠化,轮迹带逐渐下凹,两侧鼓起出现所谓"车辙",这是现代高等级沥青路面最常见的病害。

沥青混合料的高温稳定性,是指沥青混合料在夏季高温(通常为60℃)条件下,经车辆荷载长期重复作用后,不产生车辙和波浪等病害的性能。

根据《沥青路面施工及验收规范》(GB 50092—96)和《公路工程沥青及沥青混合料试验规程》(JTG E20—2011)规定,采用沥青混合料马歇尔稳定度试验(包括稳定度、流值、马歇尔模数),评价沥青混合料高温稳定性;对高速公路、一级公路、城市快速路、主干路所用沥青混合料,还应通过沥青混合料车辙试验测定其抗车辙能力(动稳定度值),检验沥青混合料高温稳定性;还可以采用沥青混合料抗剪强度试验,评价沥青混合料高温稳定性。

(1)马歇尔稳定度试验:马歇尔稳定度试验方法自 B. 马歇尔(Marshall)提出,迄今已半个多世纪,经过许多研究者的改进,目前普遍测定马歇尔稳定度(MS)、流值(FL)和马歇尔模数(T)三项指标。马歇尔稳定度是标准尺寸试件在规定温度和加荷速度下,在马歇尔仪中最大的破坏荷载(kN);流值是达到最大破坏荷载时试件的垂直变形(以 0.1mm 计);马歇尔模数是稳定度与流值的比值,即:

$$T = \frac{MS \cdot 10}{FL} \tag{13-4}$$

式中：T——马歇尔模数(kN/mm)；

MS——稳定度(kN)；

FL——流值(0.1mm)。

(2)车辙试验：车辙试验的方法是用标准成型方法，制成 300mm×300mm×50mm 的沥青混合料试件，在 60℃的温度条件下，以一定荷载的轮子在同一轨迹上作一定时间的反复行走，形成一定的车辙深度，然后计算试件变形 1mm 时车轮行走的次数，即为动稳定度。

$$DS = \frac{(t_2 - t_1) \cdot 42}{d_2 - d_1} \cdot c_1 \cdot c_2 \tag{13-5}$$

式中：DS——沥青混合料动稳定度(次/mm)；

d_1、d_2——时间 t_1 和 t_2 的变形量(mm)；

42——每分钟行走次数(次/min)；

c_1、c_2——试验机或试样修正系数。

根据《沥青路面施工及验收规范》(GB 50092—96)规定：用于上面层、中面层沥青混凝土混合料其 60℃时车辙试验的动稳定度，高速公路和城市快车路应不小于 800 次/mm；对一级公路、城市主干道应不小于 600 次/mm。

2. 低温抗裂性

沥青混合料不仅应具备高温稳定性，同时还应具有低温抗裂性，以保证路面在冬季低温时不产生裂缝。

按照我国交通行业标准《公路工程沥青及沥青混合料试验规程》(JTG E20—2011)，通过沥青混合料劈裂试验，评价沥青混合料低温抗裂性能。

有的研究认为，沥青路面在低温时开裂与沥青混合料的抗疲劳性能有关。建议采用沥青混合料在一定变形条件下，达到试件破坏时所需的荷载作用次数来表征沥青混合料的疲劳寿命，此破坏时的作用次数称为柔度。根据研究认为，柔度与沥青混合料纯拉试验的延伸度有明显关系。

3. 耐久性

沥青混合料在路面中，长期受自然因素的作用，为保证路面具有较长的使用寿命，必须具有良好的耐久性。

影响沥青混合料耐久性的因素很多，诸如沥青的组分、矿料的矿物成分和沥青混合料的组成结构(残留空隙、沥青填隙率)等。

沥青的组分和矿料的矿物成分，对耐久性的影响已如前述。就沥青混合料的组成结构而言，首先是沥青混合料的空隙率。空隙率的大小与矿料的级配、沥青用量以及压实程度等有关。从耐久性角度出发，希望沥青混合料空隙率尽量小，以防止水的渗入和日光中紫外线对沥青的老化作用等，但是一般沥青混合料中均应残留 3%～6%空隙，以备夏季沥青材料膨胀。

沥青混合料空隙率与水稳定性有关。空隙率大，且沥青与矿料粘附性差的混合料，在饱水后矿料与沥青粘附力降低，易发生剥落，同时颗粒相互推移产生体积膨胀以及强度显著降低等，引起路面早期破坏。

此外,沥青路面的使用寿命还与混合料中的沥青含量有很大关系。当沥青用量比正常用量减少时,沥青膜变薄,混合料的延伸能力降低,脆性增加;如沥青用量过少,将使混合料的空隙率增大,沥青膜暴露较多,加速老化作用。同时增加了渗水率,增大了水对沥青的剥落作用。有研究认为,沥青用量比最佳沥青用量少 0.5% 的混合料能使路面使用寿命减少一半以上。

按照我国交通行业标准《公路工程沥青及沥青混合料试验规程》(JTG E20—2011),采用沥青混合料浸水马歇尔稳定度试验,检验沥青混合料水稳定性(受水损害时抵抗剥落能力);采用沥青混合料冻融劈裂试验,评价沥青混合料水稳定性。

我国其他现行规范,采用空隙率、饱和度(即沥青填隙率)和残留稳定度等指标来表征沥青混合料的耐久性。

4. 抗滑性

随着现代高速公路的发展,对沥青混合料路面的抗滑性提出更高的要求。沥青混合料路面的抗滑性与集料的表面特征、级配以及沥青用量等因素有关。为保证长期高速行车的安全,要特别注意粗集料的耐磨性,应选择硬质有棱角的集料。硬质集料往往属于酸性集料,与沥青的粘附性差,为此,在沥青混合料施工时,必须将软质集料与硬质集料组成复合集料,并采取掺入抗剥离剂等措施。《沥青路面施工及验收规范》(GB 50092—96)对抗滑层集料提出了磨光值、道瑞磨耗值和冲击值等三项指标。

沥青用量对抗滑性非常敏感,沥青用量超过最佳用量的 0.5% 即可使抗滑系数明显降低。

含蜡量对沥青混合料抗滑性有明显的影响,我国现行交通行业标准规定,重交通量道路用石油沥青的含蜡量应不大于 3%。沥青来源确有困难时,对路面下面层含蜡量可加大至 $4\%\sim5\%$。

5. 施工性能

为了保证在现场条件下顺利施工,沥青混合料除了应具备前述的技术要求外,还应具备良好的施工性能。影响沥青混合料施工性能的因素很多,诸如当地气温、施工条件及混合料性质等。

单纯从沥青混合料性质而言,影响施工性能的首先是集料级配。如粗细集料的颗粒大小相差过大,缺乏中间尺寸,沥青混合料容易分层层积(粗粒集中表面,细粒集中底部);如细集料过少,沥青层就不容易均匀地分布在粗颗粒表面;如细集料过多,使拌和困难。此外当沥青用量过少,或填料(矿粉)用量过多时,沥青混合料容易疏松,不易压实。反之,如沥青用量过多,或填料(矿粉)质量不好,则容易使沥青混合料黏结成团块,不易摊铺。

(三)热拌沥青混合料的技术标准

《沥青路面施工与验收规范》(GB 50092—96)对热拌沥青混合料马歇尔试验技术标准的规定如表13-4。按交通性质可分为:① 高速公路、一级公路、城市快速路、主干路;② 其他等级公路和城市道路;③ 行人道路。各等级道路对马歇尔试验指标(包括稳定度、流值、空隙率、沥青饱和度及残留稳定度等)提出不同要求。而对不同组成结构的混合料(如沥青混合料或沥青碎石混合料;Ⅰ型沥青混合料和Ⅱ型沥青混合料等),按类别分别提出不同的要求。这是我国近年科学研究和实践经验的总结,对我国沥青混合料的生产、应用都有指导意义。

表 13-4　热拌沥青混合料马歇尔试验技术标准（GB 50092—96）

项　目		沥青混合料类型	高速公路、一级公路、城市快速路、主干路	其他等级公路及城市道路	行人道路
击实次数（次）		沥青混合料 沥青碎石、抗滑表层	两面各 75 两面各 50	两面各 50 两面各 50	两面各 35 两面各 35
技术指标	稳定度^① MS （kN）	Ⅰ型沥青混合料 Ⅱ型沥青混合料、抗滑表层	＞7.5 ＞5.0	＞5.0 ＞4.0	＞3.0 —
	流值 FL （0.1mm）	Ⅰ型沥青混合料 Ⅱ型沥青混合料、抗滑表层	20～40 20～40	20～45 20～45	20～50 —
	空隙率^② VV （%）	Ⅰ型沥青混合料 Ⅱ型沥青混合料、抗滑表层 沥青碎石	3～6 4～10 ＞10	3～6 4～10 ＞10	2～5 — —
	沥青饱和度 VFA （%）	Ⅰ型沥青混合料 Ⅱ型沥青混合料、抗滑表层 沥青碎石	70～85 60～75 ＜40～60	70～85 60～75 ＜40～60	75～90 — —
	残留稳定度 MS' （%）	Ⅰ型沥青混合料 Ⅱ型沥青混合料、抗滑表层	＞75 ＞70	＞75 ＞70	＞75 —

注：①粗粒式沥青混合料的稳定度可降低 1kN。
②Ⅰ型细粒式及砂粒式沥青混合料的空隙率可放宽至 2%～6%。
③沥青混凝土混合料的矿料间隙率（VMA）宜符合表 13-5 要求。

表 13-5　沥青混凝土混合料的矿料间隙率要求

集料最大粒径 （mm）	方孔筛	37.5	31.5	26.5	19.0	16.0	13.2	19.5	4.75
	圆孔筛	50	35 或 40	30	25	20	15	10	5
VMA 不小于（%）		12	12.5	13	14	14.5	15	16	18

第 3 节　热拌沥青混合料配合比设计

一、一般规定

1. 热拌沥青混合料适用于各种等级道路的沥青面层。高速公路、一级公路和城市快速路、主干路的沥青面层的上面层、中面层及下面层应采用沥青混凝土混合料铺筑，沥青碎石混合料仅适用于过渡层及整平层。其他等级道路的沥青面层上面层宜采用沥青混凝土混合料铺筑。

2. 热拌沥青混合料的种类应按表 13-2 选用，其规格应以方孔筛为准，集料最大粒径不宜超过 31.5 mm。当采用圆孔筛作为过渡时，集料最大粒径不宜超过 40 mm。

3. 沥青路面各层的混合料类型应根据道路等级及所处的层次，按表 13-1 确定，并应符合以下要求：

（1）应满足耐久性、抗车辙、抗裂、抗水损害能力、抗滑性能等多方面要求，并应根据施工机械、工程造价等实际情况选择沥青混合料的种类。

（2）沥青混凝土混合料面层宜采用双层或三层式结构,其中应有一层及一层以上是Ⅰ型密级配沥青混凝土混合料。当各层均采用沥青碎石混合料时,沥青面层下必须做下封层。

（3）多雨潮湿地区的高速公路、一级公路和城市快速路、主干路的上面层宜采用抗滑表层混合料,一般道路及少雨干燥地区的高速公路、一级公路和城市快速路、主干路宜采用Ⅰ型沥青混凝土混合料作表层。

（4）沥青面层集料的最大粒径宜从上至下逐渐增大。上层宜使用中粒式及细粒式,不应使用粗粒式混合料。砂粒式仅适用于城市一般道路、市镇街道及非机动车道、行人道路等工程。

（5）上面层沥青混合料集料的最大粒径不宜超过层厚的 1/2,中、下面层及联结层集料的最大粒径不宜超过层厚的 2/3。

（6）高速公路的硬路肩沥青面层宜采用Ⅰ型沥青混凝土混合料作表层。

二、沥青混合料组成材料的要求

沥青混合料的技术性质取决于组成材料的性质、配合比例和制备工艺等。为保证沥青混合料的技术性质,首先要正确选择符合质量要求的组成材料。

（一）沥青

拌制沥青混合料所用沥青的技术性质,随气候条件、交通性质、沥青混合料的类型和施工条件等因素的不同而异。通常在较热的气候地区、交通较繁重的道路,采用细粒式或砂粒式的混合料,应选用稠度较大的沥青;反之,应选用稠度较小的沥青。在其他配料条件相同的情况下,采用较黏稠沥青配制的混合料具有较高的强度和稳定性,但是如果稠度过大,则沥青混合料的低温变形能力较差,沥青路面容易产生裂缝。反之,在其他配料条件相同的条件下,采用稠度较小的沥青,虽然配制的沥青混合料在低温时具有较好的变形能力,但是在夏季高温时往往由于稳定性较差而使路面产生推挤等现象。

按照《沥青路面施工及验收规范》(GB 50092—96)规定:高速公路、一级公路、城市快速路、主干路用沥青混合料的沥青,应采用符合"重交通量道路用石油沥青质量要求"的沥青(如 AH－50～AH－130 等),对于其他道路用沥青混合料的沥青,应符合"中、轻交通量道路用石油沥青质量要求"的沥青(如 A－60～A－200)。煤沥青不得用于面层热拌沥青混合料。

沥青混合料面层所用的沥青标号,宜根据气候条件、施工季节、路面类型、施工方法和矿料类型等,按表 13-6 选用。其他各层的沥青可采用相同标号,也可采用不同标号。通常上面层(表面层)宜用较稠的沥青,下面层(底面层)或联接层宜用较稀的沥青。对于渠化交通的道路,宜采用较稠的沥青。当沥青标号不符合使用要求时,可采用几种不同标号掺配的混合沥青,但是掺配后的混合沥青技术指标应符合要求。

表 13-6　沥青混合料用沥青标号的选用(GB 50092—96)

气候分区	沥青种类	沥青路面类型			
		沥青表面处治	沥青贯入式	沥青碎石	沥青混合料
寒区	石油沥青	A－140 A－180 A－200	A－140 A－180 A－200	AH－90　AH－110 AH－130 A－100　A－140	AH－90　AH－110 AH－130 A－100　A－140
	煤沥青	T－5　T－6	T－6　T－7	T－6　T－7	T－7　T－8

续表

气候分区	沥青种类	沥青路面类型			
		沥青表面处治	沥青贯入式	沥青碎石	沥青混合料
温区	石油沥青	A－100 A－140 A－180	A－100 A－140 A－180	AH－90　AH－110 A－100　A－140	AH－70　AH－90 A－60　A－100
	煤沥青	T－6　T－7	T－6　T－7	T－7　T－8	T－7　T－8
热区	石油沥青	A－60 A－100 A－140	A－60 A－100 A－140	AH－50　AH－70 AH－90 A－100　A－60	AH－50　AH－70 A－60　A－100
	煤沥青	T－6　T－7	T－7	T－7　T－8	T－7　T－8　T－9

(二)粗集料

沥青混合料中的粗集料,可以采用经轧碎、筛分等加工而成的粒径大于 2.36mm 的碎石,破碎砾石和筛选砾石、矿渣等集料。

沥青混合料的粗集料应洁净、干燥、无风化、无杂质,并应具有足够的强度和耐磨耗性,其质量应符合表 13-7 要求。

表 13-7　沥青混合料用粗集料技术要求 (GB 50092—96)

指标			高速公路、一级公路 城市快速路、主干路	其他等级公路 与城市道路
石料压碎值		不大于(%)	28	30
洛杉矶磨耗损失		不大于(%)	30	40
视密度(表观相对密度)		不小于(t/m³)	2.50	2.45
吸水率		不大于(%)	2.0	3.0
对沥青的粘附性		不小于	4 级	3 级
坚固性		不大于(%)	12	—
细长扁平颗粒含量		不大于(%)	15	20
水洗法<0.075mm 颗粒含量		不大于(%)	1	1
软石含量		不大于(%)	5	5
石料磨光值		不小于(BPN)	42	实测
石料冲击值		不大于(%)	28	实测
破碎砾石的破碎 面积不小于(%)	拌和的沥青 混合料路面	表面层	90	40
		中下面层	50	40
	贯入式路面		—	40

注:①坚固性试验可根据需要进行。

②当粗集料用于高速公路、一级公路和城市快速路、主干路时,多孔玄武岩的表观密度可放宽至 2450kg/m³,吸水率可放宽至 3%,并应得到主管部门的批准。

③石料磨光值是为高速公路、一级公路和城市快速路、主干路的表层抗滑需要而试验的指标,石料冲击值可根据需要进行试验。其他公路与城市道路如需要时,可提出相应的指标值。

④钢渣的游离氧化钙的含量不应大于 3%,浸水后的膨胀率不应大于 2%。

用于抗滑表层沥青混合料的粗集料,应选用坚硬、耐磨、抗冲击性好的碎石、破碎砾石、筛选砾石,矿渣及软质集料不得用于抗滑表层。用于高速公路、一级公路、城市快速道路、主干路沥青路面表面层及各类道路抗滑表层的粗集料,应符合表13-7中石料磨光值的要求。在坚硬石料来源缺乏的情况下,允许掺入一定比例的普通集料作为中等粒径或小粒径的粗集料,但掺入比例不应超过粗集料总量的40%。

钢渣作为粗集料时,仅限于一般道路,并应经过试验论证取得许可后使用。钢渣应有6个月以上的存放期,质量应符合表13-8或表13-9的要求。

钢渣活性检验:对粗集料或细集料使用钢渣的沥青混合料进行马歇尔试验时,应增加3个试件,将试件在60℃水浴中浸泡48h,然后取出冷却至室温,观察有无裂缝或鼓包,测量试件体积,其增大量不得超过1%。同时还应满足浸水马歇尔残留稳定度不小于75%的要求,达不到这些要求的钢渣不得使用。

经检验属于酸性岩石的石料,如花岗岩、石英岩等用于高速公路、一级公路、城市快速路、主干路时,宜采用针入度较小的沥青,并采取下列抗剥离措施,使其对沥青粘附性符合表13-7的要求。

(1)用干燥的磨细生石灰或生石灰粉、水泥作为填料(矿粉)的一部分,其用量宜为矿料总量的1%～2%。

(2)在沥青中掺入抗剥离剂。

(3)将粗集料用石灰浆处理后使用。

粗集料的粒径规格应按《沥青路面施工及验收规范》(GB 50092—96)中"沥青面层用粗集料规格"(如表13-8或表13-9)的规定选用,集料的粒径选择和筛分应以方孔筛为准,当受条件限制时,可采用与方孔筛相对应的圆孔筛。当生产的粗集料不符合规格要求,但是与其他材料配合后的级配符合各类沥青面层的集料使用要求时,也可以使用。

(三)细集料

用于拌制沥青混合料的细集料,可以采用天然形成或经过轧碎、筛分等加工而成的粒径小于2.36mm的天然砂、机制砂及石屑等集料。

细集料应洁净、干燥、无风化、无杂质,并有适当的颗粒级配范围。细集料的质量应符合表13-10的要求。

表 13-8　沥青面层用粗集料规格（方孔筛）

规格	公称粒径(mm)	通过下列筛孔（方孔筛，mm）的质量百分率（%）												
		106	75	63	53	37.5	31.5	26.5	19.0	13.2	9.5	4.75	2.36	0.6
S1	40~75	100	90~100	—	—	0~15	—	0~5	—					
S2	40~60		100	90~100	—	0~15	—	0~5						
S3	30~60		100	90~100	—	—	0~15	—	0~5					
S4	25~50			100	90~100	—	—	0~15	—	0~15				
S5	20~40				100	90~100	—	—	0~15	—	0~5			
S6	15~30					100	90~100	—	—	0~15	—	0~5		
S7	10~30					100	90~100	—	—	—	0~15	0~5		
S8	15~25						100	95~100	—	0~15	—	0~5		
S9	10~20							100	95~100	—	0~15	0~5		
S10	10~15								100	95~100	0~15	0~5		
S11	5~15									95~100	40~70	0~15	0~5	
S12	5~10									100	95~100	0~10	0~5	
S13	3~10									100	95~100	40~70	0~15	0~5
S14	3~5										100	85~100	0~25	0~5

表 10-9　沥青面层用粗集料规格（圆孔筛）

规格	公称粒径（mm）	通过下列筛孔（方孔筛，mm）的质量百分率（%）														
		130	90	75	60	50	40	35	30	25	20	15	10	5	2.5	1.25
S1	40~90	100	90~100	—	—	—	0~15	—	0~5							
S2	40~75		100	90~100	—	—	0~15	—	0~5							
S3	40~60			100	90~100	—	0~15	—	0~5							
S4	30~60			100	90~100	—	—	—	0~15			0~5				
S5	25~50				100	90~100	—	—	—	0~15		0~5				
S6	20~40					100	90~10	—	—	—	0~15		0~5			
S7	10~40					100	90~100	—	—	—	0~15	—	0~15	0~5		
S8	15~35						100	95~100	—	—	—	0~15	—	0~5		
S9	10~30							100	95~100	—	—	—	0~15	0~5		
S10	10~20								100	95~100	—	0~15	0~5			
S11	5~15									100	95~100	40~70	0~15	0~5		
S12	5~10											100	95~100	0~10	0~5	
S13	3~10											100	95~100	40~70	0~15	0~5
S14	3~5												100	85~10	0~25	0~5

表 13-10　沥青混合料用细集料质量要求（GB 50092—96）

指　标		高速公路、一级公路、城市快速路、主干路	其他等级公路与城市道路
视密度（表观相对密度）　不小于(kg/m³)		2500	2450
坚固性（>0.3mm 部分）　不大于(%)		12	—
砂当量　不小于(%)		60	50

注：①坚固性试验根据需要进行；
　　②当进行砂当量试验有困难时，也可用水洗法测定小于 0.075mm 部分的含量（仅适用于天然砂），对高速公路、一级公路、城市快速路、主干路，要求该含量不大于 3%，对其他公路与城市道路要求不大于 5%。

热拌沥青混合料的细集料宜采用优质的天然砂或机制砂。在缺砂地区，也可使用石屑，但是用于高速公路、一级公路、城市快速路、主干路沥青混合料面层及抗滑表层的石屑用量不宜超过天然砂及机制砂的用量。

细集料应与沥青具有良好的黏结能力。与沥青黏结性差的天然砂及花岗岩、花岗斑岩、砂岩、片麻岩、角闪岩、石英岩等酸性石料，经轧碎制成的机制砂及石屑不宜用于高速公路、一级公路、城市快速路、主干路沥青混合料面层。当需要使用时，应采取前述粗集料的抗剥离措施。

细集料的级配，天然砂宜按表 13-11 中的粗砂、中砂或细砂的规格选用，石屑宜按表 13-12 的规格选用。当一种细集料不能满足级配要求时，可采用两种或两种以上的细集料掺配使用。

表 13-11　沥青面层的天然砂规格

方孔筛(mm)	圆孔筛(mm)	通过各筛孔的质量百分率(%)		
		粗　砂	中　砂	细　砂
9.5	10	100	100	100
4.75	5	90~100	90~100	90~100
2.36	2.5	65~95	75~100	85~100
1.18	1.2	35~65	50~90	75~100
0.6		15~29	30~59	60~84
0.3		5~20	8~30	15~45
0.15		0~10	0~10	0~10
0.075		0~5	0~5	0~5
细度模数 M_x		3.7~3.1	3.0~2.3	2.2~1.6

表 13-12　沥青面层的石屑规格

规格	公称粒径(mm)	通过下列筛孔的质量百分率(%)				
		方孔筛(mm) 圆孔筛(mm)	9.5 10	4.75 5	2.36 2.5	0.6	0.075
S15	0~5		100	85~100	40~70	—	0~15
S16	0~3			100	85~100	20~50	0~15

（四）填料（矿粉）

沥青混合料的填料（矿粉）宜采用石灰岩或岩浆岩中的强基性岩石等憎水性石料，经磨细粒径小于 0.075mm 的矿物质粉末。原石料中的泥土杂质应除净。矿粉要求干燥、洁净，其质量应符合表 13-13 的要求。当采用水泥、石灰、粉煤灰作填料（矿粉）时，其用量不宜超过矿料总量的 2%。

表 13-13　沥青混合料用矿粉质量要求

指　标		高速公路、一级公路、城市快速路、主干路	其他等级公路与城市道路
视密度（表观相对密度）　不小于（kg/m³）		2500	2450
含水量　不大于（%）		1	1
粒度范围	<0.6mm（%）	100	100
	<0.15mm（%）	90～100	90～100
	<0.075mm（%）	75～100	70～100
外　观		无团粒结块	
亲水系数		<1	

粉煤灰作为填料（矿粉）使用时，烧失量应小于 12%，塑性指数应小于 4%，其余质量要求与填料（矿粉）相同。粉煤灰的用量不宜超过填料（矿粉）总量的 50%，并须经试验确认与沥青具有良好的黏结力，沥青混合料的水稳定性能应满足要求。高速公路、一级公路和城市快速路、主干路的沥青混凝土面层不宜用粉煤灰作填料（矿粉）。

采用干法除尘措施回收的粉尘，可作为填料（矿粉）的一部分使用。采用湿法除尘措施回收的粉尘，使用时应经干燥粉碎处理，且不得含有杂质。回收粉尘的用量不得超过填料（矿粉）总量的 50%，掺有粉尘填料（矿粉）的塑性指数不得大于 4%。回收粉尘其他质量要求与填料（矿粉）相同。

三、热拌沥青混合料配合比设计方法

根据《沥青路面施工及验收规范》（GB 50092—96）和《公路工程沥青及沥青混合料试验规程》（JTG E20—2011），热拌沥青混合料的配合比设计方法具体如下：

（一）一般规定

1. 热拌沥青混合料的配合比设计应包括目标配合比设计阶段、生产配合比设计阶段及生产配合比验证阶段，通过配合比设计决定沥青混合料的材料品种、矿料级配及沥青用量。

热拌沥青混合料的目标配合比设计宜按图 13-6 的框图步骤进行。

2. 热拌沥青混合料的配合比设计应采用马歇尔试验设计方法，并对设计的沥青混合料进行浸水马歇尔试验及车辙试验分别检验其水稳定性和抗车辙能力。

3. 配合比设计各阶段都应进行马歇尔试验。经配合比设计得到的沥青混合料应符合表 13-4 规定的马歇尔试验设计技术标准，矿料级配应符合表 13-14 或表 13-15 的规定。

（二）材料准备

1. 按照《公路工程沥青及沥青混合料试验规程》（JTG E20—2011）选取沥青及矿料

试样。

2. 应对粗集料、细集料、填料(矿粉)进行筛分,得出各种矿料的筛分曲线。

3. 应测定粗集料、细集料、填料(矿粉)及沥青的相对密度(25/25℃)。

(三)确定矿料级配

1. 根据道路等级、路面类型及所处的结构层位等选择适用的沥青混合料类型(如表 13-1),按表 13-14 或表 13-15 确定矿料级配范围。

2. 由各种矿料的筛分曲线计算配合比例,合成的矿料级配应符合表 13-14 或表 13-15 的规定。矿料的配合比计算宜借助计算机进行。当无此条件时,也可用图解法确定。合成级配应符合下列要求:

(1)应使包括 0.075mm、2.36mm、4.75mm 筛孔在内的较多筛孔的通过量接近设计级配范围的中限。

(2)对交通量大、车轴载重大的道路,宜偏向级配范围的下(粗)限。对中小交通量或人行道路等宜偏向级配范围的上(细)限。

(3)合成的级配曲线应接近连续或有合理的间断级配,不得有过多的犬牙交错。当经过再三调整,仍有两个以上的筛孔超出级配范围时,应对原材料进行调整或更换原材料重新设计。

(四)确定沥青用量

1. 根据表 13-14 或表 13-15 中所列的沥青用量范围及实践经验,估计适宜的沥青用量(或油石比)。

2. 以估计沥青用量为中值,按 0.5mm‰ 间隔变化,取 5 个不同的沥青用量,用小型拌和机与矿料拌和,按表 13-4 规定的击实次数成型马歇尔试件。按下列规定的试验方法,测定试件的密度,并计算空隙率、沥青饱和度、矿料间隙率等物理指标,进行体积组成分析。

(1)Ⅰ型沥青混合料试件应采用水中重法测定。

(2)表面较粗但较密实的Ⅰ型或Ⅱ型沥青混合料、使用吸收性集料的Ⅰ型沥青混合料试件应采用表干法测定。

(3)吸水率大于 2‰ 的Ⅰ型或Ⅱ型沥青混合料、沥青碎石混合料等,不能用表干法测定的试件,应采用蜡封法测定。

(4)空隙率较大的沥青碎石混合料、开级配沥青混合料试件可采用体积法测定。

为确定沥青混合料的沥青最佳用量,需要计算确定沥青混合料的下列物理指标。

①表观密度:沥青混合料压实试件的表观密度,根据不同种类的沥青混合料,可分别采用水中重法、表干法、体积法或封蜡法等方法测定。对于密级配沥青混合料,通常可采用水中重法,按式(13-6)计算。

$$\rho_s = \frac{m_a}{m_a - m_w} \cdot \rho_w \qquad (13\text{-}6)$$

式中:ρ_s——试件的表观密度(g/cm³);

m_a——干燥试件的空气中质量(g);

m_w——试件的水中质量(g);

ρ_w——常温水的密度,约等于 1g/cm³。

```
┌─────────────────┐        ┌──────────────────────┐
│ 沥青混合料的类型 │        │ 规范规定的矿料级配范围 │
└────────┬────────┘        └──────────┬───────────┘
         │                            │
         └──────────┬─────────────────┘
                    ▼
          ┌──────────────────┐
          │ 确定工程设计级配范围 │
          └────────┬─────────┘
                   ▼
          ┌──────────────────┐ ◄─────────────────────────────────┐
          │   材料选择、取样   │                                    │
          └────────┬─────────┘                                    │
                   │          ┌──────────────────────┐            │
                   │          │ 粗集料、细集料、填料   │            │
                   ▼          └──────────┬───────────┘            │
┌──────────────┐  ┌──────────────┐       │                        │
│其他材料，外掺剂等│─►│   材料试验    │◄──────┤                        │
└──────────────┘  └──────┬───────┘  ┌──────────────────────┐     │
                         │          │沥青或改性沥青等结合料   │     │
                         │          └──────────────────────┘     │
         ┌───────────────┴───────────────┐                        │
         ▼                               ▼                        │
┌──────────────┐         ┌──────────────────────────┐            │
│ 确定试验温度   │         │ 在工程设计级配范围内设计     │◄──────────┤
└──────┬───────┘         │ 优选1~3组不同的矿料级配      │            │
       │                 └──────────────┬───────────┘            │
       └───────────┬────────────────────┘                        │
                   ▼                                              │
┌──────────────────────────────────────────────────┐            │
│对选择的设计级配，初选5组沥青用量，拌和混合料，分别制作马歇尔试件│            │
└────────┬──────────────────────────┬────────────────┘            │
         ▼                          ▼                              │
┌──────────────────┐    ┌──────────────────┐  ┌──────────┐       │
│ 测定试件毛体积相对密度│    │ 确定理论最大相对密度 │◄─│普通沥青    │       │
└────────┬─────────┘    └──────────┬───────┘或│用真空法    │       │
         │                         │          ├──────────┤       │
         │                         │          │改性沥青    │       │
         │                         │          │用计算法    │       │
         │                         │          └──────────┘       │
         └───────────┬─────────────┘                              │
                     ▼                                            │
          ┌──────────────────────┐                               │
          │ 计算VV、VMA、VFA等体积指标│                               │
          └──────────┬───────────┘                               │
                     ▼                              不合格         │
          ┌──────────────────────────┐─────────────────────────┤
          │ 进行马歇尔试验，与马歇尔设计标准比较│                        │
          └──────────┬───────────────┘                          │
                     │ 合格                                       │
                     ▼                                           │
          ┌──────────────────────────┐                          │
          │ 经技术经济分析确定1组设计级配及最佳沥青用量│                    │
          └──────────┬───────────────┘                          │
                     ▼                              不合格         │
          ┌──────────────────────────────────┐──────────────────┘
          │ 按规定进行各种配合比设计检验，确认配合比设计是否合理│
          └──────────┬───────────────────────┘
                     │ 合格
                     ▼
┌────────────────────────────────────────────────────────┐
│ 完成配合比设计，提交材料品种、矿料级配、最佳沥青用量、标准配合比等│
└────────────────────────────────────────────────────────┘
```

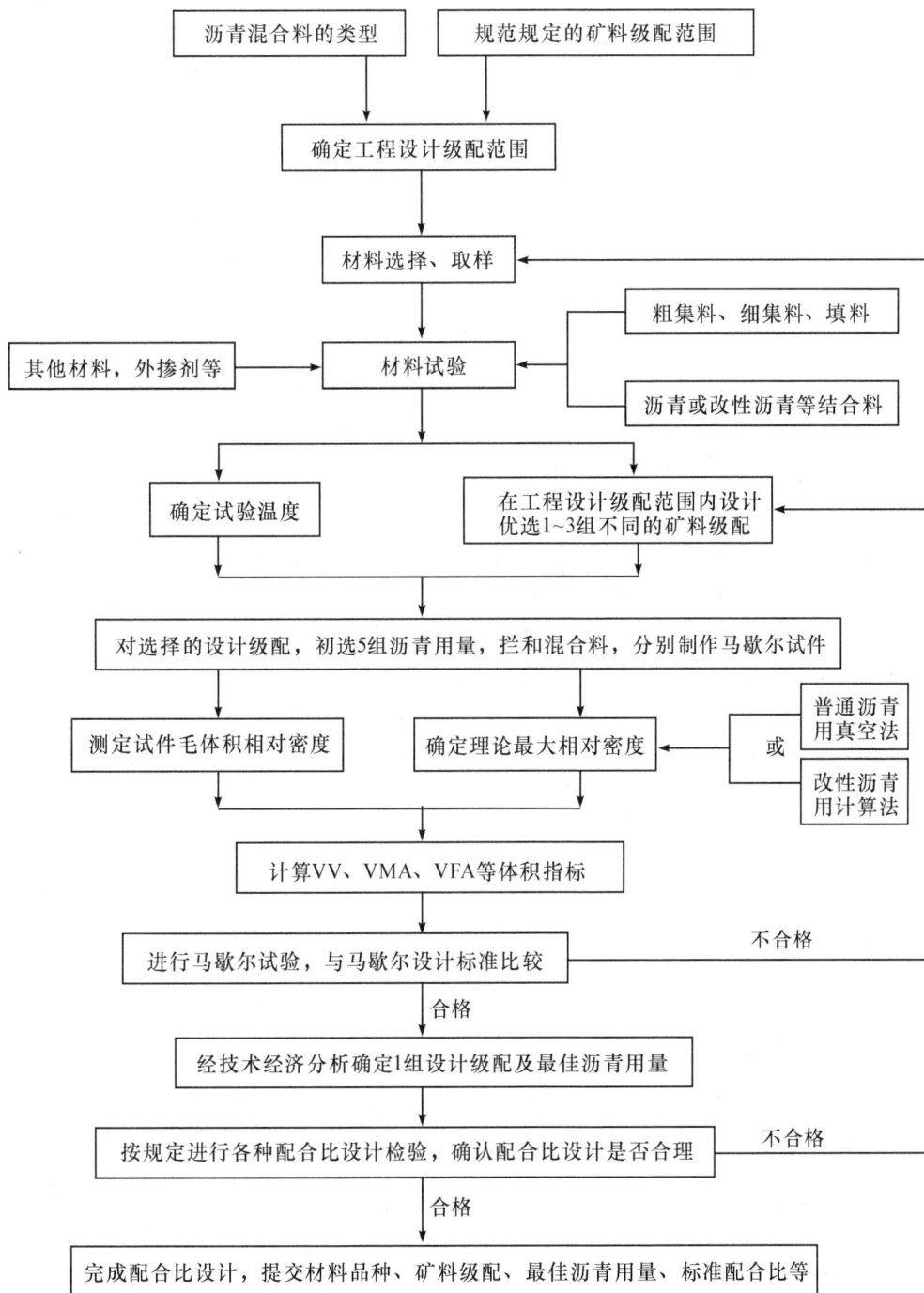

图 13-6　热拌沥青混合料目标配合比设计流程图

表 13-14　沥青混合料矿料级配及沥青用量范围（方孔筛）

级配类型		通过下列筛孔（方孔筛,mm）的质量百分率（%）															沥青用量（%）
		53.0	37.5	31.5	26.5	19.0	16.0	13.2	9.5	4.75	2.36	1.18	0.6	0.3	0.15	0.075	
沥青混凝土 粗粒	AC-30 I	100	90~100		79~92	66~82	59~77	52~72	43~63	32~52	25~42	18~32	13~25	8~18	5~13	3~7	4.0~6.0
	AC-30 II		100	90~100	65~85	52~70	45~65	38~58	30~50	18~38	12~28	8~20	4~14	3~11	2~7	1~5	3.0~5.0
	AC-25 I			100	95~100	75~90	62~80	53~73	43~63	32~52	25~42	18~32	13~25	8~18	5~13	3~7	4.0~6.0
	AC-25 II			100	90~100	65~85	52~70	42~62	32~52	20~40	13~30	9~23	6~16	4~12	3~8	2~5	3.0~5.0
中粒	AC-20 I				100	95~100	75~90	62~80	52~72	38~58	28~46	20~34	15~27	10~20	6~14	4~8	4.0~6.0
	AC-20 II					90~100	65~85	52~70	40~60	26~45	16~33	11~25	7~18	4~13	3~9	2~5	3.5~5.5
	AC-16 I					100	95~100	75~90	58~78	42~63	32~50	22~37	16~28	11~21	7~15	4~8	4.0~6.0
	AC-16 II						90~100	65~85	50~70	30~50	18~35	12~26	7~19	4~14	3~9	2~5	3.5~5.5
细粒	AC-13 I						100	95~100	70~88	48~68	36~53	24~41	18~30	12~22	8~16	4~8	4.5~6.5
	AC-13 II							90~100	60~80	34~52	22~38	14~28	8~20	5~14	3~10	2~6	4.0~6.0
	AC-10 I							100	95~100	55~75	38~58	26~43	17~33	10~24	6~16	4~9	5.0~7.0
	AC-10 II								90~100	40~60	24~42	15~30	9~22	6~15	4~10	2~6	4.5~6.5
砂粒	AC-5 I								100	95~100	55~75	35~55	20~40	12~28	7~18	5~10	6.0~8.0
沥青碎石 特粗	AM-40	100	90~100	50~80	40~65	30~54	25~30	20~45	13~38	5~25	2~15	0~10	0~8	0~6	0~5	0~4	2.5~3.5
粗粒	AM-30		100	90~100	50~80	38~65	32~57	25~50	17~42	8~30	2~20	0~15	0~10	0~8	0~5	0~4	3.0~4.0
	AM-25			100	90~100	50~80	43~73	38~65	25~55	10~32	2~20	0~14	0~10	0~8	0~6	0~5	3.0~4.5
中粒	AM-20				100	90~100	60~85	50~75	40~65	15~40	5~22	2~16	1~12	0~10	0~8	0~5	3.0~4.5
	AM-16					100	90~100	60~85	45~68	18~42	6~25	4~20	1~14	0~10	0~8	0~5	3.0~4.5
细粒	AM-13						100	90~100	50~80	20~45	8~28	5~22	2~16	0~10	0~10	0~6	3.0~4.5
	AM-10							100	85~100	35~65	10~35		2~16	0~12	0~9	0~6	3.0~4.5
抗滑表层	AK-13A						100	90~100	60~80	30~53	20~40	15~30	10~23	7~18	5~12	4~8	3.5~5.5
	AK-13B						100	85~100	50~70	18~40	10~30	8~22	5~7	3~12	3~9	2~6	3.5~5.5
	AK-16					100	90~100	60~82	45~70	25~45	15~35	10~25	8~18	6~13	4~10	3~7	3.5~5.5

表 13-15　沥青混合料矿料级配及沥青用量范围（圆孔筛）

| 级配类型 | | 通过下列筛孔（方孔筛，mm）的质量百分率（%） | | | | | | | | | | | | | | | 沥青用量（%） |
		50	40	35	30	25	20	15	10	5	2.5	1.2	0.6	0.3	0.15	0.075	
沥青混凝土 — 粗粒	LH-40 I	100	90~100	84~94	77~89	68~85	58~78	48~69	41~61	30~50	25~41	18~32	13~25	8~18	5~13	3~7	3.5~5.5
	LH-40 II	100	90~100	85~100	78~93	60~78	43~64	36~56	28~48	18~38	12~28	8~20	4~14	3~11	2~7	1~5	3.0~5.0
	LH-35 I		100	90~100	82~95	70~88	59~79	50~70	41~60	30~50	25~41	18~32	13~25	8~18	5~13	3~7	4.0~6.0
	LH-35 II		100	90~100	78~93	60~78	43~64	36~56	28~48	18~38	12~28	8~20	4~14	3~11	2~7	1~5	3.0~5.0
沥青混凝土 — 中粒	LH-30 I			100	95~100	75~90	60~80	52~72	41~61	30~50	25~41	18~32	13~25	8~18	5~13	3~7	4.0~6.0
	LH-30 II			100	90~100	65~85	50~70	40~60	30~50	18~40	13~30	9~23	6~16	4~12	3~8	2~5	3.0~5.0
	LH-25 I				100	95~100	75~90	60~80	50~70	36~56	28~46	20~34	15~27	10~20	6~14	4~8	4.0~6.0
	LH-25 II				100	90~100	65~85	50~70	38~58	24~45	16~38	11~25	7~18	4~13	3~9	2~5	3.5~5.5
沥青混凝土 — 细粒	LH-20 I					100	95~100	75~90	56~76	40~60	30~50	22~38	16~29	11~21	7~15	4~8	4.0~6.0
	LH-20 II					100	90~100	65~85	50~70	28~50	18~35	12~26	7~19	4~14	3~9	2~5	3.5~5.5
	LH-15 I						100	95~100	70~88	48~68	36~53	24~41	18~30	12~22	8~16	4~8	4.5~6.5
	LH-15 II						100	90~100	60~80	34~54	22~38	14~28	8~20	6~14	3~10	2~6	4.0~6.0
沥青混凝土 — 砂粒	LH-10 I							100	95~100	55~75	38~58	26~43	17~33	10~24	6~16	4~9	5.0~7.0
	LH-10 II							100	90~100	40~60	24~42	15~30	9~22	6~15	4~10	2~6	4.5~6.5
	LH-5 I								100	95~100	55~75	35~55	20~40	12~28	7~18	5~10	6.0~8.0
沥青混凝土 — 特粗	LS-50	90~100	50~80	45~73	39~65	31~59	25~50	18~40	13~32	5~25	2~16	0~12	0~8	0~6	0~5	0~4	2.5~4.0
沥青混凝土 — 粗粒	LS-40	100	90~100	70~88	50~78	40~70	40~70	32~60	20~48	15~40	7~30	0~14	0~10	0~8	0~5	0~4	2.5~4.0
	LS-35		100	90~100	70~90	48~75	38~65	28~51	20~42	8~31	2~20	0~14	0~10	0~8	0~5	0~4	2.5~4.5
沥青混凝土 — 中粒	LS-30			100	90~100	55~80	45~69	35~55	25~45	10~32	2~20	0~14	0~10	0~8	0~6	0~5	3.0~4.5
	LS-25				100	90~100	55~85	40~70	28~55	12~36	5~22	2~16	1~12	0~10	0~8	0~5	3.0~4.5
沥青混凝土 — 细粒	LS-20					100	90~100	55~80	36~62	18~42	6~26	3~18	1~14	0~10	0~8	0~6	3.0~4.5
	LS-15						100	90~100	40~65	20~45	8~28	4~20	2~15	0~12	0~8	0~6	3.0~4.5
	LS-10							100	65~100	40~65	10~35	5~22	2~26	0~12	0~9	0~6	3.0~4.5
抗滑表层	LK-15A						100	90~100	55~75	30~55	20~40	15~30	10~23	7~18	5~12	4~8	3.5~5.5
	LK-15B						100	90~100	45~65	18~40	10~30	8~22	5~15	4~12	3~9	2~6	3.5~5.5
	LK-20					100	90~100	55~80	40~68	25~45	15~34	10~26	8~18	6~13	4~10	3~7	3.5~5.5

②理论密度:沥青混合料试件的理论密度,是指压实沥青混合料试件全部为矿料(包括矿料内部孔隙)和沥青所组成(空隙率为零)的最大密度。可按式(13-7)或式(13-7')计算。

按油石比(沥青与矿料的质量比例)计算时:

$$\rho_1 = \frac{100 + p_a}{\dfrac{p_1}{\gamma_1} + \dfrac{p_2}{\gamma_2} + \cdots + \dfrac{p_n}{\gamma_n} + \dfrac{p_a}{\gamma_a}} \cdot p_w \tag{13-7}$$

按沥青含量(沥青质量占混合料总质量的百分率)计算时:

$$\rho_1 = \frac{100}{\dfrac{p'_1}{\gamma_1} + \dfrac{p'_2}{\gamma_2} + \cdots + \dfrac{p'_n}{\gamma_n} + \dfrac{p_b}{\gamma_b}} \cdot \rho_w \tag{13-7'}$$

式中:ρ_1——理论密度(g/m^3);

P_1、P_2,$\cdots$,P_{n-1}、P_n——各种矿料成分的配比(矿料总和为 $\sum\limits_i^n p_i = 100\ p_i = 100$)(%);

p'_1、p'_2,$\cdots$,p'_{n-1}、p'_n——各种矿料占沥青混合料总质量的百分率(矿料与沥青之和为 $\sum\limits_i^n p_i = 100\ p'_i + p_b = 100$)(%);

γ_1、γ_2,$\cdots$,γ_{n-1}、γ_n——各种矿料的相对密度;

p_a——油石比(%);

p_b——沥青含量(%);

γ_a、γ_b——沥青的相对密度。

③空隙率:压实沥青混合料试件的空隙率,根据其表观密度和理论密度,按式(13-8)计算:

$$VV = \left(1 - \frac{\rho_s}{\rho_t}\right) \cdot 100\% \tag{13-8}$$

式中:VV——试件空隙率(%);

ρ_s——试件表观密度(g/cm^3);

ρ_t——试件理论密度(g/cm^3)。

④沥青体积百分率:压实沥青混合料试件中,沥青体积占试件总体积的百分率称为沥青体积百分率(简称 VA),按式(13-9)或(13-9')计算:

$$VA = \frac{\rho_b \cdot \rho_s}{\gamma_b \cdot \rho_w} \tag{13-9}$$

或 $$VA = \frac{\rho_a \cdot \rho_s}{(100 + p_a)\gamma_b \cdot \rho_w} \cdot 100\% \tag{13-9'}$$

式中:VA——沥青混合料试件的沥青体积百分率(%);

ρ_a、ρ_w、p_a、p_b、γ_b——意义同前。

⑤矿料间隙率:压实沥青混合料试件内,矿料以外的体积占试件总体积的百分率,称为矿料间隙率(简称 VMA)。亦即试件空隙率与沥青体积百分率之和。按式(13-10)计算:

$$VMA = VA + VV \tag{13-10}$$

式中:VMA——矿料间隙率(%);

VA、VV——意义同前。

⑥沥青饱和度:压实沥青混合料中,沥青体积占矿料以外空隙体积的百分率,称为沥青

饱和度,亦称沥青填隙率(简称 VFA)。按式(13-11)或(13-11′)计算:

$$\text{VFA} = \frac{\text{VA}}{\text{VA} + \text{VV}} \cdot 100\%$$ (13-11)

式中:VFA——沥青混合料中的沥青饱和度(%);

　　VA、VV——意义同前。

或 $$\text{VFA} = \frac{\text{VA}}{\text{VMA}} \cdot 100\%$$ (13-11′)

3. 马歇尔试验:通过马歇尔试验,测定沥青混合料的下列物理力学指标。选择的沥青用量范围应使密度及稳定度曲线出现峰值。

(1)马歇尔稳定度:按标准方法制备的试件,在 60℃ 的条件下,保温 45min,然后将试件放置于马歇尔稳定度仪上,以 50±5mm/min 的形变速度加荷,直至试件破坏时的最大荷载(以 kN 计),称为马歇尔稳定度(简称 MS)。

(2)流值:在测定马歇尔稳定度的同时,测定试件的流动变形,当达到最大荷载的瞬间,试件所产生的垂直流动变形值(以 0.1mm 计)称为流值(简称 FL)。在有 $X-Y$ 记录仪的马歇尔稳定度仪上,可自动绘出荷载(P)与变形(F)的关系曲线,如图 13-7 所示。

在图 13-7 中曲线的峰值(P_m)即为马歇尔稳定度 MS。而流值可以有三种不同的计算方法,如图 13-7 中所示的:F_1—直线流值,F_x—中间流值,F_m—总流值。通常采用 F_x 作为测定流值。

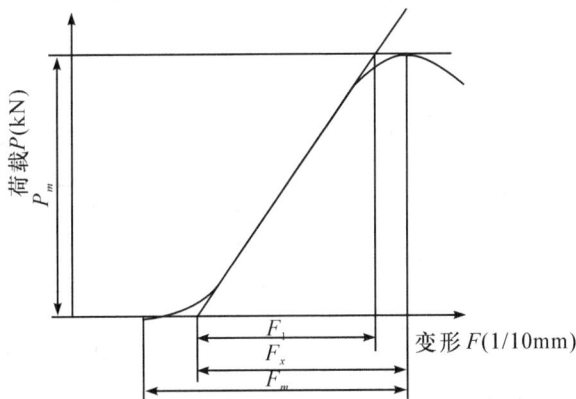

图 13-7　马歇尔稳定度试验荷载与变形曲线

(3)马歇尔模数:通常用马歇尔稳定度(MS)与流值(FL)的比值表示沥青混合料的视劲度,称为马歇尔模数。

$$T = \frac{\text{MS} \cdot 10}{\text{FL}}$$

式中:T——马歇尔模数(kN/mm);

　　MS——马歇尔稳定度(kN);

　　FL——流值,0.1mm。

4. 按图 13-8 的方法,以沥青用量为横坐标,以测定的各项指标为纵坐标,分别将试验结果点入图中,连成圆滑的曲线。

5. 从图 13-8 中求取相应于密度最大值的沥青用量 a_1,相应于稳定度最大值的沥青用

量 a_2 及相应于规定空隙率范围中值(或要求的目标空隙率)的沥青用量 a_3,按式(13-12)求出三者的平均值作为最佳沥青用量的初始值 OAC_1。

$$OAC_1 = (a_1 + a_2 + a_3)/3 \qquad (13-12)$$

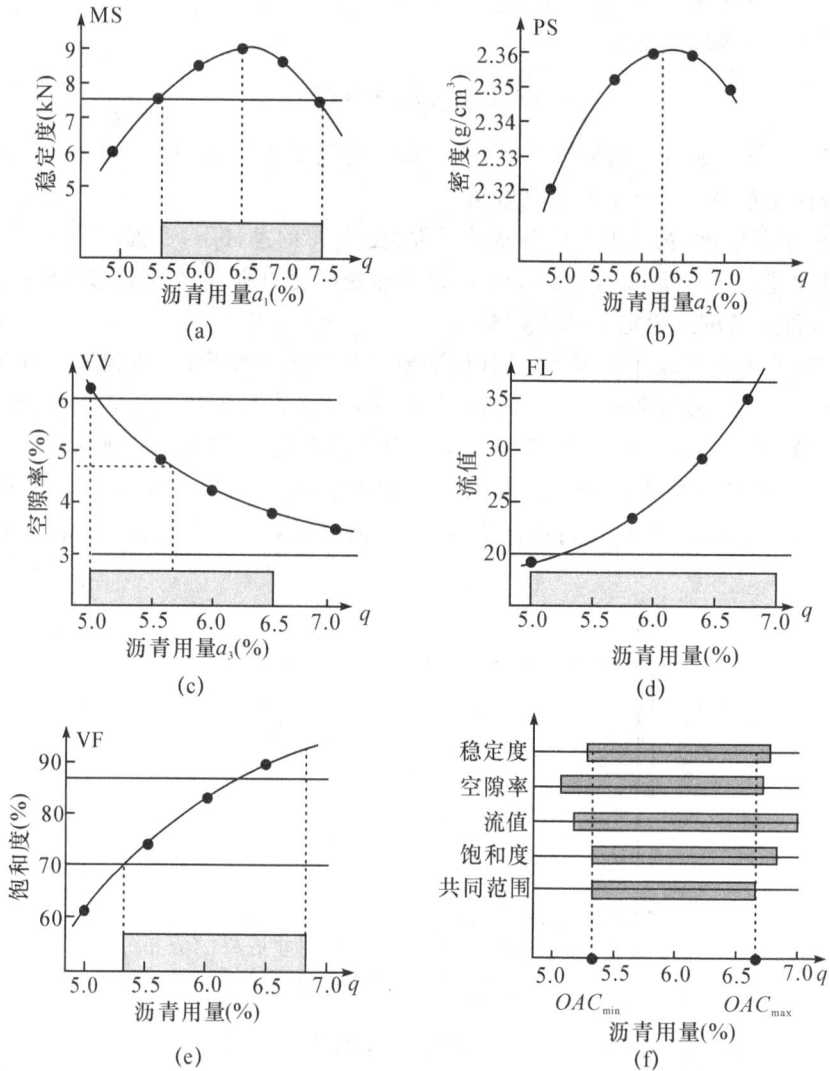

图 13-8 沥青用量与马歇尔稳定度试验物理-力学指标关系

6. 求出各项指标均符合表 13-4 沥青混合料技术标准的沥青用量范围 OAC_{min} ~ OAC_{max},按式(13-13)求出中值 OAC_2。

$$OAC_2 = (OAC_{min} + OAC_{max})/2 \qquad (13-13)$$

7. 按最佳沥青用量初始值 OAC_1 在图 13-8 中求取相应的各项指标值,当各项指标均符合表 13-4 规定的马歇尔设计配合比技术标准时,由 OAC_1 及 OAC_2 综合决定最佳沥青用量(OAC)。当不能符合表 13-4 的规定时,应调整级配,重新进行配合比设计,直至各项指标均能符合规定要求。

8. 由 OAC_1 及 OAC_2 综合决定最佳沥青用量(OAC)时,宜根据实践经验和道路等级、

气候条件,按下列步骤进行:

(1)一般可取 OAC_1 及 OAC_2 的中值作为最佳沥青用量(OAC)。

(2)对热区道路以及车辆渠化交通的高速公路、一级公路、城市快速路、主干路,预计有可能造成较大车辙的情况时,可在 OAC 与下限 OAC_{min} 范围内决定,但不宜小于 OAC_2 的 0.5%。

(3)对寒区道路以及其他等级公路与城市道路,最佳沥青用量可以在 OAC_2 与上限值 OAC_{max} 范围内决定,但不宜大于 OAC_2 的 0.3%。

(五)水稳定性检验

1. 按最佳沥青用量(OAC)制作马歇尔试件,进行浸水马歇尔试验或真空饱水后的浸水马歇尔试验,当残留稳定度不符合表 13-4 的规定时,应重新进行配合比设计。或当用于高速公路、一级公路和城市快速路、主干路的石料为酸性岩石时,宜使用针入度较小的沥青,并应采用下列抗剥离措施,使沥青与矿料的粘附性符合表 13-5 的要求。

(1)用干燥的磨细消石灰或生石灰粉、水泥作为填料(矿粉)的一部分,其用量宜为矿料总量的 1%~2%。

(2)在沥青中掺入抗剥离剂。

(3)将粗集料用石灰浆处理后使用。

2. 当最佳沥青用量(OAC)与两个初始值 OAC_1、OAC_2 相差甚大时,宜按 OAC 与 OAC_1 或 OAC_2 分别制作试件,进行残留稳定度试验,根据试验结果对 OAC 作适当调整。

残留稳定度试验是将标准试件在规定温度下浸水 48h(或经真空饱水后,再浸水 48h),测定其浸水残留稳定度。按式(13-14)计算:

$$MS_0 = \frac{MS_1}{MS} \cdot 100\%$$ (13-14)

式中:MS_0——试件浸水(或真空饱水)残留稳定度(%);

MS_1——试件浸水 48h(或真空饱水后浸水 48h)后的稳定度(kN)。

(六)高温稳定性检验

1. 按最佳沥青用量(OAC)制作车辙试验试件,对用于高速公路、一级公路和城市快速路、主干路沥青路面的上面层和中面层沥青混合料进行配合比设计时,应通过车辙试验对其高温抗车辙能力进行检验。

在温度 60℃、轮压 0.7MPa 条件下进行车辙试验的动稳定度,对高速公路和城市快速路不应小于 800 次/mm,对一级公路及城市主干路不应小于 600 次/mm。当动稳定度不符合要求时,应对矿料级配或沥青用量进行调整,重新进行配合比设计。

2. 当最佳沥青用量(OAC)与两个初始值 OAC_1、OAC_2 相差甚大时,宜按 OAC 与 OAC_1 或 OAC_2 分别制作试件,进行车辙试验,根据试验结果对 OAC 作适当调整。

总之,热拌沥青混合料配合比设计,需要经过反复调整及综合以上试验结果,并参考以往工程实践经验,综合决定矿料级配和最佳沥青用量。

第4节　其他沥青混合料

一、常温沥青混合料

与热拌沥青混合料相对应的是常温沥青混合料(或称冷铺沥青混合料),这类混合料的结合料可以采用液体沥青或乳化沥青。为了节约能源、保护环境,我国较少采用液体沥青。

采用乳化沥青为结合料,可拌制乳化沥青混凝土混合料或乳化沥青碎石混合料。

我国目前常用的常温沥青混合料,主要是乳化沥青碎石混合料。

(一)常温沥青碎石混合料的组成和类型

1. 常温沥青碎石混合料的组成

(1)集料与填料(矿粉):要求与热拌沥青碎石混合料相同。

(2)结合料:采用乳化沥青,其类型和规格,应符合表 13-16 的要求。

表 13-16　道路用乳化石油沥青质量要求

项　目	种　类	PC－1 PA－1	PC－2 PA－2	PC－3 PA－3	BC－1 BA－1	BC－2 BA－2	BC－3 BA－3
筛上剩余量　　　不大于(%)		0.3					
电荷		阳离子带正电(＋)、阴离子带负电(－)					
破乳速度试验		快裂	慢裂		快裂	中或慢裂	慢裂
黏度	沥青标准黏度计 $C_{25,3}(S)$ 恩格拉度 E_{25}	12～45 3～15	8～20 1～6		12～100 3～40	40～100 15～40	
蒸发残留物含量　不小于(%)		60	50		55	60	
蒸发残留物	针入度(100g,25℃,5s)	80～200	80～300	60～160	60～200	60～300	80～200
	残留延度比(25℃)　　　　　不小于(%)	80					
	溶解度(三氯乙烯)　　　　　不小于(%)	97.5					
贮存稳定性	5d　　不大于(%)	5					
	1d　　不大于(%)	1					
与矿料的粘附性,裹复面积　不小于		2/3					
粗粒式骨料拌和试验		—			均匀	—	
细粒式骨料拌和试验						均匀	
水泥拌和试验,1.18mm 筛上剩余量　　　　　　　　　不大于(%)		—				5	
低温贮存稳定度(－5℃)		无粗颗粒或结块					

续表

种 类 项 目	PC—1 PA—1	PC—2 PA—2	PC—3 PA—3	BC—1 BA—1	BC—2 BA—2	BC—3 BA—3
用 途	表面处治及贯入式洒布用	透层油用	粘层油用	拌制粗粒式沥青混合料	拌制中粒式及细粒式沥青混合料	拌制砂粒式沥青混合料及稀浆封层

注：①乳液粒度可选沥青标准黏度计或恩格拉黏度计测定，$C_{25.3}$ 表示测试温度 25℃、黏度计孔径 3mm，E_{25} 表示在 25℃ 时测定；

②贮存稳定性一般用 5d 的，如时间紧迫也可用 1d 的稳定性；

③PC、PA、BC、BA 分别表示洒布型阳离子、洒布型阴离子、拌和型阳离子、拌和型阴离子乳化沥青；

④用于稀浆封层的阴离子乳化沥青 BA—3 型的蒸发残留物含量可放宽至 55%。

2. 常温沥青碎石混合料的类型

常温沥青碎石混合料的类型，主要由其结构层位决定。路面采用双层式时，下面层应采用粗粒式（或特粗）沥青碎石 AM—25、AM—30（或 AM—40），上面层应采用细粒式（或中粒式）沥青碎石 AM—10、AM—13（或 AM—16、AM—20）。单层式只宜在少雨干燥地区或半刚性基层上使用。

(二)常温沥青碎石混合料的组成

1. 矿料级配组成。乳化沥青碎石混合料的矿料级配组成，与热拌沥青混合料相同。

2. 沥青用量。乳化沥青碎石混合料的乳液用量，参照热拌沥青混合料的用量折算。实际的沥青用量通常可以比同规格热拌沥青碎石混合料的沥青用量减少 15%～20%。确定沥青用量时，应根据当地实践经验以及交通量、气候、石料特性、沥青标号、施工机械等条件综合考虑确定。

(三)常温沥青碎石混合料的应用

乳化沥青碎石混合料适用于三级及三级以上的公路、城市道路支线的沥青面层和二级公路的罩面层。在多雨潮湿地区必须做上封层或下封层。

对于高速公路、一级公路、城市快速路、主干路等，常温沥青碎石混合料只适用于沥青路面的联接层或整平层。

二、稀浆封层混合料

稀浆封层混合料(简称沥青稀浆混合料)，是由结合料、集料、填料(矿粉)、外加剂和水等拌制而成的一种具有流动性的沥青混合料。

(一)稀浆封层混合料组成

1. 结合料：乳化沥青，常用阳离子慢凝乳液。

2. 集料：级配石屑(或砂)组成的矿料，最大粒径为 10.5mm(或 3mm)。

3. 填料(矿粉)：为提高集料的密实度，需掺入水泥、石灰、粉煤灰、石粉等填料(矿粉)。

4. 水：为润湿矿料，掺入适量的水使稀浆混合料具有要求的流动度。

5. 外加剂：为调节稀浆混合料的施工性能和凝结时间需添加各种助剂，如氯化钙、氯化铵、氯化钠、硫酸铝等。

（二）稀浆封层混合料类型

稀浆封层混合料按其用途和适应性分为三种类型，其矿料级配组成和沥青用量列于表13-17。

表 13-17 乳化沥青稀浆封层矿料级配及沥青用量范围（GB 50092—96）

	筛孔（mm）		级配类型		
	方孔筛	圆孔筛	ES－1	ES－2	ES－3
通过筛孔的质量百分率（%）	9.5	10		100	100
	4.75	5	100	90～100	70～90
	2.36	2.5	90～100	65～90	45～70
	1.18	1.2	65～90	45～70	28～50
	0.6		40～65	30～50	19～34
	0.3		25～42	18～30	12～25
	0.15		15～30	10～21	7～18
	0.075		10～20	5～15	5～15
沥青用量（油石比）（%）			10～16	7.5～13.5	6.5～12
稀浆混合料用量（kg/m²）			3～5.5	5.5～8	>8
适宜的封层平均厚度（mm）			2～3	3～5	4～6

1. ES－1 型：为细粒式封层混合料，沥青用量较高（>8%），具有较好渗透性，有利于治愈裂缝，适用于大裂缝的封缝或中轻交通的一般道路薄层处理。

2. ES－2 型：为中粒式封层混合料，是最常用的级配类型，可形成中等粗糙度，用于一般道路路面的磨耗层，也适用于旧高等级路面的修复罩面。

3. ES－3 型：为粗粒式封层混合料，其表面粗糙，适用作抗滑层，亦可作二次抗滑处理，可用于高等级路面。

（三）稀浆封层混合料配合比设计

稀浆封层混合料的配合比设计，可以根据理论的矿料表面吸收法，即按单位质量的矿料表面积，裹覆 8μm 厚的沥青膜，计算出最佳沥青用量。但是这种方法并不能反映稀浆封层混合料的工作特性、旧路面的情况和施工的要求。综合考虑上述特性和要求，目前是采用试验的方法来确定配合比，其主要试验内容包括下列各项：

1. 稠度试验

为满足施工性能的要求，通过流动度试验，决定稀浆封层混合料的用水量。

2. 初凝时间试验

为适应施工的要求，对稀浆封层混合料的初凝时间需进行控制。初凝时间可采用斑点法测定，如不能满足施工要求，应用助剂调节。

3. 稳定时间

即固化时间，表示封层已完成养护，可开放交通。固化时间可用锥体贯入度法或黏结力法测定。在配合比设计时，固化时间亦可采用助剂调节。

4. 湿轮磨耗试验（缩写 WTAT）

是确定沥青最低用量和检验沥青混合料固化后耐磨性的重要试验。该试验是：用稀浆封层混合料制成试件,用模拟汽车轮胎磨耗,按标准试验法,要求磨耗损失不宜大于 $800g/m^2$。沥青用量增多则磨耗值减小。当沥青用量符合上述要求时,即为稀浆封层混合料最低沥青用量。

5. 轮荷压砂试验

该试验是确定容许最高的沥青用量。方法是在稀浆封层混合料试件上,以负荷 625kg 的车轮碾压 1000 次,测定其粘附砂的质量。因为沥青用量愈高,粘附的砂量亦愈大。根据不同交通量,规定砂的最大容许粘附量,就可确定稀浆封层混合料的容许最高沥青用量。轮荷压砂试验的砂吸收量不宜大于 $600g/m^2$。

通过以上试验,确定了用水量、沥青用量、集料和填料(矿粉)用量,即可计算出配合比。

(四)稀浆封层混合料的应用

稀浆封层混合料可以用于旧路面的养护维修,亦可用于路面加铺抗滑层、磨耗层。由于这种混合料施工方便,投入费用少,对路况有明显改善,所以得到广泛应用。

三、桥面沥青混合料铺装

桥面沥青混合料铺装又称车道沥青铺装。其作用是保护桥面板,防止车轮或履带直接磨损桥面。

(一)桥面沥青混合料铺装的基本要求

1. 钢筋混凝土桥

大中型钢筋混凝土桥面(包括高架桥、跨线桥、立交桥)用沥青混合料铺装层,应与混凝土具有良好的黏结性,并具有抗渗、抗滑及抵抗振动变形的能力等;小桥涵桥面沥青混合料铺装的各项要求应与相接路段的车行道面层相同。

2. 钢桥

钢桥的沥青混合料面层除前述要求外,还应具有承受较大变形、抵抗永久性流动变形的能力及良好的疲劳耐久性。采用新型材料,如高聚合物改性混合料等,以适应更高的要求。

(二)桥面沥青铺装的构造

钢筋混凝土桥或钢桥的桥面铺装构造(如图 13-9)可分为下列层次:

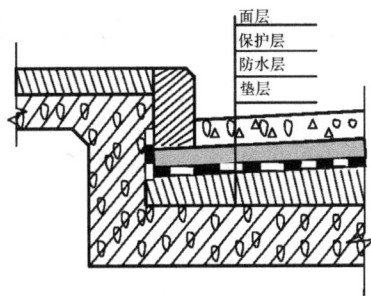

图 13-9　桥面铺装结构图

1. 垫层

铺筑防水层前应撒布粘层沥青,加强桥面与防水层黏结。

2. 防水层

桥面防水层的厚度为 1.0~1.5mm,可采用下列形式之一:

(1)沥青涂胶类防水层。采用沥青或改性沥青,分两次撒布,总用量为 0.4~0.5kg/m²,然后撒布一层洁净中砂,经碾压形成沥青涂胶类下封层。

(2)高聚物涂胶类防水层。采用聚氨酯胶泥、环氧树脂、阳离子乳化沥青、氯丁胶乳等高分子聚合物涂胶防水层。

(3)沥青卷材防水层。采用各种化纤胎的沥青、改性沥青防水卷材或浸渗沥青无纺布(土工布)防水层,也可以用油毛毡或其他防水卷材。

3. 保护层

为了保护防水层免遭破坏,在其上面应加铺保护层。保护层宜采用 AC—10(或 AC—5)型沥青混合料(或单层式沥青表面处治)。其厚度宜为 1.0cm。

4. 面层

桥面沥青铺装的沥青面层宜采用单层或双层高温稳定性好的 AC—16 或 AC—20 型中粒式热拌沥青混合料,厚度宜为 4~10cm,双层式的上面层的厚度不宜小于 2.5cm。

沥青面层也可采用与相接道路的中面层、上面层或抗滑表层相同的结构和材料,并应与相接道路一同施工。

(三)桥面防水层的技术要求

桥面防水层可以采用如前述的三种结构之一,目前常用的是高聚物改性沥青涂胶类(技术指标如表 13-18)。由于这类防水涂胶技术性能好、价格便宜、施工方便,所以被广泛采用。

表 13-18　桥面防水层用高聚物改性沥青涂胶的技术指标

项　目	技术指标	项　目	技术指标
1. 固体率	≥45%	6. 低温柔性	-15℃,2h,10mm 板无裂缝
2. 涂膜干燥性	表干≤4h;实干≤24h	7. 抗裂性	基层开裂 2mm,涂膜无裂缝
3. 不透水性	动水压 0.2MPa,保持 2h,无渗透	8. 延伸率	>300%
4. 耐热性	80±2℃,加热 5h,无起泡流淌	9. 耐酸性	2% H_2SO_4 水溶液浸泡 10d 无变化
5. 流淌温度	140±2℃,加热 2h,不流淌	10. 耐久性	2% NaOH 水溶液浸泡 10d 无变化

四、特殊沥青混凝土路面

近年来,随着交通事业的发达,以改善出行环境、减少交通给环境带来的噪声和振动等公害为目的,具有特殊功能的路面材料已经开发或研究之中。这些材料是未来道路材料的发展方向。

(一)透水沥青混合料

传统的路面材料为了满足力学性能以及耐久性能,通常是密实、不透水。但是这种路面所带来的问题是刚度较大,在车轮冲击作用下所产生的噪声较大。据统计,城市噪声大约 1/3 来自交通噪声;同时,雨天路面积水形成的水膜,增加了车辆行驶的危险性;在城区,由于道路覆盖率较大,不透水路面的雨(积)水只能通过地下集中排水系统排放,不能直接渗入地下补充城市地下水;土壤湿度不够,影响地表植物的生长,对空气温湿度的调节能力薄弱,生态平衡受到破坏。而透水路面材料能够很好地改善传统路面的这些弱点。透水性沥青混合料路面已在美国等国家有所应用,在我国部分城市道路工程中也有所应用,如杭州市区的部分主干路,2003年6月在北京市区主干路上试铺了1200m低噪声大空隙透水沥青混合料路面,与传统沥青混合料路面相比,噪声平均降低4分贝,同时还可以有效地排除路面积水,避免水滑和水漂现象。

多孔路面可以吸收车轮摩擦路面发出的噪声,同时路面不积水,行车的安全性和舒适性得以提高,同时对改善环境和调节生态平衡具有积极的作用。

国家住房和城乡建设部发布《透水沥青路面技术规程》(CJJ/T 190—2012),自2012年12月1日起实施。

(二)低噪声、柔性路面材料

英国正在进行掺有橡胶材料的柔性道路试验。这种新技术是把直径约3mm的橡胶颗粒添加到传统的沥青混凝土路面材料中,可以防止粗集料因相互摩擦而发出的噪声。橡胶颗粒只占路面材料的3%,其来源主要是废弃的轮胎。试验结果表明,掺入路面材料中的橡胶颗粒,不仅能减少70%的路面噪声,还能吸收光线,提高行车的舒适性和安全性。尽管这种路面材料比传统的沥青混凝土造价提高10%左右,但在人类共同关注地球环境的今天,这种既可利用废旧轮胎,又能大幅度减少噪声,属于节能环保型的路面材料,将大有发展前途。

1998年7月1日为英国的"国家噪声宣传日",正是这一天,英国第一段橡胶柔性路面进行了实用性的铺设试验。

法国也进行这种柔性路面材料的开发,而且应用于工程实际。从1995年起,法国每年大约铺设100km橡胶柔性道路,主要应用于居民区的繁忙街道和医院等地方,取得了良好的环保效果。

习题与复习思考题

1. 按施工温度分类,沥青混合料分为哪几类? 按最大集料粒径分类,沥青混合料分为哪几类?

2. 按矿料级配类型分类,沥青混合料分为哪几类? 按混合料密实度分类,沥青混合料分为哪几类?

3. 石油沥青的胶体结构可分为哪三类? 哪一类胶体结构的沥青适合用于修建现代高等级沥青路面?

4. 密级配与开级配的沥青混合料在集料级配组成与沥青用量与剩余空隙率上有何差别?

5. 分析密实—悬浮型、骨架—空隙型、密实—骨架型等不同结构形式的沥青混合料的特征。

6. 影响沥青混合料内聚力和摩擦角的内因和外因有哪些?

7. 我国现行规范采用哪几项指标来表征沥青混合料的耐久性。

8. 沥青混合料路面主要有哪些破损现象？

9. 沥青混合料路面产生破坏的主要原因有哪些？

10. 沥青混合料的技术性质有哪几项？

11. 通过马歇尔试验，测定沥青混合料的哪些物理力学指标。

12. 怎样进行沥青混合料的水稳定性检验

13. 怎样进行沥青混合料的高温稳定性检验

14. 目前沥青混合料强度稳定性理论，主要要求沥青混合料在高温时须具备何种性质？

15. 试述沥青用量对沥青混合料黏聚力 C 的影响。

16. 试述沥青混合料的空隙率大小对其耐久性的影响。

17. 试述沥青碎石混合料与沥青混凝土混合料相比，在矿料级配、沥青用量与空隙率上差别。

18. 热拌沥青混合料配合比设计的主要步骤有哪些？

19. 热拌沥青混合料配合比设计中确定矿料级配的主要步骤有哪些？

20. 热拌沥青混合料配合比设计中确定最佳沥青用量的主要步骤有哪些？